広島修道大学学術選書第62号

帝国主義期イギリス海軍の経済史的分析 1885〜1917年

国家財政と軍事・外交戦略

藤田哲雄

日本経済評論社

はじめに

　本書が主に扱う時期は、世界の列強が海軍増強を本格化し始めた1880年代から、ドイツ海軍が無差別潜水艦作戦を開始し、アメリカが中立的立場から連合国の一員として第一次世界大戦に参加した1917年までの期間である。そして主たる分析対象は、資本主義の発展によってヨーロッパ世界、南北アメリカ、アジア世界が市場・資源——その種類は工業化の進展・科学技術の発展によって増加し続ける——を通じて相互に密接に依存しあう世界経済を形成する過程とイギリス海軍を含む各国の戦略の関係である。言い換えれば、ヨーロッパの先進工業国は、工業化によって種類・量ともに大幅に増加した工業原料はもちろん、食用・飼料用穀物や各種食肉、そして嗜好品をはじめとする農産物を外国、とりわけ海外諸国に依存し始めた。このような世界経済の在り方と、科学技術の飛躍的発展とその応用によって破壊力を増した軍事部門、とりわけ物資輸送の中心である海上通商路の防衛にあたる海軍(ネイヴィー)との抜き差しならぬ関連が本書の対象である。

　19世紀における資本主義と科学技術の発展は、工業生産の飛躍的発展を齎したばかりか、交通手段をも革命的に転換させた。19世紀末には、新大陸産の廉価な農産物（穀物や食肉）が大量にヨーロッパに流入し、先進工業国は深刻な農業不況を経験したのである。この農業不況の結果、イギリスは不況が特に深刻な穀物生産、わけても小麦生産から牧畜・近郊農業へと生産構造を大きく転換したために、食用穀物、さらに飼料用穀物は当然として、食肉や乳製品さえも冷凍技術と輸送手段の発展によって輸入量が急増する事態に陥った。19世紀末の技術革新を伴う新産業(ニュー・インダストリーズ)の出現によって、海洋国家イギリスは18世紀以来の工業原料である綿花に加えて、天然ゴム、ニッケル、アルミニウムなど、新たに重要度を増した様々な工業原料、照明の燃料から動力の燃料となった石

油などのエネルギー源の供給を海外に大きく依存することになった。こうして、イギリスをはじめとした先進工業国は、程度の差こそあれ、食糧・工業原料を海外に依存する傾向を強めたのである。広大かつ肥沃な大地と鉱物資源に恵まれた大陸国家アメリカでさえも、国民所得の増加、工業化の加速度的進行と技術革新によって、食品・嗜好品や新しい工業原料の海外依存度は高まった。

先進工業国が食糧・工業原料を海外に依存している「事実(ファクツ)」は、先進国の政府がこの時期本格的に収集し始めた各種経済統計の公開と活字に親しむ「大衆(マス)」の出現によって広く知られるようになった。資本主義の飛躍的発展とともに、先進工業国の各階層は経済的恩恵を享受することが出来るようになった。かつては、王侯貴族のみが食することが出来た外国（海外）産の食品・嗜好品さえも、先進国の国民は輸送手段の飛躍的発展と所得向上によって入手可能な状況が出現したのである。加えて、先進国における教育制度の整備にともなって国民各層の識字率も上昇した。1870年代以降、「未来戦争」に関心を抱いたSF小説家は、彼らを読者とした小説で、科学技術の粋を集めた新兵器の誕生とその戦争への応用を喧伝し、やがて自国の国防増強を訴えることになる。消費活動を楽しみ、活字に親しむ大衆は、活字、挿絵、さらには統計情報を満載したマスメディアを通じて自国を取り巻く政治的軍事的経済的状況を視覚的(ヴィジュアル)に把握することが出来たのである。

海洋国家イギリスでは、フランスをはじめとした列強の海軍力と比較して劣勢となった自国海軍の増強を要求する「海軍パニック」が頻発した。その背景には、科学技術の進展によって新兵器の開発が加速化され、兵器の陳腐化もそれとともに激化してイギリスの軍事的優位が脅かされ、国民がこの事実に大きく動揺したことがあった。海軍に関していえば、各国の軍艦は木造船から鉄鋼船に大きく転換し、艦船の速度・火力も飛躍的に増加したばかりか、潜水艦・機雷といった安価な新兵器が出現したため、それまでの戦略も見直さなくてはならなかったのだ。

本書は、このような背景の下、19世紀前半において海の覇権を確立したイギリス海軍が、19世紀後半におけるヨーロッパ列強の海軍増強計画を受けて、

1870年代までの緊縮財政政策をいかに転換させ、それ以後の艦船建造と海軍施設建設を柱とした海軍増強に必要な財源を確保したか、イギリス経済の生命線(ライフ・ライン)である海上通商路の防衛構想と仮想敵国に対する軍事的戦略をいかに構築し、第一次世界大戦でいかなる戦略戦術を採用したかを、この時期に出版されたパンフレットを含む公刊資料、未公刊資料を用いて明らかにするものである。

　おわりに、本書を纏めるにあたって、前著同様家族に大きな負担をかけることになった。よって、本書を、長年苦労を強いた妻典子、娘夫婦裕子・直史とその娘詩織、そして自由奔放に振る舞う弟をいつもハラハラしながら見ていた亡兄正道に捧げよう。なお、本書は広島修道大学の出版助成金を得ることができ、広島修道大学学術選書第62号として出版される。広島修道大学と出版助成事業を担当された広島修道大学ひろしま未来共創センターの皆様に感謝したい。

　2015年盛夏

藤 田 哲 雄

目　次

はじめに　i

表目次　vii

凡例　viii

略号一覧　ix

序　章　本書の課題と分析視角 …………………………………… 1

第1章　19世紀末農業不況と第一次世界大戦前のイギリス海軍予算
　　　──戦時における食糧供給をめぐる「集団的記憶」── … 11

はじめに　11

第1節　19世紀末農業不況とイギリスの食糧供給　14

第2節　食糧供給問題と海軍増強要求　28

第3節　海軍増強と国家財政　43

結　語　57

第2章　設計技師ホワイトとイギリス海軍増強（1885〜1902年）
　　　──海軍工廠経営と海軍予算の動向── …………………… 85

はじめに　85

第1節　海軍設計技師ホワイトの登場とその背景　87

第2節　海軍増強計画と造艦局長ホワイトの起用　97

結　語　117

第3章　世紀転換期におけるイギリス海軍予算と国家財政
　　　　──1888/89年予算〜1909/10年予算──……………………… 139

はじめに　139

第1節　対フランス戦争（1793〜1815年）後のイギリス国家財政運営　141

第2節　海軍予算の構造と動向──1888/89年予算〜1909/10年予算──　149

第3節　イギリス海軍の増強計画と財源確保策　160

結　語　177

終　章　1909年ロンドン宣言とイギリス海軍・イギリス外交
　　　　（1909〜1917年）
　　　　──戦時における食糧供給──……………………………… 205

はじめに　205

第1節　1856年パリ宣言の承認──海事革命──　212

第2節　1909年ロンドン宣言とイギリス海軍の戦略　219

第3節　第一次世界大戦直前のイギリス農業と食糧供給　230

第4節　第一次世界大戦中の食糧供給：海軍と農業　241

結　語　274

あとがき　319

索　引　321

〈表目次〉

表1 イギリス海軍造艦支出（決算）（1882/83年予算～1905/06年予算）……………115
表2 海軍予算・陸軍予算の動向（1887/88年予算～1912/13年予算）……………149
表3 国債、資本債務とコンソル価格（1887/88年予算～1913/14年予算）…………173
表4 食糧消費量（推計）（1909～1918年）………………………………………267
表5 食品価格の変化（物価指数）（1914年7月～1920年12月）…………………269
表6 国内農業の変化（1904～1918年）……………………………………312-13

〈凡例〉

1．引用文中の〔　〕内の註記は筆者による。

2．欧文中の…は省略を示す。

3．『イギリス議会資料』を除き欧文中の［　］内の註記は筆者による。

4．貨幣単位について。1ポンドは20シリング、1シリングは12ペンス。

5．文献の出版社の所在地がLondonの場合、書誌情報にはLondonを記さない。

6．予算制度について。1888/89年予算は1888年4月1日から1889年3月31日までの予算を指す。1889会計年度予算ともいう。

〈略号一覧〉

本文・注で示した文献中の略号とその正規表記は以下の通りである。

AgriHR: *Agricultural History Review*

AJIL: *American Journal of International Law*

SupAJIL: *Supplement to the American Journal of International Law*

D. C.: Departmental Committee

EconHR: *Economic History Review*

GH: *German History*

GPO: Government Printing Office

4H, 23（April 16, 1894）, 483-84（W. Harcourt）: *Hansard's Parliamentary Debates*, 4th series, vol. 23（April 16, 1894）, cols. 483-84（W. Harcourt）

HC: House of Commons

HL: House of Lords

HM: His（Her）Majesty

HMSO: His（Her）Majesty Stationary Office

JAMA: *Journal of the American Medical Association*

JEH: *Journal of Economic History*

LPD: Liberal Publication Department

MM: *Mariner's Mirror*

ME: *Minutes of Evidence*

NRS: Navy Records Society

PP: *British Parliamentary Papers*

R. C.: Royal Commission

S. C.: Select Committee

TNA: The National Archives at Kew

序　章　本書の課題と分析視角

　第一次世界大戦前イギリス（連合王国 United Kingdom）の政治・経済・財政・軍事の組織が、かつてない地理的広範囲と長期間にわたる世界的規模の戦争でいかなる事態に遭遇し、大戦の経過の中で制度的にいかに変化したのか、これが本書の研究テーマである。筆者はこれまで19世紀末から20世紀初頭のイギリス国家財政の歴史を研究し、イギリスがリベラル・リフォーム期（1906～1914年）における租税改革で他の諸国に比して圧倒的に優越した財政的地位、すなわち、租税（タックス）徴収能力と借入金調達力から成る強力な「財政力」を構築したことを明らかにした。本書はこの成果に依拠し、リベラル・リフォーム後のイギリスが国家財政のすべての能力を第一次世界大戦に投入し、その財政資源を蕩尽する経済的財政的軍事的過程を歴史的に分析するものである。筆者はこの歴史的経緯を、(1) イギリス政府・海軍省（アドミラルティ）Admiralty の世界経済認識と海軍の戦略である「経済戦争」（エコノミック・ウォー）economic war、「経済封鎖」（エコノミック・ブロッケイド）economic blockade 戦略の形成過程を分析するとともに、(2) 19世紀末から20世紀初頭におけるイギリス海軍（ロイヤル・ネイヴィー）Royal Navy の増強、海軍予算の膨脹を経済史的財政史的に分析することで、第一次世界大戦前から大戦最中の1917年初旬までの時期のイギリスの経済・財政・軍事システムの在り様を明らかにしたい。したがって、本書は第一次世界大戦前の世界と世界大戦中の世界とを連続的に考察することを意図している。なお、1917年は2月にドイツが「無差別潜水艦作戦」unrestricted U-boat war を開始し、4月にはアメリカが参戦し、第一次世界大戦の転換点となった年である。

　19世紀末から20世紀初頭にかけて、イギリスに限らず先進工業国、とりわけ高度工業国は食糧（フード）food と工業原料 raw material など種々の財の供給先を外国、

とりわけ海外諸国に大きく依存する輸入経済[1] import economy と化した。イギリスは、19世紀末の農業不況以降、食用穀物の国内生産が大きく減少し、その供給を海外諸国に依存し、野菜・肉・乳製品・嗜好品などの種々の食糧、さらには飼料 fodder の分野でも海外に大きく依存する事態に陥った。製造業の分野においても、イギリスは主要輸出産業である木綿工業で用いられる綿花(コットン)をはじめとした種々の工業原料に加えて、石油・アルミニウムなどの新エネルギー・新素材の供給を広く海外に求めなくてはならなかったのだ。

厄介なことに、食用穀物と飼料用穀物、食肉等の農産物の国内生産が急速に減少したにもかかわらず、リベラル・リフォーム期には大土地所有者による土地独占(ランド・モノポリー)を激しく攻撃する「土地問題(ランド・クエスチョン)」Land Question が政治的争点として大きく浮上した。イギリスの土地貴族 Landed Aristocracy は工業化期においても国土の多くを所有していたばかりか、地所(エステート)の分散を回避する相続制度を用いて大土地所有を幾代にもわたり維持していた。当然ながら、イギリス社会・経済がこの土地制度・相続制度に起因する様々な弊害を蒙っているとする批判も途絶えることはなかった。土地所有をめぐる激しい政治的対立ゆえに食用・飼料用穀物、各種肉類・乳製品の国内生産が大幅に減少し、国内で消費される食糧に占める国内産の比率、食糧自給率が低下したにもかかわらず、**農業生産**に対する関心は高まらなかった。

世界経済が相互依存を深め、高度工業国の経済が輸入経済化する中で、世界の列強は艦船建造を柱とする海軍増強競争を激化させた。1905年末以降、自由党内閣は歳出削減、所得税制度改革、国債管理の強化を図っていたが、1909/10年予算(案)は軍事費と社会政策費の歳出増加を前提に、累進的所得税(インカム・タックス)の一種である超過所得税(スーパー・タックス) super tax を創設したばかりか種々の直接税と間接税を新設した。既存税の増税と新税創設を柱とした高額所得者・資産家と低所得者双方に対する租税増徴は租税調達力強化と国債の柱であるコンソル Consols の価格に表される国家信用を高め、ドイツとの建艦競争を財政面から支援するものであった。1909/10年予算における「租税革命(タクセーション・レヴォルーション)」Taxation Revolution の結果、イギリス国家財政は社会政策費と軍事費という二大

歳出部門の要求を同時に満たす能力を具備した。イギリスは工業製品の輸出競争においてドイツに主導的地位を奪われるものの、第一次世界大戦直前には他の欧米諸国と比較して国家財政・軍事面で圧倒的に優位な地位を築くことが出来、世界金融市場においても中心的役割を維持したのである。

ロシアを含むヨーロッパ諸国、アメリカ、さらには中国（清）、日本が海軍増強・新兵器採用の動きを見せたいわゆる「帝国主義」の時代にあって、イギリスが食糧・工業原料の供給を海外に深く依存する事態は与党・野党を問わずイギリスの政治家、経済界、軍人の政治的軍事的関心を惹いた。しかし、戦前のイギリス政府や海軍省は膨大な物資を輸送する民間商船と海上通商路を防衛する具体的かつ有効な戦術を持っていなかった。**海外貿易と海軍との間には強い親和性**が認められるが、海外貿易を支える海上通商路を敵国の脅威から守る軍事構想は1914年以前にはなかったのだ[2]。

高度工業国経済の輸入経済化はイギリスをはじめとする世界各国の海軍増強とその戦略に深く関連し合っていた。輸入経済化が進行する中で、イギリス海軍の役割、戦略・戦術も大きく様変わりし、イギリス政府を含め各国は戦時に際して敵国経済をいかに無力化するかに関心を寄せ始めたのだ。経済的相互依存の深化と高度工業国の輸入経済化が進行する中で勃発した**第一次世界大戦**は、自由貿易・金本位制を前提としたイギリスの財政政策と貿易政策に甚大な影響を及ぼすことになる。イギリス政府は、開戦当初、伝統的戦費調達方法に則って租税増徴、とりわけ、1909/10年予算で導入した富裕層への重課な超過所得税を大幅に増税して世界大戦に対応した。さらに戦時国債をはじめとした国債の大量発行によって巨額の戦費を調達し、国内で入手可能な財・サーヴィスに対応したのだ[3]。

しかし、高度工業国にして輸入経済のイギリスは**「戦時経済」**に欠かせない**多種多様な膨大な量の食糧・工業原料を平時と同様に海外から輸入**する一方で、貿易収支の均衡を維持し、輸入代金支払いを獲得するためにも**輸出も継続**しなければならなかった。仮に、支払代金に不足が生じた場合には在外資産の売却さえも余儀なくされるが、金 gold による代金支払いは自国通貨の信用・為替レー

トを維持するために控えられた。イギリスは他の先進工業国と比較して優れた租税徴収能力と借入金調達力を保持して第一次世界大戦に突入したが、平時と同様に輸入しなければならない膨大かつ多種類の財に対する支払代金、支払手段と支払通貨には窮したのである。世界大戦の過程で「租税革命」で獲得した租税徴収能力と借入金調達力から成る財政力にも限界があることが判明した[4]。

第一次世界大戦勃発とともにイギリス政界の長年にわたる政治的争点であった「土地問題」は「奇妙な終焉」を迎えた。代わって、ドイツ海軍の軍事的脅威下での食品価格の高騰、飢餓、さらには食糧暴動を回避するために、食糧をいかに確保するかが政策課題となった。しかし、農場経営者が19世紀末の農業不況の過程で穀物価格下落に対処するために耕作地を牧草地化、あるいは耕作放棄した土地を再び耕起し、穀物生産を再開するためには、根本的な要件として穀物栽培による利益確保の制度的保証が欠かせないが、政府は農業者保護を躊躇した。この事情に加えて、男性労働者の多くが戦場に駆り出された後に、女性労働者を含め労働者を収穫期にいかに確保するか、化学工業の各社が火薬生産に経営資源を集中する中で[5]、人工肥料を含めて種々の肥料をいかに生産するかといった課題が新たに浮上した。近代農業は肥料と労働力の大量投入の上にはじめて成立可能なのだ。

第一次世界大戦前における各国の社会政策の促進によって国民は「国家への期待」を抱いたが、労働争議は止むことがなかった。第一次世界大戦は「**総力戦**」Total War の名で呼ばれ、**社会の組織化と国民の動員を基本とする戦争**であったが、イギリスの労働者階級が国家に遍く取り込まれ、組織され、戦争に動員されたのではない。食糧不足と食品価格高騰を契機に、戦時にもかかわらず軍需工場でも労働争議が頻発し、科学的に評価された食品の質・量と摂取熱量(カロリー)の確保、食糧の公平な分配が喫緊の政策課題となった。

第一次世界大戦とともに軍事戦略も大きく転換した。第一次世界大戦の経過が示すように、戦争の帰趨を決定すると看做されていた財政力に秀でたイギリスの勝利という世界大戦前の予測は大きく覆り、イギリスに財政力で劣ると看做されていたドイツが意外な継戦能力を発揮し、戦争は長期化した。それどこ

ろか、イギリス政府と国民は輸入経済の弱点を衝くドイツ海軍の潜水艦による商船攻撃[6]に重大な軍事的経済的脅威さえ覚えたのである。

　イギリス政府はイギリス同様、食糧、飼料、工業原料の供給を外国（海外）に大きく依存する輸入経済国ドイツを「経済戦争」によって麻痺させることに意を注ぐことになる。海軍省、外務省 Foreign Office、商務省 Board of Trade は連携して**軍事的経済的外交的手段を組み合わせた大規模な「経済戦争」、「経済封鎖」**を実行すべく、海軍による「海上封鎖」blockade に加えて、中立国経由でのドイツへの物資流入と輸入物資支払代金獲得を意図したドイツの輸出活動を阻止するために「封鎖」対象をドイツ周辺で「ドイツ経済圏」に属する中立国(ニュートラル)にまで拡げたのである。

　本書が注目するのは、世紀転換期以降におけるイギリスの生産・消費、ならびに国民の所得・資産に関する種々の情報が中央政府に蓄積され、利用されたことである。1906年以降、政府は農業を含む全産業の生産情報を蒐集し始めた。1894年以降、政府は累進的相続税の実施により高額資産の分布情報を入手し、1909/10年予算の累進的所得税の実施によって国民の所得分布に関する情報を獲得し、高額所得者・高額資産保有者に関する精確な情報を蓄積することが出来たのだ。社会政策は政策実施の前提条件として低所得者層の消費、所得・資産に関する情報蒐集を必須とするが、この情報は低所得者層の担税力測定の指標(ミーンズ)ともなる[7]。政府は社会政策によって、国民の所得・資産情報に加えて、国民の身体能力情報、労役あるいは軍役適性者に関する情報をも蓄積することが出来た。なお、人口センサスの個人情報は戦争勃発と同時に敵性国民の炙り出しに利用されたのである[8]。

　本書は、イギリス海軍とその戦略を軸に、19世紀末から第一次世界大戦期におけるイギリス経済・財政の分析を目指すものであるが、歴史研究の基礎である史料に関していえば、研究対象と同時代に出版された文書を主たる素材として用いる。また、本書は第一次世界大戦前・大戦中を扱うために、戦争の経済史的研究、あるいは、戦時経済・戦時財政について触れざるを得ない。この研究分野は欧米の歴史学界と比較してわが国では研究成果が極めて少ない領域で

あったが、近年、わが国でも戦争研究が徐々に進められている。

　第一次世界大戦に関して同時代に出版され、本書のテーマに深く関係する書物の翻訳状況に触れておこう。次のような**翻訳書**を確認することができる。ボガート著、岡野鑑記訳『戦費財政：戦時戦後の財政金融問題』[9]日本評論社、1939年。ボガート Ernest L. Bogart は後述するカーネギー国際平和財団の「戦争の経済的研究」[10]シリーズの一冊として『世界大戦の直接的及間接的戦費』[11]を明らかにした人物である。興味深いのは**封鎖下のドイツ農業に関する研究書の翻訳**である。農業経済学者のスカルヴァイト August Skalweit とエレーボー Friedrich Aereboe の著作がともにカーネギー国際平和財団の編纂した「第一次世界大戦研究叢書」として出版されていた。叢書は「戦争の経済的研究」と「世界大戦の社会経済史」[12]の2シリーズから成り、スカルヴァイト、エレーボーの著作は後者のドイツ・シリーズにある。この翻訳が第二次世界大戦直前の欧米諸国の厳しい対日経済封鎖の時代に出版されたのだ。スカルヴァイト著『独逸戦時食糧経済』[13]農林省米穀局、1940年、エレーボー著、澤田収二郎・佐藤洋共訳『世界大戦下の独逸農業生産』[14]帝国農会、1940年、多摩書房、1941年である。付言すれば、エレーボーは1914年末に刊行されたエルツバッハー Paul Eltzbacher 編纂の『ドイツの食糧とイギリスの飢餓計画』[15]に共同執筆者として名を連ねていた。第一次世界大戦の初期段階からドイツはイギリス・フランス・ロシアなどの「連合国」Allied Countries 海軍によって海上封鎖されたために、外国に依存していた食糧・飼料を国内で調達しなければならなくなったのだ。エルツバッハーをはじめとした栄養学 Nutrition、生理学 Physiology、農業経済学、統計学の研究家らは食用穀物・飼料用穀物の国外調達が困難となった状況を受けて、戦時における食糧政策・農業政策を、人間の生存に必要な熱量と蛋白質、炭水化物、脂質の三大栄養素を効率的に摂取し、生産する方策を栄養学・生理学・農学的観点から提案し、食品・栄養確保策を提言したのである。共同執筆者の中には、蛋白質、炭水化物、脂質から生じる熱量測定を行い、肉食による蛋白質摂取の重要性を説いていたカイザー・ヴィルヘルム研究所の生理学者ルブナー Max Rubner、統計学のクチンスキー

Robert Kuczynski——彼はブレンターノ Lujo Brentano とともに穀物関税に関する論文をものした[16]——らもいた。エルツバッハー編纂の著作は1915年には英訳され、大戦中のイギリス農業政策、食糧政策に大きな影響を与えることになる[17]。なお、大戦中のドイツの食糧生産・食糧事情に関しては、ワルター・ハーン著、氷川秀男訳『食糧戦争』[18] 平凡社、1940年がある。

　第一次世界大戦期における「連合国」の経済封鎖は**ドイツに隣接する中立国（ニュートラル）デンマーク**にも向けられた。この封鎖に対して、**ルブナーの学説を批判して**、穀類・野菜を中心として摂取熱量を抑制した食生活を推奨していたデンマークの栄養学者ヒンドヘーデ Mikkel Hindhede は、家畜、とりわけ**豚の飼育を厳しく制限**し、代わって食用穀物の生産を促進して国民を飢餓から防いだのだ。第一次世界大戦中の**ヒンドヘーデ**の行動・理論を記した**著作が1942年に翻訳**されたことで[19]、封鎖下のデンマークにおける食糧生産と**「戦時家庭料理」** War Time Cookery の実験がわが国にも詳細にわたり伝えられた。また、軍人の著作として、ギシャール著、海軍大学校訳編『世界大戦中に於ける対独経済封鎖戦』[20] 海軍省教育局、1937年がある。対ドイツ潜水艦作戦に参加したアメリカ海軍軍人の著作では、軍事史家マハン Alfred T. Mahan と理論的に対立していた、シムズ著、石丸藤太訳『海上の勝利』[21] 小西書店、1924年、石丸藤太訳『米国の参戦』高山書店、1941年がある。

　第一次世界大戦後に出版されたこれらの著作は、**第一次世界大戦中にドイツあるいはドイツ近隣の中立国が連合国の経済封鎖によって強いられた自給自足的経済運営、「経済封鎖」**に関心を向けたものである。理由は定かではないが、残念なことにこれらの著作はわが国では十分に利用されているとは思えない。なお、第一次世界大戦中に世界各国で出版された膨大な量の書籍・パンフレットはわが国の大学図書館にも多数収蔵されており、エルツバッハーの文庫も法政大学大原社会問題研究所に所蔵されているが、アナキズム関係の文献を中心とした文庫である。

　以上が本書の課題と分析視角・当該時期の概略である。

　最後に、本書の構成を簡単に記しておこう。第1章で、19世紀末農業不況以

降におけるイギリス農業の構造変化によって急増した食糧輸入と世界の強国が進めていた海軍増強、とりわけ新兵器採用によって惹き起こされたイギリスの「海軍パニック」との関連を主題とし、食糧自給が不可能となった高度工業国イギリスをめぐるイギリス海軍・政界・国民の不安を分析する。次いで、第2章で、イギリス海軍が進める造艦計画を海軍省内部から分析するために、艦船設計のみならず造艦計画全体を立案する設計技師ホワイト William H. White の事績を取り上げ、造艦計画・造艦事業の具体的様相を明らかにする。第3章で、海軍増強に伴う造艦事業と艦船の建造・維持・修理に伴う施設建設などの海軍工事と国家財政の緊張した関係を明らかにする。海軍増強を要求する海軍省にとって最大の障害は蔵相（大蔵大臣 Chancellor of Exchequer）であり大蔵省 Treasury であった。終章で、高度工業国の宿命である食糧・工業原料の海外依存傾向と海軍の軍事的役割を海事法 maritime law、とりわけ、1909年2月に纏められた海戦法に関するロンドン宣言 The Declaration of London concerning the Laws of Naval War ──通称ロンドン宣言 The Declaration of London ──の諸規程に関連付けて分析する。第一次世界大戦におけるイギリスを含む連合国の対ドイツ戦略、そして、ドイツの対イギリス戦の柱である潜水艦作戦の意図とイギリスの食糧事情への影響、イギリス本国の農業再生の経緯を明らかにする。第一次世界大戦を挟む過程で戦時における食糧確保が高度工業国の最も脆弱な箇所であることが明白となり、**食糧は戦時における強力な武器**と認識され始めた。と同時に、戦時における食糧の量的確保が困難を極める中で、国家は栄養学・生理学的研究で得られた最新の研究成果に依拠して農業生産・食糧生産を促進し、国民に食糧を配給するとともに、戦時家庭料理を指導し始めたことを明らかにする。

注
1) 輸入経済の意味については、Avner Offer, *The First World War: An agrarian interpretation*, Oxford: Clarendon Press, 1989.
2) 民間商船と海上通商路は海洋国家にして高度工業国であるイギリスの国民生活・経済活動の生命線(ライフ・ライン)であるが、それをいかに防衛するかに関しては、cf. C. Er-

nest Fayle, *Seaborne Trade: History of the Great War based on official documents*, 1920, Nashville: Battery Press, 3 vols., reprinted in 1997; Archibald Hurd, *Merchant Navy: History of the Great War based on official documents*, John Murray, 3 vols., 1921-29.

3) 19世紀から第一次世界大戦の初期段階にいたるイギリス国家財政に関しては、拙著『イギリス帝国期の国家財政運営——平時・戦時における財政政策と統計 1750-1915年』ミネルヴァ書房、2008年、参照。

4) 戦前・戦中のイギリスの貿易活動、貿易収支の動向については、William A. Paton, *The Economic Position of the United Kingdom: 1912-1918*, Washington: GPO, 1919. 第一次世界大戦でイギリスが投入した人的金銭的資源に関する統計情報は、War Office, *Statistics of the Military Effort of the British Empire during the Great War 1914-1920*, HMSO, 1922.

5) W. J. Reader, *Imperial Chemical Industries: A history, vol. 1: the forerunner 1870-1926*, Oxford UP., 1970, esp. Pt. IV.

6) ドイツの戦争計画、和平交渉の経緯、潜水艦作戦に関する**ドイツ側の調査記録**は、大戦後に戦時中の政治家・軍人・経済界の指導者から得られた『**証言録**』にある。Die Deutsche Nationalversammlung 1919/20, *Stenographische Berichite über die öffentlichen Verhandlungen des 15. Untersuchugsausschusses der verfassunggebenden Nationalversammlung nebst Beilagen*, Berlin: Verlag der Norddeutsche Buchdruckerei und Verlagsanstalt, 2 vols., 1920.

7) 拙著『イギリス帝国期の国家財政運営』参照。

8) Edward Higgs, *The Information State in England: The central collection of information on citizens since 1500*, Basingstoke: Palgrave Macmillan, 2004.

9) Ernest L. Bogart, *War Costs and Their Financing*, New York: D. Appleton, 1921.

10) David Kinley, ed., *Preliminary Economic Studies of the War*, Oxford UP. and Yale UP.

11) Ernest L. Bogart, *Direct and Indirect Costs of the Great World War*, New York: Oxford UP., 1919.

12) James T. Shotwell, ed., *Economic and Social History of the World War*, Oxford UP. and Yale UP.

13) August Skalweit, *Die deutsche Kriegsernährungswirtschaft*, Stuttgart: Deutsche Verlagsanstalt, 1927.

14) Friedrich Aereboe, *Der Einfluss des Krieges auf die landwirtschaftliche Pro-*

15) Paul Eltzbacher, ed., *Die deutsche Volksernährung und der englische Aushungerungsplan*, Braunschweig: Vieweg, 1914; Paul Eltzbacher, ed., *German's Food: Can it last? Germany's food and England's plan to starve her out*, University of London Press, 1915.

16) Lujo Brentano, *Mein Leben im Kampf um die sozial Entwicklung Deutschlands*, Jena: Eugen Diederichs Verlag, 1931, p. 214, n. 1〔石坂昭雄・加来祥男・太田和宏訳『わが生涯とドイツの社会改革——1844～1931』ミネルヴァ書房、2007年、497頁、注13〕。

17) *PP*, 1916〔Cd. 8421.〕, A Committee of the Royal Society, *The Food Supply of the United Kingdom*, p. 4. この『報告書』の内容についてはわが国でも詳細に報道された。倫敦 MM 生「英国の食糧問題 (1)～(4)」『大阪毎日新聞』1917年11月9～14日。

18) Walter Hahn, *Der Ernährungskrieg*, Hamburg: Hanseatische Verlagsanstalt, 1939.

19) 大森憲太訳『戦時下の栄養』畝傍書房、1942年。原本の書名は記載されていない。ヒンドヘーデの理論については、cf. Dr. M. Hindhede, *What to Eat and Why, including the famous Hindhede cookery receipes*, Ewart, Seymour, 1914. 本書は、第一次世界大戦直前の6月に出版された。

20) 本書には英語版がある。Lieut. Louis Guichard, translated and edited by Christopher R. Turner, *The Naval Blockade 1914-1918*, New York: D. Appleton, 1930.

21) Rear-Admiral William Sowden Sims, *The Victory at Sea*, New York: Doubleday, Page & Co., 1920.

第1章　19世紀末農業不況と第一次世界大戦前のイギリス海軍予算
――戦時における食糧供給をめぐる「集団的記憶」――

はじめに

「集団的記憶」――イギリス国民にとって

　「事件」、「出来事」を体験した人物（単数であれ複数であれ）がもはや「この世」に生存していないにもかかわらず、後世の人々に言い伝えられ、あるいは、書物に記され、「集団的記憶」[1] collective memory となるものがある。この集団的記憶が「真実」truth なのか「事実」facts なのかも定かではないにもかかわらず、個人的記憶とは性格を異にし、しばしば、「民族的遺伝子」などと表現される。厄介なことに、集団的（民族的）記憶は政治的経済的文化的激動期にたびたび呼び覚まされ、歴史の表舞台に蘇る性格を持っている。
　本章は、19世紀末イギリス農業が、安価な外国産農産物のイギリス（連　合王　国）国内への大量流入やイギリス国内の穀物価格の下落を契機とした農業不況とその脱出過程で、穀物栽培から牧畜農業・耕作放棄への構造転換を図り、その結果として明白となった食糧自給、とりわけ穀物自給率の大幅な低下に対する国民的危機感について扱う。歴史を遡れば、イギリスの食糧供給事情、とりわけ食用穀物自給能力に対するこのような懐疑は、18世紀末から19世紀初頭のイギリスとフランスとの激しい戦争の時期に頂点に達した。イギリスが対フランス戦争を開始し、両国の貿易関係が絶たれた1793年以降、イギリス国民は穀物価格、とりわけパン用の小麦価格の急激な上昇に見舞われたが、その一方で農業部門は活況を呈した。やがて、フランス皇帝ナポレオンは「大陸制度」

The Continental System を発動し、経済的手段によって敵国イギリスを崩壊にいたらしめる戦略を採用した。イギリス国民は対フランス戦争の過程で食糧危機、穀物価格の急上昇・急下落を体験したばかりか、体制崩壊に繋がりかねない大規模な民衆暴動を目にすることになった。ちなみに、イギリスは18世紀末には食用穀物の輸入国となり、19世紀中葉以降、イギリス農業の穀物栽培から牧畜業への構造転換も加わって、食用穀物をはじめとした食糧(乳製品・食肉・嗜好品)と飼料の海外依存度が高まった。

　食糧不足、食品価格の急上昇に象徴される食糧に対する広範囲な危機感の喚起、その結果としての民衆暴動の誘発という「集団的記憶」と深く結び付いた大陸制度の歴史的意義を、現在では省みられることの少ない一冊の書物を通じて指摘しておこう。浩瀚な二巻本からなる『重商主義研究』(1931年)で知られるヘクシャ Eli F. Heckscher は、19世紀初頭、ヨーロッパの覇権をめぐるイギリスとフランスとの戦争の過程でナポレオンによって打ち出された大陸制度に関する研究書を、カーネギー国際平和財団から第一次世界大戦終結直後の1922年に出版した[2]。なお、カーネギー国際平和財団は第一次世界大戦研究のために大戦中からシリーズ「戦争の経済的研究」を出版し始めたが、ヘクシャも第一次世界大戦期に蒙ったスカンディナビア諸国の経済的苦境に関する著作を1930年に出版していた[3]。第一次世界大戦においてスカンディナビア諸国はスペインやスイスと同じく中立的立場にあったとはいえ、イギリスをはじめとした連合国は食糧・工業原料がスカンディナビア諸国やドイツと陸続きの高度工業国オランダを含めた中立国経由でドイツとその同盟国に渡ることを警戒し、大戦の初期段階からこれらの中立国の貿易活動、具体的にはドイツと中立国間の貿易はもちろん、中立国間相互の貿易活動に対しても軍事的外交的手段を用い、厳しい干渉を続けた。戦前からドイツ経済圏に属していたスカンディナビア諸国[4]は対外貿易活動に対する連合国の厳しい外交的規制を受けることになった。海事法 maritime law では、交戦国(戦争当事国)は戦時において海上封鎖ラインを中立国の沿岸から3カイリ内の「領海」territorial sea まで延長することが出来ず、スカンディナビア諸国とドイツとの貿易ルートであるバ

ルト海は第一次世界大戦を通じてイギリス、フランス、ロシアの各海軍の「制海権」command of the sea、「海上封鎖」blockade 線の及ばない中立国の領海内にあった。それゆえ、連合国はドイツとの経済的関係が深く、海上封鎖線が及ばないスカンディナビア諸国に対して厳しい貿易規制を要求し、実施したのだ[5]。ヘクシャは、このような大戦期の各国の経済封鎖戦略を念頭に、イギリスの貿易通商路の遮断を目的とする大陸制度のイギリス・フランス両国への影響を歴史的に分析した。彼は19世紀初頭ナポレオン戦争時の大陸制度と第一次世界大戦時のイギリス海軍・フランス海軍による海上通商路・港湾施設の封鎖とを比較し、両者の相違点を明らかにしようとした[6]。

この第二次英仏百年戦争期のフランス海軍について、1937年に執筆された未公刊論文は次のように指摘している。海洋国家ゆえに海上通商路の安全性確保の重責を負うイギリス海軍と異なり、フランス海軍は18世紀以来、フランスの海上通商路を防衛する任務を持つことなく、国家の軍事的政治的威信を示す「贅沢な海軍」luxury navy に過ぎなかった。また、フランス皇帝ナポレオンは大陸制度を発したが、フランス海軍は海上での軍事的支配権を確保できず、経済的圧力でイギリスを打倒するという戦略構想も実現できなかった[7]。ナポレオン戦争期にはイギリスの穀物価格が上昇し、食糧危機が叫ばれたことはあったにしても。

では、大陸制度への対抗策であるイギリス海軍によるフランスの港湾施設封鎖、海外貿易活動妨害は、19世紀末以降の政治家・海軍が戦時に予想される食糧危機、飢餓の備えとしての海軍増強を声高に要求するほど成功したのであろうか？　17世紀の英蘭戦争から18世紀末の対フランス戦争、19世紀半ばのクリミア戦争から第一次世界大戦にいたるまでのイギリス海軍の海上封鎖戦略の全貌を記したベル A. C. Bell の答は「否」であった。17世紀、18世紀末19世紀初頭のオランダやフランスの経済は物資輸送の際に必ずしも海上輸送に依存せず、また両国が背後に広大な陸地と幾筋もの陸上輸送路を抱えていたために、イギリス海軍の海上輸送路遮断・港湾施設封鎖は経済的圧力とはならなかった[8]。

本章は18世紀末から19世紀初頭の政治的軍事的危機の時代における食品価格

上昇と食糧供給への不安感増大を契機とした暴動発生によってイギリス国民に植えつけられた「集団的記憶」が、19世紀半ばの比較的平和な時代を経て世紀末以降の農業不況 agricultural depression に象徴される食糧自給能力の決定的な低下と欧米諸国の軍備拡張と帝国主義的対立の時代に呼び起こされ、海軍の戦略構想にいかなる影響を及ぼしたのかを明らかにする。戦争は他ならぬ「平時」——たとえ表面的には平和であっても、背後には厳しい軍事的政治的緊張が存在する——に基本戦略が構想され、戦時財政、戦時経済、あるいは動員兵員数などの基本方針が策定されるとともに、戦争の最中に平和が夢想される。本章をはじめとして本書の各章は、平時における経済・財政政策が常に平和な秩序を構想して策定されたものではない現実を受けて、平時の経済・財政政策と戦時のそれとを比較して理解する。なお、本書では、戦時財政の意味を（1）「戦時に財政運営はどうあるべきか」と（2）「戦時の財政はどのようであった」、戦時経済を（1）「戦時に経済運営はどうあるべきか」と（2）「戦時の経済はどのようであった」の二つの意味で用いている[9]。

第1節　19世紀末農業不況とイギリスの食糧供給

19世紀初頭イギリスの農業生産と穀物取引

　イギリス（イングランド）は、18世紀半ばまで穀物輸出国であったが、その後、穀物輸入国に転じた。この食糧調達をめぐる環境の変化によって、イギリスにおける食糧供給は18世紀末から19世紀初頭の対フランス戦争時に重大な政治的経済的問題となったが、フランスと異なり食糧不足による体制崩壊にはいたらなかった。食糧不足の政治的影響をフランスほどには受けなかったイギリスでは、政府が食糧自給問題を契機に国内農業に関する統計情報の蒐集・整備を本格化し、農業統計を政策形成に利用しようとしていた[10]。

　対フランス戦争末期の和平の見通しが生まれた1813年には早くも海外農産物のイギリスへの大規模な流入が生じた。穀物価格は対フランス戦争の最中には

高騰を続け、一時期、クォータ当たり100シリングを超え[11]、そのため農場経営者は繁栄を謳歌したが、それも束の間、和平の見込みが生まれるや一転して急激な穀物価格の下落が始まり、農業経営は深刻な不況局面に突入したのである。議会には農業経営の窮状を訴える請願が数多く提出され、議会はこの状況を受けて、穀物の輸入・輸出に関する規制を目的とした古くからの法律であるが、この時期、機能していなかった1804年施行の穀物法[12] コーン・ロウズ Corn Laws を再検討し、外国からの穀物流入規制を再考し始めた[13]。ちなみに、1804年の穀物法は小麦価格がクォータ当たり63シリング以下の場合、輸入禁止的関税の賦課、54シリングを超える場合、輸出禁止を定めていたが、穀物価格高騰のために機能することはなかった。パーネル Sir Henry Parnell を委員長とした1813年の「穀物取引に関する調査委員会」は**国の安全保障の観点から食糧（穀物）の海外依存**状態[14]に危機感を抱き、この状況を変える視点から政策提言を行った[15]。委員会は対フランス戦争の過程で耕作地増加をみたアイルランドの穀物供給能力に着目し、イギリス本国の食糧増産と食糧の海外依存脱却を期待し、小麦輸出の自由化を謳っていた[16]。委員会は現行の1804年穀物法廃止を決議し[17]、穀物輸入に関して、次のような新たな規制採用を決議した。小麦 wheat・ライ麦 rye・えんどう豆 pease・大豆 beans・大麦 barley・燕麦 oats の輸入穀物に関して、クォータ当たりの価格が小麦では105シリング2ペンス、ライ麦・豆では65シリング2ペンス、大麦では54シリング2ペンス、燕麦は36シリング4ペンスの水準に達した場合に、それぞれ異なった関税——それぞれ、24シリング3ペンス、22シリング、22シリング、22シリング——を賦課する。さらに、穀物粉 flour・粗粉 meal に関しても輸入禁止の決議を採択した。なお、パーネルは1814年に議会で1813年調査委員会の活動に依拠し、穀物取引（輸入・輸出）をめぐり議会の内外で繰り広げられている穀物法論争に触れ、穀物輸入に対する規制と穀物輸出の自由化を改めて訴えるとともに、穀物生産者が私的利害——高価格・高地代——の追求を新たな穀物法案で実現しようとしているのではなく、消費者の利益を促進するために穀物生産を行っている、と発言している[18]。彼は製造業者が穀物価格の上昇と、製造業で働く人々の賃金が

上昇することを理由に、穀物取引に関する新たな規制に反対していることに触れて、穀物価格の賃金への影響が部分的かつ緩慢であるとし、反対意見を退けている[19]。

穀物法調査委員会

1814年に設置された穀物と穀物法に関する二つの調査委員会[20]はイギリスで消費される穀類が海外諸国の供給に依存している現状を前提として、国内農業の活性化、穀物の生産者と消費者双方の利害調停、穀物価格の製造業への影響などを検討した。長期にわたる大規模な対フランス戦争は1815年に終結してヨーロッパに平和が到来し、対フランス戦争期に機能していなかった穀物法が1815年2月には新たな法案に形を変えて上程され、同年3月に議会で可決された[21]。1815年の穀物法は、国内の小麦・小麦粉(フラワー)価格がクォータ当たり80シリング以下では小麦・小麦粉の輸入を禁止し、この水準を超える場合にのみ輸入を認める。ただし、植民地からの小麦・小麦粉の輸入はクォータ当たり67シリングを超える場合に許可された。同様な措置は価格水準を変更の上、ライ麦、豆、大麦、燕麦にも適用された。しかし、戦争で勝利したイギリスの経済は平和到来によって農業部門では戦時の旺盛な食糧需要が激減し、1815年の穀物法による保護政策にもかかわらず1816年初頭には穀物価格は下落した。が、一転して価格はクォータ当たり117シリングにまで高騰し、民衆暴動の一因となったのだ[22]。1820年代には穀物価格の下落、地代下落が惹き起こされ、農業不況からの救済策が議会で語られたばかりか[23]、商業・工業部門も深刻な経済不況に陥った[24]。

1846年穀物法廃止法

対フランス戦争終結後の農業不況を契機に1815年に施行された穀物法は1822年、1828年、1842年にそれぞれ形を変え繰り返し実施され、1846年に廃止されるまでイギリス農業を保護する役割を担った。1846年の穀物法廃止法によってイギリスの農場経営者は保護の後ろ盾を失い、他の産業と同様に自由貿易の時

代を迎えることになる[25]。しかし、穀物法廃止に踏み切るピール Sir Robert Peel が明確に理解しているように、**イギリス国民が必要とする食糧を国内農業ですべて賄うことは国の安全保障上最善であるが、それは不可能なことであ**った。彼は、輸入穀物に賦課している関税を撤廃することが食糧の海外依存度を必然的に高くするとは考えていなかった。国内農業の発展を期待していたのだ。その一方で、ピールは自然的条件に左右される農業生産の在り方をみれば、自由貿易によって食品価格が必ず下がるわけでないとも発言していた[26]。**自由貿易は安価な食糧の安定的供給をイギリス国民に保証するものではなかった**[27]。イギリスの農場経営者が保護関税撤廃を契機に壊滅的な経済的打撃を受けるとの懸念を抱く中で、ケアード James Caird は『高度集約農業(ハイ・ファーミング)：自由契約の下で、保護に代わる最も優れた策』[28]（1849年）で、イギリス農業の新たな方向が「集約的農業」であることを提示したのだ。彼はイングランドの革新的地主が穀物法廃止以降、深刻な農業不況に見舞われながらも新農業技術を採用している事実を蒐集すべく、1850年から翌51年にかけて彼らの地所経営の実態を調査した[29]。1858年にはケアードは新大陸アメリカ・カナダの農業事情を視察し、肥沃な土地での大規模な農場経営をつぶさに観察し調査結果を著すことになる[30]。やがて1870年代には、イギリス農業は新大陸からの穀物をはじめとする農産物の流入によって不況に陥り、穀物栽培から牧畜・近郊農業への転換、そして農業人口のさらなる減少を経験するが、彼はイギリス農業が新技術の応用によって困難を克服できるという幾分楽観的な見通しを持っていた[31]。しかし、1840年代末の農業不況を目にしたリットン E. Bulwer-Lytton は、高度集約農業の結果、イギリス農業が**大量の肥料投入**と**飼育する家畜数の増加**を必要とする**高コスト体質**となったことを指摘し、農業の未来に疑念を投げかけ[32]、穀物法廃止以後、政治的影響力を失っていた農業保護派は彼の主張を農業利害の結集に向けた理論として歓迎したのだ[33]。

経済統計の蒐集・公開

18世紀以来、商務省・農務省 Board of Agriculture[34] は、農業不況の実態把

握と貿易政策の策定のために**穀物の輸出・輸入に関する統計**を精力的に蒐集・蓄積しており、商務省は1855年以降、農産品の輸出・輸入に関する統計情報を含めた各種統計情報を『統計概要』Statistical Abstract として纏め、公開していた。しかし、ケアードは『イギリス農業』（1852年）で農業経営の実態把握のために欠かせない、**農業生産**に関する統計情報の欠如を指摘し、政府に当該統計情報の蒐集・整理を強く求めていたのである[35]。1867年以降、農務省は漸く耕作面積・牧畜などに関する**農業生産データ**を整備し、『農業統計』 Agricultural Return として公刊し始めた。ちなみに、1870年代には深刻化した農業不況に対処するために大規模な議会調査委員会が設置され、国内の農業生産──穀物生産に加えて各種の肉類・乳製品・野菜の生産を含む──に関する種々の統計情報が中央政府の関係部局に蓄積され、公表されることになった。

こうして19世紀末にはイギリス国内の農業生産の動向と食糧輸入の状況は、種々の統計情報の整備によって可視化＝数値化されて国民に提示されることになる。ちなみに、イギリス国内の製造業の生産に関する統計情報は、19世紀末の大不況期に大規模な不況調査委員会が設置されたことによりその本格的な蒐集が開始された。その後1906年に生産センサス法 Census of Production Act が成立し、組織的・継続的な統計情報の蒐集・公開が決定され、1912年にその『最終報告書』が出されることになる[36]。

19世紀末イギリス農業の状況

イギリス農業、とりわけ穀物生産は1870年代には交通革命によって、1850年代にケアードがつぶさに観察した新大陸の大規模農業との本格的な競争に晒されるようになった[37]。19世紀末の農業・工業不況を契機とした自国経済の競争力の相対的低下によって生まれた、自国産業の保護を要求する保護貿易的政策主張と自由貿易の継続を求める政策主張との対立が、ナポレオン戦争期の大陸封鎖によって惹起されたとされる「食糧危機」と「飢餓の〔18〕40年代」"The Hungry Forties" という二つの「集団的記憶」を呼び起こすこととなる。「飢餓の40年代」という言説は、自由貿易の立場からなされる世紀転換期イギリス

における関税改革運動 Tariff Reform Movement という保護貿易政策によって予想される食品価格高騰がどのようなものであるかを、国民の胃袋に扇情的に訴えるものであった[38]。

「飢餓の40年代」が食品価格高騰の恐怖を情緒的に国民に訴えたのに対して、島国イギリスが仮想敵国の海軍によって海上封鎖され、食糧危機、飢餓に陥る恐怖を煽る論理については本章を含め本書全体で詳細に触れるとして、海上封鎖が食糧危機への恐怖を連想させた背景には工業国家イギリスをめぐる軍事情勢の変貌があった。すなわち、19世紀中葉のイギリスは工業製品を世界に輸出する「世界の工場」となる一方で、自国民の生存に不可欠な食糧——食品需要は所得水準の動向によって大きく変化するが——のみならず自国の製造業が消費する工業原料さえも、自治領・植民地を含む世界各地から継続的・安定的かつ大量に輸入しなくてはならなかった。これに対して、欧米の強国の軍事的対立が激化し、イギリス国家・国民の生命線(ライフ・ライン)である海上通商路が、科学技術の大規模な利用によって破壊力を飛躍的に増加した兵器によって遮断される懼れが高まったのである。

注目すべき点は次の事実である。1880年代には、緩やかな増加傾向を辿る国内人口によって食糧需要も多様化・増大していったが、農業不況以降の国内農業の構造転換によって穀物生産、とりわけ小麦生産が急速に落ち込んだ。イギリスの農場経営者は、農業不況、穀物価格低落から脱出するために、穀物栽培を主体とした農業から牧畜・省力化農業への構造的転換を果たした[39]。

その結果、18世紀末以来イギリス国民の主要な食糧と位置付けられてきた小麦の国内自給率は低下の一途を辿った。イギリス国民が消費する種々の食品のうち、砂糖、コーヒー、紅茶などの本国で生産できない嗜好品は当然として、イギリス農業が穀物栽培から牧畜農業に大きく転換した上に、国民所得が上昇したことによって国民の食品に対する消費需要も大きく変化し、穀類に加えて食肉（牛・豚・羊・鶏）、加工肉、果物、野菜、乳製品さえもが輸入に大きく依存する事態となったのだ。

1870年代末には、農業統計、貿易統計などの統計情報に精通した研究者が、

イギリス農業の構造変化の結果によって惹き起こされたイギリスの食糧生産・供給状況に関する論文を統計学の専門誌に発表し、国民の生存に不可欠な食糧を海外諸国に依存する危険性を指摘した[40]。論文は、1870年代末には価額・数量ともに輸入食糧が急増する一方で、国内で生産される食糧の価額・数量が激減している事実を、驚きをもって指摘していた。イギリスの農業事情に精通し、1876年には借地権(テナント・ライト)の観点から地主＝借地農関係の改革についてのパンフレット[41]を著したベア William E. Bear さえもがイギリス本国の食糧事情に関する1892年の論考で、国民が消費する穀類・肉類は海外に大きく依存している事実を統計的に明らかにし、食糧の海外依存に危機感を表明した[42]。穀類・肉類などの食糧の海外依存が高まり、国内消費に占める国産食糧の割合低下が明白な事実となり、19世紀末以降、戦時（＝非常時）に、海上通商路が途絶することによって国民が飢えに苦しむ可能性を示唆した「飢餓論」Starvation Theory が大きな注目を浴びることになった。しかし、この「飢餓論」は国民1人が1日に最低限必要な栄養摂取量を経験的、あるいは栄養学的・医学的・生理学的に算出し、それを基準として組み立てた議論ではなく、幾分感情的な主張であった。ちなみに、成人1人が1日当たり生存するために必要な各種栄養素、熱量の最低ライン算定は第一次世界大戦中の1914年にドイツで行われた[43]。

　食糧と同様に、工業化の進展にともなって需要が増大した多種多様な膨大な量の工業原料の安定的確保が、イギリスの経済的繁栄と存立にとって大きな不安材料となっていった。イギリスの基幹輸出産業である木綿工業で消費される綿花、機械工業に欠かせない天然ゴム、そして石油などである。石油は、世紀転換期にイギリス海軍の艦船が燃料を石炭から石油に転換したにもかかわらず、この時代イギリス本国では産出されなかったこともあって、戦略的重要物資となった。自由貿易政策による経済発展と国民所得の増加の結果、イギリスは世界各国と貿易を通じた緊密な経済関係を結ぶ高度工業国に成長するが、時代とともに種類・量ともに増加傾向を辿る工業原料と食糧の調達で海外依存度を益々高めたのである。とりわけ懸念されたのは、国民が日々口にする食糧の安定的調達であった。イギリスは非常事態（＝戦争）勃発の際、海外に大きく依

存している食糧調達に不安材料を抱えており、食糧不足・食品価格騰貴に起因する飢餓と暴動の懼れがあったのである[44]。

　工業化が進むにつれて食糧・工業原料の調達源を海外に依存する度合いを深めていったのはイギリスに限らなかった。第二帝政期のドイツは急速な工業化を進め、食糧・工業原料の調達先を海外に依存する度合いはイギリスと同様に時代とともに高まった。ホブソン Rolf Hobson はイギリスにおける軍事史研究の成果を取り入れた第二帝政期ドイツ海軍の研究で、国家は工業化を推し進める過程で必然的に食糧・工業原料の供給の点で海外依存を深め、その結果、工業国家は経済的圧迫、とりわけ、物資輸送の主要ルートである海上通商路の軍事的封鎖に脆弱な体質となることを強調している[45]。

　地主・借地農の組織である中央農業会議所 Central Chamber of Agriculture は、軍事情勢の緊迫化を受けて、1896年に統一党 Unionist 内閣に対して戦時における食糧の確保、穀物の国家備蓄に関する調査を求めたが、具体的成果は得られなかった[46]。しかし、1897年には、小麦の国家備蓄に関する調査を求める動議が議会に提出され、戦争に備えて小麦等の食糧の国家備蓄構想が芽生え始めた。やがて、ボーア戦争（南阿戦争：1899～1902年）勃発を契機に戦時における食糧・工業原料調達の在り方が議会で本格的に論じられることになった。なお、中央農業会議所は1897年には、戦時に備えた食糧の国家備蓄、小麦の生産拡大を要求する意図で調査委員会を自ら組織し、借地農、製粉業者、さらには海軍軍人などから証言を得た上で、翌1898年に『報告書』を刊行し、情報宣伝活動を活発化させた[47]。

　この1897年は、ヴィクトリア女王即位60周年記念のために約165隻のイギリス海軍の艦船がスピッツヘッドに集結してその威容を国の内外に示した年であったが、ケネディ Paul Kennedy が指摘しているように、まさしくこの時期にイギリス海軍の量的質的優位は海軍拡張競争の始まった1880年代と比較して明白に低下していたのである[48]。しかも、1896年以降、ヨーロッパ諸国保有の各種艦船数に関する統計情報が議　会　資　料（パーラメンタリー・ペーパーズ）として継続的に公にされ[49]、国民の誰もが有力諸国が推し進めた海軍増強の実態を窺い知ることができるように

なった。

　1890年代末から20世紀初頭において有力諸国が海軍を増強する動きを示す中で、イギリスでは、食糧自給の実態、戦時における食糧供給、パンの原料である小麦供給を海外に依存する農業の在り方を扇情的に訴える著作が幾つか出された。『メイド・イン・ジャーマニー』を著して一躍注目を浴びたウィリアムズ Ernest E. Williams は、議会で食糧の国家備蓄が取り沙汰された1897年に、外国産農産物の輸入によって甚大な打撃を受けたイギリス農業に関する著作を出版している。彼は、イギリスに輸入された穀類・肉・乳製品・果物類の量の変動、国内消費に占める比率の変化などを克明に調査し、結論として、国家の援助と農業生産者の自助を基本原理とした農業改革を提言した[50]。また、マーストン R. B. Marston は、『戦争による飢餓とイギリスの食糧供給』(1897年) で、イギリスとフランスが覇権をめぐる長期にわたる戦争状態にあった1800年と19世紀末のイギリスの軍事情勢、食糧供給の状況を比較し、次のように主張した。すなわち、アメリカの海軍戦略研究家であるマハン Alfred T. Mahn の著作を引用し、1800年のイギリス海軍はヨーロッパの他の強国の海軍を合わせたよりも強力であったが、現在ではその優位性を喪失し、フランス海軍はかつてよりも遥かに強力である、と。マーストンは欧米諸国による海軍増強とイギリス海軍の相対的弱体化、飛躍的に上昇した軍艦の破壊力などを念頭に、イギリスの食糧輸入量、戦争に備えての食糧備蓄量、イギリス海軍の能力などを検討し、結論として、イギリスが戦争に突入した場合、食糧危機に起因する敗戦を避けるべきであるとした[51]。さらに、1899年にはクルックス Sir William Crookes が『小麦問題』で、農業不況後におけるイギリスの農業生産性が依然として高い水準にあることを認めつつ、イギリス国民の主たる食糧である小麦の生産・供給の実態を分析している。著作の中で、彼は小麦に対する消費需要が世界的に増加する一方で、その供給能力を有する地域がアメリカをはじめとした新大陸に集中している事態を重視した。クルックスは、小麦需要の世界的増加にもかかわらず、小麦供給地域の偏在化と農業不作との発生によって、その供給が不安定となる危険性を指摘したのだ[52]。

世紀転換期のイギリスの農業事情をつぶさに調査したハガード H. Rider Haggard も次のように警告している。19世紀末以来の穀物価格低落の中で、イギリスは農業人口の激減、穀物栽培用農地の減少、およびそれとは対照的な野菜栽培用農地・牧草地の増加を経験したが、穀物類の海外依存は当然としても、卵、乳製品、野菜などの供給においても海外に大きく依存する事態となった。食糧、さらには工業原料の調達を海外に依存する状況は、イギリスと同様に急速に工業国家の道を歩んだ第二帝政期ドイツでも深刻化していた。もっとも第二帝政期ドイツの食糧自給――国内生産量と輸入量の金額あるいは量の比較であり、国民が最低限必要な栄養摂取量を国内産食糧と輸入食糧とで比較したものではない――の割合は、国家が自由貿易政策ではなく保護関税を採用し国内農業を強力に支えていることもあって、イギリスに比して相対的に高い。イギリスの食糧供給事情では、ヨーロッパで戦争が勃発した際には危機的な飢餓状態に陥るであろう[53]。このように、ハガードは世紀転換期におけるイギリス農業が置かれている状況を分析し、イギリス農業がもはや世界の農業の模範ではなくなったことを認識し、その将来像を探るべく、デンマークの農業事情調査に旅立った[54]。

　ハガードが指摘しているように、イギリス農業は自由貿易政策を大前提とし、19世紀末の農業不況の過程で小麦などの食用穀物の国内自給率低下、農業人口の減少という大きな犠牲を払って牧畜・近郊農業への構造転換を遂げたが、第二帝政期のドイツ農業はイギリスと異なり農業保護政策によって世界的農業不況に対処したのだ。アシュレー Percy Ashley もまた『近代関税史』(1904年)の中で、ドイツにおける保護貿易運動が純粋に農業を含めた産業の保護政策追求ではなく、戦時における食糧確保策であることに着目していた[55]。セルボーン Earl of Selborne 農相（農業大臣 President of Board of Agriculture and Fisheries）は、第一次世界大戦勃発後の1915年にドイツの食糧供給・農業生産に関する調査を行い、ドイツでは1895年以降の農業保護政策によって穀類を中心とする農産物の生産が増加し、イギリスをはじめとした連合国の飢餓戦略に長期間耐える用意が出来ていると主張した[56]。また、フックス Carl J. Fuchs

はイギリスの農業政策とドイツの保護貿易主義的経済政策を比較し、この時期のイギリスが食糧輸入国となっただけでなく、都市人口と比較して農業人口の減少が著しい、特異な経済環境にあることに注目していた[57]。帝国連合 Imperial Federation に関する著作を有するパーキン George Parkin も、イギリスが植民地や自治領との政治的経済的関係を深化させ、帝国連合を実現させようとする中で、「世界の工場」たるイギリス本国が工業原料のみならず食糧においても純然たる輸入国となった事態に関心を寄せていたのだ[58]。こうして、イギリス本国と植民地・自治領との政治的経済的結合の強化を求める者であれ、自由貿易論者であれ、世紀転換期のイギリスの国民生活・経済が食糧・工業原料の調達で海外に深く依存していることをともに認めざるを得ない中で、この時期の軍事・政治・経済的対立の激化によって、戦時における食糧・工業原料調達に対する不安感・恐怖心とイギリス海軍への期待感がともに高まったのは当然である。

　もちろん、世界各国が相互に経済的依存の度合いを強めれば、戦争に訴えてでも自国利害を主張する場面は存在しなくなる、とする戦争不可能論も存在した。ロシアで鉄道王・銀行家として有名であったユダヤ人のイヴァン・ブロッホ I. S. Bloch（ポーランド名でイヴァン・ブリオフ）は1898年の『未来の戦争』で、イギリスをはじめとしてドイツなどの高度工業国が相互に経済的依存を深めたが、経済的関係が途絶える戦時において、これら高度工業国が自国領域内で食糧・工業原料を調達するには非常な困難を伴うことを各種統計情報によって示そうとした[59]。彼は、(1) 軍事技術の革新によって兵器の破壊力が飛躍的に増加するとともに、(2) 戦争に動員される兵員数もかつてない規模にのぼることを予想し、(3) 戦争の帰趨を決するものは経済力であるとの見方を明らかにした。ブロッホは、欧米諸国が軍事技術の開発に努めた結果、各種兵器の破壊力が飛躍的に向上し、戦艦から小艦艇にいたる艦船の戦闘能力も大幅に向上し、将来の戦争が国の持てる経済力すべてを投入したものとなり、その長期化も予想されるばかりか、陸上では塹壕戦が予想され、海の戦いでは破壊力を一段と増した軍艦による敵国の経済力破壊のための海上通商路封鎖が行われるで

あろう、と予測した。さらに彼は、交戦国の国民生活が飢餓の恐怖に襲われるばかりか経済活動の全面的崩壊の懼れが生じ、世界が甚大な被害を蒙るであろう、とした。著者は、大規模かつ長期間の軍事力行使によって齎される破壊行為の重大さを根拠に、戦争が不可能である、と結論付けたのである。19世紀後半に出版された「未来戦争」に関する書物の多くは小説風読み物であったが、ブロッホの著作は統計情報を駆使したものであった[60]。

19世紀末イギリス海軍の状況

このように、1870年代はイギリス国民の生活を維持するのに不可欠な食糧——国民の生活水準の向上によって、砂糖・コーヒーなどが労働者階級にとっても生活必需品となる——や工業原料を海外に依存する度合いが高まった時代であると同時に、ヨーロッパの国際政治・軍事情勢の大きな転換期でもあった。19世紀末以降における欧米諸国の軍備拡張、とりわけ海軍増強の動きの中で、食糧・工業原料の安定的・持続的確保がイギリス国民の生存と経済活動にとって欠かせないものであり、海外諸国、自治領・植民地から食糧・工業原料を輸入し、工業製品を輸出する海上通商路を守ることはイギリス海軍の最重要課題、至上命題であった。しかし、19世紀中葉のイギリス海軍は、19世紀初頭のナポレオン戦争勝利直後の世界に冠たるイギリス海軍ではなかった。

ナポレオン戦争で宿敵イギリスに敗北したフランスは、1830年代以降、かつてのような国威の象徴としての「贅沢な海軍」ではなく、フランス経済の対外的発展に欠かせない海軍を創建する動きを加速させた。19世紀においては、海軍の軍事技術の革新は操船技術、動力源・推進力の改良、砲弾の改良による攻撃力上昇と砲弾から艦船を防御する造艦技術の分野で顕著であった。その結果、軍艦の推進力も風力（帆）から蒸気力（スクリュー・プロペラ）へと転換し、軍艦は強力な敵の火砲から艦船を防御するために、木造船ではなく「鉄を纏った」ironclad 艦へと大変貌を遂げたのである。フランスが海軍予算を増額し、これらの新技術を採用した軍艦を建造し始めたために、イギリス政界は19世紀半ばの1847～1848年、1851～1853年、1859～1861年の間にフランス海軍の侵略

を懼れる「海軍パニック」に陥り[61]、その都度、イギリス海軍予算の増額が声高に叫ばれた[62]。

とりわけ、1859〜1861年の間の「海軍パニック」は、軍事技術の転換期、とりわけ木造船から鉄製――後には鋼鉄製――軍艦への移行期に発生したものであり、フランス海軍のイギリス本土侵略、イギリスの国防体制の在り方が議会のみならずメディアで大真面目に議論された[63]。1859年にイギリスの国防体制を調査する委員会が設置され、委員会はその『報告書』で既存の国防体制に不安を訴え、軍港・要塞の防備強化を柱とする陸軍予算、艦船建造を中心とする海軍予算の増額を要求していた[64]。当然ながら、この海軍パニックは軍港・要塞の防備強化、鉄製軍艦建造の是非のみならず、海軍予算の増額要求にまで発展したために、閣内ではパーマストン Lord Palmerston 首相とグラッドストン William E. Gladstone 蔵相との間で、海軍予算増加をめぐり激しい議論の応酬が繰り広げられた[65]。

閣外では、1846年穀物法廃止法以降の政治争点を「財政改革」financial reform と設定し、海軍予算を批判していた急進派のコブデン Richard Cobden がこの時、海軍パニックに関連した議会での発言を『三つのパニック』（1862年）で詳細に分析し、パニックがいかに根拠薄弱であるかを明らかにしようとした[66]。1860年にイギリス・フランス両政府の間で平和を前提とした通商協定が締結されるが、この協定の立役者ともいえるコブデンにとって、この海軍パニックは奇妙奇天烈なものに思えた。『三つのパニック』が指摘しているように、フランス海軍は新式の鉄製軍艦の建造を進めているのに対して、イギリス海軍の造艦要求は依然として旧式の木造艦船の建造が中心だった。さらに、1859年の『議会報告書』[67] は新式の軍艦といえども10年で陳腐化 obsolete することを明確に理解していたのである。コブデンが海軍パニックを訳の判らない要求と決め付けたのも当然である。実際、このパニックはフランス海軍の実態・実力を熟知したイギリス政府が手許の統計情報を操作し、メディア・議会をミスリードして惹き起こしたものであった[68]。18世紀以来、中央政府に集積されてきた種々の情報の質・量は、個人で蒐集可能な情報を質・量ともに圧倒し、政

府はこの隠匿可能な豊富な情報を拠り所に新聞などのメディアを通じて世論を容易に操作することが出来る立場にあった。こうして実態とは別の虚像が形成され、この虚像が言語空間で一人歩きを始め、大きな政治的精神的影響力を発揮することになる。やがて、グラッドストン[69]とディズレーリ Benjamin Disraeli が政治的指導権を掌握し、財政統制と人員（常勤公務員）統制とを柱とした「大蔵省統制」[70] Treasury Control が厳格となった1860年代末にはイギリス・フランス両国の海軍予算増額競争、増艦競争は一時的に止み、海軍予算削減の時代[71]、「海軍の暗黒時代」[72]が1869～1885年の間に訪れた。

　1880年代に入りイギリス・フランスを含む欧米諸国の軍事力増強は防御的な意味での国防強化策、あるいは対外進出に不可欠な政策となった。ヨーロッパの強国や新興国アメリカは、19世紀における科学技術の飛躍的発展を拠り所に、イギリス海軍が圧倒的に優勢であった海洋においても自国の海軍力の組織的技術的整備に着手した。加えて、1860年代から1870年代にかけて、アメリカ、ドイツ、フランスは兵員と兵器の大規模かつ長期間の動員と経済・財政資源の集中的投入を伴った内戦・戦争を経験していた[73]。一方、イギリスは19世紀初頭に終結する対フランス戦争以降、大規模な戦争の経験を欠いていた。

　19世紀半ばの造艦、装甲、火力などの技術革新に引き続いて、19世紀後半には造艦デザイン・備砲・装甲の分野で著しい技術革新が起こった[74]。19世紀から20世紀のイギリス海軍の歴史に関する画期的な研究業績を残したマーダ Arthur Marder が1880年代における最初の海軍の「革命」と呼んだ技術革新である[75]。

　ちなみに、マーダは19世紀末以降のイギリス海軍の軍事戦略に大きな影響を及ぼした三つの「革命」、すなわち、（1）19世紀後半の造艦技術の飛躍的発展、（2）19世紀末の潜水艦・魚雷・機雷──水上ではなく水中での戦争！──の出現、そして、（3）全主砲級戦艦（オール・ビッグ・ガン）ドレッドノートを軸に、ドレッドノート級戦艦（1905年10月起工・翌年竣工）誕生までのイギリス海軍史を叙述したのである。1898年と1900年の海軍法の成立を契機としたドイツ海軍の軍備拡張[76]に対抗して、イギリス海軍がドレッドノート級戦艦を導入した歴史的意義は

マーダの著作でも詳細に論じられているが、その一方で彼が潜水艦をドレッドノート級戦艦とともに「革命」的と看做していることは意外に知られていない。事実、19世紀末に登場した第二の「革命」とマーダが呼ぶ潜水艦は、その後のイギリス・ドイツ両海軍の戦略を大きく転換させ[77]、第一次世界大戦時にはその破壊力は充分に発揮された[78]。

　マーダの著作が1940年の時点では公開出来ない幾つかの個人文書・公文書を利用した本格的な歴史研究であったとするならば、ウッドワードは第一次世界大戦期のイギリス海軍に関して、19世紀末から第一次世界大戦勃発時にいたるイギリス海軍とドイツ海軍との対立に関する著作を1935年に発表していた。彼の著作は、第一次世界大戦後に刊行された公文書を駆使した研究であるとはいえ、第一次世界大戦前・戦中のイギリス海軍の戦略の実態を未だ公表出来ない時期に著されたために、表面的な研究に終わらざるを得なかった[79]。ウッドワードの研究に対して、マーダの著作はその表題が示しているように1880年から1905年のイギリス海軍の政策をイギリス海軍省に加えて、軍需産業、ヨーロッパ諸国それぞれの政策指向から分析したものであり、歴史研究の基本である未公刊文書を用いた本格的な研究である。ちなみに、第一次世界大戦期のイギリス海軍に関する未公刊史料、とりわけ海軍軍人フィシャ John A. Fisher[80]、「帝国防衛委員会」Committee of Imperial Defence 事務局長ハンキィ Maurice Hankey[81] の文書は1960年以降漸く公刊され、利用可能な状態となった。第一次世界大戦期イギリス海軍の基本戦略に関する文書の公開は意外に遅いことに注意すべきである。

第2節　食糧供給問題と海軍増強要求

イギリス経済と海軍増強

　19世紀中葉における軍事技術の発展は、世界の海軍を変貌させたばかりか、戦略構想をも大きく変化させた。19世紀中葉以降、軍事技術は造艦・備砲・装

甲技術の分野で「革命的」(マーダ)な発展を経験し、ヨーロッパの強国は海軍力の整備に着手していた。一方、ナポレオン戦争勝利以後のイギリス海軍はアジア・アフリカなどでの小規模の戦闘を経験した軍人から組織され、大規模な兵員・艦船の長期的動員、艦船の建造・修理設備の充実、糧秣の補給路確保などを必須とする新しい戦闘形式に対応可能な組織に改編されていなかった。イギリスの海軍力不足を懼れる海軍パニックは1840・50年代に頻発したが、その後、海軍に対する政治的関心の低い、海軍予算に対する大蔵省の財政統制が強化された時代が訪れた。しかし、そのように海軍に無関心なこの時代にも海軍に関係する軍事技術の革新は進んでいた[82]。軍事技術の革新が飛躍的に進み、イギリスが食糧・工業原料の調達で海外依存を深めて行く中で、イギリスの戦略研究家は漸くイギリス海軍の軍事的優位性に疑念を抱き始めた。彼らは、食糧・工業原料の調達がイギリスにとって経済的軍事的「脆弱性」vulnerabilityとなっていることを明白に意識し、イギリス海軍の基本戦略の再検討を始めた[83]。

　欧米諸国との軍事的政治的対立、さらには大規模な戦争の可能性も高まる中で、イギリス国家の存立は生命線(ライフ・ライン)ともいうべき海上通商路の安全性が確保され、食糧・工業原料が安定的・持続的に供給されてはじめて成り立つと意識され始めたのだ。この基礎的条件が崩壊すればイギリス国家と国民は決定的な存亡の危機に陥るとした「飢餓論」が、こうして19世紀末に噴出したのである。

　工業国家は工業化を推進すればするほど食糧・工業原料の調達で外国、とりわけ海外諸国への食糧・資源依存度を高め、結果的に大量の物資を輸送する海上通商路が軍事的経済的圧力に曝されることになる。それにより、海軍による海上通商路の切断・遮断が軍事戦略上、重要性を増すことになる[84]。逆にいえば、通商路＝糧道の遮断は、工業化の度合いが低く、自国領域内での生産・消費活動に必要な物資が調達可能な自給自足的経済に対しては戦略上の有効性が低くなる。こうして、国民の生命と経済活動に海上通商路が欠かせない海洋国家にして高度工業国の海軍は、国民生活と経済活動のための自国の海上通商路の安全性確保、あるいは敵対する国の経済力の消耗・摩滅を目的とした海上通

商路遮断・海上封鎖という重要な軍事的役割を担うことになる。

　軍事技術の飛躍的進歩と自由党(リベラル・パーティ)グラッドストン内閣の軍事費抑制政策の中で、1883年以降、イギリス海軍が欧米の強国との軍備拡張競争に充分対応していないとする議会の外からの批判、イギリス艦船の増加を求める声がメディアを通じて発信された[85]。翌1884年9月、『ペル・メル・ガゼット』 Pall Mall Gazette 誌の編集長ステッド W. T. Stead は海軍軍人フィシャとブレット Reginald Brett（後のエッシャ卿 Lord Esher）の提供した海軍情報を得て[86]、イギリス海軍力を低下させたグラッドストン内閣の経費削減策を批判する「海軍の真実」"Truth about Navy" キャンペーンを開始した[87]。ステッドはゴードン将軍 General Gordon との会見[88]にみられるようにインタヴューを得意とし、型破りな見出しとイラストを多用し、躊躇うことなく政治的提言を行うニュー・ジャーナリズムの代表格であった[89]。やがて10月2日には、海軍省の政策を作成する海軍本部 Board of Admiralty の構成員である武官本部長 Sea Lords が50万ポンドから100万ポンドの予算増額を要求しているという情報が、チルダース H. C. E. Childers 蔵相の許に届けられた。この情報を齎したのは海軍省政務次官 Parliamentary and Financial Secretary からアイルランド担当相に転じたキャンベル＝バナマン H. Campbell-Bannerman である。しかし、キャンベル＝バナマンは武官本部長の予算増額の意見を代弁して蔵相にこの情報を伝達したのではなかった[90]。こうして政府は、イギリス海軍の戦力不足を指摘しその増強を求めるメディアや海軍本部(ボード・オブ・アドミラルティ)の武官本部長、さらにはイギリス海軍の実態調査を要求する保守党(コンサーヴァティヴ)議員への対応を余儀なくされた[91]。結局、海相（海軍大臣 First Lord of Admiralty）のノースブルック Thomas G. Northbrook とチルダースは12月2日の閣議で造艦に310万ポンド、備砲・施設に242万ポンド、合計約552万ポンドを5年間という、平時としては異例の予算増額を提案し、事態の沈静化を図ろうとした[92]。それでも、『ペル・メル・ガゼット』誌は400万ポンド上乗せを要求し[93]、『タイムズ』紙や自由党系メディアでさえ政府の財政措置を不充分であると批判した[94]。メディアを媒介とした海軍パニック演出と海軍予算増額を求める海軍・院外運動との連携行動は、そ

の後、1888年、1893・94 年と造艦計画に合わせたごとく 5 年間隔で出現し、1889年海軍防衛法 Naval Defence Act を成立させたばかりか、海軍増強に否定的なグラッドストンの政界引退（1894年 3 月）にも繋がった[95]。やがて、1894年には海軍同盟[96] Navy League が結成され、海軍増強を求める強力な院外圧力団体となった[97]。

イギリス海軍の対応：ハミルトン海相の海軍組織改革

　海軍増強を要求する声が高まる中で、政府・海軍省は海軍増強に先立って、海軍組織の見直しを始めた。海軍の本格的な組織改革・技術開発は、保守党内閣下の1886年 3 月から 6 月を除く1885年 6 月から1892年 8 月の長期間にわたり海相を務めたハミルトン George Hamilton が着手することになる。ハミルトンが海相就任当初直面したものは、海軍省の無秩序な組織と複雑な会計制度、そして、頻発する計算ミスであった。彼は海軍組織の一元化を目指すとともに、文官と武官との協調関係の構築を試み、イギリス海軍の政策、とりわけ海軍予算作成と海軍の政策・戦略を定める海軍本部の構成員の変更に着手した。さらに、彼は造艦計画の策定、海軍工廠 Royal Dockyard の再編など広範囲な組織改革を手掛け[98]、1889年 3 月に戦艦10隻を含む軍艦70隻を 5 か年計画で建造し、総経費が2,150万ポンドに達する大規模な造艦計画を盛り込んだ海軍防衛法案 Naval Defence Bill を上程し、海軍力を他の二国の海軍力の合計以上に保つ「二国標準」Two Power Standard をイギリス海軍の基本戦略と定めた[99]。ただし、海軍省が要求する造艦計画の実現にとって法律は必ずしも要らない。しかし、仮に複数「会計年度」financial year にわたる造艦計画の予算総額が造艦計画法案に記載された場合、議会は法案が成立した時点で、複数年にわたる造艦支出に対する財政統制の手段を失うことになる[100]。

海軍本部の構成員

　海軍省の最高意思決定機関は海軍本部である。海軍本部の構成員は時代とともに員数に変更が加えられているが、この1880年代における本部の構成員は、

閣僚である海相を長とし、第一本部長 First Naval Lord 以下 4 名の武官本部長、すなわち、第二本部長 Second Naval Lord、第三本部長 Third Naval Lord、下級本部長 Junior Naval Lord、これに加えて、文官本部長 Civil Lord、海軍省政務次官 Parliamentary and Financial Secretary、海軍省事務次官 Permanent Secretary の各 1 名、計 8 名から構成されている[101]。第一本部長は 4 名の武官本部長の筆頭部長で現役武官としては最高位に位置し、海相を補佐する。第一本部長は、海軍本部においては海相に次ぐ有力メンバーである。

海軍本部の歴史

このような構成員から成る海軍本部の起源はグレーアム Sir James Graham 海相の時代に遡ることが出来る。1832年にグレーアムはそれまでイギリス海軍の政策を担っていた「海軍委員会」Navy Board と「糧秣委員会」Victualling Board を廃止し、新たに海軍本部を設立し、人件費をはじめとした諸経費の節減に努め、外部検査を定めた1866年会計検査法 The Exchequer and Audit Department Act に先立って、内部検査 internal audit を導入した[102]。その結果、海相を含む 6 名の構成員から成る海軍本部が海軍省の基本方針を策定するとともに、海軍本部の構成員が多岐にわたる海軍行政の事務を分掌することとなった[103]。さらに、海軍本部の下に五つの行政部門が設けられ、それぞれの分野に会計主任 Accountant-General をはじめとしたポストが新設された。こうして、海相の指揮の下、各部門の担当者がそれぞれの行政に責任を負う一方で、海軍本部構成員の協議によって海軍政策を決定する組織が作り上げられたのである[104]。

木造艦から鉄製――後には鋼鉄製――軍艦への移行を契機として、イギリスの政界・メディアは1859～1861年の間、海軍パニックに巻き込まれ、その最中に「イギリス本土防衛調査委員会」[105] が設置され、その後もフランス海軍の侵略を阻止する重要な役割を担うと期待された海軍組織に関する複数の調査委員会が設置された。海軍予算の中核をなす造艦予算が海軍工廠(ロイヤル・ドックヤード)の経営と密接な聯関があることから、1859年に造艦事業の大半を遂行していた海軍工廠の

経営状態を調査する委員会が海軍省内に設置された[106]。1861年には、戦争指導が出来る海軍本部をいかに構築するか、海軍本部の構成員がいかに役割分担・事務分掌すべきかを調査する委員会が設置された。委員会は、海軍本部の構成員の職務内容を精査して、海軍予算の中核ともいえる造艦部門の責任者である監督官 Controller の位置付けを明確にするとともに、経費節約的観点から海軍工廠などの海軍関連施設の会計検査 audit などについて改善すべき点を網羅的に指摘した[107]。さらに1861年設置の調査委員会は、海軍本部組織改革の必要性、非効率的下部組織の存在、事務分掌の欠如、会計検査の不備と杜撰な公会計簿記帳の在り方など、海軍組織を取り巻く様々な欠陥を明らかにしたのである[108]。こうして、1860年代初頭には、フランス海軍の増強・新技術採用に対抗して、イギリス海軍の頭脳である海軍本部と造艦事業の要ともいえる海軍工廠に関する調査委員会がそれぞれ設置され、両組織の抱える問題点を精査・分析する動きがみられた。

その後、第一次グラッドストン内閣のチルダース海相が1869年1月の勅令 Order in Council によって経費（人件費）節約の観点から海軍の組織改革を実施し、海軍本部は大きく改組されることになる。グラッドストン内閣期に実施された内閣制度改革の一環として、大臣（閣僚）が担当行政の責任者として位置付けられ、各大臣（閣僚）に経費節約の実現を期待する制度改革が実施されたのである[109]。海軍本部はイギリス政府の政策を策定・決定する内閣構成員である海相を中核とし組織され、軍政と軍令の一元化を図るべく複雑多岐にわたる行政領域を幾つかの部門に分割して、現役軍人・海軍省政務次官・海軍省事務次官を各行政部門の責任者として配置し、各自が事務分掌する組織となった[110]。その後、海軍本部構成員の事務分掌はハミルトン海相の時代にも幾度か変更され、本書の研究対象時期では1904年8月10日の勅令が直近の変更である[111]。分掌事務については、本書第2章および第3章で詳述する。

19世紀イギリス議会における海軍論議

メディアや院外団体が欧米諸国の海軍増強計画の進展に脅威を覚え、海軍の

増強、軍艦建造を声高に訴える中で、本来的には国家経費統制の任にある議会においても、海洋国家にして高度工業国特有の脆弱性(ヴルネラビリティ)に関する議論や海軍が果たすべき役割についての論議がたびたび沸き起こった[112]。議会は、イギリス国民とその経済活動が海外からの食糧・工業原料調達に依存し、それらを輸送する民間商船と海上通商路の安全性確保が重要であることから、国防を担うイギリス海軍の力量に関心を寄せたのだ。

飢餓論と海軍増強要求

イギリス国民とその経済活動が日常生活・工業生産に不可欠な食糧・工業原料の調達で海外依存度を高め、イギリス海軍の優位が欧米諸国の海軍増強によって相対的に低下したことで、飢餓論が受容される政治的経済的環境は整備され始めた。加えて、イギリス海軍は来るべき戦争で採用する戦略の中核に飢餓戦略を置き、海上封鎖戦略を構想したのである。実際、この飢餓戦略は海軍の戦略研究家、とりわけイギリス海軍の大幅増強を要求する「大海軍派」Blue Water School お気に入りのテーマであった[113]。こうして、19世紀末には近未来に予想される欧米諸国間の大規模かつ長期間の戦争[114]は多くの人々に海上通商路遮断への恐怖感を植え付けるとともに、19世紀初頭の飢餓・食品価格高騰、食糧暴動の悪夢を思い出させ、さらに、イギリス海軍の戦略も飢餓論の影響を強く受けることになった。

1904年10月に海軍本部の筆頭部長である第一本部長に就任したフィシャは、艦隊指揮、艦隊の配置をはじめとしてイギリス海軍の作戦部門を担当することになったが、彼は、たとえ陸軍が強大であっても海軍が優位性を保つことが出来なければ国防は充分ではない。仮に海軍が敗北した場合、イギリスが懼れなければならないことは「侵略」invasion ではなく「飢餓」starvation である、とメモに記していた。彼は海上通商路確保に不可欠なイギリス海軍の戦略的重要性を国民の直面する飢餓との関係で強調したのである[115]。フィシャが海軍の重要性を強調した裏には、(1) 1900年以降、国家財政の運営が厳しくなる中で、海軍予算増額のための財源確保として陸軍予算の減額を求める構想と、(2)

予想される戦争に備えて陸軍と海軍の役割分担を明確にし経費削減と効率的戦略形成を図る考えがあった[116]。

軍事技術の発展はやがて潜水艦・魚雷・機雷——マーダが「第二の革命」と呼ぶ水中での戦闘兵器——の開発に及び、戦闘は水上のみならず水中でも行われる事態が予想され、イギリス海軍の軍事的優位は大きく揺らぎ、その基本戦略である海上通商路の安全性確保策は幾つかの点で再検討を余儀なくされた[117]。19世紀末から世紀転換期において、イギリス農業の決定的変質、各国の海軍増強、とりわけ潜水艦[118]・魚雷・機雷などの新兵器開発に加えて、巨大化・高性能化・高速化する戦艦 battle ship の建造によって、戦争が明瞭なイメージで意識化され、飢餓への恐怖も増幅された。

海上通商路の安全確保がイギリス国家・国民の生存にとって不可欠と訴える論者は経済的障壁を排除し、多角的通商関係を前提とした平和的経済関係を夢想する自由貿易論者に限定されなかった。一つの大陸の過半を領土とする大陸国家であれば、たとえ工業国家に成長し世界各国と緊密な経済関係を構築したとしても、保護主義的政策を採用し、一国で自給自足的経済圏を構築することが可能である。しかし、世紀転換期の高度工業国イギリスは食糧・工業原料の調達を海外諸国に深く依存する海洋国家であり、大陸国家と異なり一国で自給自足的閉鎖的経済圏を形成することが出来ない。近未来の大規模な戦争で海上封鎖戦略が予想される中で、関税改革 Tariff Reform という保護貿易論を主張する者も、イギリス本国と自治領・植民地との緊密な通商関係を前提とする限り、飢餓と工業生産の停滞が、最悪、体制転覆に繋がる国家的危機であるとの認識に達したのである[119]。

一方、自由貿易論者トッド E. Enever Todd は1911年に自由貿易論の観点から、次のように戦時における食糧問題に対する関税改革論者の取り組みを批判していた。関税改革論者は平時・戦時における有効な食糧確保策を持っていない。戦時においてイギリスは海軍の力に依存し、食糧供給源を分散するしかない。食糧確保策として、本国農業を育成すべきである。しかし、関税改革論者は本国農業の再生について何も語っていない。イギリス農業は新大陸の地代が

低い処女地の農業と競争するのではなく、デンマーク・ベルギーのような小規模農場経営で生き残りを図るべきである、と[120]。だが実際には、トッドは高度工業国が戦時・非常時に食糧・工業原料を安定的に確保する点で不安材料を抱えていることを関税改革論者ほどには理解していなかった。

　関税改革運動の過程で設置されたチャプリン Henry Chaplin を委員長とする「関税調査委員会」Tariff Commission は、食糧生産と国防問題との密接な関連に注意を喚起し、政府に調査委員会設置を強く求め、その結果、世紀転換期におけるボーア戦争の影響もあって、1903年に「戦時における食糧・工業原料供給調査委員会」が設置された[121]。

　「戦時における食糧・工業原料供給調査委員会」は1905年に『最終報告書』を出すが、委員会の活動はプロザロ Rowland Prothero（後のアーンリ卿 Lord Ernle）が指摘するようにナポレオン戦争期の穀物価格上昇・飢餓への恐怖感——集団的記憶！——に強く影響されていた[122]。『最終報告書』は、海洋国家にして高度工業国家イギリスがいかなる経済的環境に置かれており、来るべき戦争の際にいかなる経済活動・国民生活の混乱が予想されるのか民間人・軍人の証言によりながら検討したものである。この『最終報告書』はその後、戦時における食糧・工業原料調達に関する様々なテーマに関心のある人々にとっては教科書的存在となった[123]。明らかとなった点は、海外からの輸入に全面的に依存している工業原料の国内備蓄は当然ながら低く、農業不況以降の農業生産の構造変化によって穀物、とりわけ小麦生産が激減し、代わって農場経営者が採用した肉類や生鮮食品を扱う牧畜農業・近郊農業においても国内自給率が低下していることである[124]。海洋国にして高度工業国イギリスの国民生活・工業生産は食糧・工業原料の持続的安定的確保という点では脆弱な基盤の上に築かれており、とりわけ、未来戦争で予想される海上での大規模な戦闘には弱い環境にある。この脆弱性を克服するために、食糧・工業原料の国家備蓄の促進、あるいは海外からの食糧・工業原料輸送に直接かかわる海運業者・船舶所有者への経済的保障が提案されたが、大蔵省は財政的負担を重要視しており、国家備蓄・経済的保障といった政策提言は具体化されるにはいたらなかった[125]。

一方、1880年代のフランス海軍の戦略家はイギリス海軍に対抗心を燃やしつつ、イギリスが海洋国家にして工業国家特有の構造的弱点を有していることを看破していた。彼らはイギリス経済が食糧や綿花などの工業原料を輸送する海上通商路に依存し、とりわけその生命線がインド航路の安全性確保にあると分析した。フランス海軍が採用すべき戦略は、イギリス海軍の戦略と同様に敵国の経済的弱点を衝き、その海上通商路を切断し、経済的圧迫を加えることにあると結論付けたのである[126]。

ドイツ海軍の戦略

　ドイツ軍スタッフも、早くも1883年には、戦時における食糧・工業原料の供給に関する調査を行い、充分な食糧・工業原料を確保可能との結論を得ていた[127]。しかし、この楽観的な結論に疑問を投げかけたのが第二帝政期ドイツ海軍の指導者ティルピッツ Grand Admiral von Tirpitz（1848～1930年）である。彼は第一次世界大戦後に出された『回想録』で、ドイツ経済の特質について次のように記している。1870年以降、ドイツ経済の発展と人口増加とによって、狭い国土に限定された経済活動では一層の繁栄を得ることは出来ない。ドイツは自国の工業を支える原料の調達を海外諸国に依存し、工業原料の獲得のために輸出にも励まねばならない。人口増加が続くならば、食糧も工業原料と同じ運命に見舞われ、食糧の海外依存も深まる。したがって、**ドイツの存立は商品の輸出・輸入に掛かっている**。仮に輸出・輸入活動の停止に追い込まれた場合、ドイツは破滅に陥る。工業原料、さらには食糧の輸入と工業製品の輸出はドイツの生命線ともいえる。ドイツ海軍の役割はこの工業原料・食糧の輸入、工業製品の輸出にとって不可欠な海上通商路・港湾施設──たとえ、ベルギーやオランダなどの中立国の港湾施設であったとしても──の確保にある[128]、と。

　帝国防衛委員会事務局長ハンキィと推測される人物も、第二帝政期ドイツの経済構造を分析して次のように言う。ドイツの貿易は急激に拡大し、国民の食糧である小麦の消費量の増加も著しい。ドイツは食糧・工業原料でも海外依存度を高めている状態である。ドイツの港湾施設は海上封鎖が容易な位置関係に

あり、仮にドイツが食糧確保を陸上輸送に頼った場合、経費が嵩み食品価格が上昇する。さらに、ドイツを東西から挟むフランスとロシア両国との非友好的関係を考慮すれば、ドイツ経済は戦争や海上通商路の遮断に脆弱である[129]、と。

　第一次世界大戦で相対するイギリスとドイツが異なるのは、イギリスが四方を海に囲まれた島国であるのに対して、ドイツ経済の柱である海外貿易を担う港湾都市がオランダに近いエムデンを除き、北海(ノース・シー)沿岸に集中している点である。ドイツ経済とドイツ国民の生活は軍事戦略上、海上封鎖に脆弱であることは明白であった。戦争が勃発しドイツの港湾施設が封鎖された場合、北海沿岸の港湾も封鎖される。イギリスの政治的軍事的指導者にとっての関心事は以下の点である。戦争に際して、ドイツが海外あるいは周辺諸国から中立国経由で、鉄道・内陸水運によって輸送・集積された食糧と工業原料をどの程度獲得できるか。ドイツの工業地帯に隣接する中立国ベルギーやオランダのアントワープあるいはロッテルダムといった港湾が、戦時にイギリスによって封鎖されたドイツの港湾施設に取って代わり、ドイツのために物資輸送の役割をどこまで引き受けることが出来るのか。戦時において、ベルギーあるいはオランダなどの中立国以外にドイツの旺盛な貿易活動を支えることの出来る国が他にあるのか[130]。一方、ドイツ海軍の中枢部が最も懼れたのは他ならぬイギリス海軍による海上通商路の遮断・海上封鎖であった[131]。

海事法と海事革命

　近未来に予想される大規模な戦争を危惧する声が広まる中で、19世紀末から20世紀初頭にかけて、海事法の具体的運用をめぐる各国の政治的駆け引きや軍備縮小の動きがあった[132]。しかし、問題は工業化の進展によって食糧・工業原料の国内自給率が低下し、食糧・工業原料の海外依存度が上昇することによって、海上通商路の遮断による経済的圧迫が有効な軍事戦略として評価され、イギリスをはじめとする欧米諸国の海軍が交戦国の経済力を消耗・摩滅させるための海上封鎖・港湾施設封鎖を構想し始めたことである。さらに、海上封鎖戦略を実効あるものにするには軍艦同士の戦闘（艦隊決戦）も戦略上重要であ

るが、それ以上に戦闘海域（封鎖海域）における交戦国・中立国船籍の商船、とりわけ交戦国に物資——禁制品 contraband（戦時禁制品 contraband of war）であれ、自由品 free goods であれ——を輸送する中立国船籍船と船荷の取り扱いに関する国際的取り決め、すなわち、海事法が不可欠であった。海上通商路を実質的に構成するのは船舶とその船荷に他ならないからである。

　海事に関する最初の国際的取り決めは、1854年のイギリス・フランスとロシアとのクリミア戦争を端緒とする。クリミア戦争後の1856年4月のパリ宣言[133] The Declaration of Paris は海事法の運用で大きな転機——「海事革命」[134] Maritime Revolution（センメル）——を齎した。イギリスはこの戦争でロシアに経済的圧力を加えるために、その港湾施設を海上から封鎖することを試みたが、中立国船籍船によるロシアへの物資搬入を阻止することが出来なかった。そもそも、この時期、戦時における海上封鎖の際の中立国船籍船の取り扱いが各国によって異なり、国際的に統一された判断基準が存在しなかったのである。18世紀末から19世紀初頭の対フランス戦争でイギリスは1756年規則(ルール)[135]に則って、交戦国(エネミー)の財産(プロパティ)がたとえ中立国船籍船によって輸送されたとしても、拿獲の対象とした。換言すれば、イギリスは伝統的に戦時においては交戦国の貿易活動をたとえ中立国（船籍の商船）経由であっても認めない立場を採り、対フランス貿易の遮断、港湾施設の封鎖を試みたのである[136]。この1756年規則とは、「平時に貿易関係のない国が戦時に交戦国と貿易関係を結ぶことはできない」というものである[137]。これに対してパリ宣言では、戦時においては中立国船籍船が禁制品を輸送しない、あるいは海上封鎖されている港湾に入港しなければ、危害が加えられないと定められた。中立国所有の船荷が交戦国（敵国）船籍船により輸送される場合、拿獲の対象となり、中立国の荷主に返却される。さらに、海上封鎖は軍艦を鎖状(チェーン)に配置した「実効性のある(エフェクティブ)」ものでなければならず、イギリス海軍がしばしば用いた「巡邏封鎖(パトロール)」や封鎖宣言のみの紙上封鎖 paper blockade はパリ宣言では適法な封鎖と看做されなくなった[138]。しかし、イギリスはパリ宣言以後においても、海上封鎖の有効性を毀損しかねないこの解釈を採用せず、海上封鎖、交戦国資産、禁制品、公海上の

船の国籍に関する伝統的解釈を変更しなかったのだ[139]。

　19世紀末には、各国の海軍が戦争に際して海上通商路封鎖を実施した場合、海事法の解釈が各国で異なるために重大な経済的な混乱が発生することは、ある程度予見されていた。民間の法曹関係者のダンソン John Towne Danson は、イギリス海軍の増強が本格化した1894年に『イギリスの次なる戦争』を著し、次の戦争では海軍を中心とした海上での戦闘が主となり、その果たす役割も海上通商路をめぐるものとなることを予想した。彼は、19世紀以降の世界経済が海上通商路を媒介として貿易量を飛躍的に増加させ、世界各国が貿易活動を通じて相互依存関係を深めている状況を踏まえて、ナポレオン戦争後の戦争がこの海上通商路の確保をめぐる戦争となり、戦時における中立国の貿易が戦局の行方に大きな影響を与え、それゆえイギリス海軍もまた中立国船籍船の船荷に戦略的関心を持たざるを得ないことを予想したのである[140]。さらに、ダンソンは1897年の『戦時におけるイギリスの貿易』[141]では18世紀末の対フランス戦争期の貿易活動と19世紀末の世界の経済活動との決定的相違、すなわち、統計情報から明確に読み取れる工業国家の食糧・工業原料の海外依存度の深化を確認し、来るべき戦争では各国海軍による海上封鎖、港湾施設封鎖が予想され、海上通商に経済的利害を有する関係者——商船所有者・海運業者・船員——に甚大な被害が及ぶことを危惧した。海洋国家イギリスの海運業は、他の国の海運業と決定的に異なり、国民の生存と工業生産に不可欠な食糧・工業原料、工業製品の輸送を実質的に担う枢要な産業[142]であると同時に、海運業者・商船所有者・船員は他の産業の経営者・従事者と異なり、戦時には軍事的攻撃を受ける危険性が発生する唯一の民間産業だからである。ダンソンは各国で解釈が異なる戦時における交戦国の財産の取り扱いを詳細に検討し、近い将来予想される戦争で生じる被害の問題点を指摘した。

　世紀転換期から第一次世界大戦の初期段階でイギリス海軍の指揮を執った海軍軍人フィシャは、1899年6月の書翰で、同年にオランダのハーグで開催された第一回国際平和会議 First International Peace Conference に海軍代表として参加し、イギリスの利害を擁護するとともに、会議の方向がイギリスの利益

に反するものであると公言していた[143]。彼は、戦時における交戦国資産の取り扱いに関する国際的合意は、ひとたび戦争が勃発するや無効となると看做していた。フィシャは、交戦国の海上封鎖、交戦国船籍の商船の臨検 visit と禁制品 contraband の探索 search、禁制品の拿獲 seize、さらには中立国と交戦国を結ぶ海上通商路の遮断、中立国船籍船の臨検・探索と禁制品の拿獲などに関する国際的合意によって、イギリス海軍の伝統的戦略が制約されることを警戒したのである。実際、イギリス政府と海軍は、第一回国際平和会議以降、幾度かの国際的会議で討議された戦時における中立国の権利を組織的に侵犯していったのだ[144]。

世紀転換期までには、海軍省中枢部、軍事戦略研究家、政府、さらに産業界は、イギリスが海洋国であると同時に高度工業国であるがゆえに食糧・工業原料の調達、工業製品の販路を海外諸国に依存し、イギリス国家・国民の命運が海上通商路の安全性確保に掛かっている脆弱な国家であることを強く意識していた。海軍のフィシャやハンキィらはこの脆弱性を認めた上で、国家による海洋支配とその活用能力を意味する海上権力 sea power を確立し、艦隊決戦 naval duel ではなく通商戦争 commercial war、あるいは経済的圧迫 economic pressure を基本戦略として、交戦国の海上通商路を遮断し、長期間経済的圧力を加えることで交戦国の経済を消耗・摩滅させる軍事戦略へと方向を定め、政府首脳もこの構想を受け入れていた[145]。

問題は、世紀転換期イギリスの国民生活と経済活動が海上通商路に過度に依存している状況で、海上通商路、具体的には食糧・工業原料・完成品などの物資輸送の任に当たる商船を交戦国の軍事的攻撃からいかに守るかであった。20世紀初頭には、イギリス海軍は海上通商路の決定的重要性を認識していたものの、海域の軍事的支配とそれによる海上通商路の確保を意味する制海権を戦略上最重要視し、戦時において物資輸送の任に当たる商船を敵海軍の攻撃から直接防衛する意図を持っていなかった[146]。やがて、敵海軍の攻撃から無防備な商船——イギリスが輸入経済である限りイギリスの存立に不可欠な食糧と工業原料とを運ぶ最重要手段——を直接防衛する方策の検討を迫られるにいたった。

なお、護送船団方式 convoy system は、具体的には、(1) 軍艦による商船護送、(2) 武装商船団、(3) 軍艦と武装商船との混合船隊方式から成る。護送船団方式〔コンボイ・システム〕は18世紀までイギリス海軍も採用した商船の航行安全を確保する方法であったが、19世紀に入りこの方式は廃れた。しかし、イギリス海軍は1906年に大西洋北東海域でドイツ海軍がイギリス商船を攻撃するという想定で軍事演習を実施し、護送船団方式、さらには、海路の巡邏などの商船の航行安全を確保する策を検討していた[147]。第一次世界大戦勃発以降、海軍はドイツ海軍の潜水艦による商船攻撃を受けて護送船団の導入を本格的に検討し、賛否両論がある中で1917年4月に漸く護送船団方式が実施されたのである[148]。

　1899年の国際平和会議の後、1907年に再びハーグで戦時拿獲物 prize に関する国際的取り決めのための第二回国際平和会議が開催された。このハーグ会議を受けて、1908年12月から翌1909年2月にかけてロンドンでイギリスの自由党内閣も参加した国際海軍会議 International Naval Conference が開催され、海戦法に関するロンドン宣言[149] The Declaration of London concerning the Laws of Naval War（通称ロンドン宣言）が取り纏められることになった。しかし、これがイギリス海軍首脳・海運業・海上通商に利害関心を抱く人々の不安を駆り立てたのだ。イギリス海軍の基本戦略である制海権確保に基づく海上通商路の安全性保障と海上封鎖戦略はイギリス独自の法解釈に則ったものであったが、ロンドン宣言は、戦時における中立国の権利と義務、中立国船籍船の権利と義務とを国際的に取り決めようとした。既にみてきたように、戦時における中立国船籍船・船荷の処遇については、各国が異なる法解釈を採用しており、イギリス海軍の基本戦略である海上封鎖——交戦国の海上通商路を遮断するために中立国船籍船をも拿獲の対象とする処置——もイギリス独自の解釈に則ったものである。したがって、このような国際的条約によってイギリス海軍の基本戦略は制約を受ける恐れが生じたのである。ロンドン宣言をめぐって、イギリスでは海軍関係者が軍事戦略に国際的な制約が加えられることを懼れ、自由党内閣が宣言を批准することに対して激しい批判を繰り返し、海上通商に利害関心を持つ人々も通商路の安全性に疑問を抱くようになった[150]。結局、

1909年2月26日、国際的取り決めであるロンドン宣言が出されるが、自由党内閣は最終的にはこれを批准しなかった。

第3節　海軍増強と国家財政

海軍増強計画と海軍予算案作成のプロセス

　世紀転換期のイギリスを含めたヨーロッパの強国、さらにアメリカはそれぞれ海軍増強に乗り出すものの、克服すべき最大の課題は国家財政であった。この時期、イギリス国家財政では歳出が急増の一途を辿る中で、租税収入が歳出の増加に比例して伸びず、加えて国債に算入されないがゆえに国債管理に抜け穴を穿つ資本債務 capital liabilities も増加傾向にあった。とりわけ、陸軍に関する1888年帝国防衛法 Imperial Defence Act、1889年海軍防衛法、さらには1895年海軍工事法 Naval Works Act――自由党内閣末期の1895年6月に成立し、統一党内閣に継承される――以降、造艦・施設建設に充当された資本支出の存在があった。歳出の増加と歳入の停滞によって財政運営に重大な制約が課せられる中で、イギリスはフランスとロシアに加えてドイツなどの強国との本格的な軍備拡張競争に乗り出した。本節ではイギリス海軍のこの政策・戦略を分析するために、蔵相と海相とが海軍予算案作成で相互の意見を交換する過程で示された「政策意図」に注目し、海軍の政策・戦略を明らかにしたい[151]。後述するように、海軍予算案をめぐる蔵相と海相との意見調整は、政策形成過程を分析するためには極めて重要であるにもかかわらず、その具体的過程は議会のような公の場で明らかにされないからである。

　ここで、第一次世界大戦前イギリスの戦時経済 war economy、戦時財政 war finance の基本理念に触れておこう。イギリス政府は戦時においても平時と同様に国内の産業活動に特段の規制を加えることなく、「通常通りの運営」"business as usual" の経済活動を基本原則としていた[152]。すなわち、経済運営では、戦時において金融業・海運業などの戦略的分野に経済資源を集中的に動

員する政策を採らない[153]。したがって、国家が民間の経済活動に強力に介入する戦時経済をとるという考えはなかった。戦時の財政運営では軍事作戦に巨額の資金を一挙に投入する必要があり、国家は強力な財政力によって交戦国を打倒するために、減債基金 Sinking Fund の停止をはじめとし、既存税の増税、とりわけ所得税 Income Tax 増税と国債発行によって戦費調達を短期間に推し進めた[154]。一方、平時の財政運営は国債管理と均衡財政の維持を最重要課題とする。なぜならば、対フランス戦争（1793～1815年）の結果、イギリスは8億ポンド強の国債残高を抱えていたからである。国債削減が本格化した1870年代後半以降、漸く7億ポンド台になったが、20世紀初頭においても依然として巨額の国債――大半は永久債であるコンソル Consols ――残高を抱えていた。ちなみに、1894/95年概算予算の歳入規模は9,400万ポンド、1909/10年概算予算の歳入規模が1億5,000万ポンドであり、国債残高の規模が理解できる。したがって、平時の財政運営は減債基金の運用をはじめとして国債の管理・削減に意を注ぎ、非常時に巨額の資金を瞬時に低コストで調達するためには、国家信用の要であるコンソルの価格維持を図って金利水準を低めに誘導して、厳しい経費削減策を採用し、財政赤字を回避し、均衡財政を目指さなければならない。さらに、**財政資源の温存を図るために、平時には歳入調達力に優れた所得税などの増税を極力回避**し、国家信用を担保する必要があった。よって、世紀転換期におけるイギリス海軍の増強計画は財政資源の涵養と国債管理の強化が求められる平時――ボーア戦争期を除けば――にもかかわらず、巨額の財源要求をともなう政策であった。

　ついで、海軍予算案作成のプロセスを示しておこう。(1) 財政政策の基本方針が閣議で示された後、(2) 蔵相・海相と間での海軍予算の総額に関する非公式な意見調整を経て、予算編成作業が公式に始まる。(3) 概算予算（歳出）が海軍省内部で細部にわたり作成され、海相・海軍本部に伝えられるとともに、海軍予算を構成する各「項」Vote ――項Aの兵員数から造艦・備砲・装甲・施設建設などの実戦関連、文官年金・慰労金などの非実戦関連の各項（ヴォート）――ごとの予算額と詳細な説明書が添付され、大蔵省に送付される。なお、海軍予算

の核心部分は艦隊数に関連した項Aの兵員数、項1の兵員の給与（人件費）、および造艦・備砲・装甲の項である。**項の内容と項数**は1888/89年予算で統計情報の連続性を配慮しつつ大きく**変更された**。1887/88年予算まで造艦予算は項6（海軍工廠）と項10（民間発注contract）から構成されていたが、1888/89年予算以降、項8が海軍工廠と私企業での造艦・修理・維持事業、項9が備砲・装甲、項10が施設建設とされ、項の数も項Aを除外して13項から17項に増加した[155]。海軍予算を構成する項が1888/89年予算で抜本的に変更され、項の数も会計年度で変更されるために、スミダ、ランバートは1888/89年予算以降における海軍の戦略分析の際に、海軍予算を構成するすべての項ではなく、海軍工廠と民間造船所での造艦・維持・修理予算の項8、備砲・装甲の項9、海軍工廠などの施設建設の項10を中心に海軍予算の変化を分析したのである[156]。また、1901/02年予算以降、項8、項9、項10の内容に変更はないが、項数が項Aを除外して15項に削減された[157]。（4）概算予算は蔵相・閣議の了承を経た後に議会に提出されるが、閣議に提出された海軍予算案は議会に提出されるまで変更されない[158]。したがって、**海軍予算の統制は部局、内閣、大蔵省の三段階で行われる**。蔵相・大蔵省は予算総額以外に海軍予算案に干渉できないが、海軍予算執行の実態、すなわち、海軍予算執行に関する『決算書』、海軍工廠（造艦部と製造部）と糧秣保管所に関する『決算書』の会計検査を通じて、予算執行上の問題点を指摘することが可能である。一方、**議会の常　設委員会**である「公会計簿調査委員会」Public Accounts Committeeは、海軍予算を含めた全予算の執行経緯を各「款」Class、各項ごとに精査し、予算執行の際の問題点を分析し、次年度予算編成に向けた改善策を提案するのである。

国家財政の動向（1895〜1900年）

1895年から1905年の間の統一党内閣の財政運営は租税増徴・財政健全化を成し遂げた成　功　物　語ではなかった。前半の1895〜1900年は、歳出当局が相次いで経費増額を要求し、累進的相続税が齎した巨額の財政剰余が食い潰され、蔵

相・大蔵省の財政統制に翳りが見られた時期であった[159]。1899年のボーア戦争の勃発によって、国家財政は戦時財政に突入した。イギリス政府は、所得税増税に加えて、不確定債である大蔵省証券 Treasury Bill、さらには国庫債券 Exchequer Bond の発行、そして、補完財源としてコンソルを発行することにより必要な戦費を調達し、それまでの所得税増税とコンソルを柱とした伝統的戦費調達とは異なる財政手法を採用する結果となった[160]。

このような財政状況の中で、兵員数確保・造艦事業・施設建設を柱として海軍予算の増額に精力を傾注したゴゥシェン G. J. Goschen[161] の後を襲い1900年11月に海相に就任したセルボーン卿は、ヒックス・ビーチ M. Hicks Beach 蔵相宛書翰（1900年12月29日付）で海軍予算の増額を要求し、次のように言う。制海権とならぶイギリス海軍の基本理念[162] である二国標準の維持がこの国の安全にとって不可欠であり、造艦5か年計画が1906年3月末までに終了するとは予測出来ないが、造艦予算は持続的に増加するであろう。また、海相はフランス海軍の造艦計画が水雷艦・潜水艦を含む壮大な計画であることも伝え、造艦計画に対する蔵相の賛同を求めた[163]。これに対して、グラッドストン的財政運営の信奉者ともいえるヒックス・ビーチは返書（1901年1月2日付）で、計画の開始と終了の時期を明示すること、国家財政が極めて厳しい状況にあることへの海相の理解を要求した[164]。結局、1901年3月に提案された1901/02海軍予算案では項Aの兵員数、項8の造艦・修理・維持、項9の備砲・装甲、項10の施設建設の各予算が増額された[165]。

国家財政の動向（1901～1905年）

1901年から1905年は、イギリスが、伝統的戦費財源と位置付けた所得税の増税に加えて幾つかの間接税増税、ならびにコンソル発行に加え、不確定債である大蔵省証券、国庫債券によって戦費調達したボーア戦争[166]とその戦後処理の時代であった。それと同時に、戦時財政から平時財政への転換にもかかわらず、海軍拡張競争が本格化し海軍予算の膨脹が激化した時代でもあった。したがって、この時期の国家財政の課題は、経費の増加が際立っていた軍事費、と

りわけ海軍における造艦・備砲・装甲・施設建設予算などの歳出増加に見合う財源をいかに確保するかにあった167)。当然のことながら、この軍事費膨脹は議会で野党自由党の批判を受けることになる。蔵相・大蔵省は既存税の増税を行わず、国債の増加を避け、新財源の発見に努力を傾注した168)。ヒックス・ビーチ蔵相は新たな収入源を発見できない場合、国家財政の破綻を回避するためには、歳出削減が絶対に必要であることを強調した。この背景にあるのが国家信用の象徴であり、市場金利の指標でもあるコンソル価格の動向である169)。コンソル価格と金利の動向は1896・97年を境として価格高騰・低金利から価格低落・金利上昇に転じた。そのため蔵相は低落傾向を辿るコンソル価格に歯止めを掛けて国家信用を維持することを重要視し170)、この時期の不安定な国際金融情勢――各国の財政赤字の増加と国債価格の下落、資金需要増加と金利水準の上昇とによって増幅された金融不安171)――に対応しようとしたのである。財政規律の強化を図る蔵相・大蔵省の姿勢は世紀転換期における海軍増強計画にも大きな影響を及ぼすことになる。

　やがて、セルボーン海相は1901年11月16日付の『閣議用文書』172)で、内閣が求めている兵員数の削減に反論を加え、「〔国家〕信用 Credit と海軍 Navy がこの国の権力を支える二つの大黒柱であり、両者を切り離して考えることは出来ない。仮にわが国の財政的地位が強力でないならば海軍を維持出来ない」と記し、国家信用の維持、財政力の強化の必要性を認めながらも海軍予算増額を要求していた。セルボーンは閣議で海軍予算の増額を求める傍ら、その理論的根拠を有力政治家に明らかにして、影響力を確保しようとした。彼はジョセフ・チェンバレン Joseph Chamberlain ――この時期の租税負担が限界に達しておらず、国の財政資源 financial resources を食い潰す状態にはないと主張する経費増加容認の政治家であり、セルボーン卿は彼と政治行動をともにしていた――宛書翰（1901年9月21日付）で、「近隣諸国と比較してイギリスの租税負担、国債、富が〔財政〕資源の限度に達したとは思えない」と記し、この時期のイギリスの租税負担がかつてない高水準にあり、国民の租税負担能力の限界点に近い状態であると看做す蔵相・大蔵省官僚の「財政的限界」173) financial limitation 論を批判し、チェンバレンの同意を求めたのである[174]。こうして、セルボーン海相は蔵相・大蔵省が海軍予算に設定した財政的限界と海相の進める海軍増強計画との妥協点を探ろうとしたのである[175]。

　1902年8月に蔵相はヒックス・ビーチからリッチィ C. T. Ritchie に代わった。リッチィ蔵相は1902年12月に次年度予算案を次のように説明する。減税による歳入減が予想される一方で、歳出に関しては、欧米諸国の海軍増強計画に対抗するために海軍予算の減額はできないが、高水準の軍事費を何時までも維持できない。財政需要はこの国の財政資源を超えるものではないが、資本債務の増加によって国債費が増加している。コンソル価格の低下が国債の増加によってのみ惹起されたのではないが、不確定債の増加、とりわけ大蔵省証券の動向には注意を払うべきである[176]、と。これに対して、セルボーン海相は海軍予算に財源的制約を加えようとする考えに批判的な姿勢を貫こうとした。彼はカーゾン侯 Marquess of Curzon 宛書翰（1903年1月4日付）で次のような意見を述べている。国の存立に大きく関係する1903/04年海軍予算は増加する。三国標準とまで行かないが二国標準を維持できる金額に達するであろう。「財政的安定性 financial stability と〔国の〕健全な信用 sound credit は国力の唯一確実な基礎である。海軍の使命は財政的基盤を保ち、海軍を維持することである」[177]。なお、海相はフランスとロシアの海軍に加えてドイツ海軍の軍事的脅威について書翰の中で明確に記していた。やがて、1903/04年予算案作成の作業が本格化するにつれて、国家財政をめぐる状況はリッチィ蔵相の予想とは大きく異なっていることが判明した。蔵相は次のように言う。1902年末の予想と異なり、歳出削減が喫緊の課題となっている。軍事予算も削減の対象として考えなければならない。資本市場の状況も悪化している。財政再建のためには減債基金を積み増しし、緊急時（＝戦争）に備えて所得税を減税して財政資源の温存を図るべきである[178]、と。

　1903年10月に蔵相はリッチィからオースティン・チェンバレン Austen Chamberlain に交代するが、セルボーンは蔵相候補者のチェンバレン宛の書翰（9月30日付）で、海相と蔵相とで海軍予算案に関する「密議」collogue を謀ろう

とした。海相は現在、減税の必要性と海軍の増強という相容れない対立状況にあることを指摘し、財源難にもかかわらず海軍増強、とりわけ、項8の造艦・修理・維持、項9の備砲・装甲と項10の施設建設の必要性を強く訴えた[179]。チェンバレン蔵相は返書（10月14日付）で海軍予算に関する前蔵相リッチィと海相との話し合いについては関知しないとしつつ、海軍が求めている造艦5か年計画についての予算要求は、たとえ議会がこの計画を承認しても大蔵省には財源がなくその実現は不可能であることを、次のような財政状況を説明して海相の理解を求めた。すなわち、借入金が既に膨大な額に達し、この財政状況では借入金の増額を認めることはできない。何故ならば、巨額の借入金が造艦事業を中核とした海軍増強計画に投入され、これにより資本市場が悪化し、国家信用の目安であるコンソル価格が下落し、その一方で租税収入は6、7年前と異なり縮減しているからである[180]。蔵相は1903年11月11日付の海相宛書翰で、造艦計画にかかわる予算金額を5か年ではなく1、2年程度で算出することを海相に要求し、計画を実現するために新税の賦課を考えていない[181]と伝えた。蔵相の要求に応えて、セルボーン海相は計画にかかわる予算額を5年間ではなく1、2年間で算定し、蔵相に改めて予算を提示した[182]。

　ここで、保守党内閣下の1889年海軍防衛法から1905年末の自由党内閣直前までの膨脹著しいイギリス海軍予算の特徴を摘出しておこう。19世紀末以降のイギリス海軍予算の膨脹、とりわけ、艦船建造・修理施設の建設予算、艦船の燃料・糧秣の貯蔵・補給施設の建設は、スミダ、ランバート、吉岡の諸研究[183]が既に明らかにしたように、毎年議会に提出され審議される海軍予算 Navy Estimates、および、追加予算 supplementary estimates 以外に別の財源を必要としていた。**財源確保の一つ目の手法**は、1889年海軍防衛法により設定された特別勘定 special fund である。保守党内閣のソールズベリ Lord Salisbury 首相、ハミルトン海相は、当初、海軍防衛法に必要な資金を（1）毎年の海軍予算、あるいは、（2）借入金と海軍予算の併用のいずれかで調達することを検討した。当然ながら、（1）は造艦計画に合わせて予算を毎年変動させる必要が生じる。結局、ソールズベリは財源確保策として借入金と海軍予算を併用する（2）の

案を採用した[184]。同法は海軍に不可欠な造艦事業を（a）民間造船所への発注分(コントラクト)と（b）海軍工廠での建造分とに分割し、造艦計画の完遂を図った。(a)民間造船所での造艦予算については特別勘定として海軍防衛勘定 Naval Defence Fund を設け、これに統合国庫基金から143万ポンド——1892/93年予算から142万9,000ポンドに減額——の既定費 fixed charge を繰り入れて支出に備える。財源が不足した場合には、大蔵省証券・国庫債券による借入金を財源とした道が拓かれていた。(b)海軍工廠での造艦については年々の議定費から支弁する。(a)の財政措置については、後に、ハーコート William Harcourt 蔵相が1894/95年予算演説で国債管理の必要性の観点から厳しく批判し、1894/95年予算で統合基金から海軍防衛勘定への繰り入れ停止が決定された[185]。二つ目の手法は借入金であり、造艦・施設建設などの資本支出 capital expenditure に充当される。1888年帝国防衛法と1889年海軍防衛法とで採用されるが、1894年に一旦は停止された。しかし、1895年6月の海軍工事法で再度導入され、増加の一途を辿った。財源は統合国庫基金の剰余金から成る特別勘定に求め、財源に不足が生じた場合、有期年金 terminable annuities 発行により借入金が提供された[186]。これら造艦・施設建設支出は国富増加に貢献すると看做され、その債務は形式的には国債に分類されずに資本債務と呼ばれた。資本債務は国債に他ならず、国債管理を回避する抜け穴・方便に過ぎなかった。やがて、コンソル価格が下落し、国家信用の危機が声高に叫ばれた。資本債務の増加とコンソル価格低落の直接の因果関係は分明ではないが、自由党内閣のアスクィス H. H. Asquith 蔵相は1906/07年予算でこの資本債務に関する財政措置の停止を明言し[187]、1908/09年予算を最後としてこの措置は停止された[188]。三つ目の手法は支出補充金 appropriation in aid であり、統合国庫基金を経由しない支出方法である。これは各歳出当局の手元にある手数料・罰金・資産売却収入、その他の収入を国庫に納入することなく当局の支出に充当する。いずれにせよ、**海軍省の総支出（決算）gross は、議会に提出され審議される海軍予算（純予算）net よりも金額が膨れるのである**[189]。

したがって、この保守党(コンサーヴァティヴ)・統一党(ユニオニスト)内閣期の1889年海軍防衛法から1905年

末の自由党内閣誕生にいたるまでの海軍予算の膨脹期で、歳入調達力を向上させた大規模な租税改革は、自由党内閣が複数の既存の相続税を統一し、最高税率8％の累進的税率を導入した1894/95年予算における相続税改革に限られ、それ以外の租税改革は小規模な歳入増を齎したに過ぎなかった[190]。一方、兵員数、造艦、備砲・装甲、施設建設等の海軍予算の中核部分がこの期間に膨脹を続けたことから、財源は毎年の海軍予算に加えて、補正予算、特別勘定を経由した借入金、そして支出補充金等の補助を得て捻出されたのである。当然の帰結として、資本債務は国債の減少傾向とは対照的に増加した。1896・97年を境としたコンソル価格の漸次的低落は国家信用に対する危機感を生み、国債管理に抜け穴を穿つ財源調達の手法はコンソル価格の低落を国家危機と看做す蔵相、とりわけ自由党内閣期の蔵相によって停止されることになる。

　チェンバレン蔵相は『閣議用文書』(1903年12月付) で次のように記していた。1904/05年予算案は赤字の見通しであり、新税賦課によって赤字を埋めなければならない。イギリスの国防力の強さは、陸軍・海軍の軍事力ではなく、財政資源の強さにある。彼は現状では「大規模な戦争」が不可能であることを閣僚に告げたのだ[191]。1904/05年予算案についての大蔵省の見通しでは巨額の赤字が出ること、さらに次年度以降赤字幅が拡大する予想であった。大蔵省事務次官ハミルトン Edward W. Hamilton も、間接税あるいは直接税増税という選択肢が考えられるとしながらも、政治的に困難な状況では現状把握が重要であるとした[192]。一方、ハミルトン海相は同年2月の『閣議用文書』[193]で次のような根拠を挙げて海軍増強計画を緩める理由がないと主張した。すなわち、1904/05年予算案における増強計画は仮想敵フランス海軍とロシア海軍ではなく、ドイツ海軍——増強著しいだけでなくイギリスとの戦争に備えた動きを示す[194]——を念頭に置いたものであること、造艦に充当される予算は戦艦に限定されず、食糧・工業原料をイギリスに輸送する海上通商路の軍事的保護を目的とした艦船である巡洋艦 cruiser の建造にも振り分けられること、海軍に要する経費は海外貿易によって齎される経済的価値と比較しても決して過大な負担でないこと[195]、イギリスの海軍予算は他の国のそれ[196]と比較しても過大な

金額ではないことである。海相が予算要求を執拗に繰り返す中で、蔵相は3月にいたっても財政赤字が深刻であるとの予想を明らかにし、複数の間接税増税と所得税増税を提案しなければならなかった[197]。

イギリス国家財政をめぐる状況が厳しさを増すにつれて、海軍増強計画の必要性を強く訴えていた海相セルボーンも増強計画を見直し、海軍予算の削減を受け入れざるを得なくなった。海相はフィシャ──1904年6月20日に海軍を指導する第一本部長就任が公表され、1904年10月から1910年まで第一本部長を務める──宛書翰（1904年5月14日付）で、海軍予算額がほぼ頂点に達し、1905/06年予算案[198]では増額どころか庶民院（ハウス・オブ・コモンズ）（下院）における海軍の影響力確保と国家財政の安定のために減額が避けられないとして、歳出縮減を前提とするイギリス海軍の整備の方向性を具体的に提示した[199]。海軍行政の責任者である海相は海軍予算を要求する傍ら、租税負担・国債などの国家財政を取巻く経済環境や海軍予算の費用対効果を勘案して予算を作成しなければならないのである。こうして、海軍予算の縮減と本国・北海（ノース・シー）周辺海域に主力艦船を集中させる艦隊再編 distribution of fleet[200] を含めた海軍力の充実という矛盾・対立した課題を両立させる海軍改革──「フィシャの海軍革命」Fisher's Naval Revolution──が海相と未来の海軍の指導者との間で検討され始めたのである[201]。

このように、1901年から1905年までの統一党内閣は国家財政の運営ではボーア戦争とその後の軍事費膨脹、とりわけ海軍予算増加に起因する歳出の大幅な増加に直面し、歳入面では戦費財源として所得税の増税に加えて、大蔵省証券、コンソルを併用せざるを得なかった。統一党内閣は均衡財政の維持を前提に、歳出増加を賄うために所得税改革──差別的所得税・累進的所得税[202]の導入──、さらには、関税増税・関税改革を含む財源発掘を検討したが、具体的成果を得ることは出来なかった。そればかりか海軍予算さえも削減対象となる財政状況に陥った。蔵相には国家信用の指標ともいえるコンソル価格を維持する政策を財政運営の優先課題とし、歳出増加の場合、増税を採用し均衡財政を維持するか、歳入増加が見込まれない場合、軍事予算であれ経費削減の対象とし

て均衡財政を維持する選択肢しかなかったのである[203]。こうして、国家財政が歳出増加、新財源発掘の失敗と財源難、コンソル価格低落・金利上昇の四重苦に苦しむ中で、フィシャ第一本部長指導の下、イギリス海軍は政権交代と関係なく経費節約と効率性向上とを両立させて、ドイツ海軍の軍備拡張計画に対抗すべく海軍力の整備・充実を進めた。

造艦計画の実態

この19世紀末から20世紀初頭におけるイギリス海軍の増強計画（造艦計画）に関して、スミダ、ランバートは『海軍予算説明書』*Statement of First Lord of Admiralty, Explanatory of the Navy Estimates*、『海軍（議定費決算書）』*Navy (Appropriation Account)* を分析し、この時期の造艦計画がドレッドノート級戦艦を中心とする艦船建造計画ではなかったことを明らかにしている。とりわけスミダ、ランバートが注目しているのは、19世紀末に開発されて以来、秘密裏に性能向上が図られていた潜水艦（サブマリン）の存在である。例えば、ゴッシェン海相は1900年に議会で潜水艦についての意見を求められた際、軍事機密を理由に議会での意見陳述を拒否している[204]。19世紀末に開発され20世紀初頭に技術的発展をみた潜水艦は、軍事機密ゆえに関連情報が隠蔽され、政府・海軍は世論をミスリードさせる情報を意図的に流しさえした[205]。第一次世界大戦前から潜水艦の軍事的有効性を高く評価し、「潜水艦は次代のドレッドノート級戦艦である」と看做していたフィシャ[206]は、この潜水艦に関聯した予算を確保しつつ、その実態を隠蔽すべく精確さが要求される予算書においても機密事項に関しては虚偽の数字を載せていた[207]。

自由党内閣期の国家財政（1905〜1914年）

世紀転換期の統一党内閣下で進められたイギリス海軍の増強は、既存の租税の小規模な増税による財源確保に加えて特別勘定や国債管理の抜け穴である借入金に財源を求めたものであったが、統一党内閣はコンソル価格の下落、新財源発掘の失敗の中で、最終的に海軍予算の削減にいたった。海軍は海上通商路

への脅威と化したドイツ海軍（大洋艦隊）を意識しつつ、経費節約と軍事力維持の両立を目指した海軍改革に着手せざるを得なかった。1905年末に統一党内閣に代わって誕生した自由党内閣は、国債管理を強めて国家信用を回復させ、コンソル価格低落に歯止めをかけることを目指した。こうして、自由党内閣は借入金を財源とする軍事支出の停止を明らかにし、海軍をはじめとする歳出当局の経費削減を図ろうとしたのである[208]。このように、イギリス海軍は統一党内閣末期に経費削減を余儀なくされ、統一党に代わって政権に就いた自由党内閣においても経費削減を求められたが、海軍は経費削減と海軍増強とを両立させる方向に転換した。フィシャ第一本部長は、自由党内閣が進める海軍予算削減を危ぶむ国王エドワード7世への上奏文（1906年10月22日付）で「経費削減は海軍の能力を下げる兆候ではない」と明言していたのである[209]。

　自由党内閣は発足当初より旧世代の大蔵省・内国歳入庁 Board of Inland Revenue 官僚が躊躇した所得税改革、すなわち、(1) 稼働所得と不労所得との差別的税率、(2) 累進的所得税の一種である超過所得税（スーパー・タックス）[210] を構想し、租税による歳入確保を図ろうとした。したがって、国債管理の「抜け穴」を封鎖し、国債削減[211]を強化し国家信用の維持を図ろうとする自由党内閣の財政政策は、自由党の標榜する社会政策に加えてイギリス海軍の増強計画が改めて提起された場合、新税発見・発掘という大きな政治的課題を残していた。コンソル価格低下に歯止めをかけるには租税による歳入調達力増強が不可欠・不可避であるが、現代と比較して驚くほど低い租税負担にもかかわらず、租税増徴が齎す経済活動への悪影響に対する恐怖は依然として強固であった。

　この財政上の困難を打破したのはアスキィス内閣（1908〜1915年）のロイド・ジョージ David Lloyd George 蔵相が作成した1909/10年予算（案）である。この予算（案）の革命性は、自由党内閣が金融利害を代弁し、海軍増強・社会政策に必要な財源を土地貴族に対する租税賦課に求め、歳入を確保した[212]ことにあるのではない。その革命性は歳入調達力を有するだけでなく、弾力性に富む租税を発見・発掘し、この租税を政治権力の交替にかかわりなく持続的に賦課可能な制度として設計・定着させたことにある。その意味で「租　　税（タクセーション・

革　　命(レヴォルーション)」と呼ぶに相応しい。ロイド・ジョージ以前の歴代蔵相・大蔵省官僚は租税負担には限界が存在し、それを超えると財政資源・国富を食い潰し、経済活動を疲弊衰退させるとする財政的限界論に囚われ、租税負担の引き上げに慎重な姿勢をとっていた。この背景には、マクロ経済学の理論と豊富な統計情報が利用可能な現在と異なり、国民所得、国民総生産などを測る確たる指標・尺度が存在せず、統計情報、経済理論も存在しないために、租税負担をマクロ経済の指標・理論で相対化することが出来ず、租税負担を文字通り国家予算の「絶対値」で理解するしかなかったという事情がある。すなわち、1894/95年概算予算の歳出規模が9,500万ポンドで、1909/10年概算予算の歳出規模は1億6,000万ポンドであり、歳出規模が二倍となった結果、**財政負担が二倍に増加**したとする解釈である。ロイド・ジョージ蔵相と新世代の大蔵省・内国歳入庁官僚[213]はこの財政的限界論を払拭し、従来の財政運営では平時においては戦時に備えて財政資源を涵養するために減税を行うところを、軍事費と社会費の歳出大幅増加を前提に、均衡財政という財政原則を堅持するために歳入増加を図ろうとした。そのために、蔵相はすべての階級にそれぞれの能力に応じた租税負担の増加を要求したのである。1909/10年予算（案）は、(1) 所得税の課税限度以下の低所得者層と高額所得者を対象として、既存の間接税増税と奢侈品への新税創設を、(2) 資産・所得の点で富裕な階層には直接税増税、すなわち、相続税の最高税率を8％から15％への引き上げ、地価税 Land Tax 創設などに加えて税収の弾力性に富む超過所得税を新設した。なお、所得税と超過所得税の合計最高税率は僅か8.3％であった。租税収入に占める直接税と間接税の比率は1906/07年予算を境として直接税の比率が歳入の50％以上を占め、その傾向は1909/10年予算で決定的となった[214]。やがて第一次世界大戦期に、超過所得税は所得税と超過所得税の合計最高税率を52.5％まで引き上げ、その歳入調達力を遺憾なく発揮することになる[215]。重要な点は、1909/10年予算が土地・金融資産に恵まれた資産階級・高所得階層に他の階層よりも重い租税負担——ただし、現代の基準からすれば極めて低い負担水準——を求め、租税収入を飛躍的に増加させたにもかかわらず、大きな混乱が金融市場に起きなかった

ことである[216]。こうして、ロイド・ジョージは、彼以前のどの蔵相も成し遂げられなかった軍事費、とりわけ海軍予算と社会費というこの時期の主要経費を同時に賄っても余りある巨額の歳入と財政黒字を計上したばかりか、コンソル価格に表現される国家信用の維持にも成功した。さらに、この租税・財政制度に対する国民の信任を獲得し持続的な制度として定着させたのである。

なお、1906年には生産センサス法が成立し、翌1907年以降、商務省は国内総生産に関する統計情報を企業から蒐集し、1912年に『最終報告書』を完成させた。また、1907年の所得税改革によって資産から生じた不労所得と稼得所得に関する情報、1909/10年予算における超過所得税の実施による資産・所得分布に関する情報[217]に加えて、19世紀末以降の農村・都市における貧困家庭の家計調査[218]や労働者階級の生活水準調査[219]によって低所得階層に関する情報も中央政府に次第に蓄積されたのである。こうして、自由党内閣が推し進める所得税・相続税の累進化によって資産・所得の分布状況が、社会政策によって労働者階級を取り巻く生活環境などの個人情報が、さらにマクロ経済に関する膨大な情報が国家に集積された。

イギリスに海軍拡張競争を挑んだ第二帝政期のドイツは、財政法により軍事・外交の責を負う中央政府が租税調達能力に問題を抱えた間接税を主要財源としていたために、恒常的赤字と国債発行、国債増発による国債価格の低迷と高金利に悩まされていた。地方政府が歳入調達力に優れた土地税や所得税などの直接税中心の財政であったのに対して、中央政府は間接税に依拠した財政となっており、中央＝地方関係では地方分権的色彩が濃かった。近代における国の財政、すなわち、国家財政（＝中央政府の財政）と地方財政（＝地方政府の財政）の間の財源配分の在り方、各政府の財政権限は決して同じではないのである。地方分権の強いドイツ、フランス、そしてアメリカ連邦政府が歳入調達力のある所得税を手中にしたのは実に第一次世界大戦直前から戦中であった[220]。一方、イギリス政府は、1909/10年予算で所得税・累進的相続税などの直接税増税に加えて累進的所得税である超過所得税導入に成功したばかりか、時代に即応した間接税を大幅に新設し、これら有力財源を中央政府に集中させ

た。しかし、地方自治体は税収の弾力性に欠ける地方税(レイト)に大きく依存し、有力な財源を欠いていた。

　自由党内閣で商務相を務めたチャーチル Winston S. Churchill が自信をもって書き記したように、均衡財政と厳格な国債管理からなるイギリス国家財政運営の原則に照らせば、ドイツ帝国の発行する国債の市場評価と中央政府の租税調達力ではドイツは大規模な造艦計画あるいは戦争を実行することは出来ない[221]。しかし、ドイツ帝国は貧弱と看做された国家財政ながら、第一次世界大戦を長期にわたり戦い、イギリスは政治的指導者が頼みの綱とした歳入調達力に優れた租税の増徴と国債発行による財源確保をもってしても戦費調達に苦しんだ。国の財政資源が戦争の帰趨を決定する有力な要因ではなく、「持たざる国」でも「総力戦」の名で長期かつ大規模な戦争を行うことができたのである。やがて、イギリス政府は戦争の長期化とともに戦時財政と戦時経済の伝統運営を根本的に変更せざるを得なくなる。

結　語

　1914年8月の第一次世界大戦勃発とともに、イギリス、ドイツ両国は敵国の海上封鎖を基本戦略とし、水上艦船と潜水艦を動員した。しかし、両国の状況は決定的に異なっていた。四方を海に囲まれた高度工業国イギリスにとって戦争の趨勢を決定する最重要課題は、(1) 戦前から予想されていた食糧確保と食糧・工業原料の輸送手段としての民間商船の確保[222]、(2) 国内における食糧・工業生産の促進と食糧・工業原料購入資金の確保であった[223]。実際、ドイツ海軍の潜水艦による海上輸送の妨害と商船の損耗はイギリス国民・経済にとって甚大な影響を及ぼした。

　これに対して、ドイツは開戦当初から海上封鎖され、海上通商路の安全性確保、商船確保はイギリス程大きな問題とはならず、ドイツは周辺の中立国、オランダ、デンマーク、スウェーデン、ノルウェー、あるいは、アメリカとの貿易活動を細々と続けていた[224]。当然ながら、イギリス海軍とフランス海軍は

ドイツとドイツ周辺の中立国との間の経済関係、さらには中立国間の貿易を通じたドイツへの物資流入を遮断すべく、軍事行動と外交活動とを本格化させた[225]。

第一次世界大戦勃発以降、イギリスをはじめとする連合国がドイツを海上封鎖、さらには経済封鎖したため、ドイツは食用・飼料用穀物の輸入に支障を来したばかりか、人工肥料不足、さらには農業労働力不足にも陥ったものの、農産物の収穫量でみた場合、表面的には急激に低下しなかった[226]。第一次世界大戦でドイツが直面した最重要課題は農業を含む国内産業の生産増大と、イギリスをはじめとした連合国による軍事的外交的手段を用いた封鎖によって供給が限られた食糧・工業原料をいかに分配するかにあった[227]。イギリスと比較して租税徴収能力と借入金調達力から成る国の財政力では劣るが、自然資源では恵まれていたドイツは、イギリス政府要人の戦前の予想と異なり、大規模かつ長期の戦争に耐えたのである。

一方、イギリスでは農業不況脱出の過程で農業用地の多くが耕作放棄されるか牧草地化されたが、第一次世界大戦の開始とともに、男性労働者が農場から戦場に駆り出される中で、農業生産をいかに維持するかが重要な政策課題となった。戦争の長期化が確実となった1915年5月に連立内閣の農相に就任したセルボーン卿は、戦時における食糧増産を目指した農業政策がドイツに勝利する重要な鍵であると認識し、農業の戦略的重要性を明確に把握していた[228]。やがて、牧草地あるいは耕作放棄された農地を再び穀物生産に転換する耕起運動が繰り広げられた[229]。『イギリス農業——過去と現在』を著したプロザロもこの運動に深くかかわっていた。彼は第一次世界大戦中に農相（在任期間：1916年12月〜1919年8月）に就任し、男性労働者が戦場に駆り出された後の農村で農業生産増強に政治的努力を傾注したのだ[230]。

イギリス政府は開戦当初、工業生産においても「通常通りの運営」の原則に則り、国家が民間の経済活動に干渉しない方針であったが、戦争の長期化によってこの政策は頓挫した。商船確保のみならず農業・工業生産においても私企業に委ねるのでなく、国家の生産活動への介入が実施された。1915年には軍需

省 Ministry of Munitions が新設され、国家が民間の経済活動に強力に干渉する戦時経済体制へと移行した[231]。

戦時経済体制が農業・工業の分野で徐々に構築されるが、次なる政策課題は、金融市場が閉鎖された中で、イギリス国民・製造業が必要とする食糧・工業原料を海外から購入する資金をいかに確保するかであった。19世紀末以降のイギリス国民生活・経済活動は、本国で生産される食糧・工業原料に依存する自給自足的なものではなかった。事態は第二帝政期のドイツも同様であり、ドイツとイギリスは保護貿易政策、自由貿易政策の違いがあるものの、海外諸国との深い経済関係を抜きに国民生活・生産活動は成り立たなかった。ドイツとイギリスは、時代とともに増加の一途を辿る種々の食糧・工業原料を海外諸国から獲得し、国民の生活水準を高め、経済的発展を遂げるために、商品輸出が欠かせなくなっていた。周知のように、イギリスの商品貿易は19世紀後半には赤字幅が拡大したが、金融業や海運業などのサーヴィス部門の黒字によって、漸く国際収支は黒字を維持出来たのである。仮に、非常事態の勃発によってイギリスの金融業・海運業が収入確保の役割を果たせなくなった場合、イギリスの国際収支・貿易収支は一挙に悪化し、海外貿易に依存するイギリスの国民生活・経済活動の存立基盤は崩壊する。この悪夢は第一次世界大戦時に現実となった。金融市場が閉鎖された状態で、イギリスは国内の製造業を戦争遂行に動員する傍ら、食糧・工業原料の輸入代金を獲得するためにも商品輸出を行わざるを得なかった。結局、イギリスは戦時経済で旺盛となった国内消費を抑制するために1915年に輸入関税（マッケナ関税）を復活させつつ、食糧・工業原料の輸入資金を調達するために在外資産を切り売りし、外国とりわけアメリカ政府からの借款(ローン)を必要としたのである[232]。戦争の帰趨を決したのはやはり「お金」であった。

注

1) Eviatar Zerubavel, *Time Map: Collective memory and the social shape of the past*, Chicago: University of Chicago Press, 2003.
2) Eli F. Heckscher, *The Continental System: An economic interpretation*, Oxford:

Clarendon Press, 1922. 大陸制度に関する包括的研究として、François Crouzet, Wars, blockade, and economic change in Europe, 1792-1815, *JEH*, 24（1964）.

3）　Eli F. Heckscher, Kurt Bergendal, and Wilhelm Keilhau, eds., *Sweden, Norway, Denmark and Iceland in the World War*, New Haven: Yale UP., 1930. ヘクシャの研究業績については、Alexander Gerschenkron, Eli F. Heckscher, in Eli F. Heckscher, translated by Goran Ohlin, *An Economic History of Sweden*, Cambridge, Mass.: Harvard UP., 3rd edition, 1968.

4）　スカンディナビア諸国の工業化過程については、Povl Drachmann, *The Industrial Development and Commercial Policies of the Three Scandinavian Countries*, Oxford: Clarendon Press, 1915.

5）　本書、終章、参照。

6）　戦時における食糧不足とナポレオン戦争から第一次・第二次世界大戦期における軍事戦略とを関連付け、農産物、とりわけ小麦などの食糧が戦争（ナポレオン戦争・第一次世界大戦）に際して重要な戦略物資となること、第一次世界大戦期のイギリス海軍やドイツ海軍の戦略がともに交戦国の食糧・工業原料の供給遮断、海上通商路の破壊を狙った「飢餓戦略」であることを明らかにした先駆的研究として、Mancur Olson, Jr., *The Economics of the Wartime Shortage: A history of British food supplies in the Napoleonic War and in World Wars I and II*, Durham: Duke UP., 1963. これをより体系的に追求したのが、Avner Offer, *The First World War: An agrarian interpretation*, Oxford: Clarendon Press, 1989. **本書もオファの研究に負うところ大である**。なお、ドイツに対する「食糧封鎖」food blockade は1918年11月の休戦協定成立後、翌年7月まで継続されており、イギリス政府・陸軍関係者は1919年にドイツ諸都市の食糧事情・経済状況を調査している。*PP*, 1919 [Cmd. 52.], *Reports by British Officers on the Economic Conditions prevailing in Germany, December 1918-March 1919*; *PP*, 1919 [Cmd. 208.], *Further Reports by British Officers on the Economic Conditions prevailing in Germany, March and April 1919*; *PP*, 1919 [Cmd. 280.], Ernest H. Starling, *Report on Food Conditions in Germany, with memoranda on agricultural conditions in Germany by A. P. McDougall*.

7）　Theodore Ropp, edited by Stephen S. Robert, *The Development of a Modern Navy: French naval policy 1871-1904*, Annapolis: Naval Institute Press, 1987, ch. 10. 1930年代はロップの研究をはじめとして、歴史研究の基本である**未公刊文書を駆使し、戦闘・軍隊を対象とした従来の軍事史研究の在り方を大きく変え、軍事（海軍）と政治・経済・財政との関連を明らかにした新しい軍事史研究**が登場した

時代である。例えば James P. Baxter, *The Introduction of the Ironclad Warship*, Cambridge, Mass.: Harvard UP., 1933; Arthur J. Marder, *The Anatomy of British Sea Power: A history of British naval policy in the pre-Dreadnought era, 1880-1905*, New York: Alfred A. Knopf, 1940.

8) A. C. Bell, *A History of the Blockade of Germany, and of the Countries associated with her in the Great War: Austria-Hungary, Bulgaria, and Turkey 1914-1918*, HMSO, 1937, pp. 18-20.

9) この点については、荒川憲一『戦時経済体制の構想と展開――日本陸海軍の経済史的分析』岩波書店、2011年、9頁の指摘に依拠している。

10) W. E. Minchinton, Agricultural Returns and the Napoleonic Wars, in W. E. Minchinton, ed., *Essays in Agrarian History*, Newton Abbot: Davis & Charles, vol. 2, 1968.

11) 1792～1812年のダブリン市場における穀物価格については、*PP*, 1813 (57.), S. C. on the Corn Trade of the United Kingdom, Appendix no. 16.

12) 18世紀半ばまでの穀物法に関しては、[Charles Smith], *Three Tracts on the Corn-Trade and Corn Laws*, Printed for the Author, 2nd edition, 1766 (1st edition, 1758). ナポレオン戦争期の穀物法、穀物生産に関しては、W. Freeman Gaplin, *The Grain Supply of England during the Napoleonic Period*, Macmillan, 1925.

13) *PP*, 1813 (57.), S. C. on the Corn Trade of the United Kingdom, *Report* and *ME*.

14) 1793年以降1812年まで、小麦・小麦粉 flour は重量ベースでは輸入超過であった。*PP*, 1814 (339.), S. C. on the Corn Laws of this Kingdom, Accounts, no. 1.

15) *PP*, 1813 (57.), S. C. on the Corn Trade of the United Kingdom, *Report*, pp. 3, 9.

16) 委員会の証人の多くがアイルランドの農業に利害関心を持つ人々で、証人構成が著しく偏っていた。なお、1814年にマルサスは穀物法擁護論を公にした。Thomas Robert Malthus, *Observations on the Effects of the Corn Laws*, 1814, Baltimore: Johns Hopkins Press, 1932.

17) *PP*, 1813 (57.), S. C. on the Corn Trade of the United Kingdom, *Report*, p. 8.

18) Sir Henry Parnell, *The Substance of the Speeches of Sir H. Parnell in HC, with additional observations on the Corn Laws*, The Pamphleteer, [1814], p. 170. パーネルもマルサスのパンフレットに言及している。1814年には、ローダデール伯が穀物法に関するパンフレットを出した。John M. Earl of Lauderdale, *A Letter on the Corn Laws*, H. Bryer, 1814. 1815年にはシェフィールド卿も穀物法擁護論のパンフレットを出し、その中でマルサスの穀物法擁護論に賛同していた。John Bak-

er Holroyd Earl of Sheffield, *A Letter on the Corn Laws, and on the Means of Obviating the Mischiefs and Distress, which are rapidly increasing*, John Murray, 1815. シェフィールド卿は1785年にアイルランドの製造業・貿易に関する浩瀚な書物を著し、1800年には穀物不足を論じて、穀物価格高騰を否定するとともに穀物法変更の必要性を認めない内容のパンフレットを著した人物。John Lord Sheffield, *Observations on the Manufactures, Trade, and Present State of Ireland*, J. Debrett, 1785; do., *Remarks on the Deficiency of Grain, occasioned by the bad harvest of 1799...*, J. Debrett, 1800. 事実、この1800年には食品価格の上昇と食糧不足とが深刻な事態を迎えた。Cf. Anon, *Representation of the Lords of Committee of Council, appointed for the Consideration of all Matters relating to Trade and Foreign Plantations, upon the Present State of Laws for regulating the Importation and Exportation of Corn...*, J. Stockadle, 1800; Gilbert Blane, *Inquiry into the Causes and Remedies of the Late and Present Scarcity and High Price of Provisions, in a letter to Right Hon. Earl Spencer, dated 8th November, 1800, with observations on the distresses of agriculture and commerce*, The Pamphleteer, 1817 (1st edition, 1800). かかる状況で、議会に提出された統計情報を利用し、イギリスの人口増加と農業生産の在り方を分析しようとしたパンフレットも出版された。Cf. Benjamin Pitts Capper, *A Statistical Account of the Population and Cultivation, Produce and Consumption of Egland and Wales*, T. Geoghegen, 1801.

19) Parnell, *The Substance of the Speeches of Sir H. Parnell*, pp. 146-47.

20) *PP*, 1814 (339.), S. C. on the Corn Laws of this Kingdom, *Report* and *ME*; *PP*, 1814 (26.), Lords Committee on Grain, and the Corn Laws, *First and Second Reports* and *ME*.

21) William Page, ed., *Commerce and Industry: A historical review of the economic conditions of the British Empire from the Peace of Paris in 1815 to the Declaration of War in 1914, based on Parliamentary Debates*, 1919, New York: Augustus M. Kelly, reprinted in 1968, pp. 23-5.

22) Élie Halévy, trans. by E. I. Watkin, *A History of the English People in the Nineteenth Century, vol. 1: England in 1815*, Ernest Benn, 1949, p. 248.

23) 1820年代には「農業不況調査委員会」が複数回設置された。*PP*, 1820 (255.), S. C. on Petitions complaining of Agricultural Distress, &c., *Report* and *ME*; *PP*, 1821 (668.), S. C. to whom the Several Petitions complaining of the Distressed State of Agriculture of the United Kingdom, *Report* and *ME*; *PP*, 1822 (165.), S. C. on the Several Petitions,..., complaining of the Distressed State of Agriculture of the Unit-

ed Kingdom, *Report* and *ME*. 農業不況に関する議会での議論については、Page, ed., *Commerce and Industry*, pp. 22-7.

24) 対フランス戦争終結後のイギリスが陥った農業・製造業における深刻な不況と財政状況については、Richard Preston, *A Review of the Present Ruined Condition of the Landed and Agricultural Interests*, The Pamphleteer, 1816; William Jacob, *An Inquiry into the Causes of Agricultural Distress*, The Pamphleteer, 1817; J. H. Reddell, *The True State of the British Nation, as to Trade, Commerce, & c., ...*, J. J. Stockdale, 1817; Lord Stourton, *Two Letters to the Earl of Liverpool, ..., on the Distress of Agriculture, ...*, J. Mawman, 1821; Anon., *Considerations on the Corn Question*, The Pamphleteer, 1821; Landholder [pseudonym], *Observations on the Causes and Cure of the Present Distress State of Agriculture,...*, Chester: M. Galway, 1822; Robert Banks Jenkinson, Earl of Liverpool, *The Speech of the Earl of Liverpool, delivered in HL, on Tuesday, the 26th day of February, 1822, on the subject of the agricultural distress of the country, and the financial measures proposed for its relief*, J. Hatchard & Son, 1822; W. W. Whitmore, *A Letter on the Present State and Future Prospects of Agriculture*, J. Hatchard & Son, 1822; Thomas G. Bramston, *A Practical Inquiry into the Nature and Extent of the Present Agricultural Distress, ...*, J. Hatchard & Son, 1822; [John Higgins], *A Plan for the Effectual Relief of Agricultural Distress, ...*, J. Ridgway, 1823.

25) 19世紀中葉のイギリス農業については、G. E. Mingay, ed., *The Agrarian History of England and Wales, vol. VI: 1750-1850*, Cambridge: Cambridge UP., 1989.

26) Sir Robert Peel, Corn Laws.-Ministerial plan, HC, Februry 9, 1842, in *The Speeches of the late Right Hon. Sir Robert Peel, vol.III : 1835-1842*, George Routledge, 1853, pp. 828-29.

27) 反穀物法同盟 Anti-Corn Law League を批判するものの政治的影響力を持たなかった農業保護協会(アグリカルチュラル・プロテクション・ソサエティ)発行のパンフレットは、保護政策の意図を理解するのに役立つ。Agricultural Protection Society, *Tracts issued by the Agricultural Protection Society*, John Olliver, 1844. 本書には18点のパンフレットが収められている。

28) James Caird, *High Farming, under liberal covenants, the best substitute for protection*, William Blackwood, 5th edition, 1849.

29) James Caird, *English Agriculture in 1850-51*, Longman, 1852. イギリスでは穀物法廃止以前から新農業技術の採用が始まっていた。cf. Henry Colman, *European Agriculture and Rural Economy from Personal Observation*, Wiley & Putma, 2

vols., 1846-48.

30) James Caird, *Prairie Farming in America: With notes by the way on Canada and the United States*, Longman, 1859.

31) James Caird, *The Landed Interest and the Supply of Food*, Cassell, Petter, Galpin & Co., 1878.

32) E. Bulwer-Lytton, *Letters to John Bull, Esq.*, 1851, in Lord Lytton, *Pamphlets and Sketches*, George Routledge, 1875, pp. 130-31.

33) John Vincent, ed., *Disraeli, Derby, and the Conservative Party; Journals and memoirs of Edward Henry, Lord Stanley 1849-69*, Sussex: Harvester Press, 1978, p. 64 (entry of May 2, 1851). 1849年から51年における農業不況を契機とした保護派の活動については、Robert Stewart, *The Politics of Protection: Lord Derby and the Protectionist Party 1841-1852*, Cambridge UP., 1971, ch. 6.

34) Board of Agricultureの名称は後の1903年にBoard of Agriculture, Fisheriesと改称されるが、本書では、ともに「農務省」と表記する。

35) Caird, *English Agriculture in 1850-51*, pp. 520-25. 20世紀初頭までのイギリスの統計情報については、Henry Higgs, ed., *Statistics by the late Sir Robert Giffen, written about the years 1898-1900*, Macmillan, 1913.

36) *PP*, 1912-13 [Cd. 6320.], *Final Report on the First Census of Production of the United Kingdom (1907), with Tables*.

37) 19世紀中葉から第一次世界大戦直前までのイギリス農業については、E. J. T. Collins, ed., *The Agrarian History of England and Wales, vol. VII: 1850-1914, Pt. I & Pt. II*, Cambridge: Cambridge UP., 2000. および本書、終章、参照。

38) Mrs. Cobden Unwin, *The Hungry Forties: Life under the Bread Tax: Descriptive letters and other testimonies from contemporary witnesses*, 1904, Irish UP., reprinted in 1971.

39) 19世紀末イギリス農業不況の脱出過程については、P. J. Perry, ed., *British Agriculture 1875-1914*, Methuen, 1973. 椎名重明『近代的土地所有――その歴史と理論』東京大学出版会、1973年。

40) Stephen Bourne, *Trade, Population and Food: A series of papers on economic statistics*, George Bell & Sons, 1880.

41) William E. Bear, *The Relations of Landlord and Tenant in England and Scotland*, Cassell, Petter, Galpin & Co., 1876.

42) William E. Bear, Our food supply, in C. F. Dowsett, ed., *Land: Its attractions and riches*, The "Land Roll" Office, 1892. ベアはこの時期、世界の穀物生産、とり

わけ、小麦生産の動向を分析し、人口増加と比較して小麦生産の増加が緩慢であったことを指摘した論文を幾つかの雑誌に寄稿している。

43) *PP*, 1916 [Cd. 8421.], A Committee of the Royal Society, *The Food Supply of the United Kingdom*.

44) Olson, *The Economics of the Wartime Shortage*, pp. 73-4; Martin Doughty, *Merchant Shipping and War: A study of defence planning in twentieth-century Britain*, Royal Historical Society, 1982, pp. 1-9; David French, *British Economic and Strategic Planning 1905-1915*, George Allen & Unwin, 1982, pp. 12-4; L. Margaret Barnett, *British Food Policy during First World War*, George Allen & Unwin, 1985, pp. 3-6; Offer, *The First World War*.

45) Rolf Hobson, *Imperialism at Sea: Naval strategic thought, the ideology of sea power and the Tirpitz Plan, 1875-1914*, Boston: Brill Academic Publishers, 2002, pp. 37-9.

46) A. H. H. Matthews, *Fifty Years of Agricultural Politics: Being the history of the Central Chamber of Agriculture*, P. S. King, 1915, pp. 363-64. 第一次世界大戦および戦間期における中央農業会議所の政策主張については、cf. W. Phillip Jeffcock, *Agricultural Politics, 1915-1935: Being a history of the Central Chamber of Agriculture during that period*, Ipswich: W. E. Harrison, [1937?].

47) Agricultural Committee on National Wheat Stores, *Report*, L. E. Newnham, 1897-98, p. v.

48) Paul M. Kennedy, *The Rise and Fall of British Naval Mastery*, Allen Lane, 1976, pp. 205, 208-9.

49) *PP*, 1896 (360.), Fleets (Great Britain and Foreign Countries). ただし、この情報がどこまで正確なのかは不明。海軍省の政策策定を担う海軍本部 Board of Admiralty は、1903年に設置された「戦時における食糧・工業原料供給調査委員会」では軍事機密を理由に欧米諸国の艦船保有情報の開示を拒否している。

50) Ernest E. Williams, *The Foreigner in the Farmyard*, William Heinemann, 1897.

51) R. B. Marston, *War, Famine and Our Food Supply*, Sampson Low, Marston & Co., 1897.

52) Sir William Crookes, *The Wheat Problem*, John Murray, 1899. その他の関連文献については、Offer, *The First World War*, pp. 219-23.

53) H. Rider Haggard, *Rural England: Being an account of agricultural and social researches carried out in the years 1901 & 1902*, Longmans, Green, vol. 2, new edition, 1906 (1st edition, 1902), pp. 559-61.

54) H. Rider Haggard, *Rural Denmark and its Lessons*, Longmans, new impression, 1917 (1st edition, 1911).

55) Percy Ashley, *Modern Tariff History: Germany-United States-France*, John Murray, 1904, p. xvi, ch. viii.

56) *PP*, 1916 [Cd. 8305.], Prefatory Note of Earl of Selborne to Thomas H. Middleton, *The Recent Development of German Agriculture*. 第一次世界大戦期のイギリス農業に関しては、Thomas H. Middleton, *Food Production in War*, Oxford: Clarendon Press, 1923. 邦語研究として、森建資『イギリス農業政策史』東京大学出版会、2003年、および本書、終章、参照。セルボーン卿は1915年5月から1916年7月まで農相職に在り、国内農業の食糧生産能力に戦略的価値を見出した。cf. Earl of Selborne to H. H. Asquith, 22 July 1915, in D. George Boyce, ed., *The Crisis of British Unionism: The domestic political papers of the Second Earl of Selborne, 1885-1922*, The Historians' Press, 1987, pp. 135-41.

57) Carl J. Fuchs, *The Trade Policy of Great Britain and the Colonies since 1860*, Macmillan, 1893, pp. 173-77.

58) George R. Parkin, *Imperial Federation: The problem of national unity*, Macmillan, 1892, pp. 103-14.

59) Ivan S. Bloch, *The Future of War in its Technical Economic and Political Relations; Is war now impossible?* New York: Doubleday & McClure, 1899. 同書にはジャーナリストのステッドとの会見録が添付されている。ただし、簡約版である。ステッドについては、Frederic Whyte, *The Life of W. T. Stead*, New York: Houghton Mifflin, 2 vols., 1925. ブロッホに関しては、Ferguson, *The Pity of War*, pp. 8-11; Offer, *The First World War*, pp. 10-11. 邦語文献として、等松春夫「日露戦争と『総力戦』概念——ブロッホ『未来の戦争』を手がかりに」軍事史学会編『日露戦争（2）』錦正社、2005年、和田春樹『日露戦争——起源と開戦』岩波書店、2009年、上巻、289-290頁、参照。

60)「未来戦争」についての研究は、I. F. Clarke, *Voices Prophesying War: Future war 1763-3749*, Oxford: Oxford UP., 2nd edition, 1992, chs. 3-4. わが国でも日清戦争（1894～1895年）以降、ロシアとの戦争が不可避と思われる中で「未来戦争」を描いたSF小説が流行した。長山靖生『日本SF精神史——幕末・明治から敗戦まで』河出書房新社、2009年、第5章参照。

61) Richard Cobden, *The Three Panics: An historical episode*, Ward, 1862, 4th edition.

62) Baxter, *The Introduction of the Ironclad Warship*, esp. ch. viii; C. I. Hamilton,

Anglo-French Naval Rivalry 1840-1870, Oxford: Clarendon Press, 1993.
63) Baxter, *The Introduction of the Ironclad Warship*, pp. 140-80.
64) *PP*, 1860 (2682.), R. C. on the Defences of the United Kingdom, *Report*. もっとも、海軍省の軍人がフランスに対する恐怖感醸成に挙って加担したわけではない。cf. Vice-Admiral P. Colomb, *Memoirs of Admiral Sir Astley Cooper Key*, Methuen, 1898, pp. 289-323.
65) 議論の顛末は、Philip Guedalla, ed., *The Palmerston Papers: Gladstone and Palmerston, being the correspondence of Lord Palmerston with Mr. Gladstone 1851-1865*, Victor Gollancz, 1928.
66) Cobden, *The Three Panics*, pp. 131, 136.
67) *PP*, 1859 (182.), *Report of a Committee appointed by Treasury to inquiry into the Navy Estimates, from 1852 to 1858, and into the Comparative State of Navies of England and France*.
68) Baxter, *The Introduction of the Ironclad Warship*, pp. 140-1; Hamilton, *Anglo-French Naval Rivalry 1840-1870*, pp. 277-78.
69) 第一次グラッドストン内閣期（1868〜1874年）の海軍予算削減については、Lieut. Col. S. Childers, *The Life and Correspondence of H. C. E. Childers*, John Murray, vol. 1, 1901; Arthur D. Elliot, *The Life of G. J. Goschen, First Viscount Goschen 1831-1907*, Longmans, Green, vol. 1, 1911. および本書、第2章、参照。
70) 大蔵省統制は、(1) 財政統制、すなわち、歳出統制と歳入統制、(2) 人員（常勤公務員）統制から成ることが、大河内繁、小島昭、西山一郎のイギリス大蔵省に関する研究で明らかにされている。西山一郎「19世紀中葉における大蔵省統制（Treasury Control）の実態について」『香川大学経済論叢』第47巻第4〜6号、1975年、参照。
71) John F. Beeler, *British Naval Policy in the Gladstone-Disraeli Era 1866-1880*, Stanford: Stanford UP., 1997, p. 192.
72) N. A. M. Rodger, The Dark age of the Admiralty, 1869-85, *MM*, lxi (1975), pp. 331-44, lxii (1976), pp. 33-46, 121-28; Frans Coetzee, *For Party or County: Nationalism and the dilemmas of popular conservatism in Edwardian England*, Oxford: Oxford UP., 1990, ch. 1; Donald M. Schurman, edited by John Beeler, *Imperial Defence 1868-1887*, Frank Cass, 2000.
73) Stig Forster and Jorg Nagaler, eds., *On the Road to Total War: The American Civil War and the German wars of unification, 1861-1871*, Cambridge: Cambridge UP., 1997.

74) Marder, *The Anatomy of British Sea Power*, ch. 1. マクニールの著作も有益である。William H. McNeill, *The Pursuit of Power: Technology, armed force, and society since A. D. 1000*, Chicago: University of Chicago Press, 1982, esp. ch. 8 〔高橋均訳『戦争の世界史 (下)』中公文庫、2014年、第 8 章〕.

75) マーダの研究業績については、Gerald Jordan, ed., *Naval Warfare in the Twentieth Century 1900-1945: Essays in Honour of Arthur Marder*, Croom Helm, 1977.

76) E. L. Woodward, *Great Britain and the German Navy*, 1935, Frank Cass, reprinted in 1964, pp. 19-53.

77) Nicholas A. Lambert, *Sir John Fisher's Naval Revolution*, Columbia, South Carolina: South Carolina UP., 1999.

78) 第一次世界大戦期のドイツ潜水艦による商船攻撃とその損害については、本書、終章、参照。

79) Woodward, *Great Britain and the German Navy*.

80) P. Kemp, ed., *The Papers of Admiral Sir John Fisher*, NRS, 2 vols., 1960-64. フィシャの『書翰集』は1952年に出版され始めた。Arthur J. Marder, ed., *Fear God and Dread Nought: The correspondence of Admiral of the Fleet, Lord Fisher of Kilverstone*, Jonathan Cape, 3 vols., 1952-59.

81) Lord Hankey, *The Supreme Command 1914-1918*, George Allen & Unwin, 2 vols., 1961. ハンキィについては、Stephen Roskill, *Hankey: Man of secret*, Collins, 3 vols., 1970-74; John F. Naylor, *A Man and An Institution: Sir Maurice Hankey, the cabinet secretariat and the custody of cabinet secrecy*, Cambridge: Cambridge UP., 1984.

82) D. M. Schurman, *The Education of A Navy: The development of British naval strategic thought 1867-1914*, Cassell & Co., 1965, p. 4.

83) 戦略研究家はイギリス海軍の現状に強い危機感を抱いていた。John. C. R. Colomb, *The Defence of Great and Greater Britain: Sketches of its naval, military, and political aspects*, Edward Stanford, 1880; Vice-Admiral P. H. Colomb, *Essays on Naval Defence*, W. H. Allen, 1893; Sir George S. Clarke, *Imperial Defence*, The Imperial Press, [1897?]; Lieut. Col. Sir George S. Clarke and James R. Thursfield, *The Navy and the Nation or Naval Warfare and Imperial Self Defence*, John Murray, 1897; Sir John C. R. Colomb, *British Danger*, Swan Sonnenschein, 1902. サースフィールドは『タイムズ』紙の中心的記者であり、フィシャの『書翰集』にしばしば登場する人物。コロム兄弟らは「大海軍派」と呼ばれ、海軍の戦略に影響力

を強めていった。cf. Marder, *The Anatomy of British Sea Power*, p. 68; Schurman, *The Education of A Navy*.

84) Kennedy, *The Rise and Fall of British Naval Mastery*, ch. 8; Hobson, *Imperialism at Sea*, p. 13.

85) 後に海軍省政務次官、陸相 Secretary of War Office を歴任するアーノルド＝フォスタは1883年にイギリス海軍の戦力を疑問視した論文を出していた。Hugh Oakeley Arnold-Forster's Wife, *The Right Hon. Hugh Oakeley Arnold-Forster: A memoir*, Edward Arnold, 1910, pp. 54-6; Whyte, *The Life of W. T. Stead*, vol. 1, p. 146.

86) Marder, *The Anatomy of British Sea Power*, p. 121, n. 4; John Wilson, *CB: A life of Sir Henry Campbell-Bannerman*, Purnell Book Service, 1973, p. 63; Coetzee, *For Party or County*, p. 11; Schurman, *Imperial Defence 1868-1887*, p. 139, n. 28.

87) Whyte, *The Life of W. T. Stead*, vol. 1, pp. 145-58; Lord George Hamilton, *Parliamentary Reminiscences and Reflections, 1868 to 1885*, John Murray, 1917, p. 263.

88) ブレットとステッドは、ゴードン将軍に関して緊密な情報交換を行っていた。Maurice V. Brett, ed., *Journals and Letters of Reginald Viscount Esher*, Ivor Nicholson & Watson, vol. 1, 1934, pp. 88-93.

89) 1880年代のメディアの変貌については、J. A. Spender, *The Public Life*, Cassell & Co., vol. 2, 1925, pp. 95-105; Stephen Koss, *The Rise and Fall of the Political Press in Britain*, Chapel Hill: The University of North Carolina Press, 1981, ch. 8. 1883年にはロンドンの貧民を取り上げた小冊子 *Bitter Cry of Outcast London* が出版され、都市の住宅問題を政治問題に押し上げた。ゴードン将軍の死に際しては政府の責任を質す意見が沸騰し、メディアの政治的影響力の大きさを世に示した。Cf. Whyte, *The Life of W. T. Stead*, vol. 1, pp. 104-5.

90) H. Campbell-Bannerman to H. C. E. Childers, October 2, 1884, in J. A. Spender, *The Life of Sir Henry Campbell-Bannerman*, Hodder & Stoughton, vol. 1, 1923, pp. 53-5. 海軍本部の武官本部長は辞任をちらつかせて政府に政治的圧力を加えた。Sir T. Brassey to H. C. E. Childers, November, 1884, in Childers, *The Life and Correspondence of H. C. E. Childers*, vol. 2, p. 169. ブラッセィはこの時、海軍省政務次官。海軍本部の動向は、Colomb, *Memoirs of Admiral Sir Astley Cooper Key*, pp. 439-51. この時キィは第一本部長 First Naval Lord に在ったが、予算増額のための政治的策略には批判的であった。McNeill, *The Pursuit of Power*, p. 269〔高橋訳『戦争の世界史（下）』103頁〕。

91) H. C. E. Childers to W. E. Gladstone, October 1, 1884, in Childers, *The Life and Correspondence of H. C. E. Childers*, vol. 2, pp. 166-67.

92) H. C. G. Matthews, ed., *Gladstone Diaries*, Oxford: Clarendon Press, 1990, vol. 11, pp. 254-55 (entry of December 2, 1884); Childers, *The Life and Correspondence of H. C. E. Childers*, vol. 2, pp. 169-70; Bernard Mallet, *Thomas George Earl of Northbrook: A memoir*, Longmans, 1908, pp. 199-211. 政府原案では1,000万ポンドの増額であった。Dudley W. Bahlman, ed., *The Diary of Sir Edward W. Hamilton, 1880-1885*, Oxford: Clarendon Press, vol. 2, 1972, pp. 745-55 (entry of December 2, 1884). ノースブルック計画における造艦事業と財政措置については、*PP*, 1889 [C. 5661.], Shipbuilding Programmes as proposed by Lord Northbrook in 1885-86: Memorandum showing the financial arrangements connected therewith.

93) Marder, *The Anatomy of British Sea Power*, pp. 122-23.

94) H. C. E. Childers to W. E. Gladstone, December 18, 1884, in Childers, *The Life and Correspondence of H. C. E. Childers*, vol. 2, p. 170. チルダースは書翰の中で海軍・陸軍の武官による予算増額圧力について記している。

95) 1894年3月にフィシャは海軍予算をめぐり惹き起こされたグラッドストン首相辞任劇に遭遇した。彼はこの時、第三本部長 Third Sea Lord (在任期間：1892～1896年) と艦船の設計・建造・修理部門の長である監督官 Controller を兼務しており、辞任劇の中心にいた。Cf. Lord Fisher, *Records*, Hodder & Stoughton, 1919, pp. 50-2; Bacon, *The Life of Lord Fisher of Kilverstone*, vol. 1, pp. 105-12. その際、フィシャを含む海軍本部の武官本部長は海軍増強を海相に強く働きかけた。Sea Lords to Lord Spencer, December 20, 1893, in Peter Gordon, ed., *The Red Earl: The Papers of the Fifth Earl Spencer 1835-1910*, Northampton: Northamptonshire Record Society, vol. 2, 1986, pp. 231-32. フィシャは第二本部長 Second Sea Lord (在任期間：1902～1904年) 就任の後に、第一本部長に昇進した。

96) 海軍同盟については、Coetzee, *For Party or County*. 邦語文献として、横井勝彦「エドワード期のイギリス社会と海軍――英独建艦競争の舞台裏」坂口修平・丸畠宏太編『近代ヨーロッパの探究12　軍隊』ミネルヴァ書房、2009年、参照。

97) 1893年には海軍文書協会 Navy Records Society がロートンによって設立された。協会はイギリス海軍関連の文書蒐集と海軍研究に不可欠な史料を刊行するとともに、海軍を本格的な歴史研究の対象とした。Cf. Andrew Lambert, *The Foundations of Naval History: John Knox Laughton, the Royal Navy and the historical profession*, Chatham Publishing, 1998.

98) Lord Hamilton, *Parliamentary Reminiscences and Reflections, 1868 to 1885*, pp. 289-92.
99) Lord George Hamilton, *Parliamentary Reminiscences and Reflections, 1886 to 1906*, John Murray, 1922, pp. 107-8, 111.
100) Lady Gwendolen Cecil, *Life of Robert Marquis of Salisbury*, Hodder & Stoughton, vol. 4, 1932, p. 188.
101) 1880年代における海軍本部の構成については、*PP*, 1890 [C. 6199.], Distribution of Business between the various Members of the Board of Admiralty, showing the successive changes made between 1885 and the present time.
102) N. A. M. Rodger, *The Admiralty*, Lavenham: Terence Dalton Ltd., 1979, p. 99.
103) *PP*, 1861 (438.), S. C. on the Board of Admiralty, *ME*, Q. 5 (Duke of Somercet), Q. 811 (Sir James Graham). 構成員は後に8名に増員された。
104) Sir John Briggs, *Naval Administrations 1827 to 1892*, Sampson Low, Marston & Co., 1897, pp. 33-4; Charles Stuart Parker, *Life and Letters of Sir James Graham, 1792-1861*, John Murray, vol. 1, 1907, pp. 152-55; Christopher Lloyd, *Mr. Barrow of the Admiralty: A life of Sir John Barrow*, Collins, 1970, pp. 99-102. 五つの新設ポストは、「会計主任」をはじめとし、the Storekeeper-General、the Comptroller of the Victualling、the Physician of the Navy、the Surveyor of the Navyである。J. T. Ward, *Sir James Graham*, Macmillan, 1967, p. 128; Lloyd, *Mr. Barrow of the Admiralty*, p. 100. その後の海軍本部の構成の変更に関しては、cf. Briggs, *Naval Administrations 1827 to 1892*.
105) *PP*, 1860 (2682.), R. C. on the Defences of the United Kingdom, *Report* and *ME*.
106) *PP*, 1859 (139.) (139-I.), Committee on Dockyard Economy, *Report* and *ME*; *PP*, 1861 (2790.), Commissioners appointed to inquiry into the Control and Management of HM's Naval Yards, *Report* and *ME*. 海軍本部・海軍工廠が非効率的組織であるとの指摘に対しては海軍省から反論が提出された。*PP*, 1860 (79.), Copy "of the Observations of the Superintendent and Officers of the Dockyards, and of the Accountant General and Storekeeper General of Navy, on the *REPORT of the COMMITTEE on DOCKYARD ECONOMY*."
107) *PP*, 1861 (438.), S. C. on the Board of Admiralty, *ME*.
108) *PP*, 1861 (2790.), Commissioners appointed to inquiry into the Control and Management of HM's Naval Yards, *Report*.
109) *PP*, 1868-69 (402.), Correspondence and Other Papers relative to Alterations

in the Organization and Business of the Admiralty.
110) *PP*, 1868-69 (84.), The Distribution of Business among the Lords of the Admiralty under the old and new Arrangements for conducting the Business of the Department.
111) *PP*, 1905 [Cd. 2416.], Order in Council dated 10th August 1904, showing Designations of various Members of, and Secretaries to, the Board of Admiralty, and the Definition of the Business to be assigned to them; *PP*, 1905 [Cd. 2417.], Statement showing the Distribution of Business between various Members of the Board of Admiralty, dated 20th October 1904.
112) Bryan Ranft, Parliamentary debate, economic vulnerability, and British naval expansion, 1860-1905, in Lawrence Freedman, Paul Hayes and Robert O'Neill, eds., *War, Strategy and International Politic: Essays in Honour of Sir Michael Howard*, Oxford: Clarendon Press, 1992.
113) Marder, *The Anatomy of British Sea Power*, ch. vi.
114) 同時代人が抱いた未来戦争のイメージは、Ferguson, *The Pity of War*, pp. 1-11.
115) Kemp, ed., *The Papers of Admiral Sir John Fisher*, vol. 1, p. 18. Cf. Marder, *The Anatomy of British Sea Power*, p. 85.
116) Mackay, *Fisher of Kilverstone*, pp. 285-88.
117) Marder, *The Anatomy of British Sea Power*, ch. xvii; Bryan Ranft, The protection of British seaborne trade and the development of systematic planning for war, 1860-1906, in Bryan Ranft, ed., *Technical Change and British Naval Policy 1860-1939*, Hodder & Stoughton, 1977; Ranft, Parliamentary debate, economic vulnerability, and British naval expansion, 1860-1905.
118) イギリス海軍の潜水艦の利用については、Nicholas A. Lambert, ed., *The Submarine Service, 1900-1918*, Aldershot: NRS, 2001.
119) Sir Vincent Caillard, *Imperial Fiscal Reform*, Edward Arnold, 1903; Captain G. C. Tryon, *Tariff Reform*, National Review Office, 1909.
120) E. Enever Todd, *The Case against Tariff Reform: A reply to The Case against Free Trade by Archdeacon Cunningham*, John Murray, 1911, pp. 90-95. アーミテージ゠スミスはイギリス農業の活路を穀物生産ではなく食肉・酪農・野菜の生産・国内販売に求めた。G. Armitage-Smith, *The Free-trade Movement and its Result*, Blackie, 2nd edition, 1903, p. 183.
121) W. A. S. Hewins, *The Apologia of An Imperialist*, Constable, vol. 1, 1919, pp. 107-8; Offer, *The First World War*, pp. 224-25; Barnett, *British Food Policy*

第 1 章　19世紀末農業不況と第一次世界大戦前のイギリス海軍予算　73

　　　 during First World War, pp. 6-7. cf. The Marchioness of Londonderry, *Henry Chaplin: A memoir*, Macmillan, 1926, pp. 179-83.
122)　*PP*, 1905［Cd. 2643.］, R. C. on Supply of Food and Raw Material in Time of War, *Report* and *ME*. Cf. Barnett, *British Food Policy during First World War*, p. 8.
123)　Lord Hankey, *The Supreme Command 1914-1918*, vol. 1, p. 103.
124)　Edith H. Whetham, *The Agrarian History of England and Wales, vol. VII: 1914-39*, Cambridge: Cambridge UP., 1978, p. 16.
125)　*PP*, 1908［Cd. 4161.］, Committee on National Guarantee for the War Risks of Shipping, *Report* and *ME*.
126)　Ropp, *The Development of a Modern Navy*, ch. 10.
127)　Bell, *A History of the Blockade of Germany*, pp. 193-94.
128)　Grand Admiral von Tirpitz, *My Memoirs*, New York: Dodd, Mead, & Co., vol. 1, 1919, pp. 54-7. ティルピッツについては、Hobson, *Imperialism at Sea*; Michael Epkenhans, *Tirpitz: Architect of the German High Seas Fleet*, Washington: Potomac Books, 2008.
129)　Offer, *The First World War*, p. 239. ハンキィの戦略構想は、Lord Hankey, *The Supreme Command 1914-1918*, vol. 1, ch. viii.
130)　これが、1908年に「帝国防衛委員会」が到達した結論である。Bell, *A History of the Blockade of Germany*, p. 25. 文書の著者はスレイド提督 Admiral Slade であるが、文書の形式・所在・分類番号などは明らかでない。イギリス海軍によるドイツ分析は、cf. Mackay, *Fisher of Kilverstone*, p. 370.「帝国防衛委員会」は行政権限を欠きながらも、第一次世界大戦を指導する中核組織となる。Lord Hankey, *The Supreme Command 1914-1918*, vol. 1, pp. 45-59; Offer, *The First World War*, p. 243.
131)　Admiral Scheer, *Germany's High Sea Fleet in the World War*, Cassell & Co., 1920, p. xiii.
132)　Nicholas Tracy, ed., *Sea Power and the Control of Trade: Belligerent rights from the Russian War to Beira Patrol, 1854-1970*, Aldershot: NRS, 2005.
133)　パリ宣言のテキストは、Thomas Gibson Bowles, *Sea Law and Sea Power: As they would be affected by recent proposals; with reasons against those proposals*, John Murray, 1910, Appendix B; Norman Bentwich, *The Declaration of London, with an introduction and notes and appendices*, Effingham Wilson, 1911, Appendix C; Simon D. Fess, *The Problems of Neutrality When the World is at War*, Washi-

gnton: GPO, 1917, p. 181; Sir Francis Piggott, *The Declaration of Paris 1856: A study*, University of London Press, 1919; Carleton Savage, *Policy of the United States toward Maritime Commerce in War*, Washington: GPO, vol. 1, 1934, p. 76.

134) Bernard Semmel, *Liberalism and Naval Strategy: Ideology, interests, and, sea power during the Pax Britannica*, Allen & Unwin, 1986, ch. 4.

135) 1756年規則を含む18世紀ヨーロッパにおける海事法については、Carl J. Kulsrud, *Maritime Neutrality to 1780: A history of the main principle governing neutrality and belligerency to 1780*, Boston: Little, Brown & Co., 1936.

136) イギリスの伝統的な立場は、Bell, *A History of the Blockade of Germany*, pp. 2-4; Tracy, ed., *Sea Power and the Control of Trade*, pp. xvii-xviii.

137) Kulsrud, *Maritime Neutrality to 1780*, p. 99.

138) Tracy, ed., *Sea Power and the Control of Trade*. パリ宣言に関しては、本書、終章、参照。

139) Bell, *A History of the Blockade of Germany*, p. 6. Cf. Kennedy, *The Rise and Fall of British Naval Mastery*, pp. 174-75.

140) John Towne Danson, *Our Next War, in its Commercial Aspect; with some account of the premiums paid at Lloyds from 1805-1816*, East & Blades, 1894.

141) John Towne Danson, *Our Commerce in War; and how to protect it*, East & Blades, 1897.

142) この点は、C. Ernest Fayle, *The War and the Shipping Industry*, Oxford UP., 1927が詳細である。

143) John A. Fisher to Captain Wilmot H. Fawkes, June 4, 1899, in Marder, ed., *Fear God and Dread Nought*, vol. 1, p. 141. Cf. Bacon, *The Life of Lord Fisher of Kilverstone*, vol. 1, pp. 120-22; Semmel, *Liberalism and Naval Strategy*, p. 99.

144) John W. Coogan, *The End of Neutrality: the United States, Britain, and maritime rights, 1899-1915*, Ithaca: Cornell UP., 1981.

145) Ranft, The protection of British seaborne trade and the development of systematic planning for war, 1860-1906; do., Parliamentary debate, economic vulnerability, and British naval expansion, 1860-1905; Semmel, *Liberalism and Naval Strategy*, ch. 6; David French, *British Strategy and War Aims 1914-1916*, Allen & Unwin, 1986; Bryan Ranft, The Royal Navy and the war at sea, in John Turner, ed., *Britain and the First World War*, Unwin Hyman, 1988.

146) *PP*, 1905 [Cd. 2643.], R. C. on Supply of Food and Raw Material in Time of War, *Report*, pp. 28-9, and Annexes A; Marder, *The Anatomy of British Sea Pow-*

er, pp. 97-8.

147) Marder, *The Anatomy of British Sea Power*, p. 98; Ranft, Parliamentary debate, economic vulnerability, and British naval expansion, 1860-1905, p. 92. 1906年の軍事演習に関しては、Admiral Sir Edward E. Bradford, *Life of Admiral of the Fleet Sir Arthur Knyvet Wilson*, John Murray, 1923, pp. 214-15; Fisher, English war manoeuvres in German commercial seas（1906）, in Kemp, ed., *The Papers of Admiral Sir John Fisher*, vol. 2, pp. 297-301. 1910年にウィルソンはフィシャの後任として第一本部長に就任。

148) B. McL. Ranft, ed., *The Beatty Papers: Selections from the private and official correspondence of Admiral of the Fleet Earl Beatty*, Aldershot: NRS, vol. 1, 1989, p. 375. 護送船団方式再導入の経緯に関しては、Arthur J. Marder, *From the Dreadnought to Scapa Flow: The Royal Navy in the Fisher era, 1904-1919*, Oxford UP., vol. 4, 1969, pp. 115-66.

149) ロンドン宣言のテキストと条文説明は、James Brown Scott, ed., *The Declaration of London, February 26, 1909: A collection of official papers and documents relating to the International Naval conference held in London December, 1908 to February, 1909*, New York: Oxford UP., 1919. ロンドン宣言に関しては、本書、終章、参照。

150) Coogan, *The End of Neutrality*, ch. 7. 国際会議とその取り決め事項に対するイギリス海軍・船舶所有者・海運業者の反発については、Bowles, *Sea Law and Sea Power*; Lord Charles Beresford, *The Betrayal; Being a record of facts concerning naval policy and administration from the year 1902 to the present time*, P. S. King and Son, 1912, ch. xiii; Lord Hankey, *The Supreme Command 1914-1918*, vol. 1, ch. ix. cf. Bell, *A History of the Blockade of Germany*, p. 23; Roskill, *Hankey*, vol. 1, pp. 105-6; Semmel, *Liberalism and Naval Strategy*, ch. 7; Tracy, ed., *Sea Power and the Control of Trade*, pt. II. イギリス各地の商業会議所もこの宣言に批判的な声明を出した。Cf. L. Graham H. Horton-Smith, compiled, *The Perils of the Sea: How we kept the flag flying*, Imperial Maritime League, revised edition, 1920（1st edition, 1910）.

151) 世紀転換期における蔵相・大蔵省などの財政担当者と海相・海軍本部との海軍予算をめぐる対立に関しては、Jon Tetsuro Sumida, *In Defence of Naval Supremacy: Finance, technology, and British naval policy, 1889-1914*, Unwin & Hyman, 1989, ch. 1; Lambert, *Sir John Fisher's Naval Revolution*, pp. 29-37; Aaron L. Friedberg, *The Weary Titan: Britain and the experience of relative decline, 1895-*

1905, New Jersey: Princeton UP., 1988, ch. 3. 拙著『イギリス帝国期の国家財政運営』参照。
152) French, *British Strategy and War Aims 1914-1916*, pp. 22-36.
153) French, *British Economic and Strategic Planning 1905-1915*, p. 15. イギリス経済・国民生活の生命線を担う海運業に関しても「通常通りの運営」の原則が適用された。Cf. Sir William B. Forwood, *Reminiscences of a Liverpool Shipowner 1850-1920*, Liverpool: Henry Young & Sons, 1920, p. 56; Stanley Salvidge, *Salvidge of Liverpool*, Hodder & Stoughton, 1934, ch. x.
154) 拙著『イギリス帝国期の国家財政運営』24-25頁および第6章、参照。
155) *PP*, 1888 (71.), Navy Estimates, for 1888/89, with Statement by the Financial Secretary Descriptive of the Re-Arrangement of the Votes, and Explanation of Differences, pp. iii-x.
156) Sumida, *In Defence of Naval Supremacy*, Tables 6, 7, 12 and 13; Lambert, *Sir John Fisher's Naval Revolution*, Appendix 1.
157) その後も、項数に変更が加えられた。各項の詳細な説明は、*PP*, Navy Estimates, for the Year, with Explanation of Differences; *PP*, Appropriation Account of the Sums granted by Parliament for Navy Services.
158) *PP*, 1902 (387.), S. C. on National Expenditure, *ME*, QQ. 431-34, 624 (R. Chalmers); QQ. 700, 739, 741 (R. Awdry). 吉岡昭彦「イギリス帝国主義における海軍費の膨脹――1889～1914年」『土地制度史学』第124号、1989年、5頁。
159) TNA CAB 37/39/38, July 24, 1895, Edward W. Hamilton, Some remarks on public finance; TNA CAB 37/40/67, December 31, 1895, Edward W. Hamilton, How to dispose of the surplus of 1895-6.
160) TNA T 170/31, February 12, 1900, John Bradbury, The financing of naval and military operations; TNA T 171/106, August 21, 1914, Basil Blackett, Additional taxation in time of war; TNA T 170/31, August 31, 1914, W. G. Turpin, War loans. cf. E. L. Hargreaves, *The National Debt*, Edward Arnold, 1930, pp. 214-16〔一ノ瀬篤・斎藤忠雄・西野宗雄訳『イギリス国債史』新評論社、1987年、218-220頁〕; Jeremy Wormell, *The Management of the National Debt of the United Kingdom, 1900-1932*, Routledge, 2000, pp. 29-32. 拙著『イギリス帝国期の国家財政運営』表4-1、参照。対フランス戦争からアフガン・中央アジア戦争（1886年）にいたる戦費調達方法から判明することは、歴代内閣が伝統的戦費調達と公言していた租税、とりわけ所得税に依存する手法ではなく、租税以外の財源を多用していたことである。

161) ゴシェン海相の手になる海軍予算は、1896/97年予算から1899/1900年予算まで大幅に膨張した。しかし国家財政の運営が厳しさを増す中で、ゴシェンは1900/01年海軍予算では造艦（民間発注〔コントラクト〕）予算の削減を盛り込まざるを得なかった。*PP*, 1900 [Cd. 70.], February 17, 1900, Statement of First Lord of Admiralty, Explanatory of the Navy Estimates, 1900/01; *PP*, 1900 (41.), Navy Estimates, for 1900/01, with Explanation of Differences. これに対して、海軍同盟は海相を激しく批判して、予算増額を要求した。cf. Bradford, *Life of Admiral of the Fleet Sir Arthur Knyvet Wilson*, pp. 150-51.

162) 海軍の戦略については、Friedberg, *The Weary Titan*, ch. 4.

163) Earl of Selborne to M. Hicks Beach, December 29, 1900, in D. George Boyce, ed., *The Crisis of British Power: The imperial and naval papers of the Second Earl of Selborne, 1895-1910*, The Historians' Press, 1990, pp. 105-6. セルボーン卿は1900年10月末には海相就任を受諾していた。Cf. Marquess of Salisbury to Earl of Selborne, October 27, 1900, in Boyce, ed., *The Crisis of British Power*, pp. 103-4.

164) M. Hicks Beach to Earl of Selborne, January 2, 1901, in Boyce, ed., *The Crisis of British Power*, pp. 107-8.

165) *PP*, 1901 [Cd. 494.], March 1, 1901, Statement of First Lord of Admiralty, Explanatory of the Navy Estimates, 1901/02; *PP*, 1901 (51.), Navy Estimates, for 1901/02, with Explanation of Differences.

166) ボーア戦争はイギリス国家財政を疲弊させただけでなく、イギリス軍の戦闘能力、指揮命令系統上の問題点、陸軍と海軍の連携の欠如を露呈させた。*PP*, 1904 [Cd. 1789.] [Cd. 1790.] [Cd. 1791.] [Cd. 1792.], R. C. on Military Preparations and Other Matters connected with the War in South Africa, *Report* and *ME*. cf. G. R. Searle, *The Quest for National Efficiency: A study in British politics and British political thought 1899-1914*, Oxford: Basil Blackwell, 1971, ch. Ⅱ.

167) TNA CAB 37/58/85, September 12, 1901, Growth of expenditure.

168) TNA CAB 37/56/14, January 31, 1901, Edward W. Hamilton, Financial problem [proposals for increasing revenue]. 大蔵省事務次官ハミルトンの具体的構想は、TNA T 168/52, December 13, 1901, Edward W. Hamilton, The question of new taxation discussed.

169) Hargreaves, *The National Debt*, p. 217〔一ノ瀬・斎藤・西野訳『イギリス国債史』226頁〕; Wormell, *The Management of the National Debt of the United Kingdom, 1900-1932*, p. 42. 拙著『イギリス帝国期の国家財政運営』表3-2、参照。

この時期、植民地証券が投資信託の投資対象となるなど、金融商品としてのコンソルの魅力に陰りが出ていた。加藤三郎「第一次世界大戦前におけるイギリス国債問題（2）」『経済学論集〔東京大学〕』第29巻第4号、1964年、58頁、および拙著『イギリス帝国期の国家財政運営』196-197頁参照。

170) TNA CAB 37/58/109, October 1901, M. Hicks Beach, Financial difficulties: appeal for economy in estimates.

171) Cf. Niall Ferguson, *The House of Rothschild: The world banker 1848-1999*, New York: Viking Penguin, 1999, pp. 413-17.

172) TNA CAB 37/59/118, November 16, 1901, Earl of Selborne, The Navy estimates and the Chancellor of the Exchequer's memorandum on the growth of expenditure; cf. Boyce, ed., *The Crisis of British Power*, p. 130. セルボーン海相は蔵相・大蔵省との間で海軍予算増額要求交渉を行う一方で、第一本部長カー Lord Walter Kerr、第二本部長フィシャらと軍事技術・組織について詳細な情報交換を行っていた。Boyce, ed., *The Crisis of British Power*. フィシャについては、Mackay, *Fisher of Kilverstone*, ch. 7.

173) この時期の蔵相・大蔵省が設定した財政力限界が国家財政運営に及ぼした影響については、Friedberg, *The Weary Titan*. 拙著『イギリス帝国期の国家財政運営』200頁以下、参照。

174) Earl of Selborne to Joseph Chamberlain, September 21, 1901, in Boyce, ed., *The Crisis of British Power*, pp. 126-27.

175) *PP*, 1902 [Cd. 950.], February 10, 1902, Statement of First Lord of Admiralty, Explanatory of the Navy Estimates, 1902/03; *PP*, 1902 (40.), Navy Estimates, for 1902/03, with Explanation of Differences. 海軍予算全体では増額であるが、項8の造艦・修理・維持費は減額となっている。

176) TNA CAB 37/63/170, December 23, 1902, C. T. Ritchie, Public finance. 資本債務の動向については、拙著『イギリス帝国期の国家財政運営』279頁、表5-2、参照。

177) Earl of Selborne to Marquess of Curzon of Kedleston, January 4, 1903, in Boyce, ed., *The Crisis of British Power*, pp. 154-55. 1903/04年海軍予算案では項8の造艦・修理・維持費の大幅な増額が記されている。*PP*, 1903 [Cd. 1478.], February 14, 1903, Statement of First Lord of Admiralty, Explanatory of the Navy Estimates, 1903/04; *PP*, 1903 (49.), Navy Estimates, for 1903/04, with Explanation of Differences.

178) TNA CAB 37/64/15, February 21, 1903, C. T. Ritchie, Our financial position.

第 1 章　19世紀末農業不況と第一次世界大戦前のイギリス海軍予算　79

179) Earl of Selborne to Austen Chamberlain, September 30, 1903, in Boyce, ed., *The Crisis of British Power*, pp. 156-59.

180) Austen Chamberlain to Earl of Selborne, October 14, 1903, in Boyce, ed., *The Crisis of British Power*, pp. 159-60.

181) Austen Chamberlain to Earl of Selborne, November 11, 1903, in Boyce, ed., *The Crisis of British Power*, pp. 160-61.

182) Earl of Selborne to Austen Chamberlain, November 13, 1903, in Boyce, ed., *The Crisis of British Power*, pp. 161-62. 蔵相は返書で財政赤字の予想を伝え、海軍に加えて陸軍の予算増額要求があることを示し、海軍予算よりも陸軍予算の増額に取り組む必要性を説明し、海軍省と陸軍省との間で予算争奪の状況が生まれた。Cf. Austen Chamberlain to Earl of Selborne, November 24, 1903, in Boyce, ed., *The Crisis of British Power*, p. 162.

183) Sumida, *In Defence of Naval Supremacy*, ch. 1; Lambert, *Sir John Fisher's Naval Revolution*, pp. 29-37. 吉岡「イギリス帝国主義における海軍費の膨脹」5-6頁、参照。

184) Lord Hamilton, *Parliamentary Reminiscences and Reflections, 1886 to 1906*, pp. 106-7. 借入金の償還は当初5か年と規定されたが、償還期間は延長された。

185) 4*H*, 23 (April 16, 1894), 483-84 (William Harcourt), 1194-95 (George Hamilton); Bernard Mallet, *British Budgets 1887-88 to 1912-13*, Macmillan, 1913, p. 79. 拙著『イギリス帝国期の国家財政運営』第3章第2節、参照。帝国防衛法に基づく支出も1894/95年予算で停止が決定された。

186) Sumida, *In Defence of Naval Supremacy*, p. 17. Cf. Mallet, *British Budgets 1887-88 to 1912-13*, pp. 500-1, Table XLIII.

187) 4*H*, 156 (April 30, 1906), 277-96 (H. H. Asquith). Cf. Hargreaves, *The National Debt*, p. 221〔一ノ瀬・斎藤・西野訳『イギリス国債史』224頁〕。拙著『イギリス帝国期の国家財政運営』273-274頁、参照。

188) *PP*, 1910 (26.), Naval Works Acts Account, 1908-09. Cf. Mallet, *British Budgets 1887-88 to 1912-13*, Table XVIII.

189) Mallet, *British Budgets 1887-88 to 1912-13*; Sumida, *In Defence of Naval Supremacy*.

190) 巨額の歳入を国庫に齎した1894/95年予算における相続税改革は**現代の基準からすれば極めて低い累進税率**を設定したにもかかわらず、累進的相続税が土地貴族の地所を解体させるとの恐怖心を政府指導者に生じさせた。Cf. William Harcourt to Lord Rosebery, April 4, 1894, in A. G. G. Gardiner, *The Life of Sir William*

Harcourt, Constable, vol. 2, 1923, p. 285; Lord Rosebery to the Queen, July 13, 1894, in The Marquess of Crew, *Lord Rosebery*, John Murray, vol. 2, 1931, p. 468; Robert Rhodes James, *Rosebery: A biography of Archibald Philip Fifth Earl of Rosebery*, Weidenfeld & Nicolson, 1963, p. 342. 重要な点は、1895年の政権交代による統一党内閣成立にもかかわらず、相続税は優れた歳入調達力ゆえに農業利害が強い影響力を持つ保守党内閣でも廃止されることはなかったことである。

191) TNA CAB 37/67/84, December 7, 1903, Austen Chamberlain, The financial situation.

192) TNA CAB 37/69/23, February 11, 1904, Edward W. Hamilton, The financial outlook of 1904-1905.

193) TNA CAB 37/69/32, February 26, 1904, Earl of Selborne, Naval estimate; Cabinet Memorandum by Earl of Selborne, February 26, 1904, in Boyce, ed., *The Crisis of British Power*, pp. 170-73. 1904/05年海軍予算案でも項8の造艦・修理・維持予算が引き続き増額となっている。PP, 1904 [Cd. 1959.], February 1, 1904, Statement of First Lord of Admiralty, Explanatory of the Navy Estimates, 1904/05; PP, 1904 (65.), Navy Estimates, for 1904/05, with Explanation of Differences.

194) 海相はドイツ海軍関連の情報を継続的に収集していた。Lord Walter Kerr to Earl of Selborne, October 11, 1904, in Boyce, ed., *The Crisis of British Power*, p. 181.

195) PP, 1904 (308.), Return showing the Public Expenditure; total values of imports and exports; expenditure on, or contributions to, the costs of provision and maintenance of the Royal Navy....

196) PP, 1904 (129.), Naval Expenditure of this Country in the Years 1880, 1890, 1900, 1901, 1902 and 1903, and Naval Expenditure of France, Russia, Germany, and America, in the same years. この種の報告書はその後、ほぼ毎年作成された。

197) TNA CAB 37/69/44, March 18, 1904, Austen Chamberlain, [The Budget]. 大蔵省事務次官ハミルトンは蔵相の構想する間接税増税の抱える問題点を指摘している。TNA CAB 37/69/41, March 17, 1904, Edward W. Hamilton, Financial position. 蔵相はその後も予算案に関する幾つかの提案を行った。TNA CAB 37/69/46, March 23, 1904, Austen Chamberlain, Budget proposals; TNA CAB 37/69/46, March 25, 1904, Austen Chamberlain, The Budget (1904/05). ハミルトンも租税負担の現状を把握すべく幾つかの文書を書いた。TNA T 168/62, April 21, 1904, Edward W. Hamilton, 1904-05 versus 1864-65.

第1章　19世紀末農業不況と第一次世界大戦前のイギリス海軍予算　81

198) PP, 1905 [Cd. 2402.], February 14, 1905, Statement of First Lord of Admiralty, Explanatory of the Navy Estimates, 1905/06; PP, 1905 (51.), Navy Estimates, for 1905/06, with Explanation of Differences. 事実、海軍予算は1904/05年予算を境に減額され、1905/06年予算では予算総額、項8も減額となる一方で、債務返済費の増加が顕著となる。

199) Earl of Selborne to Admiral Sir John A. Fisher, May 14, 1904, in Kemp, ed., *The Papers of Admiral Sir John Fisher*, vol. 1, pp. xvi-xxi.

200) 艦隊再編については、TNA CAB 37/73/159, December 6, 1904, Earl of Selborne, Distribution and Mobilisation of the Fleet; PP, 1905 [Cd. 2335.], December 6, 1904, Earl of Selborne, Distribution and Mobilisation of the Fleet; PP, 1905 [Cd. 2450.], March 15, 1905, Earl of Selborne, Arrangements consequent on the Redistribution of the Fleet.

201) ランバートは世紀転換期イギリス海軍の艦隊再編を含めた海軍の基本方針見直しを、ドイツ海軍の増強計画への対抗策というよりも、この時期の財政危機に伴う海軍予算削減との関係で分析することの重要性を説いている。Lambert, *Sir John Fisher's Naval Revolution*, pp. 29-37. しかし、セリグマンが指摘するように「フィシャの海軍革命」はドイツ海軍への対抗と予算削減・海軍力整備という二つの側面を有していた。Cf. Matthew S. Seligmann, ed., *Naval Intelligence from Germany: The reports of the British Naval Attaches in Berlin, 1906-1914*, Aldershot: NRS, 2007, p. xv, n. 1.

202) 統一党内閣の下での所得税改革については、PP, 1905 [Cd. 2575.], D. C. on Income Tax, *Report* and *ME*; Fakhri Shehab, *Progressive Taxation: A study in the development of the progressive principle in the British income tax*, Oxford: Clarendon Press, 1953, ch. XII.

203) 拙著『イギリス帝国期の国家財政運営』第3章、参照。

204) Lambert, ed., *The Submarine Service, 1900-1918*, p. 11.

205) *Ibid.*, esp. introduction.

206) John A. Fisher to Admiral William H. May, April 20, 1904, in Marder, ed., *Fear God and Dread Nought*, vol. 1, pp. 308-9; Extracts from a memorandum by Lord Fisher, January 1914, in A. Temple Patterson, ed., *The Jellicoe Papers: Selections from the private and official correspondence of Admiral of the Fleet Earl Jellicoe of Scapa*, NRS, vol. 1, 1966, pp. 31-6; Lord Fisher, *Records*, pp. 173-88.

207) John A. Fisher to Sir Julian Stafford Corbett, November 29, 1913, in Marder, ed., *Fear God and Dread Nought*, vol. 2, p. 494.

208) *PP*, 1906 [Cd. 2837.], Statement of First Lord of Admiralty, Explanatory of the Navy Estimates, 1906/07; *PP*, 1907 [Cd. 3336.], Statement of First Lord of Admiralty, Explanatory of the Navy Estimates, 1907/08. 国際的にも、1907年第二回ハーグ国際平和会議で軍縮問題が討議され、自由党内閣も軍縮の一環として海軍予算削減を行った。Woodward, *Great Britain and the German Navy*, pp. 121-40; Mackay, *Fisher of Kilverstone*, p. 358.

209) John A. Fisher to King Edward, October 22, 1906, in Marder, ed., *Fear God and Dread Nought*, vol. 2, pp. 102-5; Sir Sydney Lee, *King Edward VII: A biography*, Macmillan, vol. 2, 1927, pp. 331-32.

210) *PP*, 1906 (365.), S. C. on Income Tax, *Report* and *ME*. 超過所得税導入に不可欠な徴税・査定組織改革の基礎はアスクィス蔵相時代に築かれた。拙著『イギリス帝国期の国家財政運営』第4章、参照。

211) 自由党内閣の国債削減については、拙著『イギリス帝国期の国家財政運営』第5章、参照。

212) わが国の歴史学専攻の研究者が租税政策に言及する際に、租税負担格差の有無を基準にして、支配階級が租税負担の軽減（あるいは経済的恩恵の享受）、被支配階級が負担増加という図式を援用する傾向にある。政権を掌握した政党が敵対する政党とそれを支える経済集団（階級）に租税負担を転嫁・強要するばかりか、その経済的基礎を破壊する租税賦課に踏み切る一方で、政権を支持する集団に経済的恩恵を与えるという道具的国家論の図式、あるいは政治的スローガンに基づいた分析といえる。したがって、財政学・租税論の基本テーマである租税賦課の原則、課税の中立性と公平性、徴税コスト、歳入調達力、納税者の合意調達などは考慮されないか、副次的意味しか与えられていない。

213) ロイド・ジョージがかかわる1909/10年予算（案）については、David Lloyd George, *The People's Budget, explained by David Lloyd George*, Hodder & Stoughton, 1909. 土生芳人『イギリス資本主義の発展と租税——自由主義・段階から帝国主義段階へ』東京大学出版会、1971年、拙著『イギリス帝国期の国家財政運営』第5章、参照。

214) Mallet, *British Budgets 1887-88 to 1912-13*, p. 493, Table XIV; Sir Bernard Mallet and C. Oswald George, *British Budgets 1913-14 to 1920-21*, Macmillan, 1929, Table XX.

215) Mallet and George, *British Budgets 1913-14 to 1920-21*, p. 400, Table X, (a). 拙著『イギリス帝国期の国家財政運営』第6章、参照。相続税は大戦中には増税されなかった。

216) シティの金融資本家は1909/10年予算をはじめとする自由党の租税改革に反対であった。Ferguson, *The House of Rothschild: The world banker 1848-1999*, pp. 410-37; David Kynaston, *The City of London*, Chatto & Windus, vol. 2, 1995, p. 494.

217) Mallet and George, *British Budgets 1913-14 to 1920-21*, Table X, (b).

218) B. Seebohm Rowntree, *Poverty: A study of town life*, Macmillan, 2nd edition, 1902; B. Seebohm Rowntree and May Kendall, *How the Labourer Lives: A study of the rural labour problem*, Thomas Nelson, 1913; L. G. Chiozza Money, *Riches and Poverty*, Methuen, 2nd edition, 1906 (1st edition, 1905).

219) *PP*, 1908 [Cd. 3864.], *Report of An Enquiry by Board of Trade into Working Class Rents, Housing, Retail Prices and Standard Rate of Wages in the United Kingdom*.

220) イギリス地方財政については、拙著『近代イギリス地方行財政史研究――中央対地方、都市対農村』創風社、1996年、参照。ドイツ・フランスの国家財政については、D. E. Schremmer, Taxation and public finance: Britain, France and Germany, in P. Mathias and S. Pollard, eds., *The Cambridge Economic History of Europe*, Cambridge: Cambridge UP., vol. 8, 1989. 鈴木純義『ドイツ帝国主義財政史論』法政大学出版局、1994年、第3章、諸富徹「ドイツにおける近代所得税の発展」宮本憲一・鶴田廣巳編『所得税の理論と思想』税務経理協会、2001年、所収、参照。第一次世界大戦を挟む時期のイギリスとドイツの国家財政比較は、Niall Ferguson, Public finance and national security, in Ferguson, *The Pity of War*. アメリカ連邦政府の所得税については、Roy G. Blakey and Gladys C. Blakey, *The Federal Income Tax*, 1940, New Jersey: The Lawbook Exchange, reprinted in 2006.

221) TNA CAB 37/101/147, November 30, 1909, Winston S. Churchill, German naval expansion: financial difficulties; TNA CAB 37/101/133, October 1, 1909, Board of Trade: Percy Ashley, Financial position of German Empire.

222) 戦時中の海運業については、Fayle, *The War and the Shipping Industry*; Doughty, *Merchant Shipping and War*.

223) Salter, *Allied Shipping Control*, pp. 1-2; Lord Salter, *Memoirs of a Public Servant*, Faber & Faber, 1961, pp. 105-22. ソールタァ卿は海軍省の一部局である輸送部門からキャリアを開始し、大戦後には国際連盟の経済・財政部局のトップについた人物。Cf. Arthur Salter, *Slave of the Lamp: A public servant's notebook*, Weidenfeld & Nicolson, 1967.

224) Eltzbacher, ed., *Die deutsche Volksernährung und der englische Aushungerung-*

splan, pp. 11-2; Eltzbacher, ed., *German's Food: Can it last?* pp. 13-4.

225) Rear-Admiral Montagu W. W. P. Consett, *The Triumph of Unarmed Forces (1914-1918)*, Williams & Norgate, 1923; Bell, *A History of the Blockade of Germany*.

226) Joe Lee, Administrators and agriculture: aspects of German agricultural policy in the First World War, in J. M. Winter, ed., *War and Economic Development: Essays in memory of David Joslin*, Cambridge: Cambridge UP., 1975, p. 233. 本書、終章、第4節、参照。

227) Salter, *Allied Shipping Control*, pp. 1-2.

228) Earl of Selborne to H. H. Asquith, 22 July 1915, in Boyce, ed., *The Crisis of British Unionism*, pp. 135-41.

229) Middleton, *Food Production in War*. 森建資『イギリス農業政策史』東京大学出版会、2003年、参照。

230) Lord Ernle, *The Land and People: Chapters in rural life and history*, Hutchinson, n. d., chs. vi & vii; Lord Ernle, *Whippingham to Westminster: The reminiscences of Lord Ernle*, John Murray, 1938, pp. 282-84.

231) 第一次世界大戦期イギリス経済に関する最近の研究は、Stephen Broadberry and Mark Harrison, eds., *The Economics of World War I*, Cambridge: Cambridge UP., 2005.

232) イギリスが第一次世界大戦期間中にアメリカに物資供給・金融支援に依存する過程は、Kathleen Burk, *Britain, America and the Sinews of War 1914-1918*, George Allen & Unwin, 1985; Wormell, *The Management of the National Debt of the United Kingdom, 1900-1932*, ch. 3; Hew Strachan, *Financing the First World War*, Oxford: Oxford UP., 2004. 各国の政府間借款については、本書、終章、参照。

第2章　設計技師ホワイトとイギリス海軍増強（1885～1902年）
──海軍工廠経営と海軍予算の動向──

はじめに

　本章は、19世紀末から20世紀初頭のイギリス海軍省(アドミラルティ)の艦船設計責任者、造艦局長 Director of Naval Construction であったホワイト William H. White（1845～1913年）の事績に基づき、設計技師と海軍増強とのかかわりを詳らかにするものである。ちなみに、彼が就任した造艦局長の職務は、艦船設計作業に加えて、造艦事業における予算・資材・人材の配分作業の管理・運営、さらには造艦計画 Shipbuilding Programme の策定、造艦計画に必要な予算・資材・人材配置計画の立案にいたる広範囲な職域に及ぶ[1]。ホワイトの名が記憶されるのは、1889年に着工したイギリス海軍の最新鋭戦艦(バトル・シップ)ロイヤル・ソヴリン級（排水量1万4,000トン超）の設計者としての名声である。ちなみに、ロイヤル・ソヴリンはこの時期の各国戦艦のモデルとなり、日本を含む各国でコピーされた。しかし、彼の後任設計技師であるワッツ Philip Watts（1846～1926年）が設計した排水量2万トンを超えるドレッドノートが、1906年10月にトライアルを経て、同年12月に完成した。タービン・エンジンをはじめて搭載し全主砲の革命的軍艦と喧伝されたドレッドノート級戦艦の登場によって、軍艦の設計者としてのホワイトの名声・事績はわが国ではほとんど記憶されていない[2]。ちなみに、ワッツはホワイトと同様、海軍省に奉職した後、アームストロング Armstrong 社に勤務し、後に海軍省に復職した設計技師である。しかし、19世紀中葉以降のイギリス海軍省の主任設計技師 Chief Constructor、リード Edward James Reed（在任期間：1863～1870年）、バーナビィ Nathaniel Barnaby（在任期間：1872～1885年）、ホワイト（在任期間：1885～1902年）、ワッツ（在任期間：1902～1912年）のうち伝記的著作があるのはホワイトのみであることも確かである。なお、主任設計技師の職名は1875年に造艦局長に変更された。

　ホワイトは海軍設計技師として戦艦をはじめとして、イギリス海軍省所属の数多くの艦船の設計に携わったばかりでなく、アームストロング社時代（1883～1885年）には外国の海軍に提供する艦船の設計にも従事していた。本章では彼の事績を仔細に関することで19世紀末から20世紀初頭のイギリス海軍、とりわけ、軍艦建造事業[3]の抱える問題点を明らかにするとともに、この時期におけるイギリス海軍・イギリス帝国が抱えていた問題を明らかにしたい。海軍省、アームストロング社、そして再度、海軍省に勤務したホワイトの設計技師としての人生は、1860年代以降に顕著となる新兵器・新技術の出現と兵器の急速な陳腐化、新技術を用いた新しい軍事戦略構想、ヨーロッパ・アメリカなどの海軍増強激化の時期と軌を一にする。それゆえ、本章は、この時期のイギリス海軍の造艦事業を中核とする海軍増強が造艦事業 shipbuilding と製造事業 manufactures を担当した海軍工廠の管理組織の構築、造艦効率の向上と経費節減によって実現したことを、海軍設計技師ホワイトの事績と重ね合わせて考察するものである[4]。設計技師の役割を造艦事業と関連付けて考察することによって、艦船建造と旧式艦船の廃棄を柱とする海軍増強は、海軍予算の増額が実現すれば可能となるものではなく、財源確保・予算確保に加えて造艦事業を担う分野、具体的には、国内外に分散する海軍工廠の経営や私企業の造艦能力に大きく依存していることが判明する。ちなみに、ホワイトは造艦局長の在任期間である1885年から1902年まで、保守党内閣ハミルトン George Hamilton 海相、自由党内閣スペンサー Lord Spencer 海相、統一党内閣ゴウシェン G. J. Goschen 海相、そして短期間ながら自由党内閣リポン Lord Ripon 海相と統一党内閣セルボーン Lord Selborne 海相に仕えたことになる。本章は、これまで筆者が発表した論考[5]で分析に用いてきた『海軍予算説明書』、『海軍（議定費決算書）』に加えて、海軍組織・海軍工廠・私企業への発注事業の

在り方を調査・検討した調査委員会報告書を利用することで、造艦事業によるイギリス海軍の量的増強が本格化する1889年海軍防衛法 Naval Defence Act の直前に実施されたイギリス海軍・海軍工廠の組織改革の実態とその歴史的意義を明らかにするものである。

なお、ホワイトに関する伝記的著作として、マニング Frederick Manning の『ホワイト伝』[6]（1923年）がある。本章で彼の事績に関して依拠するマニングの著作は、イギリスの伝記的著作の伝統に倣って数多くの書翰・未公刊公文書を史料として用いている。ホワイトは、職業柄、造艦理論に関する書物[7]を著す以外に、多数の未公刊公文書、とりわけ、ハミルトン海相の要請を受けて海軍に復職した1885年以降の艦船建造計画を『閣議用資料』Cabinet Papers として著している[8]。もっとも、公文書館 Public Record Office（現 The National Archives）編纂の『閣議用資料リスト1880-1914』[9]には著者名が記されていないが、文書の末尾にホワイトの署名(サイン)がある。マニングの『ホワイト伝』は体系的資料の裏付けがなされた伝記的研究といえるが、残念なことに、というか当然というべきか、引用されている多くの海軍省の内部文書には整理番号が記されていない。

第1節　海軍設計技師ホワイトの登場とその背景

ホワイトの生涯

まず、ホワイトの生涯を簡単にみておこう。ウィリアム・ホワイトは1845年にダヴェンポート Davenport に生を享け、1859年にこの地の海軍工廠で研鑽をつみ、1863年に海軍の奨学生として新設のロンドン海軍建造学校 Royal School of Naval Architecture に入校。その後、彼は1870年まで海軍主任設計技師リードの下で艦船設計に携わり、設計技師としてのキャリアを開始した。この1870年にホワイトは海軍建造学校の教師(インストラクター)に任命され、1872年に海軍省の艦船建造の部署に秘書(セクレタリー)として勤め、1875年には技師 Assistant Constructorに昇任した。また、彼は軍艦設計に関する『造艦マニュアル』[10]を1877年に出版している。この書物は、その後も版を重ね、イギリス海軍関係者のみならず、明治期の日本海軍の艦船設計技師の繙くところとなった。

　設計技師ホワイトが艦船の設計に本格的に携わり始めた1870年代末から1880年代にかけて、海軍省内部で艦船の設計方針をめぐり様々な意見対立が生まれた。例えば、魚雷・機雷 torpedo 攻撃から艦船を防御するために装甲をどのように施すか、という議論があった。艦船の推進力や搭載する砲の技術革新が急速に進んだ1850・60年代以降には、魚雷・機雷さらには衝角 ram も艦船に対する有力な攻撃兵器となり始めていたのである[11]。これら新兵器・新戦術の登場によって、イギリス海軍が18世紀までの対外戦争でしばしば採用してきた軍艦による海上封鎖、具体的には敵国の港湾・海岸の軍事的封鎖戦術、中立国船籍船を含め船舶を臨検し、禁制品を探索し、積載された禁制品を拿獲することによって海上通商路を軍事的に封鎖・切断する戦術は修正を余儀なくされ、軍艦による港湾封鎖ラインを従来よりも沖合に設定せざるを得ない状況となった[12]。実際、第一次世界大戦においてイギリス・フランス・ロシアの海軍がドイツを海上封鎖した際には、陸地に近接した従来の海上封鎖 close blockade ではなく、陸地から遠く離れた海域での海上封鎖 distant blockade を採用した。

　次いで、ホワイトが従事した海軍における艦船の設計・造艦作業をみておこう。設計技師が艦船の設計を行う場合、所属する造艦・設計部 Council of Contraction 単独で作業を行うことはなく、造艦・設計部の作成した設計報告書に対して直属の上司である海軍本部 Board of Admiralty ——後述——の第三本部長・監督官の評価が入る[13]。1860年代以降、新兵器開発・新素材採用などの技術革新が急速に進行したために、艦船設計の具体的な場面、例えば備砲（攻撃）と装甲（防御）のバランスをいかにとるかで海軍本部(ボード・オブ・アドミラルティ)はしばしば深刻な意見対立・軋轢に見舞われ、造艦技師の海軍省退職にいたる最悪の事態も生じたのである。

　1880年代には、海軍増強の声が海軍省内部・外部で徐々に高まるが、この増強要求に伴って海軍組織、とりわけ、海軍政策を具体的に作成・実行する海軍

本部や造艦事業の中心にある海軍工廠の作業効率点検、工廠組織改編の必要性が次第に認識され始めたのである。こうして、海軍工廠経営の実態調査と工廠経営上の問題が白日の下にさらされた[14]。

海軍政策の形成

ここで1880年代以降のイギリス海軍の政策形成過程について、基本的事項を確認しておこう[15]。イギリス海軍省行政の基本方針を策定するのは、海軍省の中枢的組織である海軍本部である。海軍本部は、海相を長として構成される。海相は大臣就任に際して、武官が就任する4名の本部長 Naval Lords（Sea Lords と改称された時期がある）、すなわち、第一本部長 First Naval Lord、第二本部長 Second Naval Lord、第三本部長 Third Naval Lord、第四本部長 Fourth Naval Lord（Junior Naval Lord）に加えて1名の文官本部長 Civil Lord（政治家）、1名の海軍省政務次官を任命し、1名の海軍省事務次官を加えて海軍本部を組織する[16]。したがって、海軍本部は海相を中核として組織され、その役割は海軍省の政策（軍政と軍令）全般を立案することにある。海軍本部の中心に位置する海相は国王（女王）、内閣、そして議会に対して海軍省行政の全責任を負う。なお、海相は文民を基本とするが、19世紀には例外的に退役軍人が海相に就任したケースが存在する。海相が任命する第一本部長以下4名の武官本部長は海相の指揮下にあるが、現役海軍軍人の最高位にある第一本部長は他の武官本部長に対して指揮・命令権を持たない。また、海軍予算に対する財政統制機能は文官本部長・海軍省政務次官を中心として発揮される[17]。ただし、海軍省政務次官、海軍省事務次官は職権で海軍本部のメンバーに入っているに過ぎない。

海軍本部構成員の事務分掌

海軍本部を構成する海相、第一本部長を含む4名の武官本部長、文官本部長、海軍省政務次官、海軍省事務次官の間の事務分掌 distribution of business は、海相と他の構成員の協議による合意、あるいは勅令によって規定されており[18]、

本書が扱う時期に限定すれば、1904年8月10日の勅令[19]が直近の規定である。第一次グラッドストン内閣で海相に就任したチルダース H. C. E. Childers（在任期間：1868年12月〜1871年3月）は、それまでの各本部長をはじめとする構成員の事務分掌の在り方を変更したばかりでなく、第一次グラッドストン内閣期に進められた行政経費節約を目的とした海軍本部の組織改革を断行した。すなわち、本部構成員を常勤公務員の員数削減の方針に沿って削減するとともに、海軍本部を予算執行の責任主体とすべく組織を改革したのである[20]。チルダース海相は、1869年1月の勅令によって、それまでの海相と5名の本部長（第一本部長 First Sea Lord、第二本部長 Second Sea Lord、第三本部長 Third Sea Lord、第四本部長 Fourth Sea Lord、文官本部長 Civil Lord）から構成される海軍本部の構成員を変更し、海相、3名の本部長、すなわち、第一本部長 First Naval Lord、第三本部長 Third Naval Lord、下級本部長 Junior Naval Lord、そして、海軍省政務次官と海軍省事務次官を海軍本部の構成員としたのだ[21]。チルダースは広範囲かつ複雑多岐にわたる海軍省行政の事務を海軍本部の構成員に分掌させると同時に、本部構成員数を減少させたのである。こうして、海相、本部長、政務次官と事務次官とが各々の行政領域に権限と責任を有し、各部門の責任者である海相・本部長・次官によって構成される海軍本部が日々の会合によって海軍政策全体を策定するとともに、海相の指揮の下、**軍政と軍令の一元化が図られた**。チルダース海相による海軍本部改組は、海軍政策の意思決定過程に明確な規則を導入するとともに、国家予算の大部分を構成する海軍予算の削減を意図したものであった。いうまでもなく、海軍予算の中心は、(1) 人件費、(2) 艦船の造艦・修理・維持予算である。しかし、(2) に関していえば、各種艦船の設計、建造・修理・維持作業を担当する監督官 Controller が海軍本部のメンバーに入っておらず、したがって、海軍本部が海軍予算の統制を行うに十分な態勢にはない。チルダースは海軍本部による予算統制——**予算の内部統制**——を強化するために海軍本部の第三本部長に監督官（コントローラー）を兼務させたのである[22]。海軍予算のもう一つの柱である人件費に関しても、チルダース海相は本部組織変更と並行して本部長の数を4名から3名に削減す

るなどして人件費節減、海軍軍人の給与総額減額を実施した[23]。周知のように、第一次グラッドストン内閣は大蔵省統制、すなわち、財政統制と常勤公務員数の統制を強化実現すべく、歳出当局に対して歳出削減、職員数削減と人件費節減とを強力に要求していた[24]。内閣・大蔵省の経費節約要求は民事・徴税部門予算に限定されたものではなかったのである[25]。その財政成果は、第一次グラッドストン自由党内閣期の陸軍・海軍予算が、前後の保守党内閣期の陸軍・海軍予算と比較して減少していることに示される[26]。さらに、1875年初頭の総選挙の際に、グラッドストン首相が経費節約と租税収入の自然的増加によって得た巨額の財政余剰を所得税の廃止財源と設定し、1874/75年予算における所得税廃止を訴えたことにも表れている[27]。しかし、経費節約の一方で、チルダース海相の海軍本部改革は、海軍本部長を分掌事務の責任者として位置付け、各本部長が海相に行政結果を伝達し、それに対して海相が本部長に一方的に行政上の指示を出す組織を作ったに過ぎなかった。海軍本部で行われる海相・本部長の日々の会議は各本部長の意見を集約し、海軍政策を策定するものではなくなったのだ。1871年の「海軍本部調査委員会」は、海軍本部での会議が海相の意見を海軍政策に反映させるだけの形式的会合に堕し、それによって海軍行政をめぐる本部長間の連携が失われた、と、チルダース海相によって改革された海軍本部の在り方を批判していたのだ[28]。

　チルダース海相の海軍本部改革の結果、海相以下の事務分掌は以下のようになった。海相が海軍の指揮と監督全般、政治的問題、任官と昇進、第一本部長と下級本部長が艦隊編成・配置、年金、艦長任命、訓練、処分、水路図 Hydrography 作成、輸送部門、医療部門、糧秣部門、グリニッジ病院等々、第三本部長・監督官が海軍工廠、造艦部門、砲術、資材保管部門、技師任命等々、文官本部長・海軍省政務次官が財政、予算(エスティメイツ)、支出全般、会計簿、会計検査、外部発注(コントラクト)、工廠労働者の指揮、沿岸警備、施設勤務事務員の昇進、附置福祉厚生施設・図書館の管理等々、海軍省事務次官が渉外である[29]。

　しかし、1871年にはチルダース海相が実施した事務分掌改革を検証する調査委員会が設置され、第三本部長が監督官を兼務することに批判的意見が出され

た[30]）。その結果、海軍本部の構成は1869年以前の姿に戻され、第三本部長が監督官を兼務することもなくなり、監督官も海軍本部の構成員ではなくなった。その後、1883年には再び第三本部長が監督官を兼務するようになり、文官本部長も海軍本部の構成員に復帰することになった[31]）。さらに、1885年7月、1888年12月と1890年2月のいずれもハミルトン海相の時代に、武官・文官本部長、海軍省政務次官と海軍省事務次官の事務分掌は若干の変更が加えられたが[32]）、1890年2月には次のような構成であった[33]）。海相が指揮と監督全般、政治的問題、任官と昇進、ロイヤル・ヨットを担当。第一本部長が海軍政策への助言、艦隊編成・艦隊指揮と配置、艦長任命、海軍情報部 Naval Intelligence Department[34]） 全般、駐在武官、海軍演習の監督、水路図作成を担当。第二本部長が艦隊の配置、艦隊の動員、予備役編成、任官、兵員の教育・訓練を担当。第三本部長が監督官を兼務し、艦船建造・修理・維持、海軍工廠・糧秣保管所の経営、艦船の購入・廃艦、艦船に関連した新技術を担当。この部署は設計技師ホワイトが局長を務めた部署である。下級本部長が輸送、医療、糧秣、病院船を含む衛生部門を担当。文官本部長がグリニッジ病院などの諸施設を担当。海軍省政務次官が予算、財政、支出、大蔵省との間に生じた財政関連事項、会計簿の管理、会計検査を担当。海軍省政務次官が海軍組織の規律、任官・昇任への助言、駐在武官との連絡を担当。1904年8月以降の海相、本部長の事務分掌は、次章で詳述するが、海相が行政全般の指揮、第一本部長が戦争に向けての組織作りと艦隊編成、第二本部長が人事、第三本部長・監督官が資材、第四本部長（以前の下級本部長）が資材供給と輸送、文官本部長がグリニッジ病院などの福祉厚生施設、海軍省政務次官が財政、予算、海軍省事務次官が海軍省の事務をそれぞれ担当すると定められた[35]）。

政権交代と海軍本部の再編

　政権交代時には、当然ながら、政治家が就任する海相・文官本部長・海軍省政務次官はすべて交代するとともに、軍人である第一本部長を含む4名の武官本部長も辞任し、新任の海相が全本部長を改めて任命することになる。しかし、

第4次グラッドストン内閣のスペンサー海相（在任期間：1892〜1895年）以降、第一本部長以下4名の武官本部長の任命に関するこの慣行は変更され、政治家が就任する海相、文官本部長、海軍省政務次官の各ポストを除外して、政権交代時においても武官本部長は留任することになり、行政の継続性が担保されたのである[36]。

　海軍本部再編を含むチルダース海相の海軍組織改革について、一言付け加えておこう。チルダースはこの海軍本部の組織改革に加えて、海軍予算の中核である造艦予算の削減を意図し、各地の海軍工廠を整理統合したのである[37]。ちなみに、造艦事業予算は海軍工廠で使用される資材費と人件費、および民間造船所への発注（コントラクト）予算からなり、後述するように、1880年代以前はイギリス海軍の艦船の大半は海軍工廠で建造・修理されていた。1860年代から1870年代にかけて、この海軍工廠の経営組織改善が海軍行政にかかわる最重要課題として大きく浮上したのである。具体的には、海軍工廠の経営に関する2種類の公会計簿、『海軍工廠造艦部会計簿』*Navy Accounts (Shipbuilding and Dockyard Transactions)* と『海軍工廠製造部会計簿』*Navy Accounts (Manufactures, & c. in Dockyards)* の記帳方法の改善、造艦経費の削減、ならびに、海軍工廠管理者の資質といった、工廠管理組織の構築が課題となったのである[38]。とりわけ、海軍工廠の経営は議会で頻繁に論議されるテーマともなった[39]。チルダース海相は、海軍工廠の経営が海軍予算の中心的項である造艦予算に直接関連することから、海軍工廠の経営改善と経費削減に向けて各地の工廠の統廃合を実施するとともに、国家歳出の重要部分を占める軍事費を抑制し、経費節減を図る観点から、『海軍工廠造艦部会計簿』、『海軍工廠製造部会計簿』と『糧秣会計簿』*Victualling Expense Account* の記帳方法改善に着手したのだ。当然ながら、海相の海軍経費削減方針の背後にはグラッドストン首相の海相に対する強い経費抑制要求があった。なお、支出の性格、支出目的に従って設定された項は、海軍予算をはじめとする陸軍予算、民事・徴税予算の各予算を構成する基本単位である。議定費を審議する全院委員会の「歳出委員会」Committee of Supply は、海軍予算をはじめとするこれら各予算の各項ごとにその額を審議し、各項の予

算額を承認する。さらに、支出は各項ごとになされる。したがって、予算執行段階である項に剰余が生まれ、ある項で不足が生じたとしても、歳出当局が無断で項間で予算を流用する行為、「支出項目の変更」transfer of votes は、議会審議のみならず大蔵省の財政統制を無効にするものと看做された[40]。

海軍関連施設公会計簿

海軍省では、陸軍省 War Office と異なり数多くの附置施設を経営する必要から、各種施設、とりわけ、(1) 艦船の造艦・修理・維持に携わる各地の海軍工廠（造艦部と製造部）と、(2) 長大な補給路を確保するために設けられた各地の糧秣保管所 victualling yards が、それぞれ会計簿を作成していた。1866年の会計検査法制定以降、歳出当局の『議定費決算書』Appropriation Account に対する会計検査が実施された結果、蔵相・大蔵省の歳出当局に対する監視は、海軍予算の総額チェックに始まり、支出項目の変更に対する規制、公会計簿記帳方法の改善、『議定費決算書』の会計検査を通じた予算執行の是非の判断にまで拡大したのである。海軍予算に対する議会・大蔵省の関心が高まる中で、海軍省は1873年に『議定費決算書』のみならず、海軍関連施設の三つの公会計簿、『海軍工廠造艦部会計簿』、『海軍工廠製造部会計簿』、『糧秣会計簿』に対する海軍省の内部検査 departmental audit の在り方を調査し、海軍本部が歳出統制に欠かせない内部検査態勢を確立しているとの認識に達した[41]。1880年代には、歳出当局、とりわけ陸軍省と海軍省の関連附置施設に対する公会計簿の正確な記帳を要求する声が高まり、大蔵省の会計検査の範囲を歳出当局の関連施設――海軍工廠（造艦部と製造部）と糧秣保管所――の各『決算書』にまで延長しようとする動きとなったのである[42]。

一方、議会の海軍予算に対する主たる関心事は海軍予算を構成する各項の予算額に向けられ、予算と決算の金額が異なるイギリス予算制度、予算・決算の制度的仕組みには無関心で、当然ながら予算額と異なる財政数字が掲載されている議定費決算書には関心が低かった[43]。たとえ、毎年の予算編成の在り方、各種『決算書』に示される予算執行の在り方を調査する「公会計簿調査委員会」

が常設委員会であったとしても[44]、である。
　　スタンディング

造艦事業と海軍工廠の経営改善

　これまでの諸研究が明らかにしたように、1880年代における海軍予算の中心は海軍工廠での造艦部事業・製造部事業と民間造船所への造艦発注事業とにある[45]。とりわけ造艦事業の中心に位置付けられたのは海軍工廠での造艦事業である。19世紀末のイギリス海軍の海軍工廠経営を研究したアシュワースは、海軍省管轄の施設で作成される公会計簿が作成過程で多くの欠陥を抱えていたばかりか、複雑な公会計簿制度と公会計簿記帳における計算ミスの頻発とによって海軍工廠における造艦工事自体に作業効率の低下が発生した、と指摘している[46]。海軍工廠（造艦部と製造部）をはじめとする海軍省管掌施設の公会計簿記帳の制度的改善によって、海軍予算の削減が可能となる素地・現実が確かに存在したのである。

　1860年代末に成立した第一次グラッドストン内閣は経費節約と歳出当局の財政統制の強化を意図し、海軍工廠における作業効率の向上と経費管理の強化を求めて海軍工廠の経営改善を試みた。1880年代半ばに一時的後退があったが、海軍省管轄の諸施設が公にする公会計簿の記帳の在り方、海軍工廠と民間造船所における造艦事業に関連した改革は継続的に進められたのである[47]。やがてヨーロッパ諸国・アメリカが海軍増強計画の時代を迎えるにしたがい、イギリス政界では造艦事業の中心に位置する海軍工廠組織を改編し、工廠の作業効率・経営効率の向上を求める声が急速に高まっていく。後述するように、1880年代における海軍工廠改編の要求は、1860・70年代にチルダース海相が海軍予算節減と歳出統制の強化を目的として行った海軍工廠改革とは異なり、海軍増強の効率的推進に向けた工廠改革であった。

　再びホワイトに目を転じよう。ホワイトは1883年に長年勤務した海軍省を退任し、高額の給与でアームストロング社に招かれた。アームストロング社での勤務は1883年から1885年と極めて短期間であったが、彼はここでイギリス海軍のみならず海外諸国から発注された軍艦の設計と建造に携わったのである[48]。

海軍増強を求める「世論」

1884年9月には、『ペル・メル・ガゼット』誌の編集長ステッドは、後にイギリス海軍の指揮を執る海軍軍人フィシャとブレットの提供した海軍情報により「海軍の真実」を発表し、第二次グラッドストン内閣の経費削減策がイギリス海軍の相対的軍事力低下を齎したとするプレス・キャンペーンを開始し、内閣の海軍政策は激しい批判に晒された[49]。ノースブルック海相は、首相が海軍予算の抑制に熱心なのとは対照的に予算増額を要求していたが、チルダース蔵相も首相と同様に海軍予算の増額に否定的で、海相が求める海軍予算増額に対して予算抑制で応じたのだ。しかし、1884年9月以降の海軍増強キャンペーンを受けて[50]、グラッドストン内閣は1884年12月2日の閣議で通常の造艦事業に加えて「ノースブルック計画」[51]と呼ばれる異例の海軍予算増額――民間造船所への発注から成る追加的造艦事業に310万ポンド、備砲・施設建設予算として242万5,000ポンド、合計約552万5,000ポンドに達する――を決定し、議会に増額案を提案し事態の沈静化を図った[52]。

その後、イギリス政府ならびにイギリス海軍は、諸外国が海軍増強計画を明らかにするたびに、イギリス国内のメディアを通じて展開される「海軍パニック」、「海軍増強要求」キャンペーンに悩まされ、海軍政策の再検討を強いられることになる。留意すべきは、この海軍パニックがヨーロッパ諸国・アメリカの海軍増強・新兵器採用の動きとは対照的に、イギリス海軍が相対的に軍事的劣勢の状況に立たされたという意識の表れであることである[53]。

フランス海軍の動向

この意図的に形成された「世論」の背景にあるのが、イギリス海軍のライヴァルの動向である。1870年代にはイギリス海軍のライヴァルであるフランス海軍は、新型軍艦の建造を鋭意進めたばかりか、海上通商路切断を新たな戦略として採用し、イギリスを刺激した。また、技術開発・兵器の開発によって、1880年代以降、旧式艦船・老朽艦の退役・新式艦船の就役も急速に進められた

のである[54]。ちなみに、1884年以降、ホワイトもまた海軍増強の必要性を訴えていた[55]。

第2節　海軍増強計画と造艦局長ホワイトの起用

海軍増強＝造艦計画とホワイトの招聘

　1885年に第二次グラッドストン内閣に代わり組閣された第一次ソールズベリLord Salisbury 内閣で海相に就任したハミルトンが目にしたものは、混沌として纏まりがなく、複雑な会計制度の下、計算ミスの多い組織であった。なお、ハミルトンは自由党政権期の1886年2月から8月を除き、1885年7月から1892年8月までの長期間にわたり保守党内閣の海相を務めることになる。彼はイギリス海軍の置かれている軍事状況を受けて、1885年12月に早くも海軍の中核的組織である海軍本部構成員の事務分掌をより明確化するとともに[56]、海軍本部のメンバーも大幅に入れ替え[57]、海軍政策を構想する海軍本部の組織改革を行った。なお、『ホワイト伝』の著者マニングは、ハミルトン海相が海軍を引き継いだ時、海軍は破産寸前の金融会社の様相を呈しており、その原因は圧倒的な影響力を発揮している大蔵省にあり、蔵相・大蔵省の予算削減政策が海軍に大きく影を落としていたことを記している[58]。

　ハミルトン海相は、海軍本部を海相を中心としたより纏まりのある組織に転換することを目指すとともに、文官本部長と武官本部長との協調を図るために海軍本部の構成員を大幅に交替させた。最も重要な点は、艦船建造を柱とした海軍増強計画にとっての障害が財源確保に留まらなかったことである。ハミルトンは、各種艦船の造艦・艤装の各工事が海軍工廠の造艦と製造能力、あるいは砲の供給能力の低さから「期限」、すなわち、会計年度内に完了せず、たとえ艦船が完成したとしても経費が膨らみ、当初予算額を大幅に超過することを懸念していた[59]。なお、この時期、海軍に供給される砲（銃器）は海軍工廠ではなく、専ら陸軍省管轄の工廠で製作され、海軍に提供されており、海軍の意

向が砲の生産・供給に反映されない状況にあった[60]。

海軍増強計画と海軍工廠組織の見直し

　海軍工廠における大規模な造艦・修理・維持事業が不可欠となるにもかかわらず、新技術を搭載した艦船の建造と艦船数の増加とを基本とする海軍増強計画、とりわけ工廠の造艦効率と建艦コストは私企業のそれと比較して悪く、高かった。議会は財政統制の観点からこの工廠経営の在り方をたびたび批判し、その改善を求めていた[61]。しかし、議会の批判にもかかわらず、海軍工廠をめぐる経営環境はその後も大きく改善されなかった。この事態は、**たとえ海相が蔵相との予算交渉で予算増額、とりわけ造艦予算増額を勝ち取ったとしても、海軍工廠（造艦部門と製造部門）の生産能力向上と高コスト体質の改善が実現されなければ造艦計画は水泡に帰することを意味する**。ハミルトン海相は造艦計画を遂行するためには財政統制の任にある蔵相と議会の海軍増強計画への理解と承認が不可欠と考え、財政的観点から海軍工廠の造艦能力・高コスト体質を改善して工廠組織を改革したのである。

　海軍工廠の組織見直し作業は、海軍増強計画にともなう造艦事業拡大に決定的に重要であるとの観点から進められたが、1885年に造艦局長であったバーナビィが海軍退任の意向を明らかにしたために、ハミルトン海相は後任人事を検討しなければならなかった[62]。海相は海軍増強計画を予算という財政的限界内で効率的に実施するためには、海軍工廠の高コスト体質を改善し経費節減に努めることと並行して、工廠の管理組織を改革するだけでなくそれを管理する海軍本部自体の改革が不可欠であると考えていた。彼は海軍組織の改革が海軍増強にとって最重要課題であると認識していたのだ[63]。ハミルトン海相は造艦部門の中枢に位置する海軍工廠の経営改善、工廠の管理体制構築、艦船設計にとって設計技師ホワイトの資質・才能が不可欠であり、設計技師バーナビィの後任として最適の人材と看做していた[64]。海軍省を一旦退職した人物を再び雇傭するというのは異常な人事であったが、海相はホワイトが喫緊の課題である造艦計画策定と効率的な海軍工廠経営とに欠かせない人材であるとして、アーム

ストロング卿 Lord Armstrong と協議しつつ、高額の給与を条件にホワイトを海軍省に招聘することにした。当然ながら人件費の増大は海相一人で解決可能な事項ではなく、財政統制の任にあり、常勤公務員の員数統制と給与（人件費）に厳しい大蔵省との交渉がホワイトを海軍に招聘する人事構想に立ちはだかったが、彼は1885年に設計技師として海軍省に再度雇傭された[65]。

　ここで、1885年以降の政治状況に加えて相次いで設置された海軍工廠、海軍予算、海軍演習に関する海軍本部・議会の調査委員会の動きをみておこう。1885年に第二次グラッドストン内閣に代わって政権の座に就いた第一次ソールズベリ内閣も1886年2月には再び第三次グラッドストン内閣に交代した。この第三次グラッドストン内閣も数か月という短命内閣であったが、蔵相はハーコート William Harcourt、海相がリポン卿であった（在任期間：1886年2～8月）。リポン海相は1884年の海軍パニック、すなわちイギリスの海軍力不足を危惧しその増強を求める主張と共通した認識に立ち、海軍予算の確保を主張したが、経費節減を強力に要求する蔵相と鋭く対立した[66]。蔵相としてのハーコートは政策的信条ともいえる経費節約策を貫いたが[67]、リポン海相が海軍予算の増額を求めているように、陸相キャンベル＝バナマン Henry Campbell-Bannerman もまた陸軍予算の増額を強く主張していた[68]。

　第三次グラッドストン内閣も1886年8月には第二次ソールズベリ保守党内閣に交代し、ハミルトンが再び海相に就任した（在任期間：1886年8月～1892年8月）。彼は1886年10月には、大規模な海軍組織改革に関する「戦時組織」War Organization と題する『閣議用文書』を作成した。ハミルトン海相はイギリス海軍の置かれている軍事的状況を分析し[69]、新型艦船の量的増加を基本とする本格的な海軍増強に着手したのである。

　ハミルトン海相はヨーロッパ諸国・アメリカの海軍増強に対抗可能なイギリス海軍の造艦計画を構想し、実現するために設計技師ホワイトを採ることが出来た。海相の造艦計画を実現するためには、海軍工廠（造艦部・製造部）の造艦能力・生産効率、および造艦予算に関する議会、さらには大蔵省の厳しい批判に応える必要があり、海軍工廠の抱える課題を丁寧に解決しなければならな

かった。具体的には、海軍工廠の経営改善、海軍予算増額に必要な財源の確保、海軍予算の項の構成の検討、とりわけ海軍予算の中核部分ともいえる造艦予算——海軍工廠における資材費と人件費——の実態究明、海軍工廠の高コスト体質と経営実態、艦船建造をはじめとする資材・糧秣の調達を私企業に発注する際の書式作成、海軍省附置施設の杜撰な公会計簿の改善などである。とりわけ、財政統制の任にある大蔵省と海軍省は海軍工廠の経営に関して鋭く対立した。大蔵省の海軍予算に対する関心事は予算総額であり、その具体的内容、例えば艦船の性能評価などに関する大蔵省の理解は素人的水準に留まっていたのだ[70]。

1886年海軍工廠調査委員会の提案

海軍省と大蔵省の専門委員から構成される「海軍工廠調査委員会」が1886年に設置され[71]、委員会は海軍予算に対する財政統制強化と経費節約とを意図し、海軍工廠における造艦経費削減に向けての効果的な管理組織の構築と資材管理、そして過剰といわれる雇傭人員数の実態、さらには会計制度ならびに会計検査の在り方を調査した。具体的には、海軍工廠(造艦部と製造部)の各部門で用いられる資材管理体制、工廠で雇傭されている労働者の管理組織、会計検査官 Comptroller and Auditor General の職務、工廠経営の在り方と工廠経営に対する会計検査実施などを調査対象とした。こうして、**委員会は海軍工廠の管理組織の改善によって、工廠経営における経費節約と海軍予算統制の強化とを意図した**[72]。

1886年の『調査委員会報告書』は、海軍工廠における資材管理、労務管理、会計制度などのいわゆる「間接的費用」establishment charges に無駄が多く、これを改善する必要があること[73]、とりわけ、過剰な労働者雇傭にみられる工廠の労働力管理体制が問題であると指摘していた。こうして、調査委員会は工廠の管理部門と資材備蓄部門との連携により、海軍工廠に必要な造艦資材備蓄の適正化をはかることを提案した。艦船建造の担当部である監督官部 Controller's Department の職域も大幅に拡大され、造艦作業のみならず、海軍工廠会計簿のチェック作業が新たに監督官の職務に加えられた[74]。こうした海軍工

廠・海軍本部の組織改革は、海軍工廠における造艦効率の向上とそれによる経費節減に繋がった[75]。海軍工廠のこの改革は新技術・機械の大規模な導入による工廠の造艦能力向上ではなく、造艦資材の管理組織や労務管理組織の改革による経営効率の向上と経費削減を目指したものであった。改革の最大の特徴は、いわゆる「組織改革」によって工廠の造艦能力向上を目指した点にある。艦船の建造を柱とする海軍増強はまさしく海軍工廠の造艦・修理・維持能力に依存しており、たとえ、海相の求める海軍予算増額が蔵相・内閣・議会で承認されたとしても、工廠の造艦能力と高コスト体質とが改善されなければ造艦計画・予算増額は艦船建造計画に資することがない。

1887年海軍工廠調査と経営改革

1886年の『海軍工廠調査委員会報告書』に引き続き、翌1887年には海軍省のメンバーを中心として海軍工廠の運営と経費、海軍工廠の経営に関する調査委員会が設置された。この「海軍工廠経営調査委員会」[76]ではアームストロング社から海軍省に移った設計技師ホワイトも調査委員を務めることになり、『調査委員会報告書』も前年の『調査委員会報告書』と同じく複数の『報告書』、「決議（リゾルーション）」から成っていた。委員会は、海軍工廠の経営、私企業への発注事業の査定・評価、海軍工廠の専門スタッフによる民間造船所における造艦作業の管理など広範囲にわたるテーマについて、経費管理・経費削減といった財政的観点から問題点を分析し、海軍工廠の管理組織の集権化とポスト削減による人件費節減の実施を図った[77]。注目すべきは、（1）1886年以降に実施された海軍工廠の資材・労働者管理組織の改革、過剰労働者の整理によって海軍工廠関連経費は大きく低下したこと[78]、（2）造艦工事の増大によって、海軍省の計画する造艦事業を遅滞なく遂行するためには、造艦事業を専ら引き受けていた海軍工廠造艦部門に加えて民間造船所への造艦発注が欠かせなくなったことである。こうして、民間造船所での造艦作業をチェックする組織構築と艦船の性能担保が次なる課題として浮上したのである。

海軍予算編成の問題点と海軍予算案の構成に関する変更

　海軍工廠経営と工廠の管理組織に関する調査委員会の設置と並行して、増加傾向を辿る陸軍省と海軍省の各予算案編成の在り方にも関心が寄せられ始めた。1887年と翌1888年に「予算調査委員会」（エスティメイツ）が設置され、陸軍予算と海軍予算の編成過程における問題点、陸軍省と海軍省管轄の諸施設が作成する複数の公会計簿が抱える問題点、ならびに、各公会計簿の会計検査に関して詳細な調査が行われた。その結果、『予算調査委員会報告書』が1887年と1888年に作成され[79]、同『報告書』は海軍予算の項の構成の変更を指摘した。

　この『予算調査委員会報告書』が出された1888年以後、政府の提出する統計情報の連続性は一定期間保たれなければならないという基本原則にもかかわらず、海軍予算を構成する項の大幅な変更が大蔵省・海軍の了承の下、実施された[80]。海軍予算を構成する項の構成に関しては、1887/88年予算までの造艦予算は、(1) 項6の海軍工廠における目 Subhead Ⅰ：人件費・目Ⅱ：資材費（サブヘッド）と (2) 項10の民間造船所への発注予算に分割されていた。なお、目は支出目的にしたがって項を分割したものであるが、目は項と異なり歳出委員会の議決対象とはならないが、目間の予算流用に関しては、項間の予算流用と同様に大蔵省の許可が必要となる。こうして、1888/89年予算以後、海軍予算の項が大幅に変更され、項8の造艦費に (a) 目Ⅰ：海軍工廠の人件費、(b) 目Ⅱ：海軍工廠の資材費、(c) 目Ⅲ：民間造船所への発注事業の各予算を計上し、造艦予算は項8に集約された[81]。なお、海軍工廠と民間造船所における造艦作業・発注事業に関する情報、具体的には、艦名、艦の種類、排水量、設計者、工廠の所在、民間造船所への発注先に関する情報は、『海軍予算説明書（前年比較）』、『海軍（議定費決算書）』に詳細にわたり記され、公にされている。

　ちなみに、1888/89年予算以降の海軍予算の項・目の構成は次のようである。項Aが兵員数、項1が兵員人件費、項2が糧秣・被服費、項8目Ⅰが海軍工廠の人件費、項8目Ⅱが海軍工廠の資材費、項8目Ⅲが民間造船所への発注事業費、項9が備砲・装甲費、項10が施設建設費である。さらに、1888/89年決算

以降、大蔵省の会計検査官[82]が海軍省管轄の海軍工廠・糧秣保管所などの諸施設の『決算書』に関しても会計検査を行うことになり[83]、各『決算書』には『会計検査報告書』が添付されて公刊された。こうして、1888/89年決算以降、会計検査官による**外部検査**が、『海軍（議定費決算書）』に加えて海軍工廠・糧秣保管所の各『決算書』、すなわち、『海軍工廠造艦部会計簿』、『海軍工廠製造部会計簿』ならびに『糧秣会計簿』にまで拡張され、それぞれに『海軍決算書会計検査報告書』Report upon Navy Appropriation Account と『会計検査官報告書』Report of Comptroller and Auditor General とが添付され、公にされた[84]。

民間造船所への発注ガイドラインの作成

　造艦事業を中核とする海軍増強は、単に海軍工廠における造艦事業の増加のみならず、1880年代前半までは必ずしも多くなかった民間造船所との造艦契約 contracts、さらには私企業からの資材・糧秣調達の増大を意味していた[85]。これら民間造船所への造艦発注事業、私企業からの物資調達を一定のルールに則って進めるために、海軍本部は海軍省による民間造船所への艦船をはじめとする種々の発注の在り方を検討し、海軍省が民間造船所で建造する艦船の性能をいかに監督し、資材調達を円滑に進めるかのガイドラインを作成することになった。このうち私企業への発注事業に関するガイドライン作成作業は第二次グラッドストン内閣のノースブルック海相の時期に既に行われていた。1884年に、海軍省の要請を受けて私企業への発注事業に関する調査委員会が設置されたが[86]、民間造船所で建造される艦船が海軍工廠で建造される同型・同性能の艦船と比較し間接的費用が不要で、一般的に低コストとなることを考慮して、経費節約的観点から海軍工廠経営を調査しなかった。ノースブルック海相は艦船建造を担う海軍工廠を委員会の調査対象とすることに否定的態度をとる一方で、海相は海軍の建艦要求をどのように民間造船所に反映させるか、建造される艦船の監督をいかに行うかに関心を寄せていた[87]。なお、艦船の造艦・修理・維持事業をはじめとした多岐にわたる私企業への発注事業に関しては、

1887年にも海軍本部内に設置された委員会が調査し[88]、海軍本部は同年に調査結果を受けて、私企業からの資材・糧秣購入の際の金額・使用目的に関するガイドラインを作成している[89]。

大蔵省との対立

このように、ハミルトン海相は1885年の海相就任以降、精力的に、海軍組織の再編、海軍予算を構成する項の変更を実施するとともに、海軍増強計画に不可欠な造艦部門の中核に位置する海軍工廠が抱える問題点を精査し、工廠経営上の問題点を摘出し、工廠経営の改善に力を注いだ。ハミルトンは海軍組織、海軍工廠の組織改革に加えて、海軍工廠の造艦・修理・維持能力を超える部分を担う民間造船所への造艦・修理・維持事業発注、物品購入の在り方を矢継ぎ早に検討した。造艦事業を柱とする海軍増強計画にとって、高コスト体質の海軍工廠の組織改善、公会計簿作成・会計検査の整備による工廠の能力向上とともに私企業への発注システムを構築することは避けて通ることのできないものであった。残された課題は、艦船建造計画の具体化、各種艦船の建艦数の確定、経費算出の作業、そして、財政統制の任にある蔵相との予算交渉であった。

しかし、海軍工廠の高コスト体質改善・組織改善による経費節約をもってしても、海軍予算増額は避けられなかった。このような海軍予算の増加に対しては大蔵省や議会の財政統制の発動が予想される。もっとも、蔵相・大蔵省や議会の財政統制が強化されたとしても、海軍本部の武官本部長は部長職辞任という手段に訴えて強硬な意思を表すことが出来るために、財政統制は海軍にとって絶対的な存在ではなかった[90]。とはいえ、海軍予算の増額要求はこの時期、財政統制の要であった蔵相・大蔵省との政治的対立激化を回避できなかった。1887年、ハミルトン海相による海軍予算増額要求と蔵相・大蔵省との対立激化は蔵相ランドルフ・チャーチル Randolph Churchill の辞任へと展開し、大蔵省の財政統制は一時的に綻びたのである[91]。

1889年海軍防衛法への道：1888年海軍演習

　ハミルトン海相のイギリス海軍増強計画の背後に潜む戦略思想を1888年海軍演習 Naval Manoeuvres との関係でみておこう。ハミルトン海相の海軍増強計画、海軍予算増額要求の背後にあるのが軍事情勢をめぐる「世論」の動きである。この時期、フランスとロシアが政治的軍事的同盟を結ぶ可能性が強まり、イギリスが完全に食糧輸入国となって海外への食糧依存をますます強める中で、イギリスの世論は諸外国の海軍によるイギリスの海上通商路遮断が現実となる情勢に苛立っていたのだ[92]。

　海軍本部は、1888年7月から8月にかけて予定されている海軍演習を控え、本部のメンバーに対し、フランスとの間で戦争が勃発した際に、イギリスの沿岸防衛と海上通商路防衛に必要な戦力を推計した報告書の作成を要求した。なお、この年の演習は「制海権」[93]確保を目的とした海上封鎖、具体的には港湾・海岸封鎖を想定した海軍演習であった。海軍本部は仮に海軍による海上通商路防衛が不可能であれば、最悪、「インド帝国」の喪失に繋がるとの認識から、海軍演習の実施によって必要な軍事力を精密に算出する意図を持っていた。こうして海軍本部は5か年間の造艦計画——第1級戦艦8隻、第2級戦艦2隻などの全65隻の建艦計画で、4年目に全艦竣工・就役の計画——の策定を本部のメンバーに要求し、設計技師ホワイトに対しては、総予算1,450万1,023ポンドの各艦への経費配分——各地の海軍工廠への作業配分と資材・人件費計算——と艦船設計を命じた[94]。ただし、海軍本部が1888年7月に提示した艦船建造5か年計画にかかわる総予算と建造艦船数は、後述する1889年海軍防衛法で示される数値よりも少ない。

　ホワイトの計画立案作業で最も困難であった点は潜水艦(サブマリン)対策を勘案した艦のデザインであった。この時期には既に潜水艦が登場していたが、その攻撃力が戦艦を含む艦船にとっていかなる程度のものか測りかねる状況にあった[95]。艦船（第1級戦艦）のデザインは、1888年8月17日の海軍本部会議で造艦局長の提示した案をもとに検討が加えられ、翌年に『議会資料』として公にされてい

る[96]。海軍本部が最重要視したのは、各級の艦船のいわゆる一番艦を海軍工廠で建艦し、二番艦以下を民間造船所で建造する構想であった。この建造構想は、海軍工廠が一番艦を建造すれば海軍省の専門スタッフが建艦過程で発生した諸問題に対し即座に対応出来ること、民間造船所が請け負う二番艦以下の建艦工事は建造過程で発生した問題点が既に明らかにされているために、建艦にかかる期間がより短くなり、効率も良くなるという理由によるものであった[97]。

『海軍演習調査委員会報告書』

1888年『海軍演習調査委員会報告書』[98]は、この年の海上封鎖演習の結果明確となった点、すなわち、(1) イギリス海軍の戦力不足を指摘し、翌1889年海軍防衛法に示される「二国標準」を提起するとともに、(2)「飢餓戦略」ともいうべき海上封鎖戦略と1856年のパリ宣言との関係に言及していた[99]。ここには翌1889年に成立する**海軍防衛法の二つの基本原則である (1) 量的側面としての「二国標準」、(2) 質的側面としての「戦時における海上通商路の支配」を意味する「制海権」と「海上封鎖」**が含意されている。イギリス海軍に属しているとはいえ設計技師ホワイトが直接かかわる事項ではないが、ハミルトン海相によって進められた海軍増強計画を裏付ける基本認識として、二国標準と制海権——海上封鎖戦術による飢餓戦略——とが明確な形で浮上したのである。

制海権

イギリス海軍による制海権確保は、イギリスがヨーロッパ諸国やアメリカと決定的に異なり、周囲を海に囲まれた孤絶 insularity 状態にあり、国の存立に必要な物資を海外に依存する地理的環境の下では必要不可欠なものであった[100]。加えて、ヨーロッパ諸国——たとえ、大陸に位置し、背後に工業原料・食糧調達のための広大な土地（国）が拡がっていたとしても——が19世紀に入り工業化を推し進め、商品の販路、食糧・工業原料の調達を外国に依存し始め、輸送コストの相対的に低い海上輸送を利用するようになると、イギリス海軍の制海権確保と海上封鎖戦略とは敵国経済に打撃を与える軍事的経済的戦略と評

価された。逆に、大陸に位置するが、物資輸送路を海に依存するヨーロッパ諸国は自国工業の高度化、食糧の海外依存度の高まりとともにイギリスの制海権に軍事的経済的脅威を感じていた[101]。いずれにせよ、高度工業国であればあるほど、食糧・工業原料の調達はおろか商品販路までも外国に依存し、輸送ルートを海上に依存する度合いが高まる。したがって、戦時において食糧・工業原料の購入、食糧・工業原料の支払代金を得るための商品輸出、商品を輸送する海上通商路の確保が戦争の帰趨を決定することになる。かかる意味において、戦時における経済活動、とりわけ、中立国の貿易活動、中立国経由での種々の物資確保が戦争の帰趨を左右する重要な鍵となった[102]。戦時における交戦国 belligerent の海軍による中立国船籍船に対する臨検 visit、積載された船荷、とりわけ、禁制品 contraband の探索 search とその拿獲 seize の権利、海上封鎖 blockade の定義に関する最初の国際的取り決めが[103]、1856年のパリ宣言でなされた。**パリ宣言は戦時における海軍の戦略・戦術に対する最初の国際的規制であり、パリ宣言が「海事革命」の名で呼ばれるのはこのためである。**その後1899年[104]と1907年[105]にハーグで国際平和会議が開催され、戦時における軍事行動の国際的規制が議題となった。このハーグ国際平和会議を受けて、1908年から翌年にかけて国際海軍会議がロンドンで開催され、1909年2月にロンドン宣言が取り纏められた。こうして、戦時における中立国の貿易活動と戦争当事国の海軍の軍事行動とに関する国際的枠組みが作成されたのである。しかし、イギリス議会[106]、海運業界[107]はイギリス本国が食糧を海外に依存していることから戦時における食糧輸送と食糧供給に不安を覚え、ロンドン宣言をめぐり混乱をきたすことになる[108]。

1889/90年海軍予算と1889年海軍防衛法

　ソールズベリ内閣のハミルトン海相は、就任以来、海軍工廠改革、私企業への発注書式(コントラクト)の作成、海軍予算編成が抱える問題点の改善、海軍演習の成果検証を鋭意進めてきたが、海相はこれらの成果を踏まえて、1889年3月4日に1889/90年海軍予算案[109]を完成させ、議会に提示した。なお、海相は海軍予

算案の説明書で、海軍工廠経営において人件費8万5,000ポンド、資材費1万5,000ポンド削減を記し、海軍工廠改革の財政的成果を明らかにしている[110]。

ハミルトン海相は1889/90年海軍予算案に引き続いて、1889年3月7日に1889年海軍防衛法案[111]を完成させ、海軍増強計画と財源調達方法を公にした[112]。海軍防衛法案は戦艦10隻を含む軍艦70隻を5か年、すなわち、1889年4月1日から1894年4月1日までに（1）海軍工廠と（2）民間造船所において建造する[113]。造艦計画の財源確保の方法として、（1）1,150万ポンドとなる海軍工廠分については、年々の議定費——毎年、議会の審議を受ける支出——にその財源を求める。(2) 1,000万ポンドとなる民間造船所への発注分に関しては、イングランド銀行に新設された海軍防衛勘定に既定費——毎年の議会の審議を経ない支出——を統合国庫基金の剰余金から毎年143万ポンド繰り入れ、金額に不足が生じた場合、大蔵省証券、国庫債券による借入金 borrowing を充当する[114]。この借入金は資本債務 capital liabilities に分類され、国債 national debt ではない。したがって、5か年に及ぶ造艦計画の総予算は概算2,150万ポンドに達する。

ソールズベリ首相とハミルトン海相とは1889年海軍防衛法案作成の過程で、造艦計画に掛かる財源を（1）租税増徴による毎年の海軍予算の増額、あるいは、（2）借入金と租税の併用策のいずれかで調達することを検討した。ソールズベリは結局、総造艦予算をあらかじめ海軍防衛法案に記載し、財源として毎年の海軍予算に加えて借入金を併用して、租税増徴を可能な限り回避する（2）案を採用したのである[115]。ちなみに、軍艦建造・施設建設に伴う借入金は国債ではなく、資本債務に分類され、国家財政に関する毎年の議会報告書[116]に国債とは別の欄に記載される。

1889年海軍防衛法は1893年に自由党グラッドストン内閣が修正し、1年延長、すなわち、1894/95年予算（1895会計年度）で終了した[117]。海軍防衛法による支出額は、多くの軍事計画がそうであるように、当初原案よりも大幅な超過となった。グラッドストン内閣に代わり自由党ローズベリ Lord Rosebery 内閣となった1894年3月の時点で、造艦事業のうち民間造船所への発注分（1,000

万ポンド）に関しては原案との差額は生じなかったが、海軍工廠分（1,150万ポンド）については72万ポンドの予算超過が生じ、約1,222万ポンドに達していた[118]。さらに、当初5か年とされた借入金——資本債務という名の国債——の返済が延び延びとなり、蔵相・大蔵省を悩ませることになる。1894年3月に組閣されたローズベリ内閣のハーコート蔵相と大蔵省官僚は国債増加に危機感を抱いていたが、蔵相は1894/95年予算演説で、予算案に盛り込まれている相続税改革によって齎される租税収入を海軍防衛法の残債完済に充当するとともに、海軍防衛法による造艦事業への財政措置の停止を明らかにした[119]。物的財産と人的財産との間で異なる相続税の一元化と累進的税率の設定を意図した**1894年相続税改革の目的の一つは、海軍防衛法にともなう残債の完済**にあったのだ。

ホワイトと巨艦設計

　造艦局長ホワイトに戻ろう。1889年海軍防衛法成立以降のイギリス海軍は、量的拡大のみならず、艦船とりわけ戦艦の巨大化を伴う海軍増強路線を辿ることになった。しかし、この時期、攻撃力（砲の大口径化、火薬・砲弾の技術的進化）の飛躍的な向上と造艦資材（特殊鋼鉄）の性能の向上によって、艦船のデザインを最終的に決定する海軍本部内でも攻撃力と防御能力のいずれを優先するかで意見が割れていた[120]。例えば、戦艦トラファルガー建造では、艦に搭載する砲の数（攻撃力）と装甲の厚さ（防御能力）との妥協を図り設計され、海軍本部で承認されたのである。

　やがて、排水量1万4,000トンを超すロイヤル・ソヴリン級戦艦7隻の建造が1889年4月から1894年4月までの予定で開始された。ロイヤル・ソヴリン級戦艦に象徴されるように、この時期艦船の巨大化（排水量増加）が進むが、その理由は軍艦の攻撃力増大を意図して搭載される砲数の増加、砲の口径の巨大化をともなったことだけでなく、防御能力向上のための厚い装甲、高速運動が求められたことにもよる[121]。こうして、1889年海軍防衛法の成立により、攻撃力・防御力・高速運動能力に優れた巨艦が建造されることになった。その一

方、戦艦ロイヤル・ソヴリン一隻に97万8,000ポンドに達する巨額の資金を投入するのは賢明な策ではないという批判もあった[122]。

ハミルトン海相の評価と設計技師ホワイトの役割

19世紀イギリス海軍の歴史を、海相を中核とした海軍本部の事跡に基づき著したブリッグズは、ハミルトン海相の注目すべき業績として海軍工廠の改善を挙げ、それによって、造艦能力の向上と2種類の『海軍工廠会計簿』、すなわち、『海軍工廠造艦部会計簿』と『海軍工廠製造部会計簿』の組織的作成が可能となったと評価している[123]。アシュワースもまた、1880年代ハミルトン海相時代に実施された海軍工廠の資材管理・労務管理機構の大規模な改革、会計検査制度の改善によって、海軍工廠の造艦速度向上と造艦コストの低下が齎されたと指摘している[124]。ハミルトン海相は1889年海軍防衛法によってイギリス海軍の増強を目論んだが、その前提作業として、造艦効率が悪く、民間造船所と比較して高コスト体質の海軍工廠の経営を改革し、海軍工廠批判に応える必要があった。**海軍省の喫緊の課題であった工廠の管理組織改革と新型艦船設計・造艦計画策定に、設計技師ホワイトは不可欠な人材だったのだ。**

グラッドストン内閣と新たな造艦計画

1892年8月、ソールズベリ内閣からグラッドストン内閣への政権交代によって、海相はハミルトンからスペンサー卿に交代した。スペンサー海相以降、海軍本部を構成する武官本部長は政権交代時においても留任し、新海相は前海相の任命した武官本部長を引き継ぐ人事制度となり、行政の継続性が維持されるようになった[125]。こうして、スペンサー新海相はハミルトン前海相が改革し、造艦効率の向上した海軍工廠と海軍組織とを引き継ぐことが出来たが、スペンサー海相にとって問題であったのは海軍予算をめぐる閣内の政治的状況であった[126]。第四次グラッドストン内閣は、成立当初、海軍予算に関しても経費節約策を実施し、1892/93年予算では造艦予算である項8についても増額を認めなかったのである[127]。

第2章 設計技師ホワイトとイギリス海軍増強（1885〜1902年） III

　なお、この時期の海軍政策、とりわけ艦船の設計思想に目を向けると、軍事技術の飛躍的な発展に気付く。水中兵器の発達、なかでも魚雷・機雷、さらには艦首部分の衝角、軍艦に搭載される砲の大型化、砲弾に詰める火薬の性能向上などである。イギリス海軍のライヴァルであるフランス海軍は軍事技術の発展を背景に、水中兵器や衝角、あるいは艦砲の改良に関心を強め、これらの最新兵器・技術を用いた野心的軍事戦略を構想していた[128]。このような水中兵器、衝角、艦砲の発達・開発を受けて、各国は艦船の防御能力向上と艦の安定性確保を目的として高速大型戦艦を重要視する考えに沿って建艦を競い合い[129]、それが各国の海軍予算膨張の一因となったのである[130]。

　1893年4月以降、スペンサー海相[131]と海軍本部の武官本部長とは、次年度1894/95年海軍予算で提案される大規模な造艦計画、いわゆる「スペンサー計画」の実現を求めるべく行動を起こした。この時、造艦部門担当のポストに在ったのはフィシャ John A. Fisher であり、彼は1892年2月1日に第三本部長に任命され、あわせて艦船建造にかかわる監督官（コントローラー）に就任していた[132]。1893年7月にフィシャは1894/95年海軍予算における新造艦計画書を携え、海軍省政務次官のケイ＝シャトルワース U. Kay-Shuttleworth を訪れた[133]。フィシャはその後、1893年11月にもケイ＝シャトルワースを訪ね、造艦計画に掛かる年間予算を説明し、造艦計画が5か年で2,150万ポンドの造艦予算を計上した海軍防衛法の1年分430万ポンドよりも僅かに多い年間440万ポンド規模であることを明らかにした[134]。

　スペンサー海相は財政運営の責任者であるハーコート蔵相との間で海軍予算増額に関する書翰[135]を交わしたばかりか、他の閣僚にも造艦計画を縷々説明するが、海軍増強を認めないグラッドストン首相との予算をめぐる軋轢は深まる一方であった。結局、海軍増強計画を最後まで受け入れなかったグラッドストンが内閣を去り（1894年3月）、自由党ローズベリ内閣が誕生した。スペンサー海相はローズベリ内閣の初閣議（1894年3月8日）でグラッドストン内閣時の閣議（1894年1月1日）で提案したのと同じ造艦計画、すなわち、前年1893/94年の海軍予算1,424万ポンドを312万6,000ポンド上回る1,736万6,000ポ

ンドの計画を再提案し、閣議了承された[136]。

　1894年3月に成立したローズベリ内閣の下で明らかにされたスペンサー計画は、7隻の一級戦艦——5隻が海軍工廠、2隻が民間造船所への発注——をはじめとし、各種艦船の建造を意図した野心的計画であった[137]。スペンサー計画は、大規模な艦船建造を試みたハミルトン計画が1889年海軍防衛法に依拠したのとは異なり、自由党内閣期のノースブルック計画と同様に法律に基づかない計画であった。造艦計画自体、ノースブルック計画がそうであるように法律を作らなければ実現出来ない事業ではないのである。スペンサー海相は海軍防衛法の財源調達方法が複雑すぎることを理由に挙げて、法律によらない造艦事業を議会に提案した[138]。それと同時に、海軍本部のメンバーは造艦計画に遅滞が生じることなく、また、建造コストが膨脹することなく、会 計 年 度(ファイナンシャル・イヤー)内で各工事が終了するように細心の注意を払い、海軍工廠と民間造船所への建造発注を指示していた[139]。

　ローズベリ内閣の誕生によって新たな造艦計画が開始されたが、既にみてきたように、この時期の艦船は舷・甲板の重装甲化と複数の大口径の砲の搭載によって巨艦化の傾向を強めていった。とりわけ、吃水線より上部に巨砲と艦の構築物の重みが負荷されるために、艦船の安定性確保に配慮した設計が不可欠となった[140]。加えて、艦船が大型化の傾向を強めたことから、海軍工廠や港湾施設をはじめとする種々の海軍関連施設は規模拡大を余儀なくされたばかりか、艦船の航行安全を確保する浚渫工事・水路図作成などの工事・作業が不可避的に求められた。こうして、スペンサー海相は造艦事業の推進と並行して1895年に海軍工事法案 Naval Works Bill[141] を提案するにいたったのである。海軍省は、陸軍省と異なり、保有する多数の艦船の効率的運用と艦船の建造・修理・維持のために糧秣保管所、燃料貯蔵所、海軍工廠など数多くの関連施設を国の内外に必要とすることから、造艦計画の進捗に随伴してこれらの施設建設と拡充が開始された。

1889年海軍防衛法と1895年海軍工事法の相違

　1889年海軍防衛法が1894年に役目を終えた後、自由党ローズベリ内閣は統一党政権成立直前の1895年6月に海軍施設の整備・拡張を意図し、海軍工事法 Naval Works Act を成立させ、その財源を海軍防衛法と同様に特別勘定と借入金に求めた。しかし、この海軍工事法は予算総額をあらかじめ法律に記載することで議会の財政統制を無力化した1889年海軍防衛法と異なり、「一年の法律」annual bill とし、議会が必要な金額を毎年定めることで、議会の財政統制機能を確保する法律であった[142]。

財源確保の手法

　海軍が蔵相に要求する海軍予算の財源は、基本的には、(1)毎年の租税収入、あるいは(2)租税収入に借入金(資本支出)を加えた財源のいずれかによって賄われる。とりわけ(2)の場合、国債費の増減に直結する国債価格の動向が問題となる。なお、(2)の財源確保の手法は1889年海軍防衛法、1895年海軍工事法の際に採用され、厳格な国債管理政策に「抜け穴」を穿つ財政手法であった。その結果、項8(造艦予算)、項10(施設建設予算)のそれぞれの予算額と決算額(総支出額)とに大きな差異が生じた。借入金が財源として設定されているために、決算額(総支出額)が予算額を大きく上廻る事態さえ生じ、議会の予算統制にも「抜け穴」を穿つ財政手法となったのである。

ゴゥシェン海相下の造艦予算削減

　1895年にローズベリ内閣に代わり統一党ソールズベリ内閣が誕生し、海相は第一次グラッドストン内閣で地方自治庁長官 President of Local Government Board、海相を務め、ソールズベリ内閣の下で蔵相を務めたゴゥシェンであった(在任期間:1895年7月～1900年11月)。歳出統制を担う蔵相と歳出増加を求める海相をともに経験するゴゥシェンの政治的悲劇は、イギリス国家財政の直接税・間接税の課税ベースが狭隘であるにもかかわらず、イギリスを含め各

国が戦艦をはじめとした艦船建造競争を激化させており、イギリス海軍の予算要求額も年々増加し、この経費増大に歯止めが掛けられないことを知悉していた点にある。彼は、1896/97年海軍予算から1899/1900年海軍予算まで造艦事業と海軍工事関連予算を大幅に増加させたが[143]、ボーア戦争を挟み、歳出増加と歳入不足により国家財政の運営が厳しさを増す中で、1900/01年海軍予算では民間造船所に発注する造艦予算の削減を盛り込まざるを得なかった[144]。なお、この19世紀末イギリスのコンソル価格は、人為的ともいえる国債管理——均衡財政とともにイギリス財政運営の基本政策であった——によって最高価格水準に、金利は最低水準となっていた。

なお、ゴッシェン海相の下で、造艦局長にはホワイトの留任が決定し、造艦行政の継続性が保たれた[145]。さらに、海軍本部でも新しい建艦資材、とりわけ新しい鋼の性能の検証と装甲の在り方を検討する会合がたびたび設けられ、新素材の採用が検討されていたのである[146]。

私企業と海軍増強との関係

ホワイトは1902年に海軍を退任するが、彼が1885年に海軍に招聘されて以降、イギリス海軍の積極的な造艦計画にとって私企業の果たす役割もますます高まっていった。しかし、造艦局長ホワイトは、短期間であるが私企業のアームストロング社に勤務していたにもかかわらず、1889年海軍防衛法で大規模化した私企業への艦船建造発注に関して、海軍工廠の造艦部門・機関部門（エンジン）はともに練度・経験の点で私企業のそれに勝り、かつ過去の事例研究、研究体制の点でも恵まれていると述べていた[147]。これらのことからホワイトは艦船の設計では、構造 structure・形態 form・推進力 propelling machinery などの限られた分野で私企業の役割を認めたに過ぎなかった。

しかしその後、造艦事業を中心とした海軍増強計画が本格化するや、海軍への砲の供給に関しては陸軍工廠に依存するとしても、艦船の造艦資材（特殊鋼）・機関などの高性能化により、建造資材の供給に加えて造艦事業自体についても私企業の果たす役割は重要性を増していった。一方、この19世紀末、造

第2章　設計技師ホワイトとイギリス海軍増強（1885～1902年）

船業を含めて私企業は労働争議に悩まされており、造艦事業に遅滞が生じることが強く懸念された[148]。しかし、1889年海軍防衛法の際に問題となった造艦事業の遅滞・延長はもはや認められず、造艦事業は会計年度に合わせて起工・竣工の作業を行わなければならず、結果的に海軍省スタッフが造艦事業完遂の重責を担うことになった[149]。労働争議はその後の造艦計画にも大きな影響を及ぼしたばかりか、第一次世界大戦の最中においても頻発し、イギリスの造船業・軍需生産に甚大な影響を与えた。

〔表1〕は1882/83年予算以降の海軍予算の中の造艦予算を、海軍工廠と私企業の予算額別に表したものである。明らかなことは、1885/86年予算におけるノースブルック計画以降、イギ

表1　イギリス海軍造艦支出（決算）（1882/83年予算～1905/06年予算）

（単位：1,000ポンド）

会計年度	海軍工廠	私企業への発注	合計*
1882/83	2,394	776	3,170
1883/84	3,040	366	3,406
1884/85	3,298	531	3,829
1885/86	3,989	2,033	6,022
1886/87	3,011	1,947	4,958
1887/88	3,076	1,088	4,164
1888/89	2,983	797	3,780**
1889/90	3,436	1,446	4,882***
1890/91	4,025	2,885	6,910***
1891/92	4,029	2,932	6,961***
1892/93	3,635	2,041	5,676***
1893/94	3,380	1,268	4,648***
1894/95	3,972	2,093	6,065***
1895/96	4,757	2,824	7,581
1896/97	4,735	4,471	9,206
1897/98	4,364	2,852	7,216
1898/99	5,295	3,699	8,994
1899/1900	6,031	4,057	10,088
1900/01	6,240	5,658	11,898
1901/02	7,013	4,999	12,012
1902/03	6,737	5,694	12,431
1903/04	7,992	8,088	16,080
1904/05	7,513	7,770	15,283
1905/06	7,598	5,315	12,913

注：＊　造艦経費、修理経費、維持経費を含む。
　　＊＊　1888年帝国防衛法の支出を含む。
　　＊＊＊　1888年帝国防衛法と1889年海軍防衛法の支出を含む。

出典：Pollard and Robertson, *The British Shipbuilding Industry, 1870-1914*, pp. 216-219, Tables 10.2, 10.3, 10.4. 元資料は海軍工廠に関する「議会資料」である。

リス海軍の造艦事業に占める私企業の比重が増加傾向を辿り、20世紀に入ると私企業分が海軍工廠と同額、もしくはそれを上回る年度も出現している。軍需産業の成長がここから明確に読み取れる。

借入金による財源調達

統一党内閣成立とともに海軍文官本部長に就任したチェンバレンは、1896年2月の『閣議用資料』[150] で、議会の予算統制を掻い潜った財源確保策が採られた結果、議会で審議・承認される海軍予算の項10（施設建設費）の予算額を超える、議会審議を経ない財源である借入金が海軍工事に投入されている実態を明らかにした。彼は『予算書』と『決算書』の財政数値に大きな差異が生じ、議会による予算案審議が意味を持たなくなる予算執行の現実に危機感を募らせ、項10の予算額を増やすことで資本債務という国債に依存しない予算執行を要求したのである。こうして海軍工事法は同年3月に修正され、借入金に財源を求める措置は停止されたが[151]、1899年には有期年金（国債）発行による財源調達を認める修正が施され、借入金（有期年金）に依存する財源調達方法が復活した[152]。

セルボーン海相下の海軍予算減額

ゴゥシェン海相の後を襲ったセルボーン海相（在任期間：1900年11月～1905年3月）は再度、海軍予算増額を要求し、項8と項10の予算が増額[153]された[154]。この造艦予算・海軍工事予算の増額は当然ながら蔵相——リッチィ C. T. Ritchie（在任期間：1902年7月～1903年10月）、チェンバレン（在任期間：1903年10月～1905年12月）——や大蔵省との対立を深めることになった[155]。

1899年海軍工事法以後、海軍予算の項10は、再び、予算額よりも借入金を財源とした支出額が多くなる異常事態となった。1903年設置の「歳出調査委員会」、各決算書の会計検査を毎年行う1904年の「公会計簿調査委員会」はともに国債管理政策に抜け穴を作る財源捻出方法の改善を訴えた[156]。1905/06年予算以降、統一党内閣のコーダ Frederick C. Earl Cawdor 海相（在任期間：1905年3～12月）は財源不足を理由に海軍予算を大きく減額し[157]、その後の自由党内閣アスクィス蔵相も海軍予算減額の方針を踏襲し、海軍工事法を停止した。しかし、海軍工事法を根拠とした借入金調達が1908/09年予算まで可能であったた

めに、海軍の決算額〔総支出額〕は予算減額ほど減少しなかった[158]。

設計技師ホワイトの海軍退任と国債管理政策の強化

　ハミルトン海相の強い要請で海軍省に復職したホワイトは、設計技師として艦船の設計のみならず、ハミルトン海相をはじめとした歴代海相や前任者バーナビィの期待に応えて海軍工廠の資材管理・労務管理、造艦計画立案にその才能を発揮し、ドレッドノート級戦艦が登場する直前の1902年に健康上の理由で海軍を去った[159]。この時期、イギリス海軍には数多くの老朽艦が依然として就役していたが、1905年以降、海軍はヨーロッパ各国・アメリカの海軍増強を受けて老朽艦の退役、新造艦の就役の動きを加速させた[160]。軍艦の陳腐化が技術革新・新兵器の開発によって急速に進行したのである。実際、第一次世界大戦におけるイギリス海軍の主役はホワイトの設計したロイヤル・ソヴリン級戦艦でもなければ、後継艦のドレッドノート級戦艦でもなかった。

　やがて、イギリスは世紀を跨ぐボーア戦争で、戦費財源に国債をあて、コンソル価格低落と金利上昇の局面に陥ったために、海軍工事法のように国債管理に抜け穴を穿つ財政手法が停止され、国債管理政策が強化された。しかし、コンソル価格低落に象徴される国家信用下落に対しては、国債管理の強化に加えて、歳入調達力を備えた租税の発見が不可欠であるものの、統一党内閣の蔵相と大蔵省は租税収入増加を目指す税制改革には消極的姿勢を採った[161]。一方、イギリス以外の欧米諸国は財政赤字が深刻化し、20世紀初頭の国際金融不安の原因となった[162]。

結　語

　ここまで、海軍設計技師ホワイトの事績を、19世紀末イギリス海軍をめぐる軍事的政治的財政的環境と重ね合わせながらみてきた。明らかになったことは、19世紀末に顕著となるヨーロッパ諸国、アメリカ、中国、日本における海軍増強が単なる艦船の量的拡大ではなく、魚雷・機雷や潜水艦などの新兵器や新素

材（特殊鋼）の採用に加えて、攻撃力の威力増大（艦船に搭載する砲の巨大化）の急速な進行であったことである。その一方で、19世紀前半に強力な軍事力を誇ったイギリス海軍は、欧米諸国による海軍増強・造艦計画が進むのとは対照的に、大量の旧式艦船を各国海軍以上に抱えることになった。これら旧式艦船を一挙に新型艦船に転換するには巨額の財政支出を伴うだけでなく、イギリス内外に分散した海軍工廠や私企業の造船所の造艦能力を必要とした。

　かかる軍事的情勢の中で、ハミルトン海相による1880年代の海軍増強計画は、まず、海軍政策を決定する海軍本部の改革から始まった。ハミルトンは、海軍本部の組織再編と並行して、造艦事業を担う各地の海軍工廠の整理統合を含む経営改善などの海軍改革を実施した。彼の海軍増強計画にとって、艦船の設計はもちろん造艦事業の中核に位置する海軍工廠の経営改善が喫緊の課題であり、造艦事業全体を管理する造艦局長ポストの空白は許されなかった。**私企業アームストロング社に勤める造艦技師ホワイトの海軍招聘は、この時期のイギリス海軍が抱えていた課題である新型艦船の設計、造艦事業の管理体制の確立、海軍工廠の経営改善と造艦経費の節減、軍艦建造計画立案に不可欠な人事であった。**こうして、**海軍工廠および海軍附置施設の経営改善、公会計簿の正確な記帳、および会計検査体制が、1889年海軍防衛法で明らかにされる造艦計画策定に先立って、整備され始めたのである。**加えて、国内外の海軍工廠で消化できない造艦事業を民間造船所に委託するために、海軍本部の内部調査委員会は委託事業の形式や私企業の造艦事業管理体制をいかに整備・確立するかを検討した。イギリス海軍の造艦計画は、海軍本部の組織変更、海軍工廠の改善、民間委託事業の形式整備と並行して進められたのである。

　しかし、この海軍増強計画は、造艦事業に必要な財源確保に留まらず、この時期の艦船が巨大化し、排水量が増加したことにともない、海軍施設の巨大化・要塞化を意図した1895年海軍工事法が新たに必要となった[163]。造艦事業を中心とする海軍増強と海軍工事にともなう予算の急激な膨脹は、当然ながら財政統制を担当する議会、蔵相・大蔵省、さらに、海相と閣僚との政治的対立を激化させ、チャーチル蔵相、グラッドストン首相の辞任劇にいたった。海軍

第2章 設計技師ホワイトとイギリス海軍増強（1885～1902年）

予算の増加に対応して政界が大きく揺れる中で、軍事費の財源念出の手法として、租税だけでなく借入金が設けられたことにより、海軍予算をめぐる事態はさらに複雑化し始めた。何故ならば、国債管理と単年度均衡財政とはイギリス財政政策の基本原則であり、海軍予算を毎年の租税収入ではなく、借入金から捻出し、しかも、債務を国債ではなく資本債務に分類する、いわば、国債管理政策に抜け穴を穿つ財政手法は、蔵相・大蔵省のみならず、歳出当局の決算書を検査する「公会計簿調査委員会」の注意・警戒心を喚起させるに十分であった。加えて、イギリス国家信用のバロメータであるコンソル価格は世紀転換期のボーア戦争を契機に、高価格傾向から低落傾向へと反転し始め、借入金に依存した財源確保策を停止せざるを得ない財政状況が生まれた。

やがて、20世紀に入るや、イギリス海軍をめぐる状況は激変した。1904年に第一本部長に昇進するフィシャの下で働いていたベーコン Sir Reginald Bacon は1900年以降、イギリス海軍をめぐる状況の変化、新技術・新兵器の登場、かつてない破壊力を有する攻撃兵器の開発、砲の配置と防御（装甲）の強化、これら新技術に対応するための兵員教育、とりわけ数学・機関学などの新しい教育の必要性が生じたことを記している[164]。事実、兵員訓練では、高速で運動する艦船の出現によって、静止した標的を目標とするこれまでの射撃訓練は意味をなさなくなり、高速で運動する標的を射撃する訓練、いわゆる「射撃統制」fire control が新たに設けられた[165]。また、海上通商路を敵国の海軍の攻撃から掩護する手法として商船護送（コンヴォイ）があるが、この商船護送は18世紀には広く知られていたものであった。商船護送は、具体的には、（1）海軍が非武装の民間商船を直接護衛する方式、（2）武装商船団の結成、（3）海軍による非武装の民間商船護衛と武装商船の混成船団の3種類があった[166]。しかし、その後19世紀にはこの手法は忘れられたが、漸く1906年の海軍演習（マヌーヴァー）でイギリス海軍は商船護送を試み、ドイツ海軍が大西洋北東海域でイギリス商船を攻撃するという事態に備えた[167]。ちなみに、1905年の時点では、海軍本部は戦時において食糧などの物資輸送の任に当たる民間商船を直接護衛する発想を持たなかった[168]。

変化が求められたのは兵員訓練だけではなかった。海軍省の人事は広範囲に

人材を求めていた他の政府部門とは対照的に狭かった。海軍省が最初の大学卒、オックスフォード大学出の文官採用人事を行ったのは実に1895年であった[169]。もっとも、世紀転換期における海軍増強、艦船建造によって軍人の人材不足、とりわけ尉官クラス lieutenants, sub-lieutenants に著しい不足が発生し、若くて才能に恵まれた海軍軍人にとっては昇進のチャンスがめぐってきたことも確かであった[170]。加えて、海軍省が軍需物資の輸送業務に際して、兵員不足を補うために民間の商船員を徴用するとなれば、海上通商路維持に要する商船員が不足し、イギリス国民の生活・経済活動自体にも甚大な影響が生じることが懸念されていた[171]。そして世界大戦勃発とともにこれが現実となった。

このように、四方を海に囲まれ、食糧と工業原料の調達のみならず商品販路も海外に大きく依存する高度工業国イギリスは、欧米諸国の海軍増強、軍事技術の急速な発展と新しい戦略出現による状況の変化に対応し、従来と同様、制海権を確保するために軍事費、とりわけ海軍予算の増加を必要とした。実際、制海権を確保できなければ、イギリス国民は飢餓に陥るだけでなく、「イギリス帝国」、とりわけイギリス経済の生命線である「インド帝国」を喪失しかねないと危惧されたのである。しかし、イギリス国家財政運営の原則である「単年度均衡」と「国債管理」に則って膨張を続ける軍事費を賄うためには、財政赤字を回避するための租税増徴政策が欠かせない。租税収入の飛躍的増大を目指す租税改革を実行するためには、「租税負担の公平性」が国民＝納税者の前に明確な理念として提示され、租税負担増加が齎す経済的破滅への国民・経済界の恐怖心が払拭されなくてはならない。マクロ経済指標である「国民総生産」[172] 統計情報は「国富」を数値化するために、国民・経済界の増税に対する恐怖心を緩和・払拭する重要な経済指標と考えられた。納税者の信任を獲得しなければ、租税改革の実現はおろか国家信用の象徴であるコンソル価格の安定も覚束ないのである。政府はこれらの課題を1909/10年予算案で国民に提示することになる。

注

1) Sir Richard Vesey Hamilton, *Naval Administration: The constitution, character, and functions of the Board of Admiralty, and of the civil departments it direct*, George Bell & Sons, 1896, pp. 71-7. 著者のハミルトンは、イギリス海軍の増強計画が本格化した1889年10月に現役軍人として最高位の海軍本部第一本部長 First Naval Lord に就任し、海軍組織を知悉した海軍武官。

2) 横井勝彦『大英帝国の＜死の商人＞』講談社選書メチエ、1997年、115-116頁に僅かにホワイトに関する記述がある。

3) 海軍予算(ネィヴィー・エスティメイツ)に計上される海軍工廠と私企業における造艦予算には、艦船の建造経費に加えて、艦船の修理事業・維持事業に掛かる経費も含まれており、それぞれの経費は分離不能のために、本章では造艦予算に修理費・維持費を含めて予算分析を行っている。

4) 19世紀末から20世紀初頭イギリス海軍の造艦事業、とりわけ民間造船所（軍需産業）に発注する造艦事業に関する邦語研究として、横井『大英帝国の＜死の商人＞』、奈倉文二・横井勝彦・小野塚知二『日英兵器産業とジーメンス事件──武器移転の国際経済史』日本経済評論社、2003年、横井勝彦「イギリス海軍と帝国防衛体制の変遷」秋田茂編著『イギリス帝国と20世紀　パクス・ブリタニカとイギリス帝国』ミネルヴァ書房、2004年、同「エドワード期のイギリス社会と海軍──英独建艦競争の舞台裏」坂口修平・丸畠宏太編著『近代ヨーロッパの探究12　軍隊』ミネルヴァ書房、2009年、William H. McNeill, *The Pursuit of Power: Technology, armed force, and society since A. D. 1000*, Chicago: University of Chicago Press, 1982, esp. ch. 8〔高橋均訳『戦争の世界史（下）』中公文庫、2014年、第8章〕。

5) 筆者は、『閣議用資料』と毎年議会に提出される『海軍予算説明書』、『海軍予算説明書（前年比較）』、『海軍（議定費決算書）』によって、19世紀末から20世紀初頭イギリス海軍の予算・決算の性質と動向を、「19世紀末農業不況と第一次世界大戦前のイギリス海軍予算──戦時下における食糧供給を巡る『集団的記憶』」『経済科学研究』第14巻第1号、2010年と、「世紀転換期におけるイギリス海軍予算と国家財政──1888/89年予算〜1909/10年予算」同上誌、第15巻第2号、2012年で明らかにしてきた。

6) Frederick Manning, *The Life of Sir William White*, John Murray, 1923.

7) William H. White, *A Manual of Naval Architecture*, John Murray, 5th edition, 1900 (1st edition, 1877).

8) TNA CAB 37/22/28, October 31, 1888, Admiralty, Special Programme for New

Construction, 1889-90 to 1893-94; TNA CAB 37/22/30, November 1, 1888, Admiralty, Special Programme for New Construction, 1889-90 to 1894-95.
9) Public Record Office, *List of Cabinet Papers 1880-1914*, HMSO, 1964.
10) White, *A Manual of Naval Architecture*.
11) Manning, *The Life of Sir William White*, pp. 166-68.
12) M. S. Partridge, The Royal Navy and the end of the close blockade, 1885-1905, *MM*, 75 (1989), 119-36; John F. Beeler, *British Naval Policy in the Gladstone-Disraeli Era 1866-1880*, Stanford: Stanford UP., 1997, pp. 212-13.
13) Manning, *The Life of Sir William White*, pp. 29-32, 34, 35, 170. 1886年の時点での海軍省造艦・設計部の組織については、Sidney Pollard and Paul Robertson, *The British Shipbuilding Industry, 1870-1914*, Cambridge, Mass.: Harvard UP., 1979, p. 210, Figure 12.
14) Manning, *The Life of Sir William White*, p. 181.
15) 以下の叙述は次の文献に依拠している。Hamilton, *Naval Administration*. Arthur J. Marder, *From Dreadnought to Scapa Flow*, Oxford UP., vol. 1, 1961も19世紀末から20世紀初頭にかけての海軍組織の歴史に詳しい。
16) 海軍省組織とその人的構成の歴史については、N. A. M. Rodger, *The Admiralty*, Lavenham: Terence Dalton Ltd., 1979. 1820年代から1890年代までの海軍省組織と、海軍政策の歴史については、Sir John Briggs, *Naval Administrations 1827 to 1892*, Sampson Low, Marston & Co., 1897. ブリッグスは海軍省事務次官経験者。
17) Hamilton, *Naval Administration*, pt. 1, ch. 4.
18) Hamilton, *Naval Administration*, Pt. 1, ch. 4; Marder, *From Dreadnought to Scapa Flow*, vol. 1, pp. 19-20.
19) *PP*, 1905 [Cd. 2416.], Order in Council dated 10th August 1904, showing Designations of various Members of, and Secretaries to, the Board of Admiralty, and the Definition of the Business to be assigned to them; *PP*, 1905 [Cd. 2417.], Statement showing the Distribution of Business between various Members of the Board of Admiralty, dated 20th October 1904.
20) チルダース海相の海軍本部改革については、Lord Brassey, *Papers and Addresses; Naval and maritime*, Longmans, Green, vol. 1, 1894, pp. 1-15. 糧秣費・被服費も節減された。なお、1860年代におけるイギリスの行政組織改革に関する最近の邦語研究として、大島通義『予算国家の＜危機＞――財政社会学から日本を考える』岩波書店、2013年を参照。
21) *PP*, 1868-69 (84.), The Distribution of Business among the Lords of the Admi-

ralty under the old and new Arrangements for conducting the Business of the Department. Cf. Maurice Wright, *Treasury Control of the Civil Service 1854-1874*, Oxford: Clarendon Press, 1969, p. 186. 同書は、民事予算に対する大蔵省統制を扱った研究であるが、陸軍・海軍の員数削減にも触れている。

22) *PP*, 1871 (180.), S. C. HL on the Board of Admiralty, Appendix, no. 2.
23) 海軍省所属の各階級の員数および給与の詳細については、*PP*, 1868-69 (402.), Correspondence and Other Papers relative to Alterations in the Organization and Business of the Admiralty. 海軍と同様に陸軍も人件費削減を求められた。Wright, *Treasury Control of the Civil Service 1854-1874*, pp. 186-87.
24) グラッドストン内閣の意図については、Lieut. Col. S. Childers, *The Life and Correspondence of H. C. E. Childers*, John Murray, vol. 1, 1901, pp. 161-62; Briggs, *Naval Administrations 1827 to 1892*, pp. 177-86; Rodger, *The Admiralty*, p. 109; Pollard and Robertson, *The British Shipbuilding Industry, 1870-1914*, p. 208.
25) Rodger, *The Admiralty*, p. 105.
26) Sidney Buxton, *Finance and Politics; An historical study, 1783-1885*, John Murray, vol. 2, 1888, pp. 344-51; William Page, ed., *Commerce and Industry: Tables of statistics for the British Empire from 1815*, 1919, New York: Augustus M. Kelly, reprinted in 1968, p. 41, no. 8. なお、1872年には、公会計簿の会計検査の在り方を検討した調査委員会が海軍省内部に設けられ、1873年に『報告書』を作成した。*PP*, 1873 (70.), Copy of the Report on the Committee appointed by the Admiralty to inquiry into the Audit, & c. of Naval Accounts.
27) 1875年頭の総選挙の際の自由党、保守党の財政・租税政策については、拙著『近代イギリス地方行財政史研究——中央対地方、都市対農村』創風社、1996年、第2編、第1章・第2章、参照。
28) *PP*, 1871 (180.), S. C. HL on the Board of Admiralty, *Proceedings*, p. ix; Rodger, *The Admiralty*, pp. 109-10.
29) *PP*, 1868-69 (84.), The Distribution of Business among the Lords of the Admiralty under the old and new arrangements for conducting the business of the Department.
30) *PP*, 1871 (180.), S. C. HL on the Board of Admiralty, *Proceedings*, p. ix.
31) Pollard and Robertson, *The British Shipbuilding Industry, 1870-1914*, pp. 208-9.
32) ハミルトン海相の事務分掌に関する考えは、*PP*, 1888 (328.), S. C. on Navy Estimates, *ME*, esp. QQ. 4624-4720.

33) *PP*, 1890 [C. 6199.], Distribution of Business between the various Members of the Board of Admiralty, showing the successive changes made between 1885 and the present time. 以下には、ハミルトンによる詳細な説明がある。Hamilton, *Naval Administration*, Pt. 1, ch. iv.

34) 海軍情報部は、1886年に下級本部長(ジュニア・ロード)に任命されたベレスフォードが設立を提案し新設された、諸外国の海軍力に関する情報収集のための部局。Lord Charles Beresford, *The Memoirs of Admiral Lord Charles Beresford*, Methuen, vol. 2, 1914, pp. 345-48.

35) *PP*, 1905 [Cd. 2416.], Order in Council dated 10th August 1904, showing Designations of various Members of, and Secretaries to, the Board of Admiralty, and the Definition of the Business to be assigned to them; *PP*, 1905 [Cd. 2417.], Statement showing the Distribution of Business between various Members of the Board of Admiralty, dated 20th October 1904.

36) Manning, *The Life of Sir William White*, pp. 294-95; Marder, *From Dreadnought to Scapa Flow*, vol. 1, p. 20.

37) Childers, *The Life and Correspondence of H. C. E. Childers*, vol. 1, pp. 168-69. 1860年代以降の海軍組織・海軍工廠改革については、William Ashworth, Economic aspects of late Victorian naval administration, *EconHR*, 2nd series, 22 (1969), pp. 495-96. 本章をはじめとして、本書の海軍工廠、海軍関連施設の公会計簿に関する記述についてはアシュワース論文に依拠している。なお、アシュワースには第二次世界大戦期の私企業への発注(コントラクト)を扱った研究がある。William Ashworth, *History of the Second World War: Contracts and finance*, HMSO, 1953.

38) Ashworth, Economic aspects of late Victorian naval administration, p. 496.

39) Lord Brassey, *Papers and Addresses*, vol. 1, pp. 16-23, 65-74.

40) 「支出項目の変更」は陸軍予算・海軍予算でしばしば慣習的に行われており、1862年の公会計簿調査委員会はこの慣行を詳細に調査した。*PP*, 1862 (414.) (467.), S. C. on Public Accounts, *Second and Third Reports*.

41) *PP*, 1873 (70.), Copy of the Report on the Committee appointed by the Admiralty to inquiry into the Audit, & c. of Naval Accounts.

42) Ashworth, Economic aspects of late Victorian naval administration, p. 500.

43) *Ibid.*, pp. 496-97.

44) 会計簿作成に関する変更点は、毎年公刊される『公会計簿調査委員会報告書』を精査する必要があるが、この『報告書』は当然膨大な量にのぼるために、公会計簿の変更点を簡潔に記した『摘要書』が有益である。*PP*, 1938 (154.), Public

Accounts Committee, *Epitome of the Reports from the Committees of Public Accounts 1857 to 1937*, HMSO, 1938.

45) 海軍予算、とりわけ造艦予算の内訳、艦船の種類別にみた造艦事業については、Jon Tetsuro Sumida, *In Defence of Naval Supremacy: Finance, technology, and British naval policy, 1889-1914*, Unwin & Hyman, 1989, Appendix: Tables 6, 7, 8, 9, and 10; Nicholas A. Lambert, *Sir John Fisher's Naval Revolution*, Columbia, South Carolina: South Carolina UP., 1999, Appendix 2.

46) Ashworth, Economic aspects of late Victorian naval administration, p. 499.

47) 1870年代までの海軍工廠経営でみられた、過大な資材調達と杜撰な資材管理と会計処理、会計検査が抱える問題点の調査と解決に向けての海軍省と工廠側の取り組みについては、*PP*, 1887 [C. 4978.], *Reports of Committees to inquiry into Dockyard Administration and Expenditure (Dockyard Management)*, Appendix 8. 拙著『イギリス帝国期の国家財政運営』第3章第1節、参照。

48) Manning, *The Life of Sir William White*, pp. 103-05.

49) *Ibid.*, pp. 162-63; Frederic Whyte, *The Life of W. T. Stead*, New York: Houghton Mifflin, vol. 1, 1925, ch. 7; Briggs, *Naval Administrations 1827 to 1892*, p. 221; Arthur J. Marder, *The Anatomy of British Sea Power: A history of British naval policy in the pre-Dreadnought era, 1880-1905*, New York: Alfred A. Knopf, 1940, pp. 121-23. 本書、第1章、参照。ノースブルックに関しては、Bernard Mallet, *Thomas George Earl of Northbrook: A memoir*, Longmans, 1908.

50) その際、海軍本部の武官本部長が辞任するなどの政治的圧力が政府に加えられた。Sir T. Brassey to H. C. E. Childers, November, 1884, in Childers, *The Life and Correspondence of H. C. E. Childers*, vol. 2, p. 169. ブラッセィはこの時、海軍省政務次官。海軍省と陸軍省の武官の予算増額圧力に関しては、H. C. E. Childers to W. E. Gladstone, December 18, 1884, in Childers, *The Life and Correspondence of H. C. E. Childers*, vol. 2, p. 170.

51) ノースブルック計画における造艦事業と財政措置については、*PP*, 1889 [C. 5661.], Shipbuilding Programmes as proposed by Lord Northbrook in 1885-86: Memorandum showing the financial arrangements connected therewith. 造艦支出は最終的に41万6,000ポンド膨脹した。

52) H. C. G. Matthews, ed., *Gladstone Diaries*, Oxford: Clarendon Press, vol. 11, 1990, pp. 254-55 (entry of December 2, 1884); Childers, *The Life and Correspondence of H. C. E. Childers*, vol. 2, pp. 169-70; Mallet, *Thomas George Earl of Northbrook*, pp. 199-211. もっとも政府原案では1,000万ポンドという巨額の増額案

であった。Dudley W. Bahlman, ed., *The Diary of Sir Edward W. Hamilton, 1880-1885*, Oxford: Clarendon Press, vol. 2, 1972, pp. 745-55（entry of December 2, 1884）.

53) イギリスのメディアは1880年代以降大きく変貌し、中間読者層を狙ったニュー・ジャーナリズムが出現した。J. A. Spender, *The Public Life*, Cassell & Co., vol. 2, 1925, pp. 95-105; Stephen Koss, *The Rise and Fall of the Political Press in Britain: The nineteenth century*, Chapel Hill: The University of North Carolina Press, 1981, ch. 8. 1896年にハームズワース Alfred Harmsworth、後のノースクリフ男爵 Viscount Northcliffe によって創刊された安価な日刊紙『デイリー・メイル』は下層中産階級・熟練労働者層に読まれ、100万部を超す売り上げを誇る大衆メディアの代表ともいえるが、同紙は第一次世界大戦開始前には対ドイツ強硬政策、「海軍パニック」キャンペーンを繰り返している。Twells Brex, compiled, *Scare-Mongerings from The Daily Mail, 1896-1914*, Associated Newspapers, Ltd., 1915.

54) Ashworth, Economic aspects of late Victorian naval administration, pp. 494-95; Theodore Ropp, edited by Stephen S. Robert, *The Development of a Modern Navy: French naval policy 1871-1904*, Annapolis: Naval Institute Press, 1987（1st edition, 1937）; James P. Baxter, *The Introduction of the Ironclad Warship*, Cambridge, Mass.: Harvard UP., 1933; Marder, *The Anatomy of British Sea Power*; C. I. Hamilton, *Anglo-French Naval Rivalry 1840-1870*, Oxford: Clarendon Press, 1993; Beeler, *British Naval Policy in the Gladstone-Disraeli Era 1866-1880*. 19世紀フランス海軍に関する邦語研究として、宮下雄一郎「フランス海軍とパクス・ブリタニカ」、田所昌幸編『ロイヤル・ネイヴィーとパクス・ブリタニカ』有斐閣、2006年がある。

55) Manning, *The Life of Sir William White*, p. 177.

56) TNA CAB 37/16/65, December 9, 1885, George Hamilton, Admiralty reforms; *PP*, 1890 [C. 6199.], Distribution of Business between the various Members of the Board of Admiralty, showing the successive changes made between 1885 and the present time; Lord George Hamilton, *Parliamentary Reminiscences and Reflections, 1868 to 1885*, John Murray, 1916, p. 292.

57) Lord Hamilton, *Parliamentary Reminiscences and Reflections, 1868 to 1885*, p. 290. 本書、第3章、参照。1879年に第一本部長に就任したキィは、ハミルトンが海相に就任した際（1885年7月1日）に第一本部長を退任した。Vice-Admiral P. Colomb, *Memoirs of Admiral Sir Astley Cooper Key*, Methuen, 1898.

58) Manning, *The Life of Sir William White*, p. 188.

第 2 章　設計技師ホワイトとイギリス海軍増強（1885～1902 年）　127

59) Lord Hamilton, *Parliamentary Reminiscences and Reflections, 1868 to 1885*, pp. 292-94. ハミルトンは議会に提出される予算案に記された金額を大幅に超過する造艦予算が必要になる事態を指摘している。Lord George Hamilton, *Parliamentary Reminiscences and Reflections, 1886 to 1906*, John Murray, 1922, p. 82.

60) 本書、第 3 章、参照。海軍はこれに強い不満を表していた。*Ibid.*, pp. 84-5.

61) Lord Brassey, *Papers and Addresses*, vol. 1, pp. 16-23, 65-74.

62) Lord Hamilton, *Parliamentary Reminiscences and Reflections, 1868 to 1885*, pp. 295-96. バーナビィは 19 世紀イギリス海軍史に関する著作を著している。Nathaniel Barnaby, *Naval Development in the Century*, W. & R. Chambers, 1904. 彼は退任間際に、この時期の艦船の設計に際しての彼の理念を海相宛のメモで明らかにした。バーナビィの退任理由は海軍省内部での艦船の設計理念をめぐる意見対立であった。Manning, *The Life of Sir William White*, p. 185.

63) この点は『ホワイト伝』でも強調され、海軍の造艦部門の再編、海軍工廠の経営改革がイギリス海軍にとって喫緊の課題であったことが記されている。*Ibid.*, p. 189.

64) Manning, *The Life of Sir William White*, pp. 178-188; Lord Hamilton, *Parliamentary Reminiscences and Reflections, 1868 to 1885*, pp. 296-98.

65) Manning, *The Life of Sir William White*, pp. 188, et seq.; Lord Hamilton, *Parliamentary Reminiscences and Reflections, 1868 to 1885*, pp. 296-97.

66) Lucien Wolf, *Life of the First Marquess of Ripon*, John Murray, vol. 2, 1921, pp. 183-87.

67) A. G. Gardiner, *The Life of Sir William Harcourt*, Constable, vol. 1, 1923, pp. 569-73. ハーコートに関する最近の伝記的研究は、Patrick Jackson, *Harcourt and Son: A political biography of Sir William Harcourt 1827-1904*, Teaneck: Fairleigh Dickinson UP., 2004.

68) J. A. Spender, *The Life of the Right Hon. Sir Henry Campbell-Bannerman*, Hodder & Stoughton, vol. 1, 1923, p. 99.

69) TNA CAB 37/18/45, October 1, 1886, George Hamilton, War organization. この『閣議用文書』は、Briggs, *Naval Administration 1827 to 1892*, pp. 229-238 にも全文引用されている。

70) ハミルトン海相はソールズベリ首相の、「大蔵省が政府の一部局であることは認めるが、政府ではない」という発言を『回想録』に記している。Lord Hamilton, *Parliamentary Reminiscences and Reflections, 1868 to 1885*, p. 294. ソールズベリ首相は、ボーア戦争期に、蔵相・大蔵省が予算の変動（増加）を根拠に歳出当局

の予算案を厳しく抑制したことに対して、蔵相・大蔵省が予算案の内容・重要性を全く理解していないと公の場で厳しく批判した。Lady Victoria Hicks Beach, *Life of Sir Michael Hicks Beach, Earl of St. Aldwyn*, Macmillan, vol. 2, 1932, pp. 115-17. この時の蔵相はヒックス・ビーチ。

71) *PP*, 1886 [C. 4615.], *Reports of Committees to inquiry into Admiralty and Dockyard Administration and Expenditure*. 『報告書』は9本の『報告書』から構成されており、専門家的立場から海軍工廠経営の抱える問題点を指摘した。『報告書』に関しては、Ashworth, Economic aspects of late Victorian naval administration, p. 501. この時期の海軍工廠の組織が抱えていた問題点については、Hamilton, *Naval Administration*, pp. 90-100; Lord Hamilton, *Parliamentary Reminiscences and Reflections, 1868 to 1885*, p. 301.

72) 委員会が設置され、『第1報告書』が作成された時点(1885年8月4日)では、海相はハミルトンであった。しかし、1886年2月に自由党のリポン卿が海相に就任し、海相と調査委員会との見解が対立する場面が生まれ、『第2報告書』作成段階では軋轢が表面化した。Manning, *The Life of Sir William White*, pp. 192-204. 付言すれば、会計検査官は1866年会計検査法によって創設された職。

73) *PP*, 1886 [C. 4615.], *First Report of the Committee appointed to inquiry into Certain Matters connected with Dockyard Expenditure*, pp. 10-13.

74) Hamilton, *Naval Administration*, pp. 98-100; Ashworth, Economic aspects of late Victorian naval administration, p. 501, n. 4. ホワイトは、海軍工廠における造艦作業の管理体制に強い不満を示していた。cf. Manning, *The Life of Sir William White*, pp. 188-212.

75) Ashworth, Economic aspects of late Victorian naval administration, pp. 501-2.

76) *Report of Sub-Committee upon Revision of Dockyard Forms and Returns*, in *PP*, 1887 [C. 4978.], *Reports of Committees to inquiry into Dockyard Administration and Expenditure (Dockyard Management)*.

77) *PP*, 1887 [C. 4978.], *Reports of Committees to inquiry into Dockyard Administration and Expenditure (Dockyard Management)*.

78) ハミルトン海相は、1888/89年海軍予算の説明で工廠経営が経費削減で着実に成果を上げていることを強調している。*PP*, 1888 [C. 5311.], February 28, 1888, Statement of First Lord of Admiralty, Explanatory of the Navy Estimates for the Year 1888/89, pp. 12-3, 14-5. Cf. Ashworth, Economic aspects of late Victorian naval administration, p. 501.

79) *PP*, 1887 (216.) (223.) (232.) (239.), S. C. on Army and Navy Estimates, *First*,

第 2 章　設計技師ホワイトとイギリス海軍増強（1885〜1902 年）　129

　　　 Second, Third and Fourth Reports and *ME*; *PP*, 1888（142.）（213.）（304.）（328.），S. C. on Navy Estimates, *First, Second, Third and Fourth Reports* and *ME*.
80）　本書、第 3 章、参照。海軍予算を構成する項の詳細な内容については、毎年発行される『海軍予算説明書（前年比較）』を参照するしかない。
81）　本書、第 3 章、参照。
82）　このポストは、『決算書』が内蔵する問題点を分析するために 1866 年会計検査法によって創設された会計検査に携わる職種で、大蔵省（蔵相）が任命するが、議会に職責を負う。
83）　*PP*, 1889（314.）, A Bill to make provision for the Audit of the Manufacturing and Shipbuilding and other like Accounts of the Army and Navy 1889, 52 & 53 Vict. この法案は本来的には陸軍省の附置施設の会計検査を目的として作成されたが、海軍省管轄施設の会計検査にも適用された。法律に関しては、Ashworth, Economic aspects of late Victorian naval administration, p. 500; Basil Chubb, *The Control of Public Expenditure: Financial Committees of HC*, Oxford: Clarendon Press, 1952, p. 52. また、公会計検査制度の発達については、*ibid.*, pp. 19-20, 28-41.
84）　例えば、*PP*, 1890（117.）, Annual Balance Sheets and Accounts, Pt. 1, Shipbuilding and Dockyard Transaction at Home and Abroad, and Pt. 2, Manufactures in Dockyards at Home, for the Financial Year 1888/89, with the Report of the Comptroller and Auditor General thereon.
85）　海軍が民間造船所に艦船建造を発注するためには、造船所で建造される艦船の性能を監督する制度が不可欠であった。艦船の性能をチェックする体制については、Pollard and Robertson, *The British Shipbuilding Industry, 1870-1914*, pp. 211-14. なお、19 世紀末から 20 世紀初頭の海軍拡張期におけるイギリス軍需産業に関する文献として、McNeill, *The Pursuit of Power*, ch. 8〔髙橋訳『戦争の世界史（下）』第 8 章〕、横井『大英帝国の＜死の商人＞』第 4 章、参照。
86）　*PP*, 1884-85［C. 4219.］, *Report of the Committee to inquiry the Conditions under which Contracts are invited for the building or repairing of ships, including their engines, for HM's Navy*.
87）　Manning, *The Life of Sir William White*, p. 181. ノースブルック海相の海軍政策に関しては、Colomb, *Memoirs of Admiral Sir Astley Cooper Key*; Briggs, *Naval Administrations 1827 to 1892*, pp. 210-22.
88）　*PP*, 1887［C. 4987.］, *Report of the Committee appointed by the Lords Commissioners of the Admiralty to inquiry into the System of Purchase and Contract in*

the Navy.
89) *PP*, 1887 [C. 523.], Statement showing the Action taken by the Lords Commissioners of Admiralty.
90) Manning, *The Life of Sir William White*, p. 233.
91) *Ibid.*, p. 245. 蔵相辞任劇については、cf. Randolph Churchill, Resignation as Chancellor of Exchequer, HC, 27 January 1887; do., Departmental extravagance and mismanagement, Wolverhampton, 3 June 1887; do., Our navy and dockyard, HC, 18 July 1887, in Louis J. Jennings, ed., *Speeches of the Right Hon. Lord Randolph Churchill, 1880-1888*, Longmans, Green, vol. 2, 1889, pp. 104-16, 178-201, 202-16; Winston S. Churchill, *Lord Randolph Churchill*, Macmillan, vol. 2, 1906, pp. 179-250; Robert Rhodes James, *Lord Randolph Churchill: Winston Churchill's father*, New York: A. S. Barnes, 1960, pp. 281-315.
92) Manning, *The Life of Sir William White*, p. 233. イギリスは19世紀末には食糧輸入国になったばかりか、国内農業は海外輸入農産物との競争に敗れ、深刻な不況に陥り、国内生産量も減少の一途を辿った。一方で諸外国が海軍力を増強する中で、イギリス海軍の増強と海軍の戦略策定が進められたことについては、Avner Offer, *The First World War: An agrarian interpretation*, Oxford: Clarendon Press, 1989. および本書、第1章・終章、参照。
93) 曖昧な概念である「制海権」の意味については、Sir Cyprian Bridge, The command of the sea, in Sir Cyprian Bridge, *Sea-Power and Other Studies*, Smith, Elder & Co., 1910; Marder, *The Anatomy of British Sea Power*, p. 65, n. 1. 海軍史研究家マハンは、直截的表現として「海上支配権」control of sea を用いる。Bridge, *The command of the sea*, p. 73.
94) Manning, *The Life of Sir William White*, p. 234.
95) *Ibid.*, pp. 234, et seq. イギリス海軍が最新の秘密兵器である潜水艦を採用する経過については、Nicholas A. Lambert, *Sir John Fisher's Naval Revolution*, Columbia, South Carolina: South Carolina UP., 1999.
96) *PP*, 1889 [C. 5635.], Designs for First Class Battleships.
97) Manning, *The Life of Sir William White*, pp. 235-36.
98) *PP*, 1888 [C. 5632.], *Extracts from Report of the Committee on the Naval Manoeuvres, 1888*, pp. 30-1. 1888年10月に第一本部長に就任したハミルトン Richard Vesey Hamilton が調査委員会の委員となっている。
99) パリ宣言はクリミア戦争後の1856年4月に締結され、これにより、戦時における公海の航行・貿易活動に関する規制、「海事革命」と呼ばれる法的変化が齎された。

1860年の商船調査委員会は、イギリス政府がパリ宣言に署名したことによって、従来イギリスが戦争当事国の権利として主張・行使してきた港湾・沿岸の軍事的封鎖に制約が加えられた事態を受けて、イギリス商船の活動・航行にいかなる影響があるかについて言及した。*PP*, 1860（530.）, S. C. on Merchant Shipping, *Report*, pp. xiii-xiv. 宣言については、H. A. Munro-Butler-Johnstone, *Handbook of Maritime Rights, and the Declaration of Paris*, W. Ridgway, 1876; Sir Francis Piggott, *The Declaration of Paris 1856*, University of London Press, 1919. 宣言が抱える問題点については、T. H. Bowles, *The Declaration of Paris of 1856*, Sampson Low, Marston & Co., 1900; Nicholas Tracy, ed., *Sea Power and the Control of Trade: Belligerent rights from the Russian War to Beira Patrol, 1854-1970*, NRS, 2005. クリミア戦争におけるイギリス海軍の戦略に関しては、以下の全3巻に及ぶ膨大な『公式書翰集』(ドキュメンツ)が基本資料である。D. Bonner-Smith and Captain A. C. Dewar, eds., *Russian War, 1854 & 1855: Baltic and Black Sea, official correspondence*, NRS, 2 vols., 1943-44; Captain A. C. Dewar, ed., *Russian War, 1855: Black Sea, official correspondence*, NRS, 1945.

100) Marder, *The Anatomy of British Sea Power*, p. 65.
101) Offer, *The First World War*; Rolf Hobson, *Imperialism at Sea: Naval strategic thought, the ideology of sea power and the Tirpitz Plan, 1875-1914*, Boston: Brill Academic Publishers, 2002.
102) 19世紀における海事法の成立と各国の主張に関しては、Bernard Semmel, *Liberalism and Naval Strategy: Ideology, interests, and, sea power during the Pax Britannica*, Allen & Unwin, 1986, chs. 6 and 7. アメリカは建国当初より、ヨーロッパにおける戦争に際して原則的に中立国の立場を主張するとともに、戦時における自由な貿易の権利を主張し、ヨーロッパの戦争当事国に物資を供給した。Cf. Carleton Savage, *Policy of the United States toward Maritime Commerce in War*, Washington: GPO, 2 vols., 1934-36.
103) 制海権を有するイギリスは17世紀末以降、ヨーロッパ諸国との二国間の貿易協定 Commercial Treaty で戦時における中立国・交戦国の権利・義務を規定した。*A Collection of Publick Acts and Papers, relating to the principles of armed neutrality, brought forward in the years 1780 and 1781*, J. Hatchard, 1801; Sir Francis Piggott and G. W. T. Omond, *Documentary History of the Armed Neutralities 1780 and 1800*, London University Press, 1919.
104) 1899年の第一回ハーグ国際会議のイギリス代表団の中に、後に第一本部長となるフィシャがいた。John A. Fisher to Captain W. Fawkes, June 4, 1899, in Arthur

J. Marder, ed., *Fear God and Dread Nought: The correspondence of Admiral of the Fleet, Lord Fisher of Kilverstone*, Jonathan Cape, vol. 1, 1952, p. 141.

105) マハンは1907年の第二回ハーグ国際平和会議の動向を睨みながら、戦時における中立国の「貿易の自由」と戦争当事国による海上通商路封鎖の問題を論じている。Alfred T. Mahan, The Hague Conference of 1907, and the question of immunity for belligerent merchant shipping, in Captain Alfred T. Mahan, ed., *Some Neglected Aspects of War*, Sampson Low, 1907.

106) イギリス政府はロンドン宣言に署名したが、議会は1911年2月以降、ロンドン宣言に関する討議を開始し、貴族院(ハウス・オブ・ローズ)(上院)は、結局、宣言を承認しなかった。*PP*, 1909 [Cd. 4554.], Correspondence and Documents respecting the International Naval Conference held in London; *PP*, 1909 [Cd. 4555.], *Proceedings of the Conference; Debates in the British Parliament 1911-1912 on the Declaration of London and Naval Prize Bill*, Washington: GPO, 1919. 第一次世界大戦勃発以降、イギリス政府はイギリス海軍がドイツの海上封鎖を可能にするために、ロンドン宣言を修正する勅令を段階的に出した。Bell, *A History of the Blockade of Germany*, Appendix I; Marion C. Siney, *The Allied Blockade of Germany 1914-1916*, Ann Arbor: University of Michigan Press, 1957; Eric W. Osborne, *Britain's Economic Blockade of Germany 1914-1919*, Frank Cass, 2004. 本書、終章、参照。

107) L. Graham H. Horton-Smith, compiled, *The Perils of the Sea: How we kept the flag flying: The Declaration of London and Naval Prize Bill, National starvation in war and paralysis of Britain's power and rights at sea*, Imperial Maritime League, revised edition, 1920 (1st edition, 1910). 海軍増強を訴える圧力団体、海軍同盟は宣言の議会審議に合わせて、両院での慎重審議を要求するとともに、同盟としては反対の意向を明らかにした。*The Navy: Organ of the Navy League*, XVI (no. 2, February 1911), p. 37.

108) 1903年に「戦時における食糧・工業原料供給調査委員会」が設置され、1905年に『報告書』を出した。*PP*, 1905 [Cd. 2643.], R. C. on Supply of Food and Raw Material in Time of War, *Report* and *ME*. 1908年には、戦時において危険を伴う海上輸送業務に従事する海運業者・船舶所有者への国家保障が検討されたが、保障には巨額の財源が必要となることからこの構想は採用されなかった。*PP*, 1908 [Cd. 4161.], Committee on National Guarantee for the War Risks of Shipping, *Report*, pp. 39-42.

109) 1889/90年海軍予算案については、*PP*, 1889 [C. 5648.], March 4, 1889, Statement of First Lord of Admiralty, Explanatory of the Navy Estimates for the Year

1889/90; *PP*, 1889 (50.), Navy Estimates for the Year 1889/90, with Explanation of Differences.
110) *PP*, 1889 [C. 5648.], Statement of First Lord of Admiralty, Explanatory of the Navy Estimates for the Year 1889/90, p. 4.
111) 海相は建造計画と同時に旧式艦船の退役を提案した。*PP*, 1889 [C. 5648a.], Ships to be removed from HM's Navy between 1st April 1889 and 1st April 1894; *PP*, 1899 [C. 5648b.], Ships to be added to HM's Navy between 1st April 1889 and 1st April 1894.
112) 初年度の財政措置については、*PP*, 1889 (67.), Shipbuilding Programme, 1889-90, Memorandum explanatory of financial proposals.
113) *PP*, 1889 (186.), A Bill to make further vision for naval defence and defray the expenses thereof. ホワイトは法案の議会提出に先立って造艦計画書を作成し、『閣議用文書』として提出している。TNA CAB 37/22/28, October 31, 1888, Admiralty, Special Programme for New Construction, 1889/90 to 1893/94; TNA CAB 37/22/30, November 1, 1888, Admiralty, Special Programme for New Construction, 1889/90 to 1894/95. より具体的な艦船建造データは、*PP*, 1889 (90.), Returns, arranged under the following classes, showing for each class the number, tonnage, and costs of the effective ships of the Royal Navy.
114) 海軍防衛法に基づき民間造船所に発注された造艦事業の詳細については、*PP*, 1890 (17.), Contracts entered into by the Admiralty.
115) Lord Hamilton, *Parliamentary Reminiscences and Reflections, 1886 to 1906*, pp. 106-7; Lady Gwendolen Cecil, *Life of Robert Marquis of Salisbury*, Hodder & Stoughton, vol. 4, 1932, p. 188.
116) *PP*, Accounts and Papers: Finance.
117) *PP*, 1894 [C. 7295.], March 10, 1894, Statement of First Lord of Admiralty, Explanatory of the Navy Estimates for the Year 1894/95, p. 11.
118) *Ibid.* なお、海軍防衛法に基づく全支出については、*PP*, 1896 (104.), Naval Defence Act, 1889 and 1893 Accounts, 1894/95; Bernard Mallet, *British Budgets 1887-88 to 1912-13*, Macmillan, 1913, Table XVIII.
119) *4H*, 23 (April 16, 1894), 483-84 (W. Harcourt). 海軍防衛法に依拠した財政支出は1895会計年度で終了するが、造艦事業自体、翌1896会計年度まで延びた。*PP*, 1895 [C. 7654.], February 28, 1895, Statement of First Lord of Admiralty, Explanatory of the Navy Estimates for the Year 1895/96, p. 4; *PP*, 1896 [C. 7986.], February 26, 1896, Statement of First Lord of Admiralty, Explanatory of the Navy

Estimates for the Year 1896/97, p. 7.
120) Manning, *The Life of Sir William White*, pp. 236-37.
121) *Ibid.*, p. 266.
122) *Ibid.*, pp. 295, 301.
123) Briggs, *Naval Administration 1827 to 1892*, p. 250.
124) Ashworth, Economic aspects of late Victorian naval administration, p. 502.
125) Manning, *The Life of Sir William White*, pp. 294-95.
126) *Ibid.*, p. 294.
127) *Ibid.*, p. 293. 1892/93年海軍予算と同様に1893/94年海軍予算についても経費節約策が採られようとしたが、海軍本部の武官本部長はこれに強く反発した。Sir R. H. Bacon, *The Life of Lord Fisher of Kilverstone*, Hodder & Stoughton, vol. 1, 1929, pp. 112-14.
128) Ropp, *The Development of a Modern Navy*, pp. 216-17; Marder, *The Anatomy of British Sea Power*, ch. vi. フランス海軍の艦砲の性能・大型化は、イギリス海軍のそれよりも技術的に進んでいた。
129) Manning, *The Life of Sir William White*, p. 299. ホワイトは一隻の軍艦に巨費を投入することに否定的であった。*Ibid.*, pp. 301-2.
130) *Ibid.*, p. 301.
131) *Ibid.*, pp. 325-26. 造艦局長ホワイトはスペンサー海相の要求に応じ造艦計画を立案した。*Ibid.*, p. 336.
132) Bacon, *The Life of Lord Fisher of Kilverstone*, vol. 1, p. 105.
133) U. Kay-Shuttleworth to Lord Spencer, 28 July 1893, in Peter Gordon, ed., *The Red Earl: The Papers of the Fifth Earl Spencer 1835-1910*, Northampton: Northamptonshire Record Society, vol. 2, 1986, pp. 225-26.
134) U. Kay-Shuttleworth to Lord Spencer, 18 November 1893, in Gordon, ed., *The Red Earl*, vol. 2, pp. 229-30. フィシャを含む海軍本部の武官本部長はスペンサー海相に海軍増強を強く働きかけていた。Sea Lords to Lord Spencer, December 20, 1893, in Gordon, ed., *The Red Earl*, vol. 2, pp. 231-32.
135) W. Harcourt to Lord Spencer, December 9, 1893, in Gordon, ed., *The Red Earl*, vol. 2, p. 230; Lord Spencer to W. Harcourt, December 10, 1893, in Gordon, ed., *The Red Earl*, vol. 2, p. 230.
136) Lord Spencer, Memorandum, March 8, 1894, in Gordon, ed., *The Red Earl*, vol. 2, p. 241. ただし、グラッドストンの私設秘書であったウエストは、計画は軍艦34隻建造予定で、5か年間の総費用は1,467万8,000ポンドとなるが、最終的には1,876

第2章　設計技師ホワイトとイギリス海軍増強（1885～1902年）　135

万3,000ポンドに膨脹すると『日記』に記している。Lord John Acton to Algernon West, February 1, 1894, in H. G. Hutchinson, ed., *Private Diaries of Sir Algernon West*, John Murray, 1922, p. 265（entry of February 1, 1894）. グラッドストン辞任に関しては、彼の『日記』を参照。H. C. G. Matthews, ed., *Gladstone Diaries*, Oxford: Clarendon Press, vol. 13, 1994.

137) 計画全体では、15隻が海軍工廠、46隻が民間造船所への発注事業で、民間造船所発注の大半は魚雷艦 torpedo boat destroyers である。*PP*, 1894 [C. 7295.], March 10, 1894, Statement of First Lord of Admiralty, Explanatory of the Navy Estimates for the Year 1894/95, pp. 5-6.

138) *PP*, 1894 [C. 7295.], March 10, 1894, Statement of First Lord of Admiralty, Explanatory of the Navy Estimates for the Year 1894/95, p. 11.

139) Manning, *The Life of Sir William White*, pp. 332-33.

140) *Ibid*. p. 336.

141) *PP*, 1895（173.), A Bill to make vision for the construction of works in the United Kingdom and elsewhere for the purpose of Royal Navy. 海軍工事法案の基本骨子は、1895年2月の時点で既に公にされている。*PP*, 1895 [C. 7654.], February 28, 1895, Statement of First Lord of Admiralty, Explanatory of the Navy Estimates for the Year 1895/96, p. 9.

142) 1895年海軍工事法に関しては、本書、第3章、参照。

143) TNA CAB 37/41/2, January 17, 1896, Controller of Navy, Ship-building Programme; TNA CAB 37/41/6, February 1, 1896, Admiralty, Naval Works; TNA CAB 37/41/8, February 7, 1896, [First Lord of Admiralty], Naval Works; TNA CAB 37/41/10, February 8, 1896, G. J. Goschen, Naval Works Act.

144) *PP*, 1900 [Cd. 70.], February 17, 1900, Statement of First Lord of Admiralty, Explanatory of the Navy Estimates for the Year 1900/01; *PP*, 1900 (41.), Navy Estimates for the Year 1900/01, with Explanation of Differences.

145) Manning, *The Life of Sir William White*, p. 348; Arthur D. Elliot, *The Life of G. J. Goschen, First Viscount Goschen 1831-1907*, Longmans, Green, vol. 2, 1911, pp. 201-26.

146) Manning, *The Life of Sir William White*, pp. 363-65.

147) *Ibid*., pp. 247-48. 私企業（軍需産業）と海軍との関係については、Hugh Lyon, The relations between the Admiralty and private industry in the development of warships, in Bryan Ranft, ed., *Technical Change and British Naval Policy*, Hodder & Stoughton, 1977.

148) ホワイトは、1897年に海軍に提出した『報告書』で造船業における経営環境・労働争議の影響を記している。Manning, *The Life of Sir William White*, pp. 382-84. 海軍工廠・私企業における造艦事業の遅滞状況はその後も改善されず、ホワイトは1902年にその原因究明に向けて設置された委員会の委員となり、この時期の造艦事業が抱える問題点を明らかにした。*PP*, 1902［Cd. 1055.］, Committee on Arrears of Shipbuilding.

149) Manning, *The Life of Sir William White*, p. 385.

150) TNA CAB 37/41/7, February 4, 1896, Civil Lord of Admiralty [Austen Chamberlain], New [Naval] Works. 海軍工事法による全支出は、*PP*, 1910（26.）, Naval Works Acts, 1895, 1896, 1897, 1899, 1903, 1904, and 1905 Account, 1908/09（final）. 本書、第3章、参照。

151) *PP*, 1896（143.）, Naval Works Bill. Cf. Sumida, *In Defence of Naval Supremacy*, p. 17.

152) *PP*, 1899（278.）, Naval Works Bill. cf. TNA CAB 37/50/36, June 6, 1899, Austen Chamberlain, Naval Works Bill; TNA CAB 37/50/39, June 13, 1899, Austen Chamberlain and G. J. Goschen, Memorandum on Naval Works Bill.

153) 正確にいえば、項8目Ⅰの人件費、あるいは目Ⅱの資材費が年によって減額されている。

154) D. George Boyce, ed., *The Crisis of British Power: The imperial and naval papers of the Second Earl of Selborne, 1895-1910*, The Historians' Press, 1990.

155) 本書、第1章、参照。

156) *PP*, 1903（242.）, S. C. on National Expenditure, *Second Report*, pp. v-vi; *PP*, 1904（152.）, Public Accounts Committee, *First Report*, pp. iv-v; *PP*, 1904（207.）, Public Accounts Committee, *Third Report*, p. xxx.

157) *PP*, 1905［Cd. 2701.］, November 30, 1905, Frederick C. Earl Cawdor, A Statement of Admiralty Policy.

158) 本書、第3章、参照。

159) Manning, *The Life of Sir William White*, p. 178.

160) Ashworth, Economic aspects of late Victorian naval administration, pp. 502-3.

161) Fakhri Shehab, *Progressive Taxation: A study in the development of the progressive principle in the British income tax*, Oxford: Clarendon Press, 1953, ch. xii. 土生『イギリス資本主義の発展と租税』後篇、参照。19世紀イギリスの歴代蔵相は、予算編成の際に歳出増加、歳入不足の事態が明らかとなっても、均衡財政を維持する目的で租税負担の増加、既存税の増税、新税創設による増税政策を採用する

ことには極めて慎重で、既定費の減額を含む経費節減の徹底による歳出抑制と減債基金の流用を含めて歳入の増加を図る傾向にあった。たとえ、既存税の増税、あるいは、新税創設の止むなきにいたったとしても、蔵相は増税幅を抑制する傾向にある。かつてない規模の財政剰余を国庫に齎した1894年の相続税改革でさえ、累進的税率は当初原案よりも低く抑えられたのである。フリードバーグの研究が明確にしているように、経費膨脹著しい世紀転換期イギリスの蔵相・大蔵省は、マクロ経済に関する統計情報・経済理論の欠如も加わって、租税負担増加が齎す経済的停滞・破滅を回避するために、租税負担増を伴う改革に対しては消極的態度に終始した。Aaron L. Friedberg, *The Weary Titan: Britain and the experience of relative decline, 1895-1905*, New Jersey: Princeton UP., 1988. 土生芳人のイギリス租税政策史研究に看取されるように、わが国では、租税政策を中心として予算・財政政策（史）が研究されているために、歳出増大→歳入不足→既存税の増税、新税創設を目的とした「租税改革」という一連の動きが強調されるが、予算編成の現場ではこのような直線的な動きはみられない。拙著『イギリス帝国期の国家財政運営』参照。

162) 膨脹傾向を辿る海軍予算の財源調達とその問題点に関しては、Sumida, *In Defence of Naval Supremacy*, pp. 6-28; Lambert, *Sir John Fisher's Naval Revolution*, pp. 15-37. 拙著『イギリス帝国期の国家財政運営』第3章、および本書、第3章、参照。

163) Lord Charles Beresford, *The Betrayal; Being a record of facts concerning naval policy and administration from the year 1902 to the present time*, P. S. King & Son, 1912, ch. iv. ベレスフォードは、ドレッドノート級戦艦の登場を念頭に、艦船の巨大化によって造艦事業はもちろん修理・維持事業のために数多くの巨大乾船渠（ドライ・ドック）が必要不可欠であり、それがなければ軍艦は役に立たないと、さらなる海軍予算増額を要求している。

164) Admiral Sir Reginald Bacon, *From 1900 Onward*, Hutcheson, 1940, pp. 15-8.

165) Admiral Sir Percy Scott, *Fifty Years in the Royal Navy*, New York: George H. Doran Com., 1919, chs. XI, XII. スコットはこの分野の先駆者である。なお、射撃統制に関しては、Jon Tetsuro Sumida, ed., *The Pollen Papers: The privately circulated printed works of Arthur Hungerford Pollen, 1901-1916*, NRS, 1984.

166) 商船護送に関しては、コロムが早い時期に問題提起している。Vice-Admiral P. H. Colomb, *Essays on Naval Defence*, W. H. Allen, 1893, pp. 230-57.

167) Admiral Sir Edward E. Bradford, *Life of Admiral of the Fleet Sir Arthur Knyvet Wilson*, John Murray, 1923, pp. 214-15.

168) *PP*, 1905 [Cd. 2643.], R. C. on Supply of Food and Raw Material in Time of War, *Report*, pp. 28-9, 109-10, Annexes A; Archibald Hurd, *Merchant Navy: History of the Great War based on official documents*, John Murray, vol. 1, 1921, pp. 210-16; Marder, *The Anatomy of British Sea Power*, pp. 97-8.
169) Sir Charles Walker, *Thirty-Six Years at the Admiralty*, Lincoln Williams, 1933; Lady O. A. R. Murray, *The Making of a Civil Servant*, Methuen, 1940. マリは後に海軍省事務次官に昇進する。
170) Walker, *Thirty-Six Years at the Admiralty*, pp. 27-8.
171) Bridge, *Sea-Power and other Studies*, ch. iv.
172) 1906年生産センサス法に基づき、イギリス国内の生産活動全般に関する『調査報告書』が作成され、1912年に『最終報告書』が出された。*PP*, 1912-13 [Cd. 6320.], *Final Report on the First Census of Production of the United Kingdom (1907), with tables*.

第3章　世紀転換期におけるイギリス海軍予算と国家財政*
――1888/89年予算～1909/10年予算――

はじめに

19世紀末イギリス海軍予算の構造と研究状況

　イギリス海軍予算 Navy Estimates が、19世紀末から20世紀初頭の、いわゆる「帝国主義」的対立が激化した時期において、国家経費の大きな部分を占めていたことは歴史書を紐解くまでもなく容易に推測可能である。1880年代末、1888/89年予算以降の予算編成手続によれば、海軍予算は、開院勅語 King's Speech の後に、海相による海軍予算の説明文書である『海軍予算説明書』 Statement of First Lord of Admiralty, Explanatory of the Navy Estimates と、海軍予算を詳細に記した『海軍予算説明書（前年比較）』 Navy Estimates, for the Year, with Explanation of Differences が議定費のみを審議する全院委員会である歳出委員会 Committee of Supply に提出され、その全貌がはじめて公にされる。海軍予算は陸軍予算 Army Estimates と同様に、予算を構成する基本単位であり、経費（支出）の性格を示す複数の「項」Votes から構成される。歳出委員会は主として政治的観点から予算の是非を項ごとに審議し、項ごとに予算額を議決する[1]。歳出当局は大蔵省の承認を得た場合を除いて、原則的に議決・承認された項の金額を予算執行段階で修正できない。したがって、項は予算の基本単位であり、予算審議の基本単位でもあり、予算執行の際の基本単位でもあるが、項の数は会計年度によって若干の増減がある。複数の省庁の予算に跨る民事・徴税予算 Civil Services and Revenue Department では、支出

の性質に応じて「款」Class が項の上に設けられている。

　陸軍、民事・徴税の各『予算説明書』も海軍予算と同様な手順で、それぞれ、陸相（陸軍大臣 Secretary of War Office）、大蔵省財務次官 Financial Secretary の『予算説明書』、「覚書」とともに歳出委員会に提出される。その後、蔵相が議会で予算演説 Financial Statement を行い、その会計年度の**歳出・歳入両面にわたる国家予算の全体像**を議会に提示する。そうして、会計年度の期末には議定費決算書である『海軍（議定費決算書）』Navy (Appropriation Account) が、大蔵省の財政統制を担う会計検査官の『海軍決算書会計検査報告』Report upon Navy Appropriation Account を添付した上で議会に提出され、国庫金割当法 Appropriation Act が作成される。しかし、予算・決算・会計検査の一連の作業はこれをもって終わらない。議会による歳出統制の要である常設の「公会計簿調査委員会」（スタンディング）が陸軍、海軍、民事・徴税の各『決算書』を、逐項・款精査し、『決算書』に内蔵された技術的制度的問題点を指摘した『公会計簿調査委員会報告書』Report of Public Accounts Committee を纏め、次年度の予算編成と予算執行に向けての改善策を提起し[2]、漸く予算・決算・会計検査の円環は閉じられる[3]。こうして、**予算と決算は政治的観点のみならず技術的制度的観点**からも大蔵省や議会の厳しい監視を受ける。しかし、19世紀末から20世紀初頭のイギリス海軍増強に関するわが国の歴史学・経済史学・財政学の研究は、この時期における海軍増強の歴史的意義や議会・院外圧力団体が海軍政策形成で演じる役割[4]に言及することはあっても、海軍予算の詳細や海軍予算に関する基礎的史料、海軍に関する基本的情報、すなわち、艦船の種類・性能（排水量・速度）、備砲（数・口径）・装甲、あるいは海軍工廠における造艦事業と製造事業、軍港などに関する情報と情報源の所在（資料の在り方）について必ずしも詳らかにしていない。さらに、わが国のイギリス歴史研究は議会議事録 Hansard's Parliamentary Debates や議会資料 Parliamentary Papers、わけても特定の問題調査の目的で間歇的に設置され、発行される『調査委員会報告書』の史料的価値を強調し、『報告書』に言及することが多いにもかかわらず、陸軍省をはじめとして海軍省、民事・徴税の各歳出分野で毎年繰

り返される予算・決算・会計検査の作業を詳細に記した膨大な議会資料を分析することはない。陸軍省、あるいは海軍省の各予算は数多くの軍事情報を含むとはいえ、議会で審議・承認されることなく予算が執行されないことを考えれば、この研究状況は不可解である。本章はわが国のこのような研究状況を受けて、イギリスの海軍予算の編成・執行が孕む問題点を予算編成・執行の過程で書き残された議会資料に依拠して摘出し、海軍予算膨張が抱える問題点を分析するものである[5]。

第1節　対フランス戦争（1793〜1815年）後のイギリス国家財政運営

対フランス戦争時の財政運営

「戦争の世紀」ともいえる17・18世紀に、イギリスの政治算術家 Political Arithmeticians ――ペティ William Petty、ダヴナント Charles Davenant、フォーキア F. Fauquier など――は租税を有力な戦費財源と看做し、「年間の歳出は年間の歳入で賄う」租税・財政政策を提言し、戦時といえども戦費調達で国債に依存しない財政運営の確立を試みた[6]。しかし、歳入調達力に優れた租税は発見されず、戦争遂行に必要な財源調達は国債、とりわけ永久債であるコンソルに依存せざるを得なかった。確かに、徴収に時間と手間のかかる租税よりも一挙に纏まった資金を調達できる国債のほうが戦費財源としては優れているともいえる。やがて、ピット William Pitt 政権の下で長年の戦争によって累積した国債の処理を含む財政改革、具体的には減債基金の設定（1786年と1792年）とともに歳入調達力の改善に向けた租税発掘の作業が実施された。しかし、この財政改革の最中にフランス革命が勃発し、1793年にイギリスが再び長期にわたる対フランス戦争に突入するや、国債に依存した戦費調達を実施せざるを得なくなった[7]。

イギリスは対フランス戦争の初期段階においては国債発行により戦費を調達

したが、国債価格、とりわけコンソルの価格は大幅に下落し、国庫に齎された資金も当然ながら減少の一途を辿った[8]。こうしてイギリスは戦争の最中に国家信用の低下と財源不足の危機的状況に陥ったのだ[9]。イギリス政府は、コンソル価格に象徴される国家信用を回復・維持するために歳入調達力が期待された戦時税であり財産税である所得税を、1799年と1803年に導入せざるを得なかったのである[10]。

　イギリスは18世紀末から19世紀初頭の長期にわたる対フランス戦争の過程で、歳入調達力に優れた所得税を戦費財源として導入することに成功したとはいえ、対フランス戦争終結後には巨額に膨れ上がった国債[11]——その大半は償還期限の定められていない永久債のコンソル——を抱えこむにいたり、国家破産 national bankruptcy を危惧する声さえ上がったのである。その一方で、コフーン Patrick Colquhoun[12] のように、イギリス経済の発展・拡大によって国の内外で生み出され・蓄積された富 wealth・財産 property の「総量」を種々の統計情報に依拠して推計することで、国債の重荷を相対的化しようとした著者もいた。しかし、国債が国家財政の運営にとって重圧であったのも確かであった。政府は国家信用の維持と市場金利高騰を抑制するためにも、国債、わけてもその中核的存在であるコンソルの価格を一定水準に維持する必要があり、そのためには国家信用の担保財源として租税、とりわけ歳入調達力に優れた租税を発掘・維持することが焦眉かつ不可欠な政策課題であった。

対フランス戦争勝利と戦後の財政政策——戦時財政から平時財政へ

　イギリスは対フランス戦争に勝利したにもかかわらず、戦争の結果、年間の歳入額を大幅に超える国債が累積し、国債費（既定費）が国家財政の運営にとって大きな重圧となった。加えて、平和が到来したにもかかわらず、議定費については、陸軍予算と海軍予算が依然として突出した規模にあった。対フランス戦争が1815年に実質的に終結したことによって、国家財政の運営にとって喫緊の課題は、租税については、戦費財源として1799年と1803年に導入された財産税である所得税を継続するか否か選択することであった。結局、所得税は

1816年3月、すなわち、1816会計年度の期末をもって、廃止と決定された[13]。

戦時税である所得税は戦争の終結とともに廃止が決定され、戦時に増税された間接税もまた減税されることになった。しかし、国家財政の歳出水準が劇的に低下しなかったために、時の蔵相は流動債 floating debt に財源を依然として求めざるを得ない状況に陥った[14]。やがて歳出抑制と減税政策が軌道に乗り始めると[15]、対フランス戦争後の財政政策、すなわち、租税政策と国債管理政策をいかなる原則で運営するのかが大きな課題として浮上したのである。(1) 所得税の廃止のみならず間接税減税を含む租税改革とともに、租税政策のよって立つ原理・原則は何か[16]、(2) 対フランス戦争中に、戦費調達で膨れ上った国債をいかに処理するか[17]、この2点が財政政策上の問題として浮上した。しかし、国債の処理を一層複雑なものにしたのが、長期かつ大規模な戦争遂行の過程で金融市場に撒き散らされた膨大な国債と国債を購入した債券保有者 stockholder の存在であった[18]。

やがて、パーネル Sir Henry Parnell を委員長とした「歳入歳出調査委員会」(1828年) が、膨大な国債残高と対フランス戦争後の減税政策[19]という国家財政を取り巻く厳しい財政状況を踏まえて、(1) 歳出節減に起因する行政効率の悪化にいたることなく、歳出の検査(チェック)と歳入・歳出に対する効率的統制(コントロール)をいかに確立するか、(2) 累積した国債を削減するために、ピットが1786年と1792年に設定した既存の減債基金との関連でいかなる原理・原則で国債残高の削減を実施するかを検討することになった[20]。

具体的には、(1) 大蔵省の財政統制機能の単なる回復ではなく、政府と議会とがいかに効率的な財政統制を実現するのか、歳出の水準を常時統制する手法をどのように確立するか。さらに、財政統制機能の制度化を、議会に提出される『予算書』や公会計簿作成の在り方に遡及して検討することである[21]。委員会の課題は、『予算書』、『決算書』が毎年議会に提出されているものの、対フランス戦争後のイギリス国家財政の状況を勘案すれば国家経費の効率的管理・会計検査制度が是非とも必要であるとの認識に基づき、『第2報告書』でこのテーマを扱った。『第4報告書』が主として扱った検討課題は、(2) 対フラン

ス戦争に起因する戦費財源としての国債の増加、所得税廃止による有力財源の喪失と、膨大な額にのぼった国債残高を削減するために、既存の減債基金との関連でいかなる原理・原則でその削減を実施するかであった。

　それは対フランス戦争前からの課題でもあった。しかし、国債の削減と減債基金との関連については、既にハミルトン Robert Hamilton[22] が国債に関する著作（1813年）で減債基金を用いた国債削減策を批判していた。このような状況の中で、1828年の「歳出歳入調査委員会」設置を契機として数多くのパンフレットが出され、財政政策上の喫緊の課題である国債削減について様々な提言がなされた[23]。もっとも、調査委員会は国債削減の財源を既存の減債基金に求めるのではなく、毎年の財政運営で生じた剰余金を減債の財源に充当することを勧告した[24]。こうして、国債削減を減債基金の運用に依存するのではなく、毎年の剰余金を国債削減に充当するという償還政策の原理的転換が提案され、「減債基金の放棄」[25]にいたった。

パーネルの財政理論と院外政治団体の反応

　1828年の「歳出歳入調査委員会」の委員長を務めたパーネルは、1830年には『財政改革』を著した。やがて、彼の著作はイギリスの財政政策を考える際の有力な指針となっていった。パーネルは著作の中で、既存諸税の減税、経費削減による国内経済の活性化、経済力強化による租税負担能力の引き上げと歳入調達力のある租税（所得税）の確保、戦時に軍事費として使用できるような財政力の準備と国債の危険性を指摘したのである[26]。しかし、18世紀の国債をめぐる状況と19世紀のそれとは根本的に異なっていた。対フランス戦争の過程でかつてない規模の国債が金融市場で発行され、大量の資金が国庫に齎されたが、それと同時に、この**国債の運用に経済的利害関心を抱く債券保有者の存在**が大きく浮かび上がる事態となった[27]。

　こうして、イギリス政府は18世紀末以降確立された戦時財政と平時財政との財政政策上の区別を前提に、対フランス戦争終結後の平時においては、(1) 国の財政努力を国債費の確保、国債管理に傾注するとともに、(2) 赤字財政を回

避するために毎年の財政運営で均衡財政の維持を目指すことになったが、財政統制を有効なものにする会計検査制度を欠いていたのだ。

　1842年には、政府は租税政策では自由貿易政策を前提にして一旦は廃止した所得税を再導入した。戦時財源の一つとして位置付けられる歳入調達力に秀でた租税である所得税は、平時においては経費節約を前提として税率が低く抑えられ、戦時の増税に備えて財政資源の涵養が図られたのだ。たとえ軍事関連経費であっても、平時である限り、経費抑制が求められるとともに国債に依存しない財源確保策、均衡財政が要求された。しかし、陸軍予算と海軍予算[28]は、対フランス戦争終了以後、クリミア戦争（1853～1856年）にいたるまでの比較的長期にわたる平和と繁栄の時代においても、巨大歳出部門であり続け、その歳出規模・内容に対して院内・院外において数多くの批判が浴びせられた。

　院外政治団体のエディンバラ財政改革協会[29] Edinburgh Financial Reform Association は、1840年代に陸軍予算、海軍工廠経営を含む海軍予算、陸軍・海軍関係者、外交官、植民地行政官を含めた政府高官の報酬と年金制度[30]を具体的に分析し、陸軍・海軍予算、国家財政の実態を明確に表現しない公会計簿の在り方を厳しく批判していた。同様な予算分析・財政政策の主張は、経費節減と間接税減税・直接税増税とを要求するリヴァプール財政改革協会 Liverpool Financial Reform Association のパンフレットにも明確に示されていた[31]。リヴァプール財政改革協会は、1846年穀物法廃止以後の政治的争点として財政改革を位置付け、1849年に『国民予算』を著したコブデンとともに経費削減を世に訴えたのである。コブデンは歳出削減、なかでも軍事費の減額を求めるとともに、この歳出削減策に沿って、歳入面では関税の引き下げと茶税、窓税などの消費税の引き下げとを求めた。しかし、彼を除く他の急進派は穀物法廃止法の次なる政治争点を選挙改革、議会改革と看做しており、コブデンの財政改革構想は彼らの賛同を得られず、具体的成果は上がらなかった。穀物法廃止法以後の政治的争点として財政改革を設定したコブデンの政治戦略は失敗に帰したのである[32]。なお、彼は『三つのパニック』（1862年）で1840年代から1860年代のパーマストン外交時代に、フランス海軍増強に対す

るイギリス国民の恐怖心から生まれた「海軍パニック」が政治的意図をもって作り上げられたものであることを、議会資料に依拠して暴露した[33]。

大蔵省統制の発展と議会の財政統制

　歳出当局に対する議会と大蔵省とによる財政統制は、グラッドストンが蔵相を務めた1852年12月から1854年2月、1859年6月から1866年7月の間に大きく前進し、1861年に設置された「公会計簿調査委員会」[34]と翌1862年3月31日の庶民院決議（リソルーション）は政府に「公会計簿調査委員会」の常設を求めていた[35]。1862年の「公会計簿調査委員会」は『第1報告書』で前年の『報告書』の勧告内容を踏襲し、その勧告を受けた行政府の具体的対応を記すとともに、歳出規模の大きな部局の会計簿調査が緊急の課題であることを記した[36]。『第2報告書』、『第3報告書』では、歳出規模の大きな海軍予算と陸軍予算の『決算書』が孕む問題点、とりわけ、項と項との間の支出項目の変更に触れていた。この支出項目の変更は、項が予算案を構成する基本的単位であると同時に予算審議の基本的単位でもあるにもかかわらず、項の予算額が予算執行の段階で歳出当局である陸軍省、海軍省の判断によって変更される事実を指す。支出項目の変更は歳出当局にとっては古くからの慣行と看做され、正当化されていたが、同時に議会における予算審議を無意味なものにする慣習でもあった。「公会計簿調査委員会」はこの行為に対して解決策を提示しようとしたのである[37]。さらに重要なのは、1866年会計検査法以降、大蔵省の任命する会計検査官が議会に提出される歳出当局の『決算書』の会計検査を担当することになったことである[38]。こうして、歳出当局に対する議会と大蔵省の財政統制制度化への道が拓かれ、会計検査法が成立した[39]。さらに、財政統制とともに大蔵省統制のもう一つの柱である常勤職員の員数統制、人件費に対する統制もこの時期進んだ[40]。

「海軍の暗黒時代」と海軍増強キャンペーン

　19世紀後半の一時期、ヨーロッパでは軍事的対立が存在するものの直接的な軍事的衝突がなく、各国は互いに自国の軍事費を削減することが可能な時代を

経験したが、それはイギリス海軍にとっては「海軍の暗黒時代(ダーク・エイジ)」[41]（1869～1885年）、換言すれば、海軍が一時的に無視された不遇の時代に過ぎなかった。

　しかし、1880年代半ばにイギリス海軍をめぐる政治社会状況は大きく変化し始めたのである。1870年代末には、統計情報に精通した研究者が、イギリス農業の構造変化によって惹き起こされたイギリス国内の食糧生産の実態に関する論文を統計学の専門誌に発表し、国民の生存に不可欠な食糧の供給を海外諸国に依存していることの危険性を指摘していた[42]。食糧、さらには工業原料の調達で海外依存度が高くなり、食糧・工業原料を輸送する生命線ともいえる海上通商路が非常時（＝戦時）に途絶することへの恐怖感が増したことで、イギリス国民が飢えに苦しむ可能性を指摘した飢餓論は、穀物価格が高騰した対フランス戦争期と同様に、大きな注目を浴びた。国民の生命線となった海上通商路を敵国の軍事的攻撃から守るイギリス海軍への関心もまた高まりを見せたのである[43]。

　1884年には新進気鋭のジャーナリストであるステッドが「海軍の真実」と題する記事を雑誌に掲載して自由党内閣の経費削減策を批判し、イギリス海軍がヨーロッパ諸国の海軍と比較して戦闘能力が不足していると主張するキャンペーンを大々的に開始した[44]。過剰反応ともいえるキャンペーンの背景には、1860年代から1870年代にかけてアメリカ、ドイツ、フランスがそれぞれ大規模かつ長期間の兵員と兵器の動員、経済・財政資源の集中的投入をともなった内戦・戦争を経験していたのに対して、イギリスは1815年に終結した対フランス戦争以降、毎年のように繰り返される小規模の戦争を別として、大規模な戦争の経験がなかった事情も与っていた[45]。こうして、迫りくる大規模な戦争に現在の海軍では対応不能と訴える「海軍不足」Navy Scare キャンペーンは、海軍現役士官フィシャ[46]の有力メディアへの意図的な軍事情報流出によって組織的に大々的に行われた。やがて、イギリスの軍事的優位は幻想に過ぎず、イギリスが置かれている状況は新技術・戦略・戦術を採用した敵海軍の攻撃に対して脆弱(ヴルネラブル)そのものであり、それにもかかわらず、イギリス経済・国民生活にとって生命線である海上通商路を守るはずのイギリス海軍は力量不足であると

の認識が生まれ、海軍増強を要求する強力な政治的運動となった[47]。

　1884年の海軍パニックキャンペーンを契機として海軍増強を要求する世論が高まり、自由党グラッドストン内閣は事態鎮静に追われることとなり、内閣は海相ノースブルック[48]と蔵相チルダース[49]との協議を経て異例の予算増額を承認したのである[50]。なお、後述する海軍本部の構成員で、現役海軍軍人の最高位にある第一本部長はキィ Sir Astley Cooper Key であった[51]。海軍パニックを契機に、イギリス海軍の相対的弱体化、海軍力不足を憂い、軍備増強を求める声が愈々高まったのである。

海軍予算をめぐる対立――蔵相・大蔵省[52]対海相・海軍省

　19世紀後半以降における科学技術の発展は兵器生産技術の革新を促し、兵器の陳腐化も加速度的に進行した[53]。その結果、兵器生産は絶えず最新技術の採用が要求され、生産に要する時間は長期化し、製造経費もまた上昇したために、蔵相・大蔵省は厳格な単年度均衡を歳出当局の陸軍省と海軍省に求めざるを得なかった。とりわけ、陸軍と異なり海軍は艦船の建造とその効果的・継続的運用のために膨大な設備と資金を必要とするために、海軍省と蔵相・大蔵省が予算をめぐって鋭く対立し、1880年代にはその対立は一層激化した[54]。海軍予算増額によって惹き起こされた政治的対立の犠牲者は、1894年3月に辞任したグラッドストンに留まらない。ソールズベリ Lord Salisbury 保守党内閣のチャーチル Randolph Churchill 蔵相（在任期間：1886年8月～1887年1月）は、この時期の陸軍予算・海軍予算の増加に危機感を抱き経費節約政策を貫こうとしたが、1887年1月に突如蔵相を辞任した。彼の後任は自由党を離党した財政通のゴウシェン G. J. Goschen であった。なお、チャーチルは、蔵相辞任後も「1887年陸軍海軍予算調査委員会」で委員長を務めるなどして予算増加に警鐘を鳴らし、財政統制の強化＝経費削減を求め続けていた[55]。

　陸軍予算と海軍予算の動向を示した〔表2〕から窺えることは、海軍予算は、19世紀末には陸軍予算を超え、国家予算に占める陸軍予算と海軍予算の比重がこの19世紀末に逆転したことである[56]。

表2　海軍予算・陸軍予算の動向（1887/88年予算～1912/13年予算）

（単位：ポンド）

年	海軍予算（純予算）	海軍予算総支出	陸軍予算（純予算）	陸軍予算総支出
1887/88	12,348,895	13,010,310	17,614,091	17,665,166
1888/89	12,934,641	13,846,309	16,553,611	16,798,860
1889/90	13,643,960	15,588,504	17,044,678	17,651,116
1890/91	13,910,732	17,997,603	17,611,969	18,586,423
1891/92	14,278,049	18,080,818	17,441,293	18,299,470
1892/93	14,325,949	17,291,833	17,587,772	18,367,413
1893/94	14,306,547	16,174,764	17,913,069	18,699,616
1894/95	17,642,424	18,503,487	17,717,112	18,471,518
1895/96	19,637,238	21,169,034	18,378,338	18,997,917
1896/97	22,271,902	23,790,835	18,024,874	18,481,661
1897/98	20,848,863	22,452,502	19,390,394	20,209,526
1898/99	23,880,876	26,050,256	19,954,252	20,901,675
1899/1900	25,731,220	28,383,499	42,891,192	44,107,399
1900/01	29,998,529	33,206,917	91,138,899	92,424,671
1901/02	30,981,315	34,872,290	92,416,418	94,165,905
1902/03	31,003,977	35,227,837	68,586,229	70,248,523
1903/04	35,709,477	40,001,865	36,390,134	39,653,034
1904/05	36,859,681	41,062,075	28,493,398	31,559,638
1905/06	33,151,841	37,159,235	27,842,158	29,129,574
1906/07	31,472,087	34,599,541	27,805,007	28,365,987
1907/08	31,251,156	32,735,767	26,408,360	26,716,612
1908/09	32,181,309	33,511,719	26,126,017	26,338,073
1909/10	35,734,015	36,059,652	26,455,894	26,624,098
1910/11	40,419,336	41,118,668	26,729,405	26,922,908
1911/12	44,392,500	44,882,047	27,103,724	27,328,810
1912/13	45,075,400	45,616,540	27,539,380	27,633,380

注：海軍予算（純予算）は海軍予算 Navy Votes からの支出、総支出は有期年金・特別基金などからの支出を含む。また陸軍予算の「純」予算は借入金による支払いを含まない。陸軍予算総支出は借入金返済や借入金による支出を含む。1912/13年は、概算予算（議会で示された額）。

出典：Mallet, *British Budget 1887-88 to 1912-13*, Tables XVIII and XIX.

第2節　海軍予算の構造と動向
―― 1888/89年予算～1909/10年予算 ――

海軍予算編成作業の具体的プロセス

1880年代の海軍予算の動向をみる前に、予算編成の具体的プロセスをみてお

こう。海軍予算は、(1) 蔵相、(2) 内閣、(3) 議会の三段階における合意形成を経て作成・執行される。具体的には、海軍予算は、(a) 予算総額をめぐる蔵相と海相との非公式の意見調整、(b) 海軍省内部での予算編成作業、(c) 大蔵省・海軍本部への予算説明、(d) 海軍予算案の閣議了承、(e)『海軍予算説明書』、『海軍予算説明書（前年比較）』の議会提出、(f) 予算案上程（予算演説）と予算案審議・承認のプロセスを経て作成・執行される[57]。なお、これらの予算編成作業と予算執行の中で、議会での予算案審議経過は『議会議事録』に記録され、予算に関しては『海軍予算説明書』と『海軍予算説明書（前年比較）』、決算（支出）に関しては『海軍（議定費決算書）』がそれぞれ毎年議会に提出・公開される。ただし、海軍予算編成に関する他のプロセス、とりわけ、『海軍予算説明書』、『海軍予算説明書（前年比較）』が議会に提出される以前の予算案作成の経過は、未公刊史料・関係者の書翰類に記されているに過ぎない。海相を中心として海軍本部で進められる予算編成作業の実態、予算要求の理論的根拠、艦船運用の基礎にある海軍の戦略思想、軍事機密事項は公表されない。さらに、予算法案を議会に提出する権限を持つ内閣における議論、予算案をめぐる閣僚、とりわけ蔵相と歳出当局との意見対立などの閣内不一致に相当する事案は後年、関係閣僚の口から予算編成の内幕暴露話として世に出る以外、『議会議事録』のような公刊公文書に記されることはない。さらに、予算編成作業の多くは議会が開催されない時期（通常9月から12月）に行われるために、予算案をめぐる閣内論議・閣僚間の意見対立が外部に漏れることは、意図的漏洩を除けばない。

海軍本部の構成

海軍本部[58]は海軍行政の基本方針を策定する海軍省の中心的組織である。海相は就任に際して、現役軍人が就任する4名の武官本部長に加えて、1名の文官本部長、1名の海軍省政務次官を任命し、1名の海軍省事務次官を加えて、海軍本部を組織する[59]。したがって、海相は海軍本部の中核に位置し、国王（女王）、内閣、そして議会に対して海軍行政・海軍予算の全責任を負うことになる。

海相は文民を基本とするが、19世紀には例外的に退役軍人が海相に就任したケースが存在する。第一本部長以下5名の武官・文官本部長は海相の指揮下にある。現役海軍軍人の最高位にある第一本部長は、他の武官本部長に対する指揮・命令権限を持っていない。また、海軍予算に対する財政統制機能は文官本部長・海軍省政務次官を中心として発揮される[60]。ただし、海軍省政務次官、海軍省事務次官は職権で海軍本部のメンバーに入っているに過ぎない。

　海相、第一本部長を含む4名の本部長、ならびに海軍省政務次官、海軍省事務次官の間の事務分掌は、各本部長との協議による合意あるいは勅令に基づいて定められ、しばしば変更されていた。本書が主たる研究対象としている第一次世界大戦前から世界大戦中の海軍本部の構成員、海相、武官・文官本部長、海軍省政務次官、海軍省事務次官の事務分掌は1904年8月10日の勅令によって規定されている。

　1904年以前の海軍本部の構成員の事務分掌については、本書の第2章で記しておいたが、ここで再度それを簡単に記しておこう。海相が海軍行政全般の指揮と監督、政治的問題、任官と昇進、ロイヤル・ヨットを担当。第一本部長が海軍政策への助言、艦隊編成・艦隊指揮と配置、艦長任命、海軍情報部（Naval Intelligence Department: NID）全般、駐在武官、海軍演習の監督、水路図作成を担当。第二本部長が艦隊の配置と動員、予備役編成、任官、兵員の教育・訓練を担当。第三本部長が監督官(コントローラー)を兼務し、艦船建造・修理・維持、海軍工廠・糧秣保管所の経営、艦船の購入・廃艦、艦船に関連した新技術の開発・採用を担当。下級本部長が輸送、医療、糧秣、病院船を含む衛生部門を担当。文官本部長がグリニッジ病院などの諸施設を担当。海軍省政務次官が予算、財政、支出、大蔵省との間に生じた財政関連事項、公会計簿、会計検査を担当。海軍省政務次官が海軍組織の規律、任官・昇任への助言、駐在武官との連絡を担当。

　これに対して、1904年以降の海軍本部の構成員の事務分掌は以下のようである[61]。海相が海軍行政全般の指揮・監督、政治的問題、昇任・退役、褒賞、指揮官任命、文官任命、ロイヤル・ヨットを担当。第一本部長が戦争に向けての組織作り、海軍の基本的問題の検討、艦隊編成・配置、情報部運営と水路図作

成を担当。第二本部長が兵員訓練・教育、任命全般、沿岸警備、病院を、第三本部長・監督官が海軍工廠に関するすべての業務、造艦部の指揮、外部発注業務、資材保管、工廠会計簿、外部発注事業の検査・監督、艦船購入・廃船、新技術を、第四本部長（以前の下級本部長）が資材供給と輸送、艦船に供給する糧秣管理、海軍刑務所、文官本部長が海軍省の土地・建物管理、海軍省所属の文官に関する人事、グリニッジ病院などの福利厚生施設、海軍の公益基金管理を、海軍省政務次官が財政、予算、支出、大蔵省との財政事項調整、会計検査を、海軍省事務次官が海軍省の事務をそれぞれ担当すると定められた。

政権交代時には、政治家が就任する海相・文官本部長・海軍省政務次官は当然ながら、すべて交代するとともに、軍人である第一本部長以下4名の武官本部長も辞任し、新任の海相が改めて全本部長を任命し、海軍本部を新たに立ち上げる。本部長以下すべての本部長の任命・辞任に関するこの慣行は、スペンサー Lord Spencer 海相（在任期間：1892〜1895年）以降変更され、政治家が就任する海相、文官本部長、海軍省政務次官の各ポストを除外して、政権交代時においても武官本部長は留任することとなった[62]。

海軍予算編成と内部統制

海軍予算の中核を成す項8の造艦予算の編成過程と艦船の設計作業は、1888年「予算調査委員会」の『第4報告書』が詳細に触れているように[63]、海軍本部、とりわけ造艦担当の本部長を中心として行われる。

海軍予算の内部統制に触れておこう。海軍予算は海軍本部で作成され、「海軍予算委員会」Navy Estimates Committee が予算原案をチェックする。この「海軍予算委員会」は、海相を長として海軍省政務次官、海軍省事務次官、そして彼らの財政統制の作業を補佐する会計主任 Accountant-General から構成される。会計主任は海軍省政務次官を補佐するポストである。委員会は、海軍予算を構成する各項（ヴォート）を精査して、予算編成が海軍の保有する艦船の効率的運用と経済性とに合致したものである否かを監視する役割を担う[64]。

この海軍予算に体現された海軍行政の中核に位置するのが海相である。海相

は海軍本部構成員の筆頭であり、海相の決定が海軍本部において覆されることはない。海相は内閣を構成する閣僚として内閣の政策には連帯責任を負う。したがって、海軍行政の動向・政策理念を分析するには、海相さらには現役海軍軍人の最高位にある第一本部長個人の戦略思想の検討が欠かせないといえる[65]。

予算と決算：『海軍予算書』と『海軍決算書』

議会での海軍予算案審議に先立ち、(1)『海軍予算説明書』と (2)『海軍予算説明書（前年比較)』が議会に提出される。(1)は海相による海軍予算の概要説明であり、『議会議事録』にも掲載される。しかし、(1)『海軍予算説明書』、(2)『海軍予算説明書（前年比較)』はともに海軍予算（純予算）に関する資料に過ぎないのである。議会での予算承認を経て会計年度末には海軍省の総支出（決算）に関する資料 (3)『海軍（議定費決算書)』が作成され、議会に提出される。この資料は議定費に加えて、次に述べる議会の審議・承認を経ない財源に基づく総支出額（決算額）を記している。これら (1)〜(3) の資料はすべて議会資料であり、原則的に毎年刊行される『海軍』Navy & Navy Estimates に海軍工廠関連の会計簿（『決算書』）、すなわち、『海軍工廠造艦部会計簿』と『海軍工廠製造部会計簿』、糧秣保管所の会計簿である『糧秣会計簿』、1889/90年予算以降では、『海軍防衛法会計簿』Naval Defence Act Account、『海軍工事法会計簿』Naval Works Acts Account、さらに、水路図などの海軍関連文書とともに収録されている。海軍と同様に、『陸軍』Army、『民事・徴税』Civil Services and Revenue Department、および歳出・歳入状況に加えて国債、資本債務に関する国家財政の総括的報告である『財政』Finance が議会に提出されている。国債と区別される資本債務は「防衛や改良〔電信施設、軍事施設、軍艦、公共施設の建設〕という〔資本支出の〕目的のために負うことになった債務」[66]を指す。なお、毎年作成される『予算書』、『決算書』は議会の常設委員会である「公会計簿調査委員会」によって分析され、『公会計簿調査委員会報告書』が作成され、海軍予算を含む各予算の編成過程・予算執行上の問題点が指摘され、改善すべき点が提言される。

予算と決算：差異の発生と原因

　イギリスの予算制度では、海軍予算に限らず議会で審議され承認される予算と決算（総支出）との間で金額の差異が2箇所で発生する。(1) 予算と決算との間の差異、(2) 予算を構成する項と項との間の差異である。具体的には、(a) 陸軍予算、海軍予算あるいは民事・徴税予算の各予算における予算と決算との間に生じる金額の差異、(b) 予算と決算それ自体に差異はないが、議会の歳出委員会が承認した項の予算額に変更が加えられ、項の予算と決算とに金額の差異が生じるケースである。このように予算と決算との間で差額が発生する原因は、歳出当局が議会審議を経ることなく支出可能な財源を持っていること、具体的には、議会で審議される予算および「追加予算」supplementary estimates 以外に歳出当局が利用可能な財源が存在することにある。なお、追加予算は陸軍予算と海軍予算に認められ、民事・徴税予算にはない。歳出当局が議会審議を経ることなく利用可能な財源を列挙すると、(1)「支出補充金」appropriation in aid、(2)「支出項目の変更」transfer of vote、そして、本章の分析対象である世紀転換期の海軍予算の財源として頻用されたのが、(3) 特別勘定と特別勘定を媒介とした借入金である。議会の「歳出委員会」が各予算の項を綿密に審議し、「公会計簿調査委員会」が決算書を精査することで、議会は歳出当局に対する財政統制を発揮しようとしたにもかかわらず、歳出当局が議会審議の範囲外にある財源を持っているがために、当局は種々の支出を行うことが可能であった。その結果、議会の綿密な予算・決算審議を通じた財政統制が綻びるばかりか、国債管理策にも重大な抜け穴が穿たれたのだ。

支出補充金

　支出補充金の制度的起源は1881年に在り、国庫に納入されずに歳出当局に留め置かれた小額のお金 extra receipts が財源である[67]。この支出補充金は統合国庫基金を経由しない財源であり、歳出当局がこの財源を利用することにより、議会で審議・了承される海軍予算と海軍の実際の総支出との間に金額の差異が

生じたのである[68]。同様なことは、陸軍、民事・徴税の各予算についてもあてはまる。

支出項目の変更

　支出補充金が海軍予算あるいは陸軍予算などの予算総額に変更を加えるものであるのに対して、予算総額を変更することなく議会で審議・承認された各項の予算金額を変更する支出項目の変更と呼ばれる財政措置がある。具体的には、項の予算執行の過程で支出超過による予算不足や節約による剰余金が発生した際には、歳出当局が予算の総額を変更することなく、項と項の間で予算の過不足を相殺し、予算執行（支出）する行為である。支出項目変更は歴史が古く、海軍省は19世紀初頭においても議会に諮ることなく、大蔵省の許可を得ることもなく、項と項の間での予算の流用、項目変更を慣習的に行っていた。しかし、支出項目変更の慣行は、議会や大蔵省の財政統制を棄損するものとしてたびたび議会で論議され、「公会計簿調査委員会」も項目変更をめぐる歳出当局の事情を詳細にわたり調査し[69]、1862年以降、歳出当局の判断による支出項目の変更は大蔵省の許可を条件に一時的財政措置として認められた[70]。また、歳出当局は項の予算額に変更を加えない、項の下位にある"目"（サブヘッド）間での予算額変更も、この1880年代には、大蔵省の認可を条件にして行っていた。なお、支出補充金の配分状況、支出項目変更、目間での支出変更も各議定費決算書に漏れなく記載され、公にされる。

陸軍と海軍の間の予算移転

　これ以外の予算と決算（総支出）の間に生じた差異として、陸軍と海軍の間での予算の移転＝支出変更のケースがある。1887年の「公会計簿調査委員会」は陸軍工廠で製造される銃器を海軍に提供する際の財政措置について改善を求め、1888/89年予算で陸軍と海軍との間で「予算の移転」transfer措置がなされた。1888/89年予算では、陸軍工廠で製造される海軍用銃器にかかわる経費約176万9,000ポンドを海軍予算に計上し、陸軍と海軍との間で予算の移転がな

されている[71]。この財政措置の背景には、海軍で使用される銃器は歴史的に陸軍管轄の工廠で生産されていたという事情がある[72]。しかし、この兵器の生産・供給体制では緊急事態勃発の際に兵器の生産・供給が陸軍優先となり、海軍の求める兵器が十二分に揃えられないこと、陸軍工廠で生産される兵器の性能が必ずしも海軍の要求通りのものではないことが予想された。この事態を打開するために、海軍が用いる兵器の設計・生産については海軍の責任で行うこと、兵器工廠の管掌を陸軍省と海軍省とに分離することを要求していたのである[73]。

支出項目の意図的隠蔽

意図的な支出項目隠蔽例として、1904年10月に第一本部長に就任したフィシャが潜水艦(サブマリン)の運用要員にかかわる予算（人件費）を『予算書』の項1とは別の項に、意図的に忍び込ませた事例がある[74]。彼はこの事実をコーベット Sir Julian S. Corbett 宛の書翰で明らかにしているが、フィシャは19世紀末の最新秘密兵器である潜水艦に熱狂し[75]、そのための人件費を隠密裏に予算案に組み入れようとしたのである[76]。精確さが求められる『予算書』にも虚偽の数字が載せられていたのだ。なお、コーベットは文民の軍事戦略研究家であるが、フィシャの構想に大きな影響を与えた人物としても知られている[77]。彼は、第二回ハーグ国際平和会議が開催された1907年には、海洋における私有財産拿獲について論じており、1911年には、海軍の役割を制海権確保に限定した従来のイギリス海軍の戦略構想に代わって、戦時における海上通商路の破壊、制海権確保と陸上での戦闘の連携について著作で論じていた[78]。

支出補充金・支出項目変更以外の財源模索

海軍予算は、自国の軍事戦略に則った保有艦船の効率的運用を基本的な目的とし、そのためには、(1) 兵員、(2) 艦船の建造・修理・維持、(3) 備砲・装甲に多大の予算を投入しなくてはならなかった。しかしながら、海軍予算削減期の「海軍の暗黒時代」（1869～1885年）以後、最新の科学技術の採用が兵器

生産分野においても激化し、単年度予算を原則とする国家財政運営の枠内で造艦、備砲・装甲に関連した作業を会計年度内・予算内で迅速に実現するためには、(4) 造艦事業を担う海軍工廠の建設促進、さらには造艦技術——生産管理技術といってもよい——の飛躍的向上が不可欠となった。これに加えて、海軍の本質的活動である保有艦船の効率的運用には、港湾施設、糧秣・艦船用燃料貯蔵施設、兵舎等の建設が欠かせない。艦船建造やこれら諸施設の建設のためには、支出補充金や支出項目変更、予算増額に加えて、国家財政運営の基本原則の枠内で新たな財源を捻出しなくてはならなかったのである。

海軍予算・決算（支出）の構造——項の構成

ここで、予算を構成する基本単位であり、予算審議と予算執行（支出）の基本単位でもある海軍予算の項に触れておこう。海軍予算を構成する項は後述するように1888/89予算で大きく変更された。1888/89予算以前、すなわち、1887/88年予算までは、造艦予算は項6（海軍工廠における資材費と人件費）と項10（民間造船所への発注予算）とに分割されていたが、1888/89年予算以後、海軍工廠（資材費と人件費）と民間造船所での造艦予算が項8に集約されたのである。1880年代の海軍の造艦事業は、備砲・装甲分野における新技術の出現、帆船から蒸気船への転換による推進力の技術革新などを踏まえた新技術採用が強く要求されていた。さらに、艦船建造の量的増加によって、海軍工廠造艦部に加えて民間造船所における造艦事業促進の必要にも迫られていた。こうして海軍省と私企業（軍需産業）の結びつきが深まるにつれて、海軍省は私企業からの物資購入と私企業への発注の在り方を制度上整備する必要があったのだ[79]。なお、1888/89年予算以降の主要な項は、項A（兵員数）、項1（兵員人件費）、項8（造艦）、項9（備砲・装甲）、項10（海軍施設建設）である。また、項の数は会計年度により増減があるが、項1、項8、項9、項10などの海軍予算における主要な項については何ら変更が加えられていない。

海軍予算の各項の予算額は、手近な資料、例えば、毎年発行される『時事年報』[80]によっても容易に知り得る。しかし、わが国では数多くのイ

ギリス帝国主義研究書——歴史研究であれ、財政（政策）史・経済史研究であれ——が、19世紀末から20世紀初頭イギリスの造艦計画、あるいは、艦船の種類、艦船の排水量・速度にしばしば言及するものの、記述の根拠となる項8の予算と項8の決算（支出）に関する詳細情報はもちろん、他の項の予算・決算状況を記載した文書の所在に触れることはない。では、海軍予算の決算（支出）情報、とりわけ海軍予算の中核である、項1をはじめとした、項8、項9、項10などの具体的な決算（支出）情報はいかなる資料（文書）に記載されているのであろうか。それとも、海軍予算の中核である項8に関する決算（支出）情報を含む他の項の予算・決算情報は議会で印刷・公開されることなく、予算が執行されるのであろうか。

造艦計画の公表

毎年作成される『海軍予算説明書（前年比較）』と『海軍（議定費決算書）』は、項8、項9や項10を含む各項の予算額と決算額（総支出額）をそれぞれ記載している。とりわけ注目すべきは、イギリス海軍の造艦計画や艦船に関する種々の情報（設計者、艦船の種類、排水量、速度、備砲・装甲）は、毎年出される『海軍予算説明書（前年比較）』にその詳細が示されるとともに、『海軍（議定費決算書)』には造艦計画自体の進捗状況が記されていることである。『海軍工廠造艦部会計簿』は、海軍工廠における艦船建造と民間造船所に発注された艦船に関する予算額・工期・性能に関しても詳細にわたり記している。したがって、海軍予算の中核を成す項1・項8・項9・項10を含む各項の予算額・決算額（総支出額）、ならびに支出内容は、複数の議会資料で公にされるのである。なお、『海軍工廠造艦部会計簿』、『海軍工廠製造部会計簿』と『糧秣会計簿』には、『海軍（議定費決算書)』と同じく『会計検査報告書』が添付され、大蔵省による財政統制機能が発揮される。しかし、その一方で、予算案に内蔵される技術的制度的問題点を調査した1912〜13年の「予算調査委員会」は、大蔵省が海軍工廠における造艦予算と私企業への発注予算に対する検査能力、支出内容の妥当性を判断する能力を有していないことを記していた[81]。ちなみに、

1871/72年予算以降『海軍工廠造艦部会計簿』、『海軍工廠製造部会計簿』、『糧抹会計簿』が新たに議会資料として作成されたが[82]、この事実は海軍施設経営と会計簿記帳の杜撰さを物語っている[83]。

吉岡昭彦のイギリス海軍予算研究

ここで、吉岡昭彦のイギリス海軍予算研究に一言触れておこう。吉岡の論文「イギリス帝国主義における海軍費の膨脹」[84]は、従来のわが国のイギリス海軍予算研究と比較して史料的に格段に整理された論文といえる。彼はそれに先立つ論文「近代イギリス予算制度の特質」[85]で、内外のイギリス予算研究書に依拠して予算編成作業の手続きを詳細に記し、『海軍予算説明書』 Navy Estimates の史料的意義を指摘していたが、海軍予算の実態分析を試みた前者の論文では、「史料的困難は、……項別予算が…… Parliamentary Papers, Accounts and Papers 所収の予算書・決算書の分析を要すること」[86]と記し、「史料的困難」が存在するとした[87]。結局、吉岡は主たる史料として、『決算書』が議会に提出された後に作成される毎年の国庫金割当法、マレットの『イギリス予算1887-88年〜1912-13年』、『議会議事録』、および1902・03の『歳出調査委員会報告書』を用い、海軍予算を分析している。

吉岡の史料組成と分析結果には、以下の問題点があるように思われる。すなわち、(1) 海軍予算を構成する項は1887/88年予算と1888/89年予算とで根本的に変更されているが、この基本的事実が見落とされている。論文の第3図[88]に示されるように、吉岡は1888会計年度（＝1887/88年）予算以降の全項をグラフ化しているが、海軍予算の項の構成は1888/89年予算以降、大幅に変更され、1887/88年予算と1888/89年予算との間には項の連続性はないのである。同様に、海軍本部長の事務分掌も頻繁に変更されている。(2) イギリス国家財政の基本原則である「均衡財政」と「国債管理政策」が厳然として存在し、海相といえどもこの原則を破り海軍予算の増額要求を追及することは、平時ではできないのである。

第3節　イギリス海軍の増強計画と財源確保策

項8：造艦予算

　既にみてきたように、陸軍予算に限らず海軍予算も議会審議を経ないで執行される財源を有していた。1889年以降の造艦事業を中心とする海軍増強計画は項8の造艦予算によって実現されたが、それは毎年議会に提出され審議される海軍予算、および追加予算、さらには支出補充金の財政的枠内で賄うことが可能な金額ではなく、別の財源、すなわち、特別勘定・借入金を必要としていた[89]。この新財源発掘の先鞭をつけたのが保守党内閣のハミルトン George Hamilton 海相である。

ハミルトン海相による海軍組織・制度改革

　第三次グラッドストン内閣[90]の一時期（1886年2～8月）を除く1885年7月から1892年8月までの異例ともいえる長期間にわたり、保守党ソールズベリ Lord Salisbury 内閣の海相職を務めたハミルトンが就任当初海軍省で直面したものは、複雑かつ混沌とした公会計制度と複数の公会計簿が存在し、計算ミスが頻発する組織であった[91]。

　19世紀末から20世紀初頭のイギリス海軍予算は、広大な海面を支配する戦略的必要性から海軍予算の膨脹が不可避と看做されたにもかかわらず、平時においては財政資源の涵養という名の経費節約政策、単年度均衡予算、国債管理という財政原則に沿って厳しく運営されており、海軍予算といえども経費節減を免れなかった。ハミルトン海相の海軍増強計画[92]もこの財政的制約の枠内で立案されたものであり、海軍本部の大幅な組織改革、海軍工廠の再編は海軍省内部での歳出統制強化のために実施された[93]。見逃してはならないことは、ハミルトンのこの組織改革が制海権確保、すなわち、「海域の軍事的支配とそれによる海上通商路の確保」[94]をめぐって予想される大規模な戦争を遂行可能に

する海軍組織改編作業でもあった点だ。

　ハミルトン海相は、1880年代前半までの「海軍の暗黒時代」に予算削減の憂き目にあい、海軍パニックを惹き起すまでに国民の信頼を失ったイギリス海軍を、ヨーロッパ諸国で進められている海軍増強に対抗して他国と戦争可能な組織[95]に転換すべく、まず、新任の海相の最初の職務である海軍本部の構成員の任命を行った。ハミルトンはこの構成員の交代を手始めとして海軍組織の再編を開始した。なお、下級本部長に任命されたベレスフォード Charles Beresford は1886年に諸外国の海軍情報の蒐集・分析を担う部局として海軍情報部の創設を立案し、首相の裁可を得て情報部が設置された。情報部はその後の海軍政策立案に必要な種々の情報を海軍本部に提供した[96]。なお、ベレスフォードは1887年に海軍軽視に抗議する意図で本部長を辞任した[97]。

　さらに、ハミルトン海相は海軍増強に欠かせない造艦事業を円滑・遅滞なく推進するために、まず造艦事業の中核的組織にもかかわらず組織改革の手が及んでいない海軍工廠[98]を再編する必要性を強調した。ハミルトンがとりわけ力説したのは、海軍工廠における過剰人員の削減（経費節減）と最新機器の導入によって工廠の造艦能力を向上させること、つまり、工廠の生産管理の改善であった[99]。彼は、この目的のために生産管理に優れた私企業のアームストロング社の造艦技師ホワイトを高給──といっても、アームストロング社よりは低い──で海軍省に招聘し、建造計画立案に当たらせたのである[100]。海軍組織の改革、海軍工廠の造艦能力の向上に続いて、ハミルトン海相は、海軍省が陸軍省とは異なり、膨大な施設を管理運営し、莫大な物資を調達・貯蔵する必要性がある海軍特有の事情に目を向けた。海相は単年度会計を前提とした海軍予算と起工から竣工まで2年から3年近くかかる軍艦建造の時間的ズレ・齟齬を解消し、予算と支出に整合性を持たせるために建造予算の年賦払い制度を提案したのである。加えて、彼は膨大な量に達する物資調達の方法・規則を確立し、私企業への艦船建造をする際の発注ガイドラインを作成するなどして、財政統制の任にある大蔵省を納得させなくてはならなかったのだ[101]。

　海軍増強計画は艦船建造を賄う財源の確保にとどまらず、海軍本部改革、予

算・会計制度改革、海軍工廠の生産能力向上、物資調達に欠かせなくなった私企業との契約の在り方にまで及ぶ広範囲な制度改革を随伴したのである。当然ながら、海相（そして陸相）のこのような軍備増強政策と財源要求はチャーチル蔵相・大蔵省との対立を惹き起こし[102]、蔵相は1887年1月に突如辞任し、ゴッシェンが後任に任命された。やがて、ハミルトン海相は1889年3月4日に1889/90年海軍予算案[103]を作成し、同年3月7日には、その後のイギリス海軍の基本政策となる海軍防衛法案[104]を議会に上程し、大規模な海軍増強計画とそれに必要な財源調達方法を公にしたのである。

1888/89年予算における項の変更と財政統制

このように、1880年代半ば以降、海軍予算が急速に増額されていく中で、イギリス政府は海軍を含む歳出当局の予算拡大要求の制御に重大な政治的関心を抱き、予算作成決算に内蔵される技術的・制度的問題点を探るために幾つかの調査委員会を設置した。1887年に「陸軍・海軍予算調査委員会」、および、翌年には「海軍予算調査委員会」が設置され、調査委員会は予算編成作業の在り方、財政統制の実態を、陸軍省・海軍省予算の各項にわたり詳細に検討したのである[105]。

その結果、1887年の「陸軍・海軍予算調査委員会」では、海軍予算の中枢を成す造艦予算が、項6の海軍工廠にかかわる予算（資材費と人件費）と項10の民間造船所への造艦発注予算とに分割されており、歳出統制が効率的に行われていないとの証言があった。海軍本部はこれを受けて、常設の「公会計簿調査委員会」の了承を前提に、1887/88年予算まで採用していた項の構成と内容を1888/89年予算で大幅に変更した。こうして、1888/89年予算以降、公会計簿の統計情報は最低限一世代程度維持することが重要であるとの認識にもかかわらず、海軍予算の項は大幅に変更されたのだ[106]。

このように、1888/89年予算以降、海軍予算の中核を成す造艦予算は海軍工廠（資材費と人件費）と民間造船所での艦船発注予算とを一括し、項8として計上された。さらに、1888/89年予算は、新たに「項B」を作成し、項8の造

艦事業を「表」に纏めていた。ただし、後に項Bは設けられなくなり、『予算書』には既述の造艦計画が添付され、そこで項8の詳細な内容説明がなされるようになった。なお、1888/89年『海軍予算説明書（前年比較）』は予算額の前年比較のために、1887/88年予算の項との読み替えを行っている。こうして、統計情報の連続性が1888会計年度を境に途切れることになったが、1888年の「公会計簿調査委員会」も海軍予算における項の大幅な変更を受容した[107]）。

イギリス海軍の戦略思想

ここで、19世紀末以降のイギリス海軍予算の膨張原因とイギリス海軍の戦略の変化に簡単に触れておこう。センメルの『自由主義と海軍の戦略』[108]）が、わが国の歴史学界であまり議論されていない論点を明らかにしている。彼は、同書の第6章で、19世紀イギリス(ロイヤル・ネイヴィー)海軍の戦略の歴史を艦隊決戦 naval dual 対通商戦争 commercial war の歴史として把握し、海軍が華々しい艦隊決戦ではなく、敵国の経済活動の麻痺を目的とした通商戦争(コマーシャル・ウォー)あるいは経済戦争(エコノミック・ウォー)、そして飢餓戦略を採用していく過程を明らかにした。センメルは、イギリス海軍が敵国の港湾施設の海上封鎖、敵国商船の攻撃・財産没収はもちろん、戦時における中立国の貿易の自由、公海の自由航行に関する権利さえも侵犯しかねない中立国船籍船に対する臨検と探索、禁制品の拿捕を要求するにいたる歴史的経緯に光を当てたのだ[109]）。さらに、彼は、同書第7章で、1907年の第二回ハーグ国際平和会議と1909年のロンドン宣言が戦時における海事法の具体的運用に言及し、イギリス海軍のみならずイギリスの海運業・保険業者[110]）がいかに危機感を抱いたかを綿密に考証している。

「大海軍派」の登場

センメルの主張を少し敷衍しておこう。19世紀末のイギリス経済と国民の生活は、政府の作成する貿易統計から容易に推測可能なように、イギリス本国と海外諸地域が緊密かつ不可分な経済関係・通商関係で結ばれ、その経済関係は海上通商路とイギリス船籍船とを媒介として構築されていたのである。やがて、

強力なイギリス海軍は海洋国家イギリスの存立にとって本質的要素であると看做す思考がイギリス海軍に関心を抱く人々に広く浸透していった。その基本的思考は、制海権が確立していない軍事的状況で、陸上兵力は陸地（イギリス本国）に侵入することはないという、戦史研究から導き出された事実認識に基づく。したがって、イギリス海軍による制海権確保は海上通商路を生命線とする貿易国家・海洋国家イギリスの国土防衛にとって決定的に重要であり、海外貿易から得られる富・所得の金額と比較すれば、イギリス海軍予算の金額は微々たるものに過ぎない。これがイギリス海軍の増強策を要求する「大 海 軍 派」（ブルー・ウォーター・スクール）と呼ばれる人々の基本的思考である[111]。確かに、この思考様式は帝国主義的膨張、あるいは植民地獲得競争の是認と看做されるかもしれないが、食糧・工業原料を海外に依存せざるを得ない高度工業国の宿命の表明でもあるのだ。

イギリス大海軍派の理論的指導者ともいえるコロム兄弟（John C. R. Colomb と Philip H. Colomb）はイギリス海軍の現状に強い危機感を抱いて著作活動に励み、著作の出版を通じてイギリス海軍の戦略に徐々に影響力を強めていった[112]。1904年10月以降、第一本部長に就任し、海軍改革を精力的に推進することになるフィシャは、1892年には早くもイギリスの存続が制海権の確保に懸っており、海軍がイギリスにとって掛け替えのない本質的要素であると、コロム兄弟らの大海軍派の戦略思想と軌を一にした海軍認識を明らかにしていた[113]。

高度工業国の宿命と海軍の役割

19世紀における急激な工業化によって、高度工業国──イギリスのように自由貿易政策を採用する国家であれ、ドイツのように保護貿易政策を採用する国家であれ──は等しく、食糧・工業原料・工業製品の調達と販路を本国以外の地域に大きく依存する状況に置かれた[114]。イギリスのような海洋国家にして高度工業国は当然として、自給自足経済が可能と思われる大陸の過半を占める国家、例えばロシアやアメリカでさえも、自給自足的経済から周辺地域との海上通商路を媒介とした濃密な相互依存的経済関係に構造転換したのである。高

度工業国の特徴、あるいは弱点ともいうべき経済活動・国民生活の対外依存によって、海軍力を動員した敵国経済の生命線ともいえる港湾施設の封鎖、海上通商路の遮断が軍事戦略上有効であると認識され始めた[115]。加えて、19世紀末以降、ヨーロッパ諸国およびアメリカは新造艦を柱とした海軍力の増強を急速に進め、備砲・装甲分野における新技術の採用や潜水艦・魚雷などの新兵器の投入も同時に進めた[116]。当然ながら、国家財政運営に責を有する蔵相と大蔵省・内国歳入庁などの財政統制・歳入調達に関係する政府省庁と歳出当局・担当相、とりわけ陸軍省と異なり施設・機器の調達・維持経費が巨額となる海軍省との間で激しい政治的対立が生まれたのである。

特別勘定による財源確保

まず海軍予算の柱である項8の造艦・修理・維持事業に触れておこう。同事業にかかわる財源確保策の一つは、特別勘定を通じたものであり、1888年帝国防衛法と1889年海軍防衛法によって設定された。海軍防衛法は戦艦10隻を含む軍艦70隻を5か年で建造し、その総予算は概算2,150万ポンドに達する大規模な造艦計画である[117]。海軍の造艦事業はその実現のために新たな法律を必要としないが、保守党内閣は海軍防衛法に必要な資金を（1）毎年の海軍予算の増額、あるいは、（2）借入金と海軍予算の併用のいずれかで調達することを検討した。当然ながら、各年度の海軍予算で造艦予算を調達する案では、造艦事業の進捗速度が毎年同じでないために予算を年度ごとに変動させる必要が生じ、政府はその都度財源確保に追われることになる。結局、ソールズベリ首相は、5年間の造艦総予算を海軍防衛法案にあらかじめ記載し、財源として毎年の海軍予算に加えて借入金を併用する案を採用したのである。そのため、海軍防衛法が成立した時点で、議会は海軍防衛法にかかわる予算を審議することが出来なくなった[118]。

借入金による財源調達

海軍防衛法は海軍に不可欠な造艦事業を、（1）民間造船所への造艦発注、（2）

海軍工廠での艦船建造とに分割して、事業計画を実現しようとした。(1) 民間造船所での造艦予算については特別勘定として海軍防衛勘定を設け、これに統合国庫基金からの剰余金143万ポンド——1892/93年予算から142万9,000ポンドに減額修正——の既定費 fixed charge を繰り入れて支出に備える。特別勘定で財源不足が生じた場合、大蔵省証券、国庫債券などの発行による借入金調達の道が開かれていた[119]。なお、(2) 海軍工廠での造艦については年々の議定費から支弁する。注目すべき点は、造艦事業への支出は国富増加に貢献する資本支出と看做されたために、特別勘定に不足が生じた際の財源とされた借入金は、国債ではなく資本債務として分類されたことである。しかし、資本債務は国債に他ならず、資本支出は国債管理政策の抜け穴に過ぎなかった。こうした保守党内閣の陸軍・海軍増強政策によって、(1) 海軍や陸軍の増強のためには法律を必要としないが、海軍防衛法に5年間の総支出金額が記されているために、法律が成立した時点で海軍予算に対する議会の財政統制は弱体化する。(2) この借入金は資本債務として計上され国債にカウントされないこととなった。いわば、均衡財政とともにイギリス国家財政運営の基本原則である国債管理に抜け穴が作られ、借入金に依存した財源調達が確立されたのである。

資本支出＝資本債務の増加と財政統制の弛緩

やがて、1909/10年予算案、いわゆる人民予算案 People's Budget[120] 以降、自由党内閣による公共事業の結果、それまで海軍予算・陸軍予算を中心に利用されてきた資本支出＝資本債務が民事費の分野でも広く採用されるようになり[121]、議会で審議される予算と総支出の金額とが乖離し、議会の財政統制能力劣化が明白となった。

しかし、財政統制の弛緩は資本債務に限定されなかった。1912年には、「予算調査委員会」は大蔵省が海軍予算、とりわけ海軍工廠予算と民間造船所への発注予算に対して、経費・金額の妥当性・是非を判断できず、有効な財政統制手段を持っていないことに強い不安を記していた[122]。

特別勘定の停止──1894/95年予算

1888年帝国防衛法と1889年海軍防衛法とで採用された財源確保の手法は、財政統制、国債管理の任にある蔵相や大蔵省官僚の危機意識を掻き立てたが、自由党ローズベリ Lord Rosebery 内閣のハーコート蔵相は、累進的相続税が導入された1894/95年予算演説で、国債管理の厳格化の観点から特別勘定・借入金に財源を求めるこの手法を厳しく批判して改善策を明らかにした。その結果、1894/95年予算で統合国庫基金から海軍防衛勘定への繰り入れは停止され、海軍防衛勘定を経由した支出が停止されたのである[123]。

造艦計画と海軍工事法

ハミルトン海相は1889年の海軍防衛法によって、イギリス海軍の基本戦略構想を (1) 量的概念としての「二国標準」と (2) 質的概念としての「制海権」に設定し、戦略構想実現のために大規模な造艦事業を要求したが、その過程で海軍工廠の生産効率改善をはじめとした大規模な海軍工事に着手せざるを得なかった。理由の一端は、この時期、艦船が巨大化・高速化の傾向を辿り、付随して種々の関連工事の必要が生じたこと、具体的には海軍工廠の規模拡大をはじめとし、艦船の安全運行のための港湾浚渫工事、水路図作成事業、港湾施設の要塞化などの種々の建設事業が不可欠となり、さらに、艦船の効率的運用にとって港湾施設、糧秣・燃料補給施設などの種々の関連施設の建設が必要となったことである。したがって、イギリス海軍が海軍予算の項8の予算額を増額して造艦事業[124]を増加・加速すればするほど、項9の備砲・装甲、項10の施設建設の予算も造艦関連事業として膨脹せざるを得ないのである。この造艦事業と海軍工事との聯関を、スペンサー海相の造艦計画と海軍工事法 Naval Works Act[125] の分析によって詳細に検証しよう。

項10：施設建設財源としての特別勘定・借入金

1889年の海軍防衛法制定を境として、イギリス海軍はヨーロッパ諸国におけ

る海軍増強、新兵器・新技術採用に対抗すべく造艦計画を立案し、艦船の量的質的整備に励んだが、この造艦計画は必然的に艦船の運用に不可欠な種々の施設建設予算、具体的には海軍予算の項10の増加を伴った。この施設建設の加速化と予算編成における制度的変化は、1894/95年予算で盛り込まれた造艦計画、いわゆる「スペンサー計画」にその胚芽が看取される。

第四次グラッドストン内閣（1892～1894年）のスペンサー海相は1894/95年海軍予算の作成過程[126]で、前年の1893/94年予算をさらに大幅に上回る予算——その中核はスペンサー計画[127]の名で呼ばれる造艦事業——を要求し、グラッドストンを政界引退に導いた人物として知られている。スペンサー卿は海相就任直後の1893/94年予算作成の時点から海軍予算増額を求め、歳出抑制を政治的信条とし経費節約に努めてきた蔵相ハーコートとの対立を繰り返していた[128]。この海軍増強要求の背景には、1893年には、1884年の海軍パニックと同様に、イギリスの海軍力不足を激しく糾弾するキャンペーン[129]があり、翌1894年には海軍増強を求める海軍同盟 Navy League 結成に表される政治的軍事的状況があった[130]。海相の予算増額要求は、院外での海軍増強キャンペーンに加えて海軍本部の武官本部長の強力な支援も受けて[131]、1894/95年予算編成時で頂点に達した。その結果、海軍予算に頑強に反対し続けたグラッドストンは政界引退に追い込まれたのである。海相は、1894/95年海軍予算作成の過程で蔵相と鋭く対立したばかりか[132]、首相とも激しく対立したのだ。結局、蔵相を含む大半の閣僚が海軍予算の増額——当初案を減額修正した予算案——を最終的に承認する中で、孤立したグラッドストン首相は1894年3月1日の閣議で首相辞任を表明せざるを得なかった[133]。

新たに組閣されたローズベリ内閣の最初の閣議（1894年3月8日）で1894/95年海軍予算案は当初案を減額修正し、閣議了承された[134]。3月10日付の1894/95年『海軍予算説明書』[135]は1894/95年予算が1893/94年海軍予算、すなわち、ハミルトン海相の造艦計画の最終年度の予算額（1,424万ポンド）をおよそ312万6,000ポンド上回る1,736万6,100ポンドに達する野心的規模であるばかりか、次年度1895/96年予算が「新規事業」new works のためにさらに増加

する見通しであることを明確に記していた。スペンサー海相は、戦艦10隻を含む造艦事業を核心とする海軍増強計画を、1889年海軍防衛法のような複雑かつ煩瑣な法律と借入金とによらず、議会審議の対象である毎年の海軍予算内で実施することにした。さらに、スペンサーは議会に海軍予算の財政統制を委ねるとしながらも、『海軍予算説明書』でこの海軍増強計画が艦船の効率的建造を目的とした海軍工廠建設、保有艦船の効率的運用に欠かせない燃料・糧秣の保管・補給施設、要塞、港湾建設などの新規事業(ニュー・ワークス)を随伴するものであることを仄めかしたのだ。彼は広範囲にわたる海軍工事を1894/95年予算で開始するために、次年度以降海軍予算が自動的に膨脹するとの見通しを述べた。しかも、施設建設予算である項10に配分される予算額は造艦予算の項8と比較して少なく、項10の予算で大規模な工事を行うことは事実上不可能であり、海軍工事予算を借入金に依存せざるを得ないことが暗黙裡に前提とされていた[136]。

　歴史の皮肉と言うべきか、自らを最後の経費節約論者と看做して海軍予算に対しても経費節約を要求していたハーコート蔵相は、1894/95年予算で自ら導入した相続税改革の結果[137]、1894年末には蔵相自身の予測を超える巨額の財政剰余を手にしていた。大蔵省事務次官ハミルトン Edward W. Hamilton はこれが歳出増加の要求、とりわけ海軍予算の増額要求を誘引するのではと不安さえ抱いていた[138]。実際、スペンサー海相はこの良好な財政状況——1895会計年度末の1895年3月末にはハミルトンの予想を20万ポンド超える76万6,000ポンドの財政剰余が得られた[139]——を念頭に、1894年11月以降、1895/96年海軍予算案作成を開始し、閣内で海軍予算を論議する「閣僚委員会」Cabinet Committee で蔵相に増額要求を突き付けたのだ[140]。海軍予算の増額と借入金に依拠した海相の施設建設構想は、当然ながら経費節約と国債管理を政策信条とするハーコートとの激論をまねいたばかりか[141]、スペンサー海相の構想が予算増額要求に留まらず、1894年に蔵相が停止した借入金を復活する施設建設構想も前提としていたために、大蔵省官僚は既存諸税の増税を懼れたのである[142]。ただし、大蔵省事務次官ハミルトンは、借入金による財源捻出の方が設立以来多くの政治家が濫用してきた減債基金に手を出されるよりも「まし」

と考えていた。確かに、この時期コンソル価格は高水準にあり、金利水準も低く、大蔵省官僚の借入金増加に対する警戒心は薄かった。

こうして、1895年2月末には、スペンサー海相は前年度の海軍予算を約133万4,900ポンド上回る1895/96年予算（1,870万1,000ポンド）を完成する傍ら[143]、借入金を前提とした海軍工事法案 Naval Works Bill の作成に向けて最終的な詰めの作業に入っていた[144]。当然ながら、1894年に海軍防衛法に基づく特別勘定と借入金による造艦予算捻出の財政措置を停止させたハーコート蔵相と財政統制と国債管理を最重要視する大蔵省官僚は、海軍工事法案に付随する借入金に対して疑義を挟んだのだ。しかし、1895年3月に、海相は統合国庫基金の剰余金から成る特別勘定の創設と、勘定不足分を有期年金 terminable annuities の発行により確保する政策を海軍工事法案に盛り込むことに成功した。スペンサー海相は、1888年帝国防衛法と1889年海軍防衛法で採用されたが、1894年に一度停止された借入金に依拠した軍事費捻出の手法を、海軍工事法案で再び導入することに成功したのである[145]。ただし、自由党内閣は、5年間にわたる造艦予算の総額をあらかじめ法律に記載して議会の財政統制を無力化した1889年海軍防衛法と異なり、海軍工事法を「一年の法律」とし、議会が毎年予算額を定めることで海軍工事を監視可能な状態に置くことを選んだ[146]。こうして、スペンサー海相は蔵相・大蔵省官僚らの危惧を押し切る形で海軍工事法案を議会に提出し、自由党内閣退陣直前の1895年6月に海軍工事法は成立した。

軍事施設建設にかかわる債務も艦船建造と同様に資本債務と看做されたために、海軍工事法によって国債管理に抜け穴を作る財政手法が復活したのである。しかしこの財政手法は、項10の予算額が少なければ、施設建設工事の進展とともに議会で審議される海軍予算に現れない金額、とりわけ借入金――資本債務という名の国債――が急増する事態を招くことになる。統一党内閣発足（1895年）とともに文官本部長に就任し、海軍予算に対する財政統制の役を担ったチェンバレン[147] は、早くも1896年2月にこの事態に危機感を募らせ、項10の予算額を増やし、借入金に依存しない財政運営を求めたのである[148]。しかし、

項10に必要な予算を毎年すべて盛り込むことは海軍予算の大幅な膨脹を意味し、仮に海軍予算全体の膨脹が承認されなければ、項10以外の海軍予算削減を意味する。彼はやがて蔵相(在任期間:1903〜1905年)に就任し、ゴゥシェン海相の後任海相であるセルボーン Lord Selborne(在任期間:1900年11月〜1905年3月)の海軍増強要求に悩まされることになる[149]。なお、海軍工事法は1896年3月に変更が加えられ、必要な財源を特別勘定に求めてはいたが、借入金からの資金捻出は停止された[150]。しかし、海軍工事法は1899年に再度変更され、特別勘定に不足が生じた場合、有期年金の発行、すなわち、借入金によって必要な資金が調達可能となった[151]。

ボーア戦争と国防政策・国家財政の変化

世紀を跨いで闘われたボーア戦争(1899〜1902年)はイギリス軍——戦闘の主役である陸軍のみならず陸軍を支援した海軍もまた——にとって芳しい戦果を齎すものではなかった[152]。イギリス軍の指揮命令系統、陸軍と海軍の連携作戦などが将来解決されるべき国防政策上の課題として大きく浮上し[153]、エッシャ Lord Esher 委員会として知られる「ボーア戦争調査委員会」が問題を分析し、指揮命令体系が陸軍省と海軍省とに分断されていることで、戦争遂行に不都合が生じていることを指摘した。やがて、戦争指導組織の統合を目指した「帝国防衛委員会コミッティ・オブ・インペリアル・ディフェンス」が設立され、その後の戦争指導の中核となった[154]。

ボーア戦争の影響は軍事的側面に限定されなかった。この戦争で採用された戦費調達方法は、所得税増税を柱としており、その税収に支えられて高い信用を維持していたコンソルの発行、換言すれば国債に依拠した伝統的な手法ではなかった[155]。ボーア戦争に要した巨額の戦費は所得税増税に加えて不確定債である戦債 war loans、大蔵省証券、国庫債券の発行を中心として調達され、**コンソルは補完的財源**として用いられた[156]。なお、ボーア戦争で採用されたこの戦費調達の手法は第一次世界大戦でも踏襲された。

世紀転換期のボーア戦争以降、イギリス国家財政は国債残高の増加に直面し

たばかりか、財源難と歳出増加との板挟みに苦しむ危機的状況を迎え、それまで膨脹の一途を辿っていた海軍予算も抑制基調となった[157]。1895年に発足した統一党内閣のゴッシェン海相は、1896/97年海軍予算から1899/1900年海軍予算まで予算を大幅に増加させたが、国家財政の運営が厳しさを増す中で、1900/01年海軍予算で民間に発注される造艦予算の削減を盛り込まざるを得なかった[158]。

コンソル価格の低下と海軍工事法

海軍予算の項10についていえば、1899年の海軍工事法に基づき借入金を財源とする支出金額が毎年の予算の項10の額よりも多いという、**議会の予算統制機能を根底的に覆す異常事態さえ生じたのである**[159]。1903年の「歳出調査委員会」、「1904年公会計簿調査委員会」がともに海軍予算に関して借入金に依存した財源確保の手法に強い危機感を抱き、その改善を求めたのも当然であった[160]。こうして、国債管理政策に抜け穴を穿ち軍備拡張に必要な財源を確保する財政手法は、国債の中心的商品であるコンソルの価格がボーア戦争以降徐々に低落し、金利が上昇し始めるという危機的財政状況の中で、再考を余儀なくされたのだ。

自由党内閣アスクィス蔵相による国債管理政策の見直し

世紀転換期以降、国債が減債政策の効果もあって減少傾向を辿るのとは対照的に、軍艦建造・軍事施設建設などに投入された資本債務は増加傾向を辿り、また、コンソル価格もいよいよ低落傾向が明らかになるにつれて、議会でも国家信用の危機が声高に叫ばれるようになった（〔表3〕参照）[161]。1905年にはヴィンセント Sir Edger Vincent 議員が議会で「私にとっては、軍港も戦艦も、……、国家資産 national asset とは到底いえないように思われる」[162]と述べ、資本債務の増加に危機感を募らせていた。もっとも、資本債務の増加とコンソル価格低落の直接の因果関係は必ずしも分明ではなかった。コンソル以外に植民地証券などの有力な金融商品が市場に投入され、金融商品としてのコンソル

表3 国債、資本債務とコンソル価格（1887/88年予算～1913/14年予算）

年	国債（ポンド）	資本債務（ポンド）	コンソル価格（月平均）	
1887/88	735,549,930	603,137	102	1/2
1888/89	704,052,614	582,338	100	
1889/90	697,042,756	561,539	97	11/16
1890/91	688,548,306	540,740	96	7/16
1891/92	682,162,740	1,317,719	95	7/16
1892/93	675,807,702	1,261,360	97	3/8
1893/94	669,337,676	1,782,261	98	11/16
1894/95	664,794,901	2,495,814	102	3/8
1895/96	655,908,928	3,092,624	107	1/8
1896/97	648,306,426	3,979,940	111	11/16
1897/98	641,123,426	4,048,099	112	7/16
1898/99	635,070,635	3,746,872	110	5/8
1899/1900	628,021,572	7,372,162	104	5/16
1900/01	628,930,653	9,989,278	98	5/8
1901/02	689,469,935	14,464,396	93	5/8
1902/03	745,015,650	20,200,003	93	3/4
1903/04	770,778,762	27,570,428	89	7/16
1904/05	762,629,777	31,868,323	89	
1905/06	755,072,109	41,664,382	89	15/16
1906/07	743,219,977	45,770,210	87	7/16
1907/08	729,505,545	49,659,159	84	1/16
1908/09	711,475,865	50,850,186	85	7/8
1909/10	702,687,897	51,433,412	83	2/8
1910/11	713,245,408	49,218,217	80	1/16
1911/12	685,232,459	47,840,151	78	11/16
1912/13	674,744,481	50,061,947	75	9/32
1913/14	661,473,765	54,814,656	—	

注：国債（死重債務）（dead weight debt）、資本債務（capital liabilities）とともに、各年の期首における額を計上した。1903/04年の期首以降、コンソルの利率が2¾%から2½%に引き下げられた。

出典：Mallet, *British Budget 1887-88 to 1912-13*, Table XV, Table XVI.

の魅力が薄れたことがコンソル価格低落に影響したことも考えられたのだ。しかし、世紀転換を挟む10年の長期にわたる統一党内閣に代わって1905年に政権の座に就いた自由党キャンベル＝バナマン内閣のアスクィス H. H. Asquith 蔵相は、1906/07年予算で資本債務に関する海軍工事法の財政措置の停止を明言し[163]、この措置は1908/09年予算を最後に停止された[164]。国債管理政策に抜け穴を穿って軍事費を調達する財政手法は、国債管理を重要視する自由党内閣

アスクィス蔵相によって停止が決定され、実施されたのである。

海軍の経費節約策

　一方、海軍予算は既述のように19世紀末まで膨脹傾向を辿ったが、ボーア戦争以後の歳入逼迫とコンソル価格下落の中で従来の膨脹路線の変更を余儀なくされた。本国海域への戦力集中を基本とした艦隊再編 redistribution of the fleet[165] は既にセルボーン海相の時代に開始され、1904年10月に第一本部長に就任したフィシャも、「フィシャの海軍革命」[166]と呼ばれる海軍改革に着手し、「経済性」と「効率性」の両立を図らざるを得なかった。1905年3月にセルボーン海相の後を襲ったコーダ Frederick C. Earl Cawdor 海相（在任期間：1905年3～12月）もまた前任者のセルボーンと同様に経費削減と戦力維持の両立を図りつつ、海軍大学 Naval College で機関学 Engineering・機械工学・数学教育に重点を置いた兵員教育を開始し、さらに老朽化した軍艦の退役・廃艦などを含む海軍改革の進展を明らかにしたのである[167]。19世紀末から20世紀半ばの海軍の指導者は、最新の軍事技術採用に加えて、兵員教育、組織、財政、さらに施設経営などの問題が複雑に入り組んだ事態に直面し、その解決を迫られたのである[168]。なお、海軍工事法を根拠とした借り入れは当座（1908/09年予算まで）可能であったために、1905/06年予算以後顕著となる海軍予算の減額は見かけほど大きくはなかった[169]（〔表2〕参照）。

　1905年末に成立した自由党内閣のアスクィス蔵相は、財政運営方針として歳出に必要な財源を国債管理に抜け穴を穿つ財政手法に求めることを否定し、借入金によらない財源確保策を採った。アスクィス蔵相の後を襲ったロイド・ジョージ David Lloyd George 蔵相も軍事費と社会費双方にわたる大幅な歳出増の主要財源を借入金ではなく租税に求めたのである。自由党内閣の蔵相が国債管理政策の抜け穴を塞ぎ国債償還を加速化させたことで、自由党内閣での租税増徴策が必然性を帯び始めたのである。自由党内閣のアスクィス蔵相は直接税、とりわけ所得税改革（稼得所得と不労所得との差別課税）による歳入確保策に踏み切り、ロイド・ジョージ蔵相も直接税（累進的所得税新設、地価税新設、

累進的相続税増税）に加えて間接税でも大増税を試みたのである。しかし、この租税改革が成功するか否かは、(1) 歳入調達力のある租税の発見と、(2) 租税負担の増加が齎す経済的混乱・経済的悪影響への恐怖心に基づく財政的限界論 financial limitation[170]——歴代の大蔵省・内国歳入庁官僚はもちろん政治的指導者・蔵相が等しく抱いていた、租税負担の増加を回避する政策理論——をいかに払拭し、揚棄するかにかかっていた。実際、19世紀の平時を通じて租税負担軽減策が採られ、軽い租税負担と低い歳出水準が常態と看做されたのも当然であった。軽度の租税負担はこうして定着し、平時にこの租税政策を転換することは極めて困難となった。19世紀末の経費膨脹開始期においてさえイギリスの租税負担と歳出規模は、現代と比較すればともに極めて低い水準にあったとはいえ、租税負担を増加させる政策にはためらいがあったのだ。なお、自由党内閣のロイド・ジョージ蔵相は、1909/10年予算案以降、前任者アスクィスが国債費の増額を実施して国債削減を重要視したのとは異なっていた。彼は、国債費を減額して歳出を抑制し、新減債基金の運用益を流用して収入増を図ったばかりか、国庫に齎される財政剰余を、新たに設置された開発基金 development fund ——自動車の普及に対応するための道路建設に加えて、農村部における軽便鉄道・港湾施設建設などの公共事業に充てる基金——にも充当し、さらにこの開発事業に借入金を投入することも意図したのである[171]。国債削減の減速と国内公共事業への財政剰余金投入が行われた背景には、1909/10年予算で実現した直接税・間接税双方の租税改革によって巨額の財政剰余——単年度の財政剰余ではなく、将来にわたり継続する財政剰余——が国庫に齎され、それが国債管理政策以外にも充当可能な水準にあったという事情があった[172]。

自由党内閣の租税改革＝経費膨脹政策と経済統計の利用

1906年生産センサス法 Census of Production Act[173] は、1905年末の総選挙で勝利し政権の座に就いた自由党内閣と商務省による国民生活、国民総生産に関する統計情報収集の始まりを告げた[174]。実際、生産センサス法の成立にいたるまで、イギリス政府は商務省管轄の国民の生活水準・国際貿易情報、農務

省の農業生産統計、内国歳入庁・大蔵省が持つ租税・国債情報などを除外すれば、イギリス経済に関するマクロ経済情報を体系的に収集していなかったし、租税情報から推測可能なイギリス国民の財産・所得分布情報を政策策定に利用する思考様式・理論を持っていなかったのである。例えば、毎年の予算案作成に不可欠な租税収入の予測は、何らかの経済理論・統計情報に裏打ちされたものではなく、「勘と経験」に基づく予測に過ぎなかった。1909/10年予算のように新税が目白押しの予算はイギリス経済・国民生活にいかなる経済的影響を与えるかも予測不能であった。しかし、1909/10年予算は平時における租税負担の増加——現代の租税負担水準からいえば依然として低いが——であるにもかかわらず、大幅な歳入増加を国庫に齎したばかりか、国内の生産活動停滞や資本逃避 capital flight などの経済攪乱的影響も生じなかったのである。1909/10年予算が「租税革命」といわれる所以がここにある。

　注目すべき点は、政府・大蔵省・内国歳入庁は累進的相続税実施（1894年）以来、資産分布の把握が可能となっていたが、自由党内閣が推し進めた租税改革の一つの柱である累進的所得税によって、所得分布状況も精確に把握することが出来るようになったことである[175]。加えて、商務省は1905年以降、都市部の労働者階級の生活水準調査を実施し、1908年と1913年にその成果を『報告書』[176]に纏めたが、所得税の課税限度以下の低所得者層の生活水準把握は、自由党内閣の政策の柱である老齢年金 Old Age Pensions などの社会政策実施にとって欠かせない作業であった[177]。こうして、一連の租税改革（1894/95年予算と1909/01年予算）による富裕層の資産・所得分布把握、社会政策実施（リベラル・リフォーム）による低所得者層の生活水準調査に加えて、生産センサス法によってイギリス国内企業の生産能力は明確な統計情報として数値に表現されたのだ。

　やがて第一次世界大戦勃発時にはロイド・ジョージ蔵相は、1914/15年予算演説で、1798年にピットが所得税創設を提案したことを引き合いに出し[178]、マクロ経済指標の一つである国民所得（ナショナル・インカム）——『生産センサス最終報告書』（1912年）で得られた統計情報であるが、1941年に定式化される国民所得概念とは異

なる——を用いて租税負担を数量的に把握し、マクロ経済指標で租税負担を相対化するとともに、戦費負担を国民に強く訴えた[179]。17・18世紀イギリスの政治算術家ペティやダヴナントが夢想し、渇望した国民所得の数量的可視的把握はここに大きく前進したのだ。やがて、第一次世界大戦時に、イギリス政府は国内生産、国民の生活水準、所得・資産分布に関する膨大な情報のみならず、国民の「身体的情報」——軍役・生産活動への適性、スパイ摘発のための国籍情報——をも入手することになる[180]。

結　語

　19世紀後半におけるイギリス海軍の増強、海軍予算の膨脹とその財政的帰結に関しては、わが国のイギリス帝国主義研究をはじめとする多くの歴史研究、経済・財政政策史研究が触れるところである。しかし、奇妙なことに、わが国の研究では、この時期のヨーロッパ諸国の海軍増強の実態、あるいはその経済的財政的帰結を示す資料とその所在については必ずしも明確にされていない。本章は、議会資料である『海軍予算書』、『決算書』が海軍省の兵員数・階級構成、造艦計画、艦船の種類・能力、海軍工廠の経営などの情報を詳細に公開していることから、それらを用いて19世紀末から20世紀第一次世界大戦直前までのイギリス海軍予算の分析を試みた。さらに、本章では、海軍予算の編成と決算（支出）が抱える問題点を精査する『会計検査報告書』の役割分析を通じて、議会・大蔵省の財政統制の在り方を明らかにした。これまでの分析から明らかとなった点は、1889年の海軍防衛法以降、海軍予算の柱である項8の造艦予算が急激に増額されたばかりか、新技術採用、艦船の巨大化によって項9の備砲・装甲予算と項10の海軍工廠・港湾浚渫事業などの施設建設予算が増加したことである。海軍増強の背景には、イギリス経済・国民生活に欠かせない物資（食糧・工業原料）の供給を海外諸国・自治領・植民地に大きく依存していたために、海上通商路が文字通り生命線（ライフ・ライン）となり、さらに、ヨーロッパ諸国の海軍増強がこの海上通商路にとって軍事的脅威となったことがある。

しかし、平時におけるイギリス国家財政の運営原則が、(1) 均衡財政と (2) 厳格な国債管理に依拠する限り、19世紀後半における海軍予算の急激な膨脹は財政運営上不可能であった。なぜならば、蔵相・大蔵省が歳出当局の歳出増加要求を承認し、それによって歳入不足が予想されても、均衡財政の原則に則って既存租税の増徴や新税創設による財源確保策に走ることが出来ないからである。新税であれ旧税であれ、租税負担を増加させる政策は景気・国民生活への悪影響などの不確定要素が常に付き纏うし、予算案作成に欠かせない租税収入の確保も必ずしも保証できない。したがって、蔵相・大蔵省は、歳出増加に対して、しばしば、減債基金の流用、国債費削減、あるいは借入金などの種々の財源獲得の手法を用いて辻褄合わせを行い、増税忌避の行動をとる傾向にある。しかし、歳出増加の財源を借入金に求めるとすれば、それは国債増加に繋がり、国債の中心的商品であるコンソルの価格や金利水準にも影響が出かねない。1888年の帝国防衛法と1889年の海軍防衛法はともに、租税と特別勘定・借入金——国債 national debt ではなく、資本債務 capital liabilities という名の国債——という折衷案、具体的には租税 tax と借入金を併用して軍事費の財源確保を行ったのである。その結果、議会審議を経ることのない財源（既定費である借入金）が存在するがゆえに、毎年議会で審議・公表される『予算書』と『決算書』とでは大きな差額が生じることになった。議会による財政統制の弛緩が生じ、資本債務も増加傾向を辿り、国債管理政策に抜け穴が穿たれたのである。

経費節約論者で国債管理に意を払うハーコート蔵相は、1894/95年予算で国債管理に抜け穴を穿つ特別勘定・借入金の利用を停止したが、彼は同時に1894/95年予算で累進的相続税を導入し、税収予想を大幅に上回る財政剰余を手にしたのである。皮肉なことに、この租税改革によって国庫に齎された巨額の財政剰余は、増額された海軍予算案——特別勘定・借入金の停止によって財源を専ら租税に依存せざるを得ないために、表面的には大幅に増額された予算——を賄うに足るものであった[181]。加えて、項8（造艦）予算によって建造された艦船は、この時期巨大化・高速化の傾向を辿り、項9（備砲・装甲）予算増加のみならず、項10（施設建設）予算の海軍工廠・軍港の建設、浚渫工事

経費の膨脹を必然化し、1895年海軍工事法で再度、特別勘定・借入金を導入する事態にいたった。巨額の**財政剰余の存在が新たな財政需要を誘引**したのである。

　統一党内閣の前半（1895～1899年）は表面的には豊かな租税収入に支えられて、コンソル価格は1896・1897年に最高価格に達し、金利水準も低落傾向にあった。しかし、海軍予算に関しては、1895年海軍工事法の結果、項10で借入金＝資本債務の増加を招き、海軍本部の文官本部長チェンバレンは海軍工事法の財源獲得の手法に警鐘を鳴らしていた。やがて、世紀転換期に勃発したボーア戦争を境に、戦費財源調達のために所得税増税と巨額の国債——大蔵省証券、国庫債券、および、コンソル——が発行されたばかりか、金利水準がコンソル価格の下落に反応して上昇し始めたのである。こうして、統一党内閣の後半（1900～1905年）を特徴付ける財政的苦境——国債残高増加、コンソル価格の低落、金利上昇に加えて歳入源の枯渇、新財源の未発見、軍事費と社会費双方にわたる歳出の増加——が始まった。イギリス以外のヨーロッパ諸国やアメリカなども国家経費増と歳入不足・財政赤字に喘ぎ、それが国際的金融危機の要因となったのである。

　こうした統一党内閣末期の国家財政の状況を受けて、増額の一途を辿ったイギリス海軍予算も予算削減の対象となったが、海軍工事法を通じた借入金の存在は予算削減額の数値を表面的なものにした。しかし、それは資本債務の増加を招き、国家信用の基準であるコンソルの価格下落を危惧する政治家の注意を惹き、借入金に依存した海軍工事は自由党内閣アスクィス蔵相が1906/07年予算を契機に停止したのである。このことは、自由党内閣の歳出確保策が統一党内閣のように租税と借入金とを併用した手法ではなく、租税収入に大きく依存した政策となることを意味した。直接税であれ、間接税であれ、租税負担の水準を引き上げる政策に対しては、19世紀後半のイギリス国家財政の運営を担い、大蔵省・内国歳入庁に蟠踞するグラッドストニアンの抵抗が強かった。しかし、世紀転換期以降、大蔵省・内国歳入庁官僚の世代交代が進むにつれて、ブレイン William Blain など新世代が旧世代のグラッドストニアンに代わって部局の

重要ポストを占め、彼らは社会政策への財源投入を厭わなかった。加えて、世紀転換期以降、商務省などの中央官庁が労働者階級——所得税の課税限度以下の所得水準層——の生活水準、賃金に関する統計情報の蒐集を推し進め、大蔵省・内国歳入庁も累進的所得税実施への関心を抱き始め、高額所得者の所得分布状況に関心を寄せたのである。やがて、リベラル・リフォーム期の社会政策実施によって、高額資産家から無産階層、高額所得者から低所得者にいたる国民各層の担税力把握が一挙に進むことになる。こうして、毎年の予算案で示される歳入見込み estimated revenue は「当たるも八卦、当たらぬも八卦」でもなければ、「勘と経験」に依拠した歳入予測でもなく、マクロ経済指標——当然ながら経済理論の観点からは不完全であるが——を勘案し予測されるものとなった。こうしてイギリスでは、1909/10年予算案を契機として、間接税・直接税、低所得者・高額所得者、高額資産家を問わない大規模な増税・新税賦課が実施され、財政赤字に悩むヨーロッパ諸国、アメリカと異なり、社会費のみならず軍事費、とりわけ海軍予算をも賄うに足る歳入を確保したばかりか、大幅な財政黒字をも獲得したのである。

　＊本章は社会経済史学会中国四国部会（2010年11月21日、於：広島修道大学）における報告に手を加えたものである。報告に際して貴重なコメントを頂いた、横井勝彦（明治大学）、千田武志（広島国際大学）、加藤房雄（広島大学）、松本俊郎（岡山大学）の各氏に感謝したい。

注

1）　例えば、1894/95年（1895会計年度）海軍予算については、4*H*, 22（March 12, 1894）, 126. 1894年3月12日に庶民院に提出された予算関連資料は『海軍予算説明書』と『海軍予算説明書（前年比較）』である。なお、蔵相の1894/95年予算演説は1894年4月19日である。**予算案作成・審議の手順**については、Henry Higgs, *The Financial System of the United Kingdom*, Macmillan, 1914; William F. Willoughby, Westle W. Willoughby and Samuel McCune Lindsay, *The System of Financial Administration of Great Britain: A report*, D. Appleton, 1917; Hilton Young and N. E. Young, *The System of National Finance*, John Murray, 1924. 邦語文献として、石黒利吉『英国予算制度論』八州社、1924年、大蔵省主計局『英国予算制度調査（第1篇）1　英国議会制度大要、2　英国予算制度の法制

——金銭法案解説』1934年、大蔵省主計局『英国予算制度調査（第2篇） 英国議会における予算案審議の次第』1934年、平井龍明『イギリスノ予算会計制度』港出版、1950年、大蔵省主計局総務課『英国予算（第一部）予算制度』1961年、『英国予算（第二部）予算の内容、（第三部）予算法規』1962年、参照。**議会における予算審議や予算執行の慣行は制度上・手続き上の変更が頻繁に加えられており、これらの解説書の記述を過去の事例に無自覚的に遡及させることは歴史理解の誤解に繋がる恐れがある。事実、海軍予算を構成する「項」Vote が1837/38年海軍予算にはないが、1856/57年海軍予算では用いられており、項の数も当然、年によって増減している。** *PP*, 1833 (10.), Navy Estimates, for the Year 1833/34; *PP*, 1856 (16), Navy Estimates, for the Year 1856/57.

2） 「公会計簿調査委員会」とその歴史的意義については、Basil Chubb, *The Control of Public Expenditure: Financial Committee of HC*, Oxford: Clarendon Press, 1952, p. 32; Henry Roseveare, *The Treasury: The evolution of a British institution*, Allen Lane, 1969, p. 139.

3） Young and Young, *The System of National Finance*, pp. 128-32. なお、『予算書』『決算書』などの公会計簿、会計検査制度の歴史については、Chubb, *The Control of Public Expenditure*.

4） 19世紀末から20世紀初頭のイギリス海軍に関する最近の邦語研究として、横井勝彦「イギリス海軍と帝国防衛体制の変遷」秋田茂編著『イギリス帝国と20世紀1　パクス・ブリタニカとイギリス帝国』ミネルヴァ書房、2004年、同「エドワード期のイギリス社会と海軍——英独建艦競争の舞台裏」坂口修平・丸畠宏太編著『近代ヨーロッパの探究12　軍隊』ミネルヴァ書房、2009年、参照。戦争や兵器・戦略戦術等に関する様々な軍事情報は、この分野の用語・理論に十二分に精通し、それを理解できる軍事専門家を除けば、歴史家をはじめとした研究者にとっては理解し難く、かつそれらを正しく評価するのに困難を覚えるものである。加えて、わが国の歴史学界では、近代日本史の分野を除けば戦争・軍事への研究関心はこれまで低かった。平時・戦時を問わず国家経費に大きな比率を占める軍事費——研究対象となりやすい領域——についても、ヨーロッパ諸国の国家財政（史）に対する研究者の関心は必ずしも高くなく、研究業績も史料の所在確認に困難が付きまとうためか少ない。研究業績の蓄積、研究者数で比較的層の厚いわが国の近代イギリス史研究の分野においてさえ、軍事（史）・戦争に関する欧米の研究業績と比較すると、質・量の点で格段の差があることは否定できない。しかし、重商主義期あるいは帝国主義期のように、国家の対外的活動が活発化した時期の経済・政治・社会の歴史を研究するには、軍事・戦争についての分析は欠かせないこと

も確かである。事実、近年における一国史の枠を超えるグローバルな歴史研究の進展によって、わが国における軍事・戦争に対する研究関心は高まっている。なお、軍事史の研究動向については、大久保桂子「軍事史の過去と現在」『国学院雑誌』第98巻第10号、1997年、参照。また、帝国主義期イギリス海軍予算に関しては、吉岡昭彦「イギリス帝国主義における海軍費の膨脹」『土地制度史学』第124号、1989年、参照。また、20世紀におけるイギリスの軍需産業に関するわが国における研究については、奈倉文二・横井勝彦・小野塚知二編著『日英兵器産業とジーメンス事件』日本経済評論社、2003年、19世紀イギリス外交史とイギリス海軍とのかかわりについては、田所昌幸編『ロイヤル・ネイヴィーとパクス・ブリタニカ』有斐閣、2006年、また、軍事史研究の動向については、坂口修平編著『歴史と軍隊——軍事史の新しい地平』創元社、2010年、参照。なお、諸外国における軍事史・海軍史の動向に関しては、John B. Hattendorf, ed., *Ubi Sumus? The state of naval and maritime history*, Newport: Naval War College Press, 1994; do., ed., *Doing Naval History: Essays toward improvement*, Newport: Naval War College Press, 1995.

5）　海軍予算・決算に関する基礎的史料は、『海軍予算説明書』、『海軍予算説明書（前年比較）』、『海軍（議定費決算書）』の三種の議会資料である。また、国の予算・決算に関する議会資料は、(1)『財政』*Finance Accounts of the United Kingdom*、(2)『予算書』*Estimates*、(3)『議定費決算書』*Appropriation Account* である。Young and Young, *The System of National Finance*, Appendix C. (1) は会計年度内の歳入・歳出、国債・資本債務に関する情報で、国家財政の総括的報告書であり、*PP, Accounts and Papers: Finance* に収録されている。(2)、(3) は「陸軍」、「海軍」、「民事・徴税部門」、後には「空軍」の各『予算書』、『決算書』——*PP, Accounts and Papers: Army; PP, Accounts and Papers: Navy; PP, Accounts and Papers: Civil Services and Revenue Department*——から成る。毎年発行される議会資料 *PP, Accounts and Papers* にはそれぞれ多数の関連文書が収録され、予算・決算のみならず、歳出当局の政策分析に欠かせない資料となっている。なお、19世紀末以降のイギリス海軍行政・海軍予算については、Ashworth, *Economic aspects of late Victorian naval administration*.

6）　拙著『イギリス帝国期の国家財政運営』序章、第1章、参照。重商主義期の財政理論については、大倉正雄『イギリス財政思想史——重商主義期の戦争・国家・経済』日本経済評論社、2000年、参照。

7）　イギリス政府は、18世紀における度重なる戦争では国債発行による戦費調達を試みたが、国債購入層はイギリス国内に限らなかった。P. G. M. Dickson, *The Fi-*

nancial Revolution in England: A study in the development of public credit 1688-1756, Macmillan, 1967, pp. 304-36. 特に、オランダからの資金流入が注目される。James C. Riley, *International Government Finance and the Amsterdam Capital Market 1740-1815*, Cambridge: Cambridge UP., 1980.

8) 19世紀初頭対フランス戦争期に発行された国債の種類、各種国債の資金調達額については、William Newmarch, *The Loans raised by Mr. Pitt during the First French War, 1793-1801; with the statements in defence of the methods of funding employed*, Effingham Wilson, 1855; George Rickards, *The Financial Policy of War*, James Rigdway, 2nd edition, 1855; *PP*, 1868-69 (366-I.), *Public Income and Expenditure*, Pt. 2, pp. 544-46; E. L. Hargreaves, *The National Debt*, Edward Arnold, 1930, pp. 108-9〔一ノ瀬篤・斎藤忠雄・西野宗雄訳『イギリス国債史』新評論社、1987年、112-113頁〕。斎藤忠雄「産業革命期のイギリス国家財政（上）——1776〜1820」『修道商学〔広島修道大学〕』第24巻第2号、1983年、同「産業革命期のイギリス国家財政（下）——1776〜1820」同上誌、第25巻第1号、1984年、拙著『イギリス帝国期における国家財政運営』第1章、参照。

9) この時期の租税と国債に関する基礎的資料は、*PP*, 1868-69 (366.) (366-I.), *Public Income and Expenditure: Accounts relating to the public income and expenditure of Great Britain and Ireland, in each financial year from 1688 to 1869, with historical notices, appendices, & c.* である。研究として、Patrick K. O'Brien, The political economy of British taxation, 1660-1815, *EconHR*, 2nd series, 41 (1988)〔玉木俊明訳「イギリス税制のポリティカル・エコノミー——1660-1815年」パトリック・オブライエン著、秋田茂・玉木俊明訳『帝国主義と工業化1415-1974——イギリスとヨーロッパからの視点』ミネルヴァ書房、2000年〕。オブライエンは18世紀イギリス国家財政およびヨーロッパ諸国の財政に関する多くのモノグラフを著しているが、その基本構想は、Patrick K. O'Brien, *Power with Profit: the state and the economy, 1688-1815*, Inaugural Lecture delivered in the University of London, March 7, 1991.

10) 拙著『イギリス帝国期における国家財政運営』第1章、参照。

11) この時期の国債に関しては、J. J. Grellier, *The History of the National Debt, from the Revolution in 1688 to the beginning of the year 1800*, John Richardson, 1810.

12) Patrick Colquhoun, *A Treatise on the Wealth, Power and Resources of the British Empire, in every quarter of the world...*, J. Mawman, 1814.

13) *PP*, 1870 [C. 82.], *[Thirteenth] Report of the Commissioners of Inland Revenue*

  on the Duties under their Management for the year 1856-1869 inclusive; with some retrospective history and complete tables of accounts of the duties from their first imposition, p. 121.

14) Nicholas Vansittart, *Substance of the Speech of Right Hon. Chancellor of Exchequer on Finance; comprising the finance of resolutions for the year 1819*, The Pamphleteer, 1819, p. 24.

15) *PP*, 1868-69（366-I.）, *Public Income and Expenditure*, Pt. 2, p. 715.

16) Harrison Wilkinson, *The Principles of an Equitable and Efficient System of Finance*, C. C. Chapple, 1820.

17) Hargreaves, *The National Debt*, p. 131〔一ノ瀬・斎藤・西野訳『イギリス国債史』135頁〕. 国債の処理をめぐっては議論百出であった。Richard Heathfield, *Elements of a Plan for the Liquidation of the Public Debt*, Longman, Hurst, 1819; do., *Observations on Trade, considered in reference, particularly, to the public debt, and to the agriculture of the United Kingdom*, Longman, Hurst, 1822. ヒースフィールドはコフーンに倣ってイギリス経済の 富（ウェルス）・国民所得（ナショナル・インカム）――国民所得とは「政府の収入」に対する「国民の所得」という概念――の量を推計し、富・国民所得の量的把握によって国債の重みを相対化するとともに、国債の負担を軽減して、イギリス経済の活性化を模索しようとした。cf. Heathfield, *Elements of A Plan for the Liquidation of the Public Debt*, p. 12. 富・国民所得の**量的推計**を行うことで、イギリス経済発展の可能性を探ろうとする思考はロウの著作にも看取される。John Lowe, *The Present State of England in regard to Agriculture, Trade, and Finance; with a comparison of the prospects of England and France*, Hurst, Rees, Orme, and Brown, 1822. なお、国債の処理方法については、［William Anderson］, *Notice on Political economy; Or, an inquiry concerning the effects of debts and taxes,...*, J. M. Richardson, 1821; Anon., *On the Expediency and the Necessity of Striking off a Part of the National Debt*, The Pamphleteer, 1821; Jonathan Wilks, *A Practical Scheme for the Reduction of Public Debt and Taxation, without individual sacrifice*, The Pamphleteer, 1822; Richard Moore, *A Plan for paying out the Present National Debt, in forty-two years, with a sinking fund of only five millions*, James Ridgway, 1822; Francis Corbaux, *A Further Inquiry into the Present State of our National Debt, and into the Means and the Prospect of its Redemption;...*, Longman, 1824.

18) William Frend, *The National Debt in its True Colours, with plans of for its extinction*, n. p., 1817.

19) 「歳入歳出調査委員会」設置直前の財政状況は蔵相ロビンソンの予算演説に示されている。蔵相は景気が上向きにあるとみていた。F. J. Robinson, *Speech of Right Hon. F. J. Robinson, Chancellor of Exchequer, on the Financial Situation of Country, on Monday, the 28th of February, 1825*, J. Hatchard, 1825; F. J. Robinson, *Speech of Right Hon. F. J. Robinson, Chancellor of Exchequer, on the Financial Situation of Country, on Monday, the 13th of March, 1826*, J. Hatchard, 1826.

20) *PP*, 1828 (420.), S. C. on Public Income and Expenditure of the United Kingdom, *First Report*, p. 1.

21) *PP*, 1828 (420.), S. C. on Public Income and Expenditure of the United Kingdom, *Second Report*, pp. 5-6, *Fourth Report*, p. 5.

22) Robert Hamilton, *An Inquiry concerning the Rise and Progress, the Redemption and Present State, and the Management, of the National Debt of Great Britain and Ireland*, Edinburgh, 2nd edition, 1814 (1st edition, 1813). コベットもまた早い段階で減債基金制度の在り方を批判していた。William Cobbett, *Paper against Gold; Or, the history and mystery of the Bank of England, of the debt, of the stocks, of the sinking fund,...*, W. Cobbett, 1828 (1st edition, 1815), esp. Letters IV, V and VI.

23) 減債基金を用いた国債削減構想を批判した意見として、Lord Grenville, *Essay on the Supposed Advantage of a Sinking Fund*, John Murray, 1828; John M. Earl of Lauderdale, *Three Letters to the Duke of Wellington, on the Fourth Report of the S. C. of HC, appointed in 1828 to inquiry into the Public Income and Expenditure of the United Kingdom,...*, John Murray, 1829. 一方、グレンヴィルの考えに批判的なのが、[Francis L. Holt], *A Letter to His Grace the Duke of Wellington,..., in answer to Lord Grenville's Essay,...*, J. Hatchard, 1828; Thomas P. Courtenay, *A Letter to Lord Grenville on the Sinking Fund*, John Murray, 1828; [Thomas Bunn], *Remarks on the Necessity and the Means of extinguishing large Portion of the National Debt*, Bath: George Wood, 1828.

24) *PP*, 1828 (519.), S. C. on Public Income and Expenditure of the United Kingdom, *Fourth Report*, p. 25.

25) Hargreaves, *The National Debt*, ch. IX〔一ノ瀬・斎藤・西野訳『イギリス国債史』第9章〕.

26) Henry Parnell, *On Financial Reform*, John Murray, 3rd edition, 1831 (1st edition, 1830).

27) パーネルの国債理解に対しては、金融商品としての国債の重要性を指摘した18世紀の国債誕生とともに存在していた馴染みの観点からの批判がある。B［jorn-

stierna] M [agnus] [Frederik Ferdinand], *The Public Debt: Its influence and its management considered in a different of view from Sir Henry Parnell, in his work on financial reform*, James Ridgway, 1831.

28) 国家経費の動向については、拙著『イギリス帝国期における国家財政運営』序章、参照。Page, ed., *Commerce and Industry*; Bernard Mallet, *British Budgets 1887-88 to 1912-13*, Macmillan, 1913. ペイジの著作は、議会資料として公刊される『予算書』の構成に沿った歳出（経費）分類、すなわち、歳出を「既定費」と「議定費」とに大別し、議定費には、陸軍予算、海軍予算、民事・徴税予算を配置しており、ペイジ自身が考案した歳出区分ではないことに注意。

29) *Tracts of the Edinburgh Financial Reform Association*, Edinburgh: Rooms of the Association, 1849, 4 tracts.

30) 政府要人の**報酬**と**年金**は、1830年代の急進主義者によってしばしば取り上げられたテーマである。[John Ward], *The Extraordinary Black Book: An exposition of abuses in church and state...*, Effingham Wilson, new edition, 1832.

31) *Tracts of Liverpool Financial Reform Association*, Liverpool: Liverpool Financial Reform Association, 1848-51. リヴァプール財政改革協会に関する邦語研究として、西山一郎「リヴァプール財政改革協会について――その成立まで」『研究年報〔香川大学経済学部〕』第20号、1980年、同「リヴァプール財政改革協会について――『国民予算』から1860年代末頃まで」同上誌、第22号、1982年がある。

32) *The National Budget for 1849 by Richard Cobden; Letter to Robertson Gladstone*, Financial Reform Tracts, no. 6 (1849). コブデンの財政改革構想は最近、彼の『書翰集』が出されたことによりその具体像がより一層明らかとなった。Anthony Howe, ed., *The Letters of Richard Cobden*, Oxford: Oxford UP., vol. 2, 2010, pp. xxvi, 57-60.

33) Richard Cobden, *The Three Panics: An historical episode*, Ward, 4th edition, 1862.

34) *PP*, 1861 (329.), S. C. on Public Accounts, *First Report*, pp. iii-iv.

35) *PP*, 1938 (154.), Public Accounts Committee, *Epitome of the Reports from the Committees of Public Accounts 1857 to 1937*, p. 7.

36) *PP*, 1862 (220.), S. C. on Public Accounts, *First Report*, p. iii.

37) *PP*, 1862 (414.) (467.), S. C. on Public Accounts, *Second and Third Reports*; *PP*, 1938 (154.), Public Accounts Committee, *Epitome of the Reports from the Committees of Public Accounts 1857 to 1937*, pp. 6-8.

38) Maurice Wright, *Treasury Control of the Civil Service 1854-1874*, Oxford:

Clarendon Press, 1969, pp. 190-91.
39) Roseveare, *The Treasury*, pp. 139-41; Wright, *Treasury Control of the Civil Service 1854-1874*, p. 191.
40) 大河内繁、小島昭、西山一郎らの行政学・財政学の諸研究がイギリス大蔵省の財政統制の実態を明らかにし、最近では、大島『予算国家の＜危機＞』が触れている。
41) N. A. M. Rodger, The Dark age of the Admiralty, 1869-85, *MM*, 61 (1975), pp. 331-44, 62 (1976), pp. 33-46, 121-28; John F. Beeler, *British Naval Policy in the Gladstone-Disraeli Era 1866-1880*, Stanford: Stanford UP., 1997; Donald M. Schurman, edited by John F. Beeler, *Imperial Defence 1868-1887*, Frank Cass, 2000.
42) Stephen Bourne, *Trade, Population and Food: A series of papers on economic statistics*, George Bell & Sons, 1880. イギリスが食糧を海外諸国に依存する状況は、農業統計が未だ整備されていない1860年代末には識者の関心を引いていた。Joseph Fisher, *Where shall we get Meat? The food supplies of Western Europe*, Longmans, Green, 1866.
43) Arthur J. Marder, *The Anatomy of British Sea Power: A history of British naval policy in the pre-Dreadnought era, 1880-1905*, New York: Alfred A. Knopf, 1940, ch. 6. 海洋国家イギリスにとって、本国の経済活動あるいは国民生活のために、工業原料・製品、さらには食糧を海路輸送する船舶、そして、その海上通商路の安全を守るイギリス海軍は国家存続・国民生活に不可欠な存在であった。C. Ernest Fayle, *The War and the Shipping Industry*, Oxford UP., 1927; do., *Seaborne Trade: History of the Great War based on official documents*, 1920, Nashville: Battery Press, vol. 1, reprinted in 1997.
44) Frederic Whyte, *The Life of W. T. Stead*, New York: Houghton Mifflin, vol. 1, 1925, p. 146; Sir John Briggs, *Naval Administrations 1827 to 1892*, Sampson Low, Marston & Co., 1897, pp. 215-22.
45) Stig Forster and Jorg Nagaler, eds., *On the Road to Total War: The American Civil War and the German wars of unification, 1861-1871*, Cambridge: Cambridge UP., 1997.
46) 後に、海軍本部の第一本部長としてイギリス海軍の指揮を執るフィシャに関しては、Sir R. H. Bacon, *The Life of Lord Fisher of Kilverstone*, Hodder & Stoughton, 2 vols., 1929; Ruddock F. Mackay, *Fisher of Kilverstone*, Oxford: Clarendon Press, 1973.

47) Marder, *The Anatomy of British Sea Power*, pp. 120-1; Frans Coetzee, *For Party or County: Nationalism and the dilemmas of popular conservatism in Edwardian England*, Oxford: Oxford UP., 1990, ch. 1.

48) Bernard Mallet, *Thomas George Earl of Northbrook: A memoir*, Longmans, 1908, pp. 199-211.

49) Lieut. Col. S. Childers, *The Life and Correspondence of H. C. E. Childers*, John Murray, vol. 2, 1901, pp. 169-70.

50) H. C. G. Matthews, ed., *Gladstone Diaries*, Oxford: Clarendon Press, vol. 11, 1990, pp. 254-55（entry of December 2, 1884）. 本書、第1章、参照。

51) Vice-Admiral P. Colomb, *Memoirs of Admiral Sir Astley Cooper Key*, Methuen, 1898.

52) 19世紀末の経費膨張における蔵相・大蔵省の国家財政運営の考えについては、拙著『イギリス帝国期の国家財政運営』第3章・第4章、参照。

53) この時期に、イギリス海軍を含む各国海軍が採用した軍事技術と軍事費の財政的負担については、Theodore Ropp, edited by Stephen S. Robert, *The Development of a Modern Navy: French naval policy 1871-1904*, Annapolis: Naval Institute Press, 1987（1st edition, 1937）; James P. Baxter, *The Introduction of the Ironclad Warship*, Cambridge, Mass.: Harvard UP., 1933; Marder, *The Anatomy of British Sea Power*.

54) Sumida, *In Defence of Naval Supremacy*, pp. 10-2.

55) Randolph Churchill, Resignation as Chancellor of Exchequer, HC, 27 January 1887; do., Departmental extravagance and mismanagement, Wolverhampton, 3 June 1887; do., Our navy and dockyard, HC, 18 July 1887, in Louis J. Jennings, ed., *Speeches of the Right Hon. Lord Randolph Churchill, 1880-1888*, Longmans, Green, vol. 2, 1889, pp. 104-16, 178-201, 202-16; Winston S. Churchill, *Lord Randolph Churchill*, Macmillan, vol. 2, 1906, pp. 179-250.

56) Page, ed., *Commerce and Industry*; Mallet, *British Budgets 1887-88 to 1912-13*; B. R. Mitchell and Phyllis Deane, eds., *Abstract of British Historical Statistics*, Cambridge: Cambridge UP., 1962, reprinted in 1976. 拙著『イギリス帝国期における国家財政運営』第3章、参照。

57) 海軍予算編成作業の実態については、*PP*, 1888（142.）（213.）（304.）（328.）, S. C. on Navy Estimates, *First, Second, Third and Fourth Reports* and *ME*. 委員会は海軍予算に対する財政統制の在り方を検討した。財政統制の任にある議会・大蔵省サイドからみた海軍省を含む歳出当局の予算編成作業に対する見解については、

PP, 1902（387.）, 1903（242.）, S. C. on National Expenditure, *Reports* and *ME*; *PP*, 1912-13（277.）, S. C. on Estimates, *Report* and *ME*.

58) 以下の叙述は、次の文献に依拠している。Sir Richard Vesey Hamilton, *Naval Administration: The constitution, character, and functions of the Board of Admiralty, and of the civil departments it direct*, George Bell & Sons, 1896; Arthur J. Marder, *From Dreadnought to Scapa Flow*, Oxford UP., vol. 1, 1961.

59) 海軍本部の構成については、N. A. M. Rodger, *The Admiralty*, Lavenham: Terence Dalton Ltd., 1979. また、1890年代までの海軍本部の構成と海軍行政の詳細については、Briggs, *Naval Administrations 1827 to 1892*.

60) Hamilton, *Naval Administration*, ch. 4.

61) *PP*, 1905［Cd. 2416.］, Order in Council dated 10th August 1904, showing designations of various Members of, and Secretaries to, the Board of Admiralty, and the Definition of the Business to be assigned to them; *PP*, 1905［Cd. 2417.］, Statement showing the Distribution of Business between various Members of the Board of Admiralty, dated 20th October 1904.

62) Frederick Manning, *The Life of Sir William White*, John Murray, 1923, pp. 294-95; Marder, *From Dreadnought to Scapa Flow*, vol. 1, p. 20.

63) *PP*, 1888（328.）, S. C. on Navy Estimates, *Fourth Report*, pp. iv-v, vii-viii, *ME*, QQ. 4624-720（George Hamilton）.

64) Marder, *From Dreadnought to Scapa Flow*, vol. 1, p. 24; Sumida, *In Defence of Naval Supremacy*, p. 26. 1888年『海軍予算調査委員会報告書』がこの点についても詳細な情報を提供してくれる。

65) 海軍本部の運営実態については、海相に加えて現役海軍軍人のトップである第一本部長以下の本部長の私文書、意見交換のための書翰類の分析が不可欠であるが、スペンサー海相とセルボーン海相については『資料集』が出版されている。Peter Gordon, ed., *The Red Earl: The Papers of the Fifth Earl Spencer 1835-1910*, Northampton: Northamptonshire Record Society, 2 vols., 1986; D. George Boyce, ed., *The Crisis of British Power: The imperial and naval papers of the Second Earl of Selborne, 1895-1910*, The Historians' Press, 1990.

66) Hargreaves, *The National Debt*, p. 220〔一ノ瀬・斎藤・西野訳『イギリス国債史』223頁〕; Mallet, *British Budgets 1887-88 to 1912-13*, p. 261.

67) *PP*, 1938（154.）, Public Accounts Committee, *Epitome of the Reports from the Committees of Public Accounts 1857 to 1937*, pp. 117-18. Cf. Willoughby, Willoughby and Lindsay, *The System of Financial Administration of Great Britain*,

ch. v; Young and Young, *The System of National Finance*, p. 40.
68) *PP*, Navy (Appropriation Account); Mallet, *British Budgets 1887-88 to 1912-13*, Table XVIII; Sumida, *In Defence of Naval Supremacy*, Appendix: Tables 3-4; Nicholas A. Lambert, *Sir John Fisher's Naval Revolution*, Columbia, South Carolina: South Carolina UP., 1999, Appendix 1.
69) *PP*, 1862 (414.) (467.), S. C. on Public Accounts, *Second and Third Reports* and *ME*; *PP*, 1938 (154), Public Accounts Committee, *Epitome of the Reports from the Committees of Public Accounts 1857 to 1937*, pp. 9-16. cf. Willoughby, Willoughby and Lindsay, *The System of Financial Administration of Great Britain*, pp. 82-3; Young and Young, *The System of National Finance*, pp. 167-74. ただし、支出補充金や支出項目の変更といった歳出当局による予算変更措置に対しては賛否両論がある。*PP*, 1902 (387.), 1903 (242.), S. C. on National Expenditure, *Reports* and *ME*.
70) 例えば、1888/89年海軍予算における支出項目の変更については、*PP*, 1890 (111.), Navy Votes: Treasury Minutes, dated 24 March 1890, authorizing the temporary application of the surplus on certain navy votes of the year 1889/90, to meet expenses on certain other navy votes of the same year.
71) *PP*, 1887 (201.), S. C. Public Accounts, *Report* and *ME*; *PP*, 1888 (71-I.), Navy Estimates, for 1888/89, with Statement by the Financial Secretary Descriptive of the Re-Arrangement of the Votes, and Explanation of Differences, pp. v-vi; *PP*, 1890 (40.), Navy (Appropriation Account), pp. 154-55.
72) 海軍に提供された銃器の種類については、*PP*, 1883 (146.), Army (Guns supplied to the Navy).
73) Lord George Hamilton, *Parliamentary Reminiscences and Reflections, 1886 to 1906*, John Murray, 1922, pp. 82, 85; Bacon, *The Life of Lord Fisher of Kilverstone*, vol. 1, pp. 96-100.
74) John A. Fisher to Sir Julian Stafford Corbett, November 29, 1913, in Arthur J. Marder, ed., *Fear God and Dread Nought: The correspondence of Admiral of the Fleet, Lord Fisher of Kilverstone*, Jonathan Cape, vol. 2, 1956, p. 494.
75) John A. Fisher, Submarines, in John A. Fisher, *Records*, Hodder & Stoughton, 1919.
76) イギリス海軍が19世紀末に出現した新兵器である潜水艦をいかに戦略に組み込もうとしたかについては、Nicholas A. Lambert, ed., *The Submarine Service, 1900-1918*, Aldershot: NRS, 2001.

77) Donald M. Schurman, *Julian S. Corbett 1854-1922: Historian of British maritime policy from Drake to Jellicoe*, Royal Historical Society, 1981.

78) Julian S. Corbett, The capture of private property at sea, in Mahan, ed., *Some Neglected Aspects of War*; Julian S. Corbett, *Some Principles of Maritime Strategy*, Longmans, Green, 1911. 第一次世界大戦期には、彼は以下のパンフレットを公にしている。Sir Julian S. Corbett, *Spectre of Navalism*, Thomas Nelson & Sons, 1917; Sir Julian S. Corbett, *The League of Peace and a Free Sea*, Hodder & Stoughton, 1917.

79) Sidney Pollard and Paul Robertson, *The British Shipbuilding Industry, 1870-1914*, Cambridge, Mass.: Harvard UP., 1979, ch. 10.

80) *The Annual Register: A review of public events at home and abroad for the year*, Longmans, Green, 1905, p. 61.

81) *PP*, 1912-13 (277.), S. C. on Estimates, *ME*, QQ. 14, 73, 76, 113-14, 130（R. Chalmers）.『海軍（議定費決算書）』に記されている造艦計画は、次の研究によって既に詳細に分析されており、わが国でしばしば指摘される巨大戦艦中心の造艦計画――「大艦巨砲主義」――ではなかった。Sumida, *In Defence of Naval Supremacy*, Appendix: Tables 6-7; Lambert, *Sir John Fisher's Naval Revolution*, Appendix 2. 造艦事業における海軍工廠と民間造船会社への発注比率は『海軍工廠造艦部会計簿』によった研究で明らかにされた。Pollard and Robertson, *The British Shipbuilding Industry*, pp. 216-19.

82) Ashworth, Economic aspects of late Victorian naval administration, p. 496, n. 4.

83) 1861年の「海軍本部調査委員会」は複式簿記を海軍工廠経営に導入することを検討していた。*PP*, 1861 (438.), S. C. on the Board of Admiralty, *ME*, Q. 756 (Duke of Somercet). 1861年以降、ウリッジの海軍工廠は複式簿記に基づく会計制度を採用している。*PP*, 1861 (482.), Dockyard Accounts.

84) 吉岡昭彦「イギリス帝国主義における海軍費の膨脹――1889〜1914年」『土地制度史学』第124号、1989年。

85) 吉岡昭彦「近代イギリス予算制度の特質――19世紀後半〜20世紀初頭を対象として」『西洋史研究〔東北大学〕』新輯第16号、1987年。

86) 吉岡「イギリス帝国主義における海軍費の膨脹」3頁、註10、参照。

87) 実際、吉岡は、1909年の『議会資料』(*PP*, 1909, Accounts and Papers, vol. 53) 所収の「Abstracts of Navy Estimates 1909/10, New Ships to be ordered in 1909/10, Statement, 1909/10」の参照を求めているに留まる。吉岡「イギリス帝国主義における海軍費の膨脹」18頁、註3、参照。

88) 吉岡「イギリス帝国主義における海軍費の膨脹」8頁。
89) Sumida, *In Defence of Naval Supremacy*, ch. 1; Lambert, *Sir John Fisher's Naval Revolution*, pp. 29-37.
90) 短命に終わった第三次グラッドストン内閣では、蔵相がハーコート、海相はリポンであった。海相は、イギリスの海軍力不足を危惧し、その増強を求める1884年の「海軍パニック」の主張と共通の認識に立って海軍予算の確保を主張したが、経費節減を強力に要求する蔵相と鋭く対立した。Lucien Wolf, *Life of the First Marquess of Ripon*, John Murray, vol. 2, 1921, pp. 183-87. ハーコートの蔵相としての政策的信条ともいえる経費節約策については、A. G. Gardiner, *The Life of Sir William Harcourt*, Constable, vol. 1, 1923, pp. 569-73. キャンベル＝バナマン陸相も海相と同様に陸軍予算の増額を強く要求していた。J. A. Spender, *The Life of the Right Hon. Sir Henry Campbell-Bannerman*, Hodder & Stoughton, vol. 1, n. d., p. 99.
91) Lord George Hamilton, *Parliamentary Reminiscences and Reflections, 1868 to 1885*, John Murray, 1916, pp. 289-92.
92) ハミルトン海相の事績については、注91で示したハミルトンの『回想録』以外に、Briggs, *Naval Administrations 1827 to 1892*, pp. 223-59. 海軍省事務次官経験者の著者はハミルトンが行った海軍の組織改革を高く評価している。
93) TNA CAB 37/16/65, December 9, 1885, George Hamilton, Admiralty reforms.
94) 英蘭戦争以後の海戦の歴史を制海権の観点から分析した著作として、Vice-Admiral Philip H. Colomb, *Naval Warfare: Its ruling principles and practice, historically treated*, W. H. Allen, 1891.
95) TNA CAB 37/18/45, October 1, 1886, George Hamilton, War organization. この文書は Briggs, *Naval Administrations 1827 to 1892*, pp. 229-38にも収められている。
96) Charles Beresford, *The Memoirs of Admiral Lord Charles Beresford*, Methuen, vol. 2, 1914, pp. 345-48; Briggs, *Naval Administrations 1827 to 1892*, pp. 243-44. 海軍情報部の『報告書』はマーダのイギリス海軍史研究でも頻用されている史料である。最近、第一次世界大戦前のドイツ海軍に関する『情報部報告書』が公刊された。Matthew S. Seligmann, ed., *Naval Intelligence from Germany: The reports of the British Naval Attaches in Berlin, 1906-1914*, Aldershot: NRS, 2007. なお、1893年設立の海軍文書協会 Navy Records Society は現在でも海軍情報部の非公式的組織としてイギリス海軍関連の文書蒐集とイギリス海軍史研究に不可欠な史料を提供している。Lambert, *The Foundations of Naval History*; do., ed., *Letters*

and Papers of Professor Sir John Knox Laughton, 1830-1915, Aldershot: NRS, 2002, p. 4.

97) Beresford, *The Memoirs of Admiral Lord Charles Beresford*, vol. 2, p. 353.

98) ブラッセィ卿は1870年代に早くも海軍工廠の作業効率・建造経費を議会で取り上げ、工廠が抱える問題点を指摘し、改善策を提案した。Lord Brassey, *Papers and Addresses; Naval and maritime*, n. p., vol. 1, 1894, pp. 16-23, 65-74.

99) Lord Hamilton, *Parliamentary Reminiscences and Reflections, 1868 to 1885*, pp. 292-301; do., *Parliamentary Reminiscences and Reflections, 1886 to 1906*, chs. X, XI, esp. p. 81.

100) TNA CAB 37/22/28, October 31, 1888, Admiralty [W. H. White], Special programme for New Construction, 1889/90 to 1893/94; TNA CAB 37/22/30, November 1, 1888, Admiralty [W. H. White], Special programme for New Construction, 1889/90 to 1894/95. ホワイトは1885年から1902年まで艦船設計と建造計画立案の責任者(ディレクター)であった。海軍設計技師ホワイトに関しては、本書、第2章、参照。

101) Lord Hamilton, *Parliamentary Reminiscences and Reflections, 1868 to 1885*, p. 300. 海軍の物資調達制度と私企業への艦船建造発注・物資購入に関しては、まず、海軍省が実態調査を行い、後に外部発注・物資購入の際のガイドラインを作成した。*PP*, 1887 [C. 4987.], *Report of the Committee appointed by the Lords Commissioners of the Admiralty to inquiry into the system of purchase and contract in the Navy*; *PP*, 1887 [C. 5231.], Statement showing the action taken by the Lords Commissioners of the Admiralty.

102) Lord Hamilton, *Parliamentary Reminiscences and Reflections, 1868 to 1885*, pp. 300-8.

103) *PP*, 1889 [C. 5648.], March 4, 1889, Statement of First Lord of Admiralty, Explanatory of the Navy Estimates, 1889/90.

104) *PP*, 1889 (186.), A Bill to make further vision for naval defence and defray the expenses thereof. 1888/89年海軍予算および海軍防衛法にいたる過程については、TNA CAB 37/22/24, August 9, 1888, Admiralty, Requirements of the British Navy; TNA CAB 37/22/36, November 10, 1888, George Hamilton, Navy Estimates; TNA CAB 37/22/40, December 1, 1888, George Hamilton, Naval Estimates.

105) *PP*, 1887 (216.) (223.) (232.) (239.), S. C. on Army and Navy Estimates, *First, Second, Third and Fourth Reports* and *ME*; *PP*, 1888 (142.) (213.) (304.) (328.), S. C. on Navy Estimates, *First, Second, Third and Fourth Reports* and *ME*. この時

期の歳出当局に対する大蔵省の財政統制の実態については、Roseveare, *The Treasury*, pp. 204-9.
106) *PP*, 1888 (71-I.), Navy Estimates, for 1888/89, with Statement by the Financial Secretary Descriptive of the Re-Arrangement of the Votes, and Explanation of Differences; *PP*, 1888 (256.), Copy of Correspondence between the Admiralty and the Treasury respecting the New Form of Navy Estimates; *PP*, 1938 (154.), Public Accounts Committee, *Epitome of the Reports from the Committees of Public Accounts 1857 to 1937*, pp. 211-22.
107) *PP*, 1888 (405.), S. C. on Public Accounts, *Third Report*, pp. iii-v.
108) Semmel, *Liberalism and Naval Strategy*, chs. 6 and 7.
109) イギリス海軍が戦時において採用した、海上封鎖、中立国船籍船をも対象とする貿易制限などの通商戦争、経済戦争に関する史料集が出ている。Nicholas Tracy, ed., *Sea Power and the Control of Trade*, Aldershot: NRS, 2005. 戦時における海洋貿易をめぐる国際的取り決めは、ヨーロッパでは「戦争の世紀」ともいえる18世紀に実現をみた。Carl J. Kulsrud, *Maritime Neutrality to 1780: A history of the main* principle *governing neutrality and belligerency to 1780*, Boston: Little, Brown & Co., 1936; Bell, *A History of the Blockade of Germany*. 18世紀以後の国際的取り決めについては、L. A. Artherley-Jones, *Commerce in War*, Methuen, 1907 が詳細である。
110) 国際会議に対するイギリス海軍首脳の反応については、Marder, ed., *Fear God and Dread Nought*, vol. 2, ch. 1. ロンドンの保険業者は19世紀末には既に海事法の運用に危機感を募らせていた。John Towne Danson, *Our Next War, in its commercial aspect*, Blades, East & Blades, 1894; do., *Our Commerce in War, and how to protect it*, Blades, East & Blades, 1897.
111) John C. R. Colomb, *The Defence of Great and Greater Britain: Sketches of its naval, military, and political aspects*, Edward Stanford, 1880; Vice-Admiral Philip H. Colomb, *Naval Warfare*; Vice-Admiral Philip H. Colomb, *Essays on Naval Defence*, W. H. Allen, 1893; Clarke and Thursfield, *The Navy and the Nation or Naval Warfare and Imperial Self Defence*; Sir George S. Clarke, *Imperial Defence*, The Imperial Press, [1897?]; Sir John C. R. Colomb, *British Danger*, Swan Sonnenschein, 1902.
112) Marder, *The Anatomy of British Sea Power*, pp. 68-70. コロム兄弟を含めた大海軍派がイギリス海軍をいかに「教育」したかについては、cf. D. M. Schurman, *The Education of A Navy: The development of British naval strategic thought*

1867-1914, Cassell & Co., 1965.

113) F. E. Hammer, ed., *The Personal Papers of Lord Rendel*, Ernest Benn, 1931, p. 241.

114) イギリス海軍の戦略構想を高度工業国特有の弱点ともいえる食糧・工業原料調達の海外依存との関係で明らかにした研究に、Mancur Olson, Jr., *The Economics of the Wartime Shortage: A history of British food supplies in the Napoleonic War and in World Wars I and II*, Durham: Duke UP., 1963; Bryan Ranft, The protection of British seaborne trade and the development of systematic planning for war, 1860-1906, in Bryan Ranft, ed., *Technical Change and British Naval Policy 1860-1939*, Hodder & Stoughton, 1977; Avner Offer, The working classes, British naval plans and the coming of the Great War, *Past and Present*, 107 (1985); do., *The First World War*; Ranft, Parliamentary debate, economic vulnerability, and British naval expansion, 1860-1905, in Lawrence Freedman, Paul Hayes and Robert O'Neill, eds., *War, Strategy and International Politics: Essays in Honour of Sir Michael Howard*, Oxford: Clarendon Press, 1992. 最近では、第二帝政期ドイツ海軍の戦略を分析したホブソンが要領よく論点を纏めている。Rolf Hobson, *Imperialism at Sea: Naval strategic thought, the ideology of sea power and the Tirpitz Plan, 1875-1914*, Boston: Brill Academic Publishers, 2002. 本書、第1章・第3章、参照。議会資料である *PP*, 1903 [Cd. 1761.], 1905 [Cd. 2337.], 1909 [Cd. 4954], *Memoranda and Statistical Tables on British and Foreign Trade and Industries* は、貿易統計の分析によってイギリス経済の対外依存度を具体的に明らかにした。また、*PP*, 1905 [Cd. 2643.], R. C. on Supply of Food and Raw Material in Time of War, *Report* and *ME* は、貿易統計、工業原料備蓄、国内の食糧生産の現況を分析し、海外に食糧・工業原料を依存することが戦時（非常時）においていかに危険であるかに触れ、海軍 Navy と商船隊 Mercantile Fleet の果たすべき役割に言及した。本書、終章、参照。

115) Tracy, ed., *Sea Power and the Control of Trade*. cf. Bell, *A History of the Blockade of Germany*; Semmel, *Liberalism and Naval Strategy*; Donald M. Schurman, edited by John Beeler, *Imperial Defence 1868-1887*, Frank Cass, 2000.

116) 本書、第1章、参照。

117) 海軍防衛法に基づく支出については、*PP*, 1896 (104.), Naval Defence Act, 1889 and 1893 Accounts, 1894/95.

118) Lord Hamilton, *Parliamentary Reminiscences and Reflections, 1886 to 1906*, pp. 106-7; Lady Gwendolen Cecil, *Life of Robert Marquis of Salisbury*, Hodder &

Stoughton, vol. 4, 1932, p. 188. 借入金の償還は当初 5 か年と規定されたが、償還期間は延長された。

119) Sumida, *In Defence of Naval Supremacy*, p. 17. Cf. *PP*, 1914〔Cd. 7994.〕, National Debt.

120) 人民予算案に関しては、本書54-55頁および拙著『イギリス帝国期における国家財政運営』第 5 章、参照。わが国では、土生芳人が租税政策を中心に1894/95年予算における相続税改革や1909/10年予算案を分析し、イギリス租税制度の歴史的特徴を体系的に明らかにした。土生芳人『イギリス資本主義の発展と租税』東京大学出版会、1971年、参照。1960年代はわが国のイギリス経済・財政（政策）史研究にとって「議会議事録」と「議会報告書」とを基礎的資料とする研究手法の確立期に当たり、主として二次文献に依拠した前世代のイギリス経済史・財政（政策）史研究と比較して圧倒的優位に立った時代でもあった。しかし、1970年代以降においても、わが国の近代イギリス経済・財政（政策）史研究では未公刊文書解読への関心は鈍かった。

121) *PP*, 1914〔Cd. 7994.〕, National Debt.

122) *PP*, 1912-13 (277.), S. C. on Estimates, *ME*, QQ. 14, 73, 76, 113-14, 130 (R. Chalmers).

123) *4H*, 23 (April 16, 1894), 483-84 (W. Harcourt), 1194-95 (George Hamilton); Mallet, *British Budgets 1887-88 to 1912-13*, p. 79. 海軍防衛勘定をめぐるハーコート蔵相と大蔵省官僚との意見交換については、拙著『イギリス帝国期の国家財政運営』第 3 章第 2 節、参照。

124) 艦船の種類別にみた造艦事業については、Sumida, *In Defence of Naval Supremacy*, Appendix: Tables 6-7; Lambert, *Sir John Fisher's Naval Revolution*, Appendix 2.

125) 法案は、*PP*, 1895 (173.), A Bill to make vision for the construction of works in the United Kingdom and elsewhere for the purpose of Royal Navy.

126) TNA CAB 37/34/59, December 13-26, 1893, Lord Spencer, Navy Estimates, 1894/95. ホワイトが引き続き造艦計画を担当した。TNA CAB 37/34/54, November 22, 1893, Admiralty: W. H. White, Memorandum of Meeting to discuss Programme of New Construction, April 1, 1894 to April 1, 1899; TNA CAB 37/34/57, December 8, 1893, Admiralty: W. H. White, Programme of New Construction.

127) 海軍防衛法に基づく 5 年間の造艦支出は最終的に2,250万ポンドに膨膨したのに対して、スペンサー計画の当初案は艦船建造に1,876万3,000ポンド支出するものであった。Lord John Acton to Algernon West, February 1, 1894, in H. G.

第3章　世紀転換期におけるイギリス海軍予算と国家財政　197

Hutchinson, ed., *Private Diaries of Sir Algernon West*, John Murray, 1922, p. 265 (entry of February 1, 1894).
128) 1893/94年予算をめぐる蔵相と海相の対立に関しては、Gordon, ed., *The Red Earl*, vol. 2, pp. 219-22; Gardiner, *The Life of Sir William Harcourt*, vol. 2, pp. 200-2.
129) Marder, *The Anatomy of British Sea Power*, ch. x.
130) 海軍同盟については、Coetzee, *For Party or County*. 横井「エドワード期のイギリス社会と海軍」参照。
131) 1894/95年予算案をめぐる海軍本部の姿勢については、Bacon, *The Life of Lord Fisher of Kilverstone*, vol. 2, p. 112; Fisher, *Records*, pp. 50-53. この時、フィシャは第三本部長を務め、造艦部門の責任者である監督官を兼務していた。フィシャを含む海軍本部の武官本部長はスペンサー海相に海軍増強を強く働きかけていた。Sea Lords to Lord Spencer, December 20, 1893, in Gordon, ed., *The Red Earl*, vol. 2, pp. 231-32.
132) ハーコート蔵相については、Gardiner, *The Life of Sir William Harcourt*, vol. 2, pp. 244-57.
133) グラッドストンは、ハミルトン前海相時代の海軍予算の規模、すなわち、1,300万ポンドの海軍予算に加えて海軍防衛法（当初予算額は2,150万ポンド）に基づく毎年の平均的支出額の合計約1,600万ポンドを遙かに超える予算規模を批判し、1894/95年海軍予算を異常な事態と看做した。H. C. G. Matthews, ed., *Gladstone Diaries*, Oxford: Clarendon Press, vol. 13, 1994, pp. 348 (entry of January 1, 1894), 387 (entry of March 1, 1894); John Morley, *The Life of William Ewart Gladstone*, Macmillan, vol. 3, 1903, p. 563. グラッドストン辞任劇については、Morley, *The Life of William Ewart Gladstone*, vol. 3, ch. VIII; Marder, *The Anatomy of British Sea Power*, pp. 200-203.
134) Lord Spencer, Memorandum, 8 March 1894, in Gordon, ed., *The Red Earl*, vol. 2, p. 243.
135) *PP*, 1894 [C. 7295.], March 10, 1894, Statement of First Lord of Admiralty, Explanatory of the Navy Estimates, 1894/95, pp. 8-9.
136) *PP*, 1895 [C. 7654.], February 28, 1895, Statement of First Lord of Admiralty, Explanatory of the Navy Estimates, 1895/96, p. 9.
137) 相続税改革に関する最近の研究として、Martin Daunton, The political economy of death duties: Harcourt's Budget of 1894, in N. Hart and R. Quinault, eds., *Land and Society in Britain 1700-1914*, Manchester: Manchester UP., 1996. 拙著『イギ

リス帝国期の国家財政運営』第3章、参照。
138) David Brooks, ed., *The Destruction of Lord Rosebery, from the diary of Sir Edward W. Hamilton 1894-1895*, Historians' Press, 1986, p. 189 (entry of November 13, 1894); Dudley W. R. Bahlman, ed., *The Diary of Sir Edward W. Hamilton 1885-1906*, Scarborough: University of Hull Press, 1993, p. 281 (entry of November 13, 1894).
139) Brooks, ed., *The Destruction of Lord Rosebery*, p. 234 (entry of March 30, 1895). cf. TNA IR 74/2, n. d [1895], Alfred Milner, Death duties. ミルナーは1892年以降、1894/95年予算案でハーコートが提案した累進的相続税の原案作成段階から内国歳入庁議長として深く関与していた。
140) TNA CAB 37/37/44, December 5, 1894, Lord Spencer, Sketch Estimates for Navy; W. Harcourt to Lord Spencer, 10 December 1894, in Gordon, ed., *The Red Earl*, vol. 2, p. 249; Lord Spencer to Campbell-Bannerman, 19 December 1894, in Gordon, ed., *The Red Earl*, vol. 2, p. 250.
141) Brooks, ed., *The Destruction of Lord Rosebery*, pp. 193-94 (entry of November 28, 1894); Brooks, ed., *The Destruction of Lord Rosebery*, p. 197 (entry of December 14, 1894); Brooks, ed., *The Destruction of Lord Rosebery*, p. 198 (entry of December 21, 1894); Lord Spencer to Lady Spencer, 29 November 1894, in Gordon, ed., *The Red Earl*, vol. 2, p. 249, and n. 2.
142) Bahlman, ed., *The Diary of Sir Edward W. Hamilton 1885-1906*, p. 283 (entry of January 1, 1895); Bahlman, ed., *The Diary of Sir Edward W. Hamilton 1885-1906*, p. 284 (entry of January 4, 9 and 10, 1895); Brooks, ed., *The Destruction of Lord Rosebery*, p. 201 (entry of January 4, 1895); Brooks, ed., *The Destruction of Lord Rosebery*, p. 204 (entry of January 11, 1895); Bahlman, ed., *The Diary of Sir Edward W. Hamilton 1885-1906*, p. 285 (entry of January 11, 1895); Brooks, ed., *The Destruction of Lord Rosebery*, p. 208 (entry of January 16, 1895); Brooks, ed., *The Destruction of Lord Rosebery*, p. 209 (entry of January 18, 1895).
143) *PP*, 1895 [C. 7654.], February 28, 1895, Statement of First Lord of Admiralty, Explanatory of the Navy Estimates, 1895/96.
144) TNA CAB 37/38/6, January 16, 1895, Lord Spencer, New Works for Navy; TNA CAB 37/38/7, January 18, 1895, Lord Spencer, Memorandum [Navy Estimates].
145) Lord Spencer to Admiral Sir M. Culme-Seymour, 7 March 1895, in Gordon, ed., *The Red Earl*, vol. 2, p. 251; Lord Spencer to Lady Spencer, 30 April 1895, in Gor-

don, ed., *The Red Earl*, vol. 2, p. 253.
146) *PP*, 1895 [C. 7654.], February 28, 1895, Statement of First Lord of Admiralty, Explanatory of the Navy Estimates, 1894/95, p. 9; Brooks, ed., *The Destruction of Lord Rosebery*, p. 213（entry of January 28, 1895）.
147) Lord Salisbury to Austen Chamberlain, June 30, 1895, in Charles Petrie, *The Life and Letters of the Right Hon. Sir Austen Chamberlain*, Cassell & Co., vol. 1, 1939, p. 67; David Dutton, *Austen Chamberlain: Gentleman in politics*, Bolton: Ross Anderson, 1985, pp. 22-3. 海軍文官本部長および蔵相時代のチェンバレンに関する記録は少ない。
148) TNA CAB 37/41/7, February 4, 1896, Civil Lord of Admiralty: Austen Chamberlain, New [Naval] Works.
149) Boyce, ed., *The Crisis of British Power*, ch. 2. 本書、第1章、参照。
150) *PP*, 1896（143.）, Naval Works Bill. cf. Sumida, *In Defence of Naval Supremacy*, p. 17. ゴッシェン海相下における海軍増強については、TNA CAB 37/41/2, January 17, 1896, Controller of Navy, Ship-building programme; TNA CAB 37/41/6, February 1, 1896, Admiralty, Naval Works; TNA CAB 37/41/8, February 7, 1896, First Lord of Admiralty, Naval Works; TNA CAB 37/41/10, February 8, 1896, G. J. Goschen, Naval Works Act.
151) *PP*, 1899（278.）, Naval Works Bill. Cf. TNA CAB 37/50/36, June 6, 1899, Austen Chamberlain, Naval Works Bill; TNA CAB 37/50/39, June 13, 1899, Austen Chamberlain and G. J. Goschen, Memorandum on Naval Works Bill.
152) ボーア戦争の政治的影響については、G. R. Searle, *The Quest for National Efficiency: A study in British political thought 1899-1914*, Oxford: Basil Blackwell, 1971, ch. 2; Coetzee, *For Party or County*, pp. 38-42. 大国イギリスの軍事力・経済力に対する懐疑が生まれ、問題克服の道が自由党・統一党の枠を越えて模索された。
153) *PP*, 1904 [Cd. 1789.] [Cd. 1790.] [Cd. 1791.] [Cd. 1792.], R. C. on Military Preparations and Other Matters connected with the War in South Africa, *Reports* and *ME*.
154) Franklyn A. Johnson, *Defence by Committee: The British Committee of Imperial Defence 1885-1959*, Oxford UP., 1960; Lord Hankey, *The Supreme Command 1914-1918*, George Allen & Unwin, vol. 1, 1961, pp. 45-59. エッシャ自身の構想は、Lord Esher, The Committee of Imperial Defence: its functions and potentialities, in Lord Esher, *The Influence of King Edward*, John Murray, 1915.
155) TNA T 170/31, February 12, 1900, John Bradbury, The financing of naval and

military operations.

156) TNA T 170/31, August 31, 1914, W. G. Turpin, War loans. 拙著『イギリス帝国期における国家財政営』244頁、参照。

157) 本書、第1章、参照。

158) *PP*, 1900 [Cd. 70.], February 17, 1900, Statement of First Lord of Admiralty, Explanatory of the Navy Estimates, 1900/01; *PP*, 1900 (41.), Navy Estimates, for 1900/01, with Explanation of Differences.

159) 項10の予算額と決算額（総支出額）は、毎年の『海軍予算説明書（前年比較）』、『海軍（議定費決算書）』にあり、海軍工事法に基づき支出された借入金を含む全支出額は『海軍工事法会計簿』*PP*, 1910 (26.), Naval Works Acts, 1895, 1896, 1897, 1899, 1903, 1904, and 1905 Account, 1908/09 (final) やマレットの『イギリス予算史』Mallet, *British Budgets 1887-88 to 1912-13*, pp. 500-3, Table XVIII にある。簡単には、Sumida, *In Defence of Naval Supremacy*, Table 7. ただし、マレットの『イギリス予算史』で採用されている財政数字は議会資料に掲載されている数値と1,000ポンド単位の差異がある。

160) *PP*, 1903 (242.), S. C. on National Expenditure, *Second Report*, pp. v-vi; *PP*, 1904 (152.), Public Accounts Committee, *First Report*, pp. iv-v; *PP*, 1904 (207.), Public Accounts Committee, *Third Report*, p. xxx.

161) 国債、資本債務・コンソル価格の動向については、拙著『イギリス帝国期における国家財政営』第3章・第4章、参照。

162) Hargreaves, *The National Debt*, p. 220〔一ノ瀬・斎藤・西野訳『イギリス国債史』223頁〕。

163) 4*H*, 156 (April 30, 1906), 277-96 (H. H. Asquith). Cf. Hargreaves, *The National Debt*, p. 221〔一ノ瀬・斎藤・西野訳『イギリス国債史』224頁〕。拙著『イギリス帝国期の国家財政運営』273-74頁、参照。

164) *PP*, 1910 (26.), Naval Works Acts, 1895, 1896, 1897, 1899, 1903, 1904, and 1905 Account, 1908/09 (final). Cf. Mallet, *British Budgets 1887-88 to 1912-13*, pp. 500-3, Table XVIII.

165) TNA CAB 37/73/159, December 6, 1904, Lord Selborne, Distribution and Mobilisation of the Fleet; *PP*, 1905 [Cd. 2335.], December 6, 1904, Lord Selborne, Distribution and Mobilisation of the Fleet; *PP*, 1905 [Cd. 2450.], March 15, 1905, Lord Selborne, Arrangements Consequent on the Redistribution of the Fleet.

166) Lambert, *Sir John Fisher's Naval Revolution*, pp. 29-37. フィシャの海軍改革に関する認識については、John A. Fisher, Naval problems, in Fisher, *Records*, pp.

127-55.

167) *PP*, 1905 [Cd. 2701.], November 30, 1905, Frederick C. Earl Cawdor, A Statement of Admiralty Policy. この文書には1903年から1905年の間の海軍改革に関する評価が記されている。なお、ベーコンは20世紀初頭以降、新技術の採用を加速化したイギリス海軍にとって機関学・機械工学・数学教育などの理数教育が急務となった事情を指摘している。Admiral Sir Reginald Bacon, *From 1900 Onward*, Hutchinson, 1940, pp. 80-1. イギリス艦船の推進エネルギーが石炭から石油(オイル)に本格的に転換されるのは20世紀に入ってからであるが、フィシャはこのエネルギー転換にも重大な注意を払っている。John A. Fisher, Notes on oil and oil engines, in Fisher, *Records*, pp. 189-203. 海軍の新教育制度は1902年12月に開始されていた。John A. Fisher, Naval education, in Fisher, *Records*, pp. 150-72. フィシャの兵員教育・海軍改革に関する詳細な説明は、P. Kemp, ed., *The Papers of Admiral Sir John Fisher*, NRS, vol. 2, 1960.

168) John T. Sumida and David A. Rosenberg, Machine, men, manufacturing, management and money, in Hattendorf, ed., *Doing Naval History*, p. 35.

169) Marder, *From Dreadnought to Scapa Flow*, vol. 1, p. 25.

170) Aaron L. Friedberg, *The Weary Titan: Britain and the experience of relative decline, 1895-1905*, New Jersey: Princeton UP., 1988.

171) D. Lloyd George, *The People's Budget, explained by David Lloyd George*, Hodder & Stoughton, 1909, pp. 16-22. 1909/10年予算演説（1909年4月29日）は当然、議会議事録に掲載されているが、ロイド・ジョージ蔵相の演説集や自由党のパンフレット集も1909/10年予算の理解にとって有益である。D. Lloyd George, *Better Times*, Hodder & Stoughton, 1910; *Pamphlets and Leaflets for 1909*, LPD, 1910; *Liberal Magazine; A periodical for the use of liberal speakers, writers, and canvassers*, 17 (1909), LPD, 1910.

172) Hargreaves, *The National Debt*, p. 222〔一ノ瀬・斎藤・西野訳『イギリス国債史』225頁〕。

173) これにより組織的・継続的な情報の収集と公開が決定され、1912年に『最終報告書』が出された。*PP*, 1912-13 [Cd. 6320.], *Final Report on the First Census of Production of the United Kingdom (1907), with Tables*.

174) Edward Higgs, *The Information State in England: The central collection of information on citizens since 1500*, Basingstoke: Palgrave Macmillan, 2004.

175) 相続税のデータに基づく資産分布研究に関しては、Mallet, *British Budgets 1887-88 to 1912-13*, Table X. 超過所得税のデータに依拠した所得分布研究に関

しては、Mallet, *British Budgets 1887-88 to 1912-13*, Table Ⅶ B. マレットは内国歳入庁官僚経験者である。なお、内国歳入庁議長ミルナーは1894/95年予算案作成時にハーコート蔵相が提案した超過所得税(スーパー・タックス)に関するメモで「所得階層別の納税者数」を推計している。TNA T 168/96, n. d［1894］, A［lfred］M［ilner］, Memorandum on income tax reform in 1894. また1905年には統計学に精通したマニーの『富と貧困』が出された。L. G. Chiozza Money, *Riches and Poverty*, Methuen, 1905（second impression, 1910）. この著作に関して、1906年の「所得税調査委員会」委員長のディルクは大蔵省事務次官ハミルトン宛書翰で、マニーの著作が所得税の累進化に必要なデータ蒐集にとって有益であり、**所得税の累進化を単なる推測ではなく統計的推論に依拠して**判断すべきである、と記し、統計情報利用の重要性を指摘した。TNA T 168/96, 15 May 1906, Charles Dilke to Edward W. Hamilton.

176) PP, 1908［Cd. 3864.］, *Report of an enquiry by Board of Trade into Working Class Rents, Housing, Retail Prices and Standard Rate of Wages in the United Kingdom*; PP, 1913［Cd. 6955.］, *Report of an enquiry by Board of Trade into Working Class Rents, Housing, Retail Prices and Standard Rate of Wages in the United Kingdom*.

177) Higgs, *The Information State in England*, pp. 99-132.

178) ピットの所得税法案は1798年12月3日に上程され、翌1799年1月9日に可決成立し、同年4月5日に発効した。W. S. Hathaway, ed., *The Speeches of the Right Hon. William Pitt in HC*, Longman, 3rd edition, vol. 2, 1817, pp. 425-58（December 3, 1798）. 議会での審議については、Hathaway, ed., *The Speeches of the Right Hon. William Pitt*, vol. 3, pp. 1-15（December 14, 1798）; Charles Abbot, Lord Colchester, ed., *The Diary and Correspondence of Charles Abbot, Lord Colchester: Speaker of HC 1802-1817*, John Murray, vol. 1, 1861, p. 164（entry of December 3, 1798）, pp. 165-66（entry of December 14, 1798）.

179) 拙著『イギリス帝国期の国家財政運営』序章、第6章、参照。

180) Higgs, *The Information State in England*, pp. 133-67.

181) 累進的相続税は国庫に膨大な財政剰余を齎したが、統一党内閣（1895～1905年）は、1894年の累進的相続税導入によって租税負担が増加した土地財産（農業用地）を救済するために1896年農業地方税法 Agricultural Rate Act を実施した。この時期、農場経営は農業不況に加えて相続税改革によって経費（国税負担）が嵩んだために、国税負担増加を地方税負担軽減で相殺し、農場経営を救済するというのがその理由である。累進的相続税が国庫に齎した財政剰余は、農業用地の地方税

軽減と地方自治体の地方税減税に伴う財源不足を補塡する国庫補助金の財源となった。拙著『近代イギリス地方行財政史研究』第3章、参照。

終　章　1909年ロンドン宣言とイギリス海軍・イギリス外交（1909〜1917年）
―― 戦時における食糧供給 ――

はじめに

　15世紀以降、ヨーロッパ諸国がヨーロッパ世界のみならず非ヨーロッパ世界への軍事的経済的拡張を意図するにしたがって、経済のグローバル化は急速に進行した。18世紀以降、ヨーロッパ諸国、そして後にはアメリカでも工業化が進展した。その一方で、各国は以前と異なり工業原料を自国領域内で量的に調達できなくなったばかりか、自国領域内で産出しない工業原料――木綿工業に欠かせない綿花、内燃機関の燃料である石油、機械工業で使用される天然ゴムなど――、農業に欠かせない肥料、さらにはアルミニウム・ニッケルなどの新素材を地球的規模で搔き集める必要に迫られたのである。経済活動をめぐるこのような環境変化に加えて、かつては自国領域内で調達可能であった穀物・各種肉類・鶏卵・乳製品などの食糧や嗜好品さえもが国民の所得向上にともない対外依存を強めていった。この食糧と工業原料の調達をめぐる状況の変化は、大陸の過半を占める国家にもあてはまった。広大な領土を誇る大陸国家でさえ、産業の高度化によってますます多様化する工業原料と国民の所得上昇に応じて変化する食糧（各種穀類・肉類・肉加工品）・嗜好品などを自給自足することが困難となり、各国は緊密な経済的相互補完関係を結ばざるを得なかった。しかも、この緊密な経済関係を担う輸送手段は、輸送コストが掛かるだけでなく種々の障壁を抱える陸運ではなく、大量の物資を安価に輸送可能な海運あるいは内陸水運であり、船舶であった。その船荷（商品）もまた15世紀の新大陸発見期の特徴である奢侈品――宝石・貴金属・香辛料などの小さくても高価な、

少数の富裕階層に人気のある商品——ではなく、食糧・工業原料・工業製品などの嵩張る割に低価格であるが、国民の生活と経済活動にとって欠かすことの出来ないものに大きく様変わりした。

　18・19世紀におけるヨーロッパ諸国・アメリカの経済的軍事的膨張によって変化を余儀なくされたのは、平時（平和時）における貿易活動をはじめとした経済活動に留まらない。各国の経済的軍事的領土的膨張が主として海洋を通じてなされるために、海軍（と「私掠船」[1] privateer）の役割が重要となり、国家活動に占める海軍の比重も大きく変化しただけなく、戦時（戦争時）における「交戦国の権利」belligerent rights と「中立国の権利」[2] neutral rights の対立もまた激化した[3]。18世紀以降、イギリスは優勢な海軍による公海 high seas の支配、具体的には、一定海域の軍事的支配と海上通商路の支配を意味する制海権確保を強めた。その結果、海軍力で劣るヨーロッパ諸国・アメリカとイギリスとの間で、戦時（戦争時）における海事の活動に関する国際的規制——海事法——をめぐり対立が激化したのだ。

　イギリス海軍（と私掠船）は、18世紀以来、戦時において交戦国の糧道を遮断する必要から、交戦国船籍船で輸送される交戦国所有の船荷 enemy-owned cargoes の拿捕 seize, capture は当然として、中立国船籍船に積まれた交戦国所有の船荷、交戦国船籍船に積まれた中立国所有の船荷に対しても、臨検と探索を行う権利や、武器類・皮革類・食糧などの交戦国の直接的な軍事支援に繋がる禁制品を拿捕する権利を交戦国の権利として要求した。これに対して、中立国は、戦時においても禁制品の取引を除外して、自由な貿易の権利を主張した。このように、制海権を有するイギリスと中立国の間にも戦時における海事の活動について厳しい対立が存在していた。

　18世紀におけるイギリスとフランスの第二次百年戦争以後、各国の経済活動がグローバル化の傾向と相互依存の関係を強める中で、戦時における中立国の経済的権利、とりわけ貿易の権利をどのように扱うかが国際的な懸案事項となった。戦時においても交戦国の戦闘行為のすべてが容認されたのではなかった。18世紀には、制海権を握るイギリスは戦時における貿易の自由を要求する中立

終章　1909年ロンドン宣言とイギリス海軍・イギリス外交（1909〜1917年）　207

国との間で貿易に関する規則、すなわち、戦時における中立国の権利、交戦国の権利、さらに禁制品の品目を具体的に定めた貿易協定[4] Commercial Treaties を締結した。イギリス以外の諸国も互いに貿易協定によって禁制品を定めたのである。さらに、中立国は戦時における中立国の貿易の権利を執拗に侵害しようとしたイギリスに対して「武装中立同盟」の結成（1780年）をも厭わなかった[5]。

やがて、19世紀半ばのクリミア戦争後の1856年にヨーロッパ諸国が締結したパリ宣言は、永年の繋争事項であった海戦における交戦国の権利・義務と中立国の権利・義務とを定めたものである。宣言は、従来の二国間、あるいは複数国間の**貿易協定**に代わり、ヨーロッパの主権国家が承認した**海事活動に関するはじめての国際的取り決め**である。パリ宣言は、海戦における交戦国と中立国の権利・義務を定めた海事法のマグナカルタともいうべき性格の国際的取り決めであり、「海事革命」といわれる所以がここにある。

海事革命による紛争解決の一方で、19世紀末には海軍力の整備、具体的には新型軍艦の建造、魚雷・機雷・潜水艦などの安価かつ破壊力を増した新兵器の開発がヨーロッパ各国、アメリカ、さらには中国や日本においても盛んとなり、軍拡と新兵器開発が世界的な動きとなった。世界的規模での海軍力の整備・拡充は、19世紀に入り相互依存関係を深めていた世界経済にとって大きな脅威となり始めた。食糧自給率――重量・価額を基準とした、国内消費に占める国内産食糧の比率――が低く、食糧供給を外国に大きく依存する高度工業国は、食糧が戦時においては取引が厳しく制限される禁制品と看做されているために、広範囲にわたる飢餓の発生と政治的混乱を招来しかねない深刻な事態を抱え込むことになった[6]。高度工業国は、世界の貿易活動が不安定化する戦時においても、平時と同様に経済活動と国民生活に欠かせない工業原料・食糧を他ならぬ外国から大量かつ継続的に調達しなければならない輸入経済 import economy と化していたのである。厄介なことは、高度工業国が戦時に国際的貿易決済システムが機能不全に陥るにもかかわらず、食糧・工業原料輸入代金の支払いのために常に多額の決済資金を必要とすることである。確かに、戦時に国内

で調達する種々の物資（商品）・サーヴィスの購入に対しては、政府が国内で調達する租税あるいは国債で対応可能であるが[7]、国外（海外）で調達しなければならない種々の物資・サーヴィスに対しては金（ゴールド）、自国資源・製品の輸出、在外資産が欠かせないし、政府間借款に依存しなければならない事態も出現する。事実、輸入経済のイギリスは、第一次世界大戦に突入するや、戦時経済による国内生産・消費活動の活発化によって物資の輸入が減少せず、輸入代金支払いも減らなかった。そのためイギリス政府は、早くも1915年8月には、輸入の抑制、とりわけ消費財の輸入を抑えて貿易収支を改善し、為替レートを維持する必要に迫られた[8]。

イギリスの食糧生産事情

イギリスは工業化の進展とともに綿花や天然ゴムなど多種多様な工業原料を海外に大きく依存する状態となったが、食糧の分野においても、19世紀半ばには輸入量が国内生産量を上回ったと推測される[9]。19世紀末以降には、海外、なかでも新大陸からの低価格穀物輸入が著増した結果、国内農業のうち穀物生産部門が長期の不況に陥り[10]、農場経営者は経営コスト削減のために穀物生産から牧畜業・近郊農業への転換を推し進めた。その結果、イギリスは、燕麦 oat を除く、小麦 wheat・ライ麦 rye などの食用穀物、大麦 barley などの飼料用・醸造用穀物の生産も沈滞したばかりか、穀物生産から牧畜業へと転換したにもかかわらず、トウモロコシ maize・米 rice などの野菜類、砂糖・コーヒー・茶などの嗜好品は当然として、牛・豚・羊・家禽 poultry などの各種肉類、ハム・ベーコンなどの肉加工品、鶏卵、牛乳・チーズ・バターなどの各種乳製品も海外依存を深めていった[11]。イギリスは1870年代には国内で消費する大量の食糧・工業原料を海外に大きく依存する輸入経済となったのだ[12]。なかでも、小麦、ベーコン、チーズの国内自給率を熱量（カロリー）ベースで計算すると、1909～1913年平均で、それぞれ19％、26％、21％と低かった。ただし、ジャガイモ、牛乳の自給率は高い[13]。

第二帝政期から世界大戦期のドイツの食糧生産と食糧確保策

　後進国ドイツは先進工業国イギリスやフランスの後を追うように工業化を推し進め、第二帝政期にはイギリスと同様に食糧・工業原料の供給で海外依存を強めた[14]。第二帝政期のドイツは自由貿易を維持したイギリスとは異なり農業保護政策を採用し、国内農業、とりわけ穀物生産を一定レヴェルに維持することが出来たが、急速な工業化・都市化と人口増加によって食糧の供給でも外国に依存する傾向を強めていき[15]、20世紀初頭にはドイツ農業の特徴ともいえる家畜の大量飼育が盛んであったにもかかわらず、鶏卵・乳製品・食肉でも価額ベースで輸入国に転じた[16]。なお、イギリスでは小麦を原料とする白パン（ホワイト・ブレッド）に比して安価な食物と看做されていたライ麦を原料とする黒パン（ブラック・ブレッド）が、第一次世界大戦前のドイツの都市では所得水準の低い労働者階級に限らず一般的に食されていた[17]。しかし、食糧自給率が比較的高いと世界的評価を得たドイツでも、第一次世界戦直前にはライ麦の自給率は高かったものの、国内産のライ麦は食用から大量の家畜飼育のための飼料に転用された。白パンの原料として小麦・小麦粉の需要が増加するとともに小麦の自給率も低下傾向を辿り、北アメリカからの小麦・小麦粉輸入に依存する食糧輸入国の傾向を強めていったのだ[18]。なお、この大戦直前の時期に限らず、歴史を遡っても、ドイツ、オランダ、ベルギーなどの北海（ノース・シー）沿岸地域は小麦の生産量が少ない地域である[19]。と同時に、この地域は人口稠密な工業地帯であり、小麦・小麦粉の継続的輸入が国民生活に欠かせない地域でもあった[20]。やがて、第一次世界大戦勃発以後、ドイツはイギリス、フランス、ロシアによって経済封鎖 economic blockade された。しかし、第一次世界大戦前、ロシアはドイツに飼料用穀物（大麦）や小麦などの食用穀物を輸出し、ドイツの総輸入金額において、アメリカに次ぐ位置にあったのである[21]。当然ながら、大戦勃発によってロシアからドイツへの食用穀物・飼料用穀物の輸出は途絶えた。

　戦争が長期化する兆しを見せ、ドイツが食用穀物と飼料の確保に不安を感じ始めた1914年末に、エルツバッハー Paul Eltzbacher 編纂の『ドイツの食糧と

イギリスの飢餓計画』[22]が、農業経済学のエレーボー Friedrich Aereboe や統計学のクチンスキー Robert Kuczynski、蛋白質・炭水化物・脂質から生じる熱量の測定を行い、エネルギー代謝を研究したカイザー・ヴィルヘルム研究所の生理学者ルブナー Max Rubner[23]ら研究者の協力を得て出版された。エルツバッハーらはドイツ国民の生命を維持すべく、栄養学・生理学・農業経済学的観点から平均的国民1人当たりに必要な摂取食品量、蛋白質、炭水化物、脂質の基礎的栄養素、および熱量を計算して「経 済 封 鎖」——軍事的外交的経済的手段による封　鎖——下での自給自足的食糧確保策を提言した[24]。彼らは食糧・農業政策の力点を、家畜に飼料用穀物を与え、人間の生存と活動に必要な熱量・栄養を主として食肉や乳製品から摂取する「牧畜農業」ではなく、人間が食用穀物を直接摂取し生存に必要な熱量・栄養を得る「穀物生産」に転換するべく、各種栄養素に富む小麦・ライ麦、ジャガイモなどの食用穀物・野菜の増産を提案したのだ。食糧輸入国イギリスは戦争勃発と同時にエルツバッハーらの食品の科学的分析に倣って食糧の生産・分配研究を開始した。彼らの研究成果は戦時下イギリスの食糧生産計画に大きな影響を与えることになる[25]。

未来戦争の形——経済崩壊

　19世紀末以降における各国経済の相互依存関係の深化と各国における海軍力整備によって、一方で、国の生命線を防衛する海軍力のさらなる整備・拡充を求める声が、他方では、経済的依存関係の深化と破壊力を飛躍的に増加させた兵器の出現を勘案して、破壊的な被害を齎す戦争は実現不可能であるとする主張が、同時に生まれることになった。19世紀末のロシアで鉄道王・銀行家として有名であったユダヤ人のイヴァン・ブロッホ I. S. Bloch は世界経済に関する統計情報を分析した結果、近い将来予想される戦争が経済的相互依存関係を根底から断絶させ、工業国家は戦時において食糧・工業原料を自国領域内で自給自足することができず、結果的に戦争が不可能であるとの結論に至った[26]。

　やがて、迫りくる大規模な戦争の暗い影を感じながら、ヨーロッパ諸国は軍縮と戦時における規則作成に着手した。1899年にオランダのハーグで開催され

た第一回国際平和会議で、各国は戦時における軍事行動の国際的規制に向けて行動を開始した。1907年にもハーグで第二回国際平和会議が開催され、陸上・海上での戦争の際の中立国・交戦国の権利、さらには、戦時拿獲物 prize に関する国際的取り決めと国際戦時拿獲審検所 International Prize Court の設立が話し合われた。この会議を受けて、1908年12月から翌1909年2月にかけてロンドンでイギリスの自由党内閣も参加した国際海軍会議が開催された。その結果、戦時における交戦国と中立国との権利・義務、合法的海上封鎖（ブラッケイド）、禁制品などの基本的概念を詳細に定義した、海戦における中立国・交戦国の権利・義務に関する国際的な取り決めであるロンドン宣言が纏められた。19世紀以降、ヨーロッパ諸国やアメリカをはじめとして世界各国の経済がグローバル化と相互依存関係を強める中で、戦時における海軍の軍事行動を国際的に規制する政治運動が海軍拡張の動きと並行して進んだのである。しかし、ドイツとの戦争が不可避と看做され始めた1909年に自由党内閣がロンドン宣言に署名（サイン）するや、イギリスの海運業界、各地の商業会議所、海軍増強を求める海軍同盟（ネイヴィー・リーグ）、一部の海軍軍人はロンドン宣言が国の経済的存立を危うくするものであると政府を厳しく批判し、貴族院もロンドン宣言署名に伴う国内法の整備を拒否したのである[27]。

　本章は、1909年のロンドン宣言を承認しなかったイギリス政府が第一次世界大戦において採用した対ドイツ封鎖の意図と実相を、ドイツの農業生産・経済構造と関連付けて明らかにするとともに、1916年末以降、ドイツ海軍の潜水艦による経済封鎖の中で深刻化したイギリスの食糧・農業問題をその経済・財政構造、貿易構造の観点から分析するものである。第一次世界大戦前においては、たとえ戦時であっても交戦国海軍が中立国の貿易権を無視・侵犯して軍事力を中立国船籍船に対し加えることは、国際法上、認められなかった[28]。しかし、世界大戦を契機として、戦時における中立国をめぐる軍事的政治的経済的状況は激変し、中立国といえども戦争と無縁ではなくなった。第一次世界大戦以前であれば、戦時における交戦国に対する封鎖方法は軍事的手段に限定されていたが、大戦以降、封鎖は軍事的手段に加えて「外交」、「貿易」を併用した、中立国を巻き込む体系的なものとなったのである[29]。

第1節　1856年パリ宣言の承認——「海事革命」——

戦時における海軍の役割

まず、戦時における海軍の軍事的役割について触れておこう。海戦などに携わる海軍の役割は、敵地の占領などを行う陸軍と異なり、(1) 海戦（艦隊決戦）、(2) 要塞の攻撃、(3) 交戦国の糧道遮断（海上封鎖）に限定される。(3) は具体的には、(a) 港湾・沿岸の軍事的封鎖を通じた経済的圧迫・住民の威嚇、(b) 海上での物資（商品）拿獲である。したがって、**戦時における海軍の主要な軍事的役割は、(1) 海戦、(2) 要塞攻撃、(a) 港湾・沿岸の軍事的封鎖、(b) 物資（商品）拿獲**など比較的限定された領域である[30]。

海事法の成立

戦時における海軍の戦闘行為を国際的に取り決め、海事法のマグナカルタともいうべき歴史的地位を占めているのがクリミア戦争[31]を契機として1856年にヨーロッパ諸国が締結したパリ宣言である。パリ宣言は、クリミア戦争終結後の1856年にヨーロッパの国々、すなわち、オーストリア＝ハンガリー、フランス、イギリス、プロシア、ロシア、サルディニア、そしてトルコ（オスマン帝国）が締結し発効された。パリ宣言は、長年激しい対立があった戦時における中立国の権利・義務と交戦国の権利・義務の利害調停を図るために、海上封鎖、禁制品の拿獲条件を定め、ヨーロッパの複数の主権国家がこの定めに合意した本格的な海事法であった。パリ宣言が「海事革命」（センメル）と呼ばれる所以でもある[32]。

パリ宣言の内容に触れる前に、パリ宣言以前にヨーロッパ諸国が戦時における中立国・交戦国の権利・義務として主張してきた言説の内容、ならびに中立国・交戦国の対立点に触れておこう。古代から戦時における中立国の権利として、「自由船・自由品」"Free ship, free goods" の原則があり、中立国は禁制品

を除外して、中立国船籍船が戦時においても自由な貿易——本国と植民地の間、植民地と植民地の間、本国内における——を行うことができると主張してきた[33]。その結果、「交戦国船籍船に積載された中立国の船荷は自由。中立国船籍船に積載された交戦国の船荷は拿捕の対象となり得る。拿捕された中立国船籍船は返還される」[34] という原則が確立された。この中立国の権利主張は近代に引き継がれることになる[35]。

近代に入り、イギリス（イングランド）がスペインから制海権を奪取して以降、イギリスは、交戦国の権利 belligerent rights として、戦時において交戦国の港湾・沿岸をイギリス海軍（と私掠船）によって海上封鎖することを主張し、交戦国の海上通商路を断絶し、交戦国と中立国との間の貿易活動に干渉することで、交戦国の経済的封鎖を目論んだ。17世紀以来ヨーロッパ主権国家が間断なき戦争状態に突入する中で、制海権を握るイギリスは交戦国の観点から戦時における海上貿易活動への軍事的干渉を重要戦略と看做し、海軍（と私掠船）を用いた交戦国の港湾・沿岸を海上封鎖する権利を求めた。加えて、イギリスは交戦国船籍船に積載された交戦国の船荷を拿捕する権利は当然として、中立国船籍船の臨検・探索の権利、交戦国の船荷を拿捕する権利をも要求したのだ。さらに、従来、交戦国船籍船に積まれた中立国所有の船荷は拿捕の対象となっていなかったが、イギリスは1650年代以降、拿捕の対象となり得ると主張した[36]。一方、これに対して、オランダ、デンマーク、スウェーデンやプロイセンは、戦時における「貿易の自由・航行の自由」、「自由船・自由品」を古代から受け継がれてきた中立国の権利であるとして強く要求し、イギリスと鋭く対立した。中立国は、戦時においても公海 high seas における航行の自由 freedom of seas と、中立国の貿易の権利として自由品取引の権利を主張し、中立国の主張・利害は交戦国の主張と激しく対立していたのである。

この交戦国と中立国の両利害を調整する1756年規則が作成されるにいたった。1756年規則とは、「平時に貿易関係のない国が戦時に交戦国と貿易関係を結ぶことはできない」というものである。イギリスは、これを根拠として、戦時において、平時に交戦国と取引のない中立国が中立国船籍船を用いて中立国の船

荷を交戦国に輸送する場合においても、船荷が拿捕の対象となり得ると主張したのだ[37]。

しかし、1756年規則成立後にも、イギリスと植民地アメリカとの間で政治的経済的対立が激化し、イギリスが戦時における中立国の貿易活動に制約を加えるや、ロシア、デンマーク、スウェーデンは制海権を有するイギリスに対抗し武装中立国家連合を結成し、戦時においても公海での自由航行、貿易活動の自由を強力に訴えることを躊躇しなかった。交戦国の権利を強く主張するイギリスに対抗し、戦時における中立国の公海における航行の自由、自由な貿易活動の権利を強く訴えるヨーロッパ諸国の陣営に、やがてアメリカが加わることになる[38]。一方、イギリスは19世紀初頭の大陸封鎖に対抗して、海戦における交戦国の権利 maritime rights を強く主張することになる[39]。交戦国と中立国の権利要求が鋭く対立する過程で、イギリスとヨーロッパ諸国はそれぞれ、戦時における海上貿易活動の在り方、具体的には交戦国の権利、中立国 neutralities の権利、海上封鎖 blockades の定義、禁制品 contraband や、自由品 free goods に関する詳細な規定を貿易協定に盛り込み、相互に承認し合ったのである[40]。

1856年パリ宣言

このように、戦時における海上封鎖、あるいは禁制品の拿捕に関する交戦国の主張と、戦時における中立国の貿易の自由の主張は激しく対立していたが、この利害対立をいかに調整し、実効性ある国際的な取り決め（条約）にするのかが1856年のパリ宣言の目的であった。

パリ宣言は以下の条文から構成されている[41]。

（1）私掠行為 privateering は、現在も将来も禁止される。

（2）中立国の旗章を掲げた中立国の船舶に積載された交戦国所有の船荷（商品）は、（戦時）禁制品 contraband of war を除外して拿捕できない。

（3）交戦国の旗章を掲げた船舶に積載された中立国所有の船荷（商品）は、禁制品を除外して交戦国によって拿捕されない。

(4) 海上封鎖はそれが拘束力を持つためには、実効性 effective をともなわなければならない。すなわち、交戦国の港湾・沿岸への接近を実際に防ぐに足る充分な戦力 a force によって維持されなければならない。

　パリ宣言の条文を分析し、宣言に内蔵される問題点を指摘しておこう。上記から明らかなように、パリ宣言は合法的海上封鎖の規程と海上封鎖を実現する禁制品の拿捕に関する規程から成り立っている。まず、条文(1)の私掠行為について。18世紀以来、イギリス海軍とともに交戦国の糧道遮断を担い、禁制品の拿捕を行ってきた個人の船である私掠船の行為、私掠行為は1856年のパリ宣言をもって、以後、非合法と看做された[42]。しかし、パリ宣言以降においても、大陸諸国では**民間商船を軍艦に転換**する行為が絶えなかったばかりか[43]、民間商船の軍艦への転換が議題になった1907年第二回ハーグ国際平和会議でも各国の見解が纏まることはなかった[44]。戦争の懼れが強まった1913年には、チャーチル海相はイギリス海軍の力をもってしても民間商船を敵国海軍の攻撃から防衛できないことを認め、商船の武装に言及していたし[45]、第一次世界大戦勃発後にはドイツは民間商船に武器を搭載していたのだ[46]。

　次いで、条文(2)、(3)の中立国船籍船に積載された交戦国所有の船荷の拿捕、交戦国船籍船に積載された中立国所有の船荷の拿捕に関する規程をみておこう。とりわけ、条文(2)は18世紀にイギリスが交戦国の権利として主張してきた論点であり、これが公に承認された。しかし、この条文の問題点は、禁制品に関する定義がないことである。18世紀において、イギリスをはじめとしたヨーロッパ諸国は貿易協定を締結する際に、禁制品を具体的かつ詳細に規定していたが、1856年のパリ宣言には肝心の禁制品規程がないのである。そのために、イギリス本国では海上封鎖の目的達成・実効性に疑問が投げかけられることになる。

　では、条文の(4)に示された実効的封鎖とは何か。パリ宣言が出された当時、軍事的経済的戦術としての海上封鎖には幾つかの種類があった。19世紀前半までの海上封鎖は実態として次の2種類が主流であった[47]。(a) 擬制封鎖 quasi-blockade; fictitious blockade、あるいは紙上封鎖 paper blockade と、(b) 巡

邏封鎖 cruiser blockade である。(a) は戦争勃発に際して国家の宣言によって交戦国の港湾・沿岸の海上封鎖を実現する。(b) は封鎖海域で軍艦を実際に巡邏（パトロール）させることで海上封鎖を実現するものである。この2種類の海上封鎖が1856年のパリ宣言までの主流であった。

これに対して、パリ宣言で認められた合法的（リーガル）な海上封鎖とは、港湾・沿岸に交戦国の軍艦を常時配置し、軍事力によって海上通商路を実効的（エフェクティヴ）に封鎖するものである。その結果、それまで頻繁に採用されていた紙上封鎖、擬制封鎖、巡邏封鎖は合法的な海上封鎖とは認められなくなったのである[48]。

しかし、北海・バルト海など気象条件が極めて厳しい海域で実効封鎖するためには、それまでの紙上封鎖、巡邏封鎖とは異なり、多数の艦船を本国から常時派遣し、交戦国の港湾・沿岸に近接する海路を遮断する必要があるが、この海域で、季節にかかわらずかかる軍事作戦を展開することは不可能と考えられていた[49]。封鎖が実効的であるためには、戦力を常時、交戦国の沿岸・海上に配置する必要があることに加えて、それまでイギリス海軍の基本戦略であった紙上封鎖が非合法的封鎖と認定され、否定されたことから、イギリス本国では、海上封鎖の新規程は中立国の要求に過剰に配慮したものであるとして政府批判が生まれた[50]。

「継続航海の原則」

パリ宣言では認められなかった重要な事項がある。「継続航海の原則」doctrine of continuous voyage である。中立国船籍船に積載された禁制品の最終目的地 destination がたとえ交戦国であったとしても、交戦国は禁制品が中立国の港から中立国の港に輸送された場合、この禁制品に手出し（拿獲）できない。逆に、交戦国は拿獲の危険性のない中立国を経由して禁制品を容易に入手出来る状態が生まれ、それは陸上輸送網の発展、とりわけヨーロッパ大陸における鉄道網の発展によって拍車がかかることとなった。これに対して、18世紀以来イギリスは、「継続航海の原則」、すなわち、船舶の最終目的地（デスティネーション）の観点から、船舶が航海の途中で最終目的地以外の港（中立国の港）に立ち寄り・船荷の積

み替えをしようとも、航海 voyage を単一の航海 a single voyage と看做し、中立国船籍船の臨検・探索によって、交戦国に輸送される禁制品の拿捕が可能であると主張した[51]。しかし、「継続航海の原則」はパリ宣言に盛られなかった。パリ宣言に内蔵されるこれらの問題点から明らかなことは、海戦における海上封鎖と禁制品との論理的関係である[52]。

海上封鎖と禁制品との論理的関係を示せば次のようになる。

(1) パリ宣言では、海上封鎖が実効的かつ合法的であるためには、紙上、あるいは擬制的封鎖ではなく、海軍力 naval power、具体的には艦隊 fleet による封鎖でなくてはならないと規定された。

(2) 海上封鎖の中核的概念は、海上通商路で輸送される船荷（商品）commodities の性格である。船荷は、1909年には、(a) 無条件 unconditional、あるいは、絶対的禁制品 absolute contraband、すなわち、平和目的の船荷ではなく、純粋に軍事的性格を有する船荷、(b) 平和目的と軍事目的双方の性格を有する船荷、条件付禁制品 conditional contraband、(c) 平和目的の船荷、自由品 free goods に分類された。武器類、およびその部品などは交戦国 belligerent にとって戦争支援の性格を有する。また、食糧や金・銀あるいは紙幣などは平和目的と軍事目的双方の性格を有し、これも禁制品となり得る。

(3) 禁制品概念を実現するためには、交戦国は中立国の領海を除外して、たとえ公海上や、中立国船籍船であったとしても、船舶に対する臨検探索、禁制品の拿捕の権利を行使する必要がある。当然ながら、この点はイギリスと大陸諸国で大きく対立する。

(4) 禁制品の概念は、継続航海にまで拡張適用されなければ実効性がない。すなわち、中立国の旗章を掲げた中立国船籍船に積載された船荷（禁制品）の最終目的地が交戦国であるにもかかわらず、たとえ航海の途中で中立国に船荷を陸揚げする場合でも、この船荷を禁制品と看做す必要がある。したがって、海上封鎖と禁制品の拿捕とは論理的に切り離せないのであるが、パリ宣言には禁制品に関する詳細な規程がなく、継続航海の原則も採用しなかった。

このように、1856年のパリ宣言は、戦時における交戦国の権利と中立国の権

利の激しい対立を、政治的妥協によって克服した国際的協定であった。その結果、戦時においては、交戦国は中立国船籍船に積載された交戦国の船荷、あるいは、交戦国船籍船に積載された中立国の船荷に関しては、禁制品を除外して拿獲できないとされた。さらに、海上封鎖に関しても、それまでの紙上封鎖、巡邏封鎖は非合法的封鎖と看做されることになった。しかし、禁制品に関する精確な定義がないために、イギリス海軍の採用する海上封鎖の目的達成・実効性に疑問が投げかけられることになる。いずれにせよ、パリ宣言の締結によって、戦時における公海の航行・中立国の貿易活動をめぐる国際的規制がはじめて築かれた[53]。

　イギリス政府がパリ宣言を承認したことにより、これまでイギリスが交戦国の権利として主張し、行使してきた海上通商路の遮断を目的とする交戦国の港湾・沿岸の海上封鎖に制約が加えられた事態を受けて、1860年に「商船調査委員会」が設置され、イギリス商船の航行にいかなる影響があるかについて言及した。調査委員会の関心事は、戦時においてイギリス国民と経済活動に欠かせない食糧・工業原料が確保可能かという点にあった。また、調査委員会が注目していたのは、18世紀末以来、戦時における中立国の貿易の権利を強硬に主張してきたアメリカがパリ宣言の締結に加わらなかったことであった。仮にヨーロッパで戦争が勃発したとしても、アメリカが中立的立場をとることから、イギリスが必要とする物資（食糧・工業原料）をアメリカから調達出来ると判断していたのである[54]。

　しかし、1861年に勃発したアメリカ南北戦争（1861～1865年）では、アメリカの南北両政府――アメリカ合衆国 United States of America とアメリカ連合国 Confederate States of America ――自体が交戦国となり、北軍（アメリカ合衆国）は南軍（アメリカ連合国）支配地の港湾施設を海上封鎖し、アメリカ連合国の経済活動を破壊した。かつて、交戦国の権利を強硬に唱え、戦時における中立国の貿易の権利に否定的態度をとっていたイギリスはいまや中立国となり、アメリカ南部地域で調達されていた工業原料である綿花の輸入途絶を経験したばかりか、それまで否定してきた戦時における中立国の自由な貿易活動

の権利を自ら要求するという歴史的皮肉を味わうことになった。この時、イギリス政府は中立国の権利の擁護者 defender となった[55]。

第2節　1909年ロンドン宣言とイギリス海軍の戦略

ハーグ国際平和会議

　1856年にパリ宣言がヨーロッパ諸国の承認によって発効して以降、海軍をめぐる技術的進歩・兵器開発は目覚ましく、ロシアを含むヨーロッパ諸国をはじめアメリカ、さらには中国、日本などの諸国は、帝国主義の時代を迎えて、本格的な海軍増強政策の採用、新兵器開発に乗り出したのである[56]。

　1899年のハーグ国際平和会議[57]の後、1907年に再びハーグで第二回国際平和会議[58]が開催され、戦時拿獲物に関する国際的取り決めと国際戦時拿獲審検所の設立が話し合われたのである。第二回ハーグ国際平和会議を受けて、1908年12月から翌1909年2月にかけてロンドンでイギリスの自由党内閣も参加した国際海軍会議が開催され、ロンドン宣言[59]が1909年2月26日に取り纏められた。

1909年ロンドン宣言前夜のヨーロッパ諸国の状況

　1909年のロンドン宣言は戦時における交戦国と中立国の権利と義務を厳密に規定し、国際的に取り決めようとしたのである。既にみてきたように、戦時における中立国船籍船・船荷の処遇については、各国が異なる法解釈を採用しており、イギリス海軍の基本戦略は制海権確保に基づく海上通商路の安全保障を意図した海上封鎖と中立国船籍船に積載された禁制品の拿獲であった。このイギリス海軍の基本戦略である海上封鎖——交戦国の海上通商路を遮断するために、交戦国船籍船は当然として、中立国船籍船をも拿獲の対象とする処置——は、当然ながらイギリス独自の解釈に則ったものである。しかし、大陸諸国は戦時における海上封鎖・禁制品拿獲、さらには中立国の権利に関してはイギリ

スとは別の法解釈を採用していたのである。なお、ロンドン宣言で、交戦国船籍船でありながら臨検・探索・拿獲の対象とならないと規定された船舶は、沿岸貿易に携わる船舶、漁業・宗教的目的の船舶などであった[60]。

　自由党内閣が進めるロンドン宣言批准 ratify の動きに対して、イギリス国内の政治勢力、とりわけ野党統一党指導者、海軍同盟などのイギリス海軍に関心を抱く人々は、宣言が批准され発効することによって、イギリスの軍事戦略に国際的な制約が加えられることを懼れ、政府に対する激しい批判を繰り返し[61]、海上通商に利害関心を持つイギリス各地の商業会議所も海上通商路の安全性や交戦国の艦船による禁制品拿獲に強い懸念を抱くようになった[62]。なお、ロンドン宣言の締結に加わった海軍省首脳は、海軍少将オットリ Rear-Admiral C. L. Ottley や海軍少将スレイド Rear-Admiral Edmond J. W. Slade、海軍省情報局長のクロー Eyre Crowe であった[63]。

　イギリス本国の地理的条件は、ヨーロッパ諸国やアメリカと決定的に異なり、海に囲まれて孤絶 insularity 状態であり、工業化の進展・高度化とともに国の存立に欠かせない食料・工業原料などの物資を、植民地・自治領を含め海外諸国に大きく依存する状況になった。それゆえ、イギリス海軍による制海権確保はイギリスの経済・国民生活に絶対的に必要なものであった[64]。1904年10月に第一本部長に就任したフィシャ John A. Fisher は、自由党内閣のトゥィドマス Lord Tweedmouth 海相（在任期間：1905～1908年）宛書翰（1905年12月23日付）でイギリス海軍の圧倒的な力によってイギリスに平和が齎されていること、海軍力がなければイギリスに飢餓（スターヴェーション）が生じるであろうとして、海軍力維持のため海軍予算の獲得を力説していたのである[65]。

　一方、大陸に位置するとはいえ、ヨーロッパの国々も自国産業の発展と産業の高度化によって食糧・工業原料の海外依存度を高め、物資輸送を海上通商路に依存する傾向を強めていった。こうして、ヨーロッパ諸国も工業化の進展とともに、イギリスが追求する制海権と交戦国の権利——海上封鎖と中立国船籍船に対する臨検・探索と禁制品の拿獲の権利——に軍事的経済的脅威を感じたのである[66]。

いずれにせよ、ヨーロッパの高度工業国は平時と同様に戦時においても高いレヴェルでの生産・消費活動を行わざるを得なかった。交戦国にとって、戦時における中立国との貿易活動、中立国経由の物資確保が直接の戦闘のみならず国内の生産・消費活動の維持にとって決定的に重要となり、中立国経由の物資確保が戦争の帰趨を決定しかねないものとなった[67]。一方、中立国は平時において諸外国との緊密な経済関係を構築しているがゆえに、戦時における交戦国との経済関係断絶はその経済的基盤の破壊を意味することになる。中立国もまた戦時においても貿易活動を継続しなければならなかった。

ロンドン宣言：海上封鎖と禁制品に関する規程

ロンドン宣言は、1907年の第二回ハーグ国際平和会議が戦時において中立国船籍船に積載された船荷（とりわけ禁制品）に対する交戦国の海軍による臨検・探索と禁制品拿獲の権利、海上封鎖に関する議論を提起したことを受けて、1909年にこれらの事項に関して纏められた最初の国際的取り決めである。ロンドン宣言は71の条文から構成されており、第1条から第21条までが海上封鎖に関する規程であり、海上封鎖概念の中心である禁制品（無条件禁制品・条件付禁制品）と自由品に関しては、第22条から第54条で詳細に品目を定めた。また、第55条から第64条までに中立国船籍船、護送船団 convoy、臨検・探索への抵抗、補償などが示され、第65条以下第71条までで条約の発効が規定された。このように、ロンドン宣言は海上封鎖と禁制品（と船舶の臨検・探索・拿獲）の定義を核心とする宣言となっている。

まず、海上封鎖に関して述べておこう。第1条で、港湾・沿岸に対する海上封鎖線は交戦国の領海を越えて中立国の領海まで延長されるものであってはならないと規定された。この条文は、第二回ハーグ国際平和会議で締結された海戦の場合における中立国の権利義務に関する条約[68]の第2条・第4条、ならびにロンドン宣言の第18条に規定された内容と同様、**戦時における中立国の貿易の権利を侵さないことを趣旨とする**。ただし、古くからの慣行を受け継いだこの規程は、現実には無意味なものと化していた[69]。第2条で、1856年のパリ

宣言と同様に、封鎖は実効的でなくてはならないとされたが、動員される艦船などについては規定されなかった（第3条）。さらに、封鎖に動員された艦船が封鎖線を一時的に離れることについても、それが封鎖解除と看做されないこと（第4条）、すべて国の船舶に海上封鎖が適用される（第5条）ことなどが規定された。第8条と第9条で海上封鎖の手順が示され、(1) 封鎖の開始時期、(2) その地理的範囲、(3) 中立国船籍船の退去時期を宣言 declare することで、封鎖の開始時期が規定された。封鎖範囲・期間の変更、封鎖範囲の拡大についても、その通告 notice が必要とされ（第12条）、第11条で宣言の通告なしの封鎖は無効と規定された。第14条・第15条で、中立国船籍船が海上封鎖線で拿捕の対象となり得る条件が規定されたが、第17条で、中立国船籍船は封鎖海域——実効的封鎖海域ならびに艦船が動員された海域——以外の海域で、海上封鎖違反 breach を理由に拿捕されることはないことが定められた[70]。この点については、大陸諸国とイギリスとで主張が大きく対立しており、大陸諸国は中立国船籍船に積載された禁制品が拿捕されるのは封鎖海域に限定されると考えるのに対して、イギリスは航行の過程であれば禁制品拿捕が可能と主張していた[71]。

　次いで禁制品の規程に触れておこう。ロンドン宣言の最も重要な条文は、禁制品に関するものである。禁制品の規程は、(1) 船舶に積載され・輸送される船荷の性格、(2) 船荷の「最終目的地」——交戦国であるか否か——の二つの規準に基づき、船荷を三種類、すなわち、(a) 無条件禁制品（第22条）、(b) 条件付禁制品（第24条）、(c) 自由品（第28条）に分類している。この禁制品リストの作成は、1907年の第二回ハーグ国際平和会議で採り上げられ、1908年からのロンドン会議において各国の妥協によって漸く実現に漕ぎ着けたものである[72]。さらに、禁制品に関する規定は1856年のパリ宣言にはなかったが、ロンドン宣言では (a)〜(c) 禁制品（無条件・条件付禁制品）・自由品に関する規定が、制海権を有するイギリスが年来主張してきた「継続航海の原則」に依拠して詳細にわたり具体化された[73]。

　第22条は、(a) 無条件禁制品に関する規程である。無条件で、通告なしに

without notice、すなわち、戦争勃発という事実によって交戦国に通告する必要なしに、禁制品と看做される商品である。具体的には、スポーツ用の武器、その部品も含むすべての武器類、弾丸などの発射体、装薬、弾薬筒、ならびにそれらの部品、戦争目的の火薬と爆発物、砲架、砲車、軍用車両、携帯用炉、ならびにそれらの部品、兵員用衣類、陣舎、軍用索曳装具、軍用サドル、軍用牽引具、装甲用鋼板、軍用小舟、軍艦およびその部品、兵器製造・修理機械などの戦争で用いられる材料を指す。

第23条で、各国政府は新たな項目（商品）を無条件禁制品リストに付加することが通告 notice によって可能であると規定された。さらに、第25条では、無条件禁制品と同様に条件付禁制品リストへの項目（商品）追加が、同じく通告によって可能であると定められた[74]。自由品に関しても、リストに載らない商品が禁制品ではないということではないとされた。いずれにせよ、ロンドン宣言を批准した政府は禁制品の追加が可能であった。

第24条は条件付禁制品に関する規程である。(b) 条件付禁制品とは、平和目的を有するが、戦争でも用いられるために禁制品にもなり得る商品を指す。具体的には、食糧、飼料用穀物、戦争で使用可能な衣類、靴、金貨・銀貨、金塊・銀塊、紙幣、輸送用機器およびその部品、船舶、飛行船、小舟、浮き桟橋（クラフト）、ならびにそれらの部品、鉄道用機材、鉄道車両、電信機器、無線機器、電話、気球、飛行用機器、気球との連絡用機材、燃料、民生用火薬、騎乗用靴、双眼鏡、望遠鏡、クロノメーター、ならびにすべての航海用計器等々である。

第28条は (c) 自由品に関する規程である。禁制品と看做されない商品であり、具体的には、綿花、羊毛、絹、麻などの繊維工業用原料、植物油、ゴム、象牙、農業用硝酸ソーダカリ、燐酸肥料を含む人工肥料・自然肥料、金属の鉱石、土、粘土、石灰、大理石、石鹸、塗装（ペイント）、漂白剤、ソーダ、塩、農業用機械、鉱業用機械、繊維工業産業用機械、印刷機械、クロノメーターを除く時計類、装身具、羽毛、毛皮、家庭用家具等々である[75]。なお、木綿工業で用いられる綿花、機械工業に不可欠な天然ゴム、農業生産に欠かせない人工肥料・自然肥料などが自由品として挙げられていた。

第30条と第31条で、無条件禁制品は、交戦国の占領地域、交戦国の軍事的支配地が船荷の最終目的地であることが明らかとなれば拿捕を免れない[76]と規定され、「継続航海の原則」が適用された。第33条では条件付禁制品であっても交戦国の軍隊、あるいは交戦国の政府に供されることが明らかとなれば、拿捕を免れない[77]と定められたが、第35条では条件付禁制品についても「継続航海の原則」が適用され、船荷の最終目的地が交戦国の占領地域、交戦国の軍事的支配地以外の地域であれば、拿捕の対象とはならないと規定された[78]。逆にいえば、交戦国は中立国船籍船を用いた中立国から中立国への物資輸送に関しても、積載された船荷の性格・最終目的地次第でその拿捕が可能となった。

第37条では、無条件禁制品あるいは条件付禁制品を積載する船舶は、交戦国の領海あるいは公海であれ、航行の全旅程で、禁制品拿捕の対象となるとされた[79]。第43条で、航行の過程で戦争勃発の事実、交戦国による禁制品の通告を知らずに禁制品を積載した場合についての規程が設けられている。第45条・第46条は、禁制品を運搬する中立国船籍船に関する規程であり、非中立的行為 un neutral service が設定された。

ロンドン宣言とその政治的反響：商業会議所・海軍同盟

このように、1909年のロンドン宣言は、海上封鎖の詳細な規程、無条件禁制品・条件付禁制品・自由品の規程を設けることで、海戦における交戦国と中立国との権利・義務を定めたのである。やがて、イギリス政府（自由党内閣）はロンドン宣言に署名(サイン)し、政府は、それまでのイギリス独自の戦時拿捕解釈を変更するために、1910年6月23日にロンドン宣言に沿って国際戦時拿捕審検所の設置を盛り込んだ海軍捕獲法案[80] Naval Prize Bill を議会に提案したが、1910年11月21日に撤回した。しかし、ロンドン宣言への署名と国際戦時拿捕審検所の設置はイギリス海軍首脳・海運業・海上通商に利害関心を抱く人々の不安を駆り立てた。イギリス議会、海運業界[81]は、自国船籍船に積載された禁制品のみならず中立国船籍船に積載された禁制品さえも拿捕の対象となるばかりか、条件付禁制品の中にはイギリス国民の生命を維持するのに欠かせない食糧

終章　1909年ロンドン宣言とイギリス海軍・イギリス外交（1909〜1917年）　225

foodstuff が含まれていることから、食糧の輸送と確保に大きな不安を覚え、ロンドン宣言をめぐって混乱に陥った。海軍増強を訴える圧力団体、海軍同盟（ネイヴィー・リーグ）とイギリス各地の商業会議所は、政府首脳にロンドン宣言に関する書翰を提出し、疑問点を質し[82]、各地の商業会議所も宣言に批判的な声明を出した[83]。さらに、海軍同盟は、宣言の議会審議に合わせて両院での慎重審議を要求するとともに、同盟としては宣言に反対の意向を明らかにした[84]。

　もっとも、18世紀にヨーロッパ諸国が締結した貿易協定では、食糧が武具・皮革製品とともに、戦争の直接支援物資である禁制品に指定されていた事実を想起すれば、1909年ロンドン宣言が食糧を条件付禁制品に指定していること自体奇異なことではない。ロンドン宣言への批判に対してイギリス政府は、中立国船籍船でイギリス本国に輸送される食糧が交戦国による拿捕や攻撃から逃れ得ると断言することができず、野党の統一党はこの点を激しく衝いたのである[85]。政府は、その後、1911年6月26日に海軍捕獲法案を再提出するが、議会は1911年2月以降ロンドン宣言と海軍捕獲法案に関する質疑応答を繰り返していた。庶民院は海軍捕獲法案を承認するものの、貴族院は法案を承認せず、ロンドン宣言は結局、批准されなかった[86]。こうして、イギリス政府はロンドン宣言に署名したものの、貴族院は宣言を承認しなかった。そのために、イギリス政府がロンドン宣言を批准したことにはならず、ロンドン宣言は発効しなかった。いずれにせよ、イギリスが「世界の工場」から「金融の中心」、「金融帝国」に転身し、たとえ膨大な金（ゴールド）、有価証券・公債などの金融資産を国の内外に蓄積したとしても、島国イギリスが食糧・工業原料の供給を海外に依存しなければならない輸入経済である限り、国民の生存に欠かせない膨大な各種食糧を海外から継続的に入手できなければ国民は飢餓にいたるしかない。たとえ戦時であれ近代国家が国民生活の最も基礎的な条件である食を確保・保障できない状態──飢餓──にいたるとするならば、それは社会秩序そのものの崩壊を意味する。イギリスの支配階級は19世紀初頭のナポレオン戦争の過程で、食糧危機とその政治的結果がいかなるものかを充分学習し、食糧を海外に依存することがいかに危険であるかを熟知していた[87]。

各国の保有商船の割合とイギリス国内の反応

　第一次世界大戦直前における世界の船舶分布から明らかなことは、自治領・植民地を含めイギリスが47.9％、第一次世界大戦時のイギリスとイギリスの同盟国の合計で58.8％。これに対してドイツ、オーストリア＝ハンガリー、トルコが14.7％であり、アメリカ、スウェーデン、ノルウェー、デンマーク、オランダ、イタリア、ギリシアなどの中立国が26.5％であった[88]。したがって、海路イギリスに物資を運ぶことが予想される船舶の多くがイギリス船籍船であり、中立国船籍船ではないことになる。イギリスの海運業界あるいは国民が戦時における食糧輸入に不安を覚えるのも当然であった。

　輸入経済の軍事的経済的脆弱性を克服するために、1908年にイギリス政府は食糧・工業原料の国家備蓄の促進、あるいは海外からの食糧・工業原料の輸送に直接かかわる海運業者・船舶所有者への国家保障を検討する調査委員会を設置したが、財政負担を最重要視する大蔵省の賛同を得られず、具体的な建策にいたらなかった[89]。第一次世界大戦勃発直後の1914年8月に、再度、イギリス船籍船に対する保険調査委員会が設置されたが、調査委員会は、国家が戦争に伴う際限なき財政的負担を負うことが不可能であるし、特定産業（海運業）を保護する政策を採用することも出来ないとして、保険会社が相互に保険を掛け合うことで戦時における危険分散を図ることを提案するに留まったのだ[90]。

敵国との貿易禁止

　中立国に対する交戦国の経済的圧迫の法的手段はロンドン宣言に留まらなかった。ロンドン宣言の各条文は、主として海上封鎖と禁制品に関する規程であり、戦時における経済的圧迫を海上封鎖と禁制品の拿捕によって実現しようとするものである。しかし、宣言の各規程は戦時における私人あるいは私企業の経済活動に関するものではない。

　戦時において交戦国の私人（個人・私企業）との貿易活動を制限することは、国際法上、可能とされていたのであるが、実際には、19世紀初頭のナポレオン

戦争時には、イギリス政府はイギリス在住の私人（私企業）が敵国の私人との貿易関係を継続することに対して何らの規制も行っていなかった。しかし、第一次世界大戦時に、イギリス政府はこの原則・慣行を変更し、イギリス在住の私人と敵国の私企業との貿易関係に干渉するために、イギリス在住の私人が中立国に在る敵国の私企業との貿易関係を結ぶことは否定しようとした[91]。イギリス政府は、世界大戦勃発直後の勅令をもって、イギリス在住の私人（あるいは私企業）が敵国との貿易関係を結ぶことは違法であると警告し、1914年10月の対敵通商法 Trading with the Enemy Act によってイギリス在住の私人（私企業）が中立国にある敵国の私企業と貿易関係を結ぶことを禁止し、貿易管理を担当する部局として外務省に海外貿易局 Foreign Trade Department を新設したのである[92]。敵国との貿易関係を遮断する構想は、戦前の1911年1月から翌年9月までの間に「帝国防衛委員会（コミッティ・オブ・インペリアル・ディフェンス）」の下部委員会が詳細に具体的手順を調査・検討していたものである。その過程で、戦時における貿易関係の断絶を強く主張する海軍本部と、たとえイギリスが貿易関係の断絶を意図したとしても中立国がその間隙をぬって経済的利益を手にすることを恐れた商務省との意見対立が表面化したが、調査委員会は戦争勃発とともに敵国との貿易活動が違法であるとの宣言 proclamation を発し、イギリス国民が敵国との貿易活動に携わることに対する警告を発し、その後、敵国との貿易を禁止する法律を作成する手順を決定した[93]。実際、第一次世界大戦勃発直前（8月3日）から直後（8月5日）にかけて、イギリス政府はかねてより定められた手順にしたがって宣言を発し、世界大戦勃発後におけるイギリス在住の私人（私企業）と中立国との貿易活動に対処するために、イギリスあるいはイギリスの自治領・植民地、さらにはイギリスの連合国から中立国を経由した敵国への物資流入を管理し、敵国に対する経済的圧迫を一層強化しようとしたのだ[94]。とりわけ問題なのは、ヨーロッパの戦争に対して中立的立場を表明している、移民国家にして工業国家であるアメリカの存在である。イギリス政府は第一次世界大戦勃発後、ドイツ系移民が多数居住するために敵国取引法の影響を大きく受けることが予想されるアメリカ政府に法律の意義を説明しなければならなかった[95]。

中立国が戦時において経済活動を自由に行う権利はもはや存在せず、戦時における「**中立性の消滅**」End of Neutrality[96] が現実のものとなり、「敵」と「味方」のみが存在する世界が出現することになる。

ロンドン宣言と軍事的不安：潜水艦の役割

　1856年のパリ宣言や1909年のロンドン宣言を貫く基本理念は、海上封鎖と禁制品に関する綿密な概念規定を行い、拿獲可能な物資（商品）を詳細に定めて戦時における中立国と交戦国との軍事的・経済的利害の調和をはかろうとするものである。しかし、海上封鎖あるいは禁制品の拿獲、すなわち、交戦国の糧道遮断という通商戦争、経済戦争に動員される軍艦に関しては、水上艦船を暗黙裡に前提にした議論が進められていた。これに対してその分野では、19世紀末以降の科学技術の発展とその応用によって機雷・魚雷・潜水艦などが目覚ましい技術的進歩を遂げるとともに、その破壊力も大幅に向上していた。イギリス海軍も第一次世界大戦前からドイツの潜水艦の軍事的破壊力に関心を寄せ、その用兵・戦略に注目していたのだ。

　1904年10月から1910年1月まで第一本部長を務めたフィシャは、本部長退任後も予想されるドイツとの戦争に備えてイギリス海軍の戦略を練っていた。彼は1913年初頭には同僚の第二本部長ジェリコ John Jellicoe と計らって潜水艦の性能と戦術に関する覚書を纏め、潜水艦とその軍事戦略的意義に関する最新情報を政界有力者に伝え、イギリス海軍の保有艦船の用兵と戦略の再検討を求めた[97]。「**潜水艦は次代のドレッドノート級戦艦である**」[98] と潜水艦の軍事的役割を高く評価するフィシャは、1913年5月付のバルフォア A. J. Balfour 宛書翰[99] では、ドイツの潜水艦、とりわけ大型潜水艦は外洋を航行することが可能であり、かつイギリス本土の港湾施設を封鎖し得る能力を有すること、対するイギリス海軍がドイツ海軍の潜水艦を排除する手段を持っていないことなどを説いていたのである。

　こうして、1913年末にはフィシャらは、軍事技術に精通した同僚のホール Sydney S. Hall[100] の助力を得て潜水艦の特性・用兵に関する詳細な覚書を纏め、

海軍本部に提出した。彼らは覚書で、戦時にはドイツの潜水艦が非武装の商船を無警告で躊躇することなく攻撃し、乗組員を救助することはないであろうと警告していた[101]。覚書は、海相チャーチル Winston S. Churchill と第一本部長バッテンバーグ皇太子 Prince Louis of Battenberg（在任期間：1912年12月9日～1914年10月30日）の潜水艦理解とは異なる内容であったために、海相と海軍本部は1913年12月以降、潜水艦の軍事的役割を再考し、その研究を本格化することになる[102]。潜水艦に関する彼の覚書は、1914年5月には印刷に付され[103]、アスクィス首相にも提出された[104]。フィシャは、潜水艦が交戦国船籍船であれ中立国船籍船であれ、商船──武装商船であれ非武装商船であれ──を攻撃する際には、ロンドン宣言に規定されているように商船に積載された無条件禁制品・条件付禁制品の拿捕ではなく、禁制品を積載しているか否かにかかわりなく商船自体を攻撃すると予想し、その結果、イギリス経済の生命線（ライフ・ライン）である海上通商路が大きな危機に曝されると結論付けていたのだ。彼が真に懼れたのは、ドイツ軍のイギリス本土への侵略ではなく飢餓であり、「食糧パニック」であった。フィシャは、中立国船籍船を含む商船の臨検・探索・禁制品拿捕活動を基本とした通商戦争、経済戦争ではなく、水中兵器である潜水艦による海上通商路破壊を基本とした経済戦争を警戒したのである。フィシャと彼の同僚は水上艦船と水中兵器（潜水艦）の用兵の相違を明確に理解・予想しており、やがて、第一次世界大戦においてその相違が現実にしめされる[105]。なお、フィシャは第一次世界大戦勃発後の1914年10月、バッテンバーグ皇太子に代わり、再度、第一本部長に任命された。世界大戦勃発とともに、イギリス海軍は水上艦船を用いてドイツを海上から封鎖し、一方、ドイツ海軍は潜水艦を投入してイギリス本土の封鎖を行うことになる[106]。ちなみに、大戦勃発時は小麦・ライ麦収穫の直前・開始期に当たり、**イギリス本国の小麦貯蔵量は僅かに4か月分であった**[107]。戦争勃発以後、各種食糧の価格は上昇の動きを示していた[108]。他方、ドイツでは認証制度により収穫された穀物が直ちに輸出されたため、穀物の国内在庫は少なかった[109]。また、開戦直後からドイツの都市部では食品価格の上昇がイギリスの都市と比べて激しかった[110]。

第3節　第一次世界大戦直前のイギリス農業と食糧供給

輸入経済イギリスの不安

　高度工業国は、平時・戦時を問わず、大陸国家でない限り、自国領土で調達可能な食糧と工業原料だけに依存した自給自足的経済活動で存立することができず、自国領域外からも莫大な量の食糧・工業原料を安定的・継続的に確保しなければならない。事実、大規模な戦争が勃発する気配が濃厚となった20世紀初頭の1903年以降、イギリス議会の調査委員会は、戦時において食糧と工業原料とをいかに安定的に調達できるかを調査し、その国内生産量と備蓄量を詳細に算定していた。19世紀末から20世紀初頭にかけて、高度工業国イギリスにおいて国民の関心が戦時における食糧・工業原料の確保に向けられた背景には、1870年代以降の交通革命の結果、海外諸国からの大量の食糧、とりわけ穀物流入を契機とした19世紀末以降のイギリス農業の顕著な衰退がある。耕作地の急激な減少と牧草地の増加、農業労働者の離村、穀物価格低落による農業利潤の低下、農業地代低迷による土　地　貴　族所有の大　地　所の動揺といった経済的変動から、「土 地 問 題」Land Question の浮上といった政治的要因もあってイギリス農業を取り巻く政治的経済的環境は大きく混乱し始めた[111]。その結果、国内における農業生産、とりわけ食用穀物（小麦）と飼料用穀物（大麦）生産の減少により、穀物、なかでも白パンの原料である小麦・小麦粉の大幅な輸入増加が必要となったばかりか、牛・豚・羊を飼育・肥育する牧畜業は穀物栽培と比較して大幅な生産減にいたらなかったにもかかわらず[112]、食肉・乳製品などの輸入も穀物と同様に増加し、イギリス農業の将来を悲観する声が高くなった[113]。

わが国の19世紀イギリス農業史研究の状況

　ここで、わが国の19世紀イギリス農業史研究に一言触れておこう。わが国の

終章　1909年ロンドン宣言とイギリス海軍・イギリス外交（1909～1917年）　231

　19世紀イギリス農業史研究は、近代イギリス農業の特徴である地主・借地農・農業労働者の三者による「資本家的農業経営」の実態究明に関心を寄せ、土地貴族の土地所有の実態、借地権（テナント・ライト）の歴史的変遷（近代化）に関心を集中させてきた[114]。さらに、19世紀イギリス土地貴族への研究関心は、疑似封建領主層ともいえる土地貴族階級による政治的支配の実態、地主層の致富の源泉としての地所（エステート）経営の実態究明へと向かい、19世紀末の農業不況、借地権の強化政策、1909年の人民予算案における土地課税を契機として地主階級が資産価値を失った地所を売却し、大地所が解体される一方で、土地貴族階級は新たに金融資産を購入し金融資産階級に転身したと主張した[115]。19世紀末以降の農業不況、土地問題を契機とした土地貴族階級の金融資産階級への転化により、20世紀初頭には経済的支配階級である金融資本の利害が、政治・経済両局面を支配することになった。「金融帝国」の成立である[116]。

　しかし、**高度工業社会における農業生産や食糧供給の在り方**、とりわけ、19世紀末から20世紀初頭の国際政治・軍事情勢が不安定化した1903年以降、イギリス議会で大々的に調査された戦時における食糧・工業原料の供給の在り方に対する研究関心は、わが国の歴史学界では希薄というより皆無であった。戦争計画 war plan は他ならぬ平時に研究・策定され、戦争への準備が平時の経済・財政政策に密やかに埋め込まれる一方で、和平への構想は戦時に鋭意検討され、戦争の終結が予想される時期に平和経済・財政への転換が語られるという単純な歴史的真理が看過されている。わが国での研究関心は専ら「資本主義的農業あるいは近代的土地所有の本質とは何か」、「土地貴族階級の経済的基盤とは何か」であり、19世紀末から20世紀初頭における自由党内閣が推進する土地改革（ランド・リフォーム）や土地問題に、換言すれば、**農業生産というより土地所有者（土地貴族）、土地所有**に向けられ、「戦時における農業生産」は研究課題にもならなかったのだ[117]。たとえ研究者が戦争や軍隊に関心を示したとしても、産業資本や金融資本といった経済的支配階級が戦争や軍隊をいかに必要としていたかに関心を向けたに過ぎない[118]。いずれにせよ、19世紀末以降イギリス農業が食糧生産にいかに取り組んだのか、あるいは1909年以降の自由党内閣の農業政

策 agricultural policy、統一党の農業政策がいかなるものであったかについての研究関心は希薄である。

わが国の研究者がイギリスの農業政策——土地所有者の「致富の源泉」としての農業ではなく、食糧供給源としての農業——に対して関心を示したのは、第一次世界大戦勃発後にイギリス農業政策が大転換した時期である。すなわち、イギリスは世界大戦直前まで食糧と工業原料の供給を海外に大きく依存していたが、大戦勃発とともにドイツ海軍によるイギリス本国の軍事的封鎖作戦によって食糧不足・食品価格高騰が生じた。しかし、貿易収支の悪化のために食糧輸入を制限せざるを得なくなった。加えて、男性労働者が戦場に駆り出され農業生産の現場で深刻な労働力不足が生じたため、国家が国内の農業生産の在り方に強力に関与する方向に政策転換し始めた時期である[119]。

世紀転換期のイギリス農業

19世紀末から20世紀初頭のイギリスでは、農業労働者の離村、農業不況の進行によるイギリス国内の食糧、とりわけ食用穀物生産の大幅な減少、海外諸国からの穀類のみならず肉類を含む食糧の輸入著増、そして食糧（穀類・肉類・肉加工品・野菜）の国内自給の減少が同時に進行した。イギリス国民は日常生活と経済活動に欠かせない食糧と工業原料の調達を海上通商路に依存するにもかかわらず、世界各国が海軍力を増強し、兵器の技術革新を推し進め、イギリス海軍の制海権に陰りが見え始めたことから、戦時における食糧・工業原料確保に不安を募らせたのである[120]。確かに、借地権の安定化と借地期間中の改良投資の補償を図る農業地保有法 Agricultural Holdings Acts[121]、あるいは、政治的に大きな比重を占めるにいたった農業労働者の地位改善のための小土地保有 small holdings・小菜園 small allotment 制度などが成立し、農村社会の安定化のための政策が採用された[122]。それにもかかわらず、イギリス農業を取り巻く経済的環境は厳しさを増し、借地農、農業労働者は農業の将来に展望を抱けない状況にあり[123]、国内農業を再生・救済しようとする政治的運動も弱かった[124]。

ハガード H. Rider Haggard は、1901年から翌年にかけてイギリス各地の農業事情を詳細に調査し、国内における穀物生産の急激な減少と、自治領や新大陸のみならずヨーロッパ諸国からの食糧輸入の増加を指摘した。彼は食糧供給を海外諸国に依存している状況では、ヨーロッパで戦争が勃発した場合には、イギリスが飢餓状態に陥ると予測した[125]。1912年にハガードは、イギリス帝国、すなわちイギリス本国、自治領、植民地における自然資源の地理的分布調査とその開発や、そこでの食糧と工業原料の需要・供給状況、イギリス帝国圏における貿易活動に関する調査委員会に加わり、帝国レヴェルでの経済活動、自然資源開発に関心を向けることになる[126]。この調査委員会は、1911年開催の帝国会議 Imperial Conference[127] での決議（リゾルーション）を受けて設置され、1912年から1917年にかけて諮問事項に沿って調査活動を行った。委員会は戦前と戦中を挟む期間、イギリス本国、自治領、植民地の間での食糧・工業原料供給、自然資源開発、経済関連法の整備状況を精査し、1915年には、1901～1914年の間のイギリス本国における主要食品および主要工業原料の国内生産量と海外からの輸入量を測定し、本国に必要な総量を計算していた[128]。しかし、大戦勃発以降、長期的かつ大規模な戦争では食糧と工業原料の安定的調達が戦争の帰趨を決しかねないことが明白となったことから、調査委員会の『最終報告書』は、戦時・平時を問わず、イギリス本国の自治領・植民地からの食糧と工業原料の安定的供給が可能となるような経済関係を構築し、本国と自治領・植民地間の海底ケーブル網を整備し、相互の協力関係の強化を図って外国の圧力に対抗できる態勢の確立を目指し、必要な策を勧告した[129]。

関税改革運動と農業

世紀転換期の統一党内閣の閣僚であったジョセフ・チェンバレン Joseph Chamberlain は、1903年以降、関税改革運動に着手した。チェンバレンは借地農・地主を念頭に、関税改革 Tariff Reform が農業関係者のみを対象とした19世紀前半の農業保護政策と異なり、国内産業と国内農業双方の調和的な保護政策であると主張したのである[130]。彼は1903年10月6日のグラスゴーでの演説で、

農業が「イギリス最大の製造業」the greatest of all our industries ではあるが実質的に壊滅した状態にあるという認識を披瀝し、国内農業の再生策として輸入穀物・食肉などに対してクォータ当たり2シリングを超えない「適度な」moderate 税率——同時期のドイツのような高率の保護関税と異なる——の関税を賦課することを提案し、製造業者と農業関係者双方の支持を獲得しようとした[131]。チェンバレンは翌1904年8月4日のウェルベックでの演説で農業再生の具体的構想を提示し、クォータ当たり2シリングの関税賦課を自治領・植民地を除く海外諸国から輸入される小麦、大麦、ライ麦に適用し、飼料用作物であるトウモロコシについては関税を除外し、有機肥料・人工肥料に対しても関税を課さない考えを明らかにした[132]。さらに、彼は食肉と乳製品、鶏肉・鶏卵、野菜の輸入に対しては5％の関税を賦課する考えを示した。しかし、輸入穀物に対する低率の関税賦課を柱としたチェンバレンの関税改革構想の評価は、農業関係者の間では芳しいものではなかった[133]。なぜならば、1870年代以降、イギリス農業は穀物生産から牧畜業・耕作放棄へと大きく転換しており、仮に輸入穀物、とりわけ輸入小麦に対して適度な税率の関税を賦課したとしても、農業保護関税は国内における小麦生産の増加への経済的誘因とはならず、自治領・植民地の農業者を利するに過ぎないからである[134]。事実、1907年の植民地会議 Colonial Conference では、自治領オーストラリアの代表は自国の小麦供給能力に自信を示していた[135]。また、チェンバレンが、輸入食糧への関税賦課によって食品価格の上昇は起きないと主張しても、国内の製造業者は賃金コスト上昇の懸念を払拭することができず、国内の製造業者は関税改革によって「工業と農業の調和的発展」が達成されるとは考えなかった[136]。最悪の場合、関税改革は保守勢力の強固な支持基盤を形成してきた農業関係者を統一党から離反させる懼れもあったのだ。

　1904年以降、ジョセフ・チェンバレンが提起した関税改革構想に沿って調査委員会が関税改革同盟によって設置された。委員会は、関税改革、とりわけ、輸入品に対する関税賦課がイギリス農業にいかなる影響を及ぼすかを調査し、農業利害と製造業の利害とが調和的に発展可能な政策を模索したのだ。調査方

法はあらかじめ定められた諮問事項に基づき、証人に調査事項への口頭・書面での回答を求め、調査委員会がそれらの証言を分析し結論・勧告に到達する、議会の調査委員会と同様の形式である。調査委員会はチャプリン Henry Chaplin[137]を委員長として構成され、イギリス農業の実態調査とチェンバレンが提起した輸入関税導入と2シリングの関税率に対する事の是非を農業関係者に質問し、1906年に『報告書』を完成させた[138]。『報告書』の結論は次のように記されていた。穀物法廃止法直前の1841年から1845年において、国内の小麦生産量は国内消費量をほぼ賄うことが出来たが、1870年代以降、燕麦を除外して食用・飼料用穀物の生産も落ち込み、さらに穀物類のみならず乳製品も大量に輸入されるようになった。人口増加による国内の食糧需要増加にもかかわらずイギリスの農業生産は伸びず、穀物・乳製品・肉類の海外依存は強まった。さらに、農産物価格の下落によって土地に課せられる国税と地方税双方の負担は相対的に重課となったが、イギリスの農業が海外との競争に曝されているにもかかわらず、農務省は借地農を援助していない。イギリス農業が置かれているこの環境は他の国では見られないものであり、自治領・植民地を含む海外諸国に食糧供給を依存することは、国家安全保障の観点からも好ましくない、と[139]。

「戦時における食糧・工業原料供給調査委員会」

1903年に「戦時における食糧・工業原料供給調査委員会」が設置され、戦時における食糧・工業原料の調達と備蓄の状況を調査し、『報告書』が1905年に出された[140]。『報告書』は多数の証人と提出された資料によって、文字通り「海外」に食糧・工業原料の多くを依存する輸入経済イギリスの背後に潜む脆弱性を白日の下に曝した[141]。委員会は、海軍 Navy と、重要度は幾分劣るが商船隊 Mercantile Fleet が輸入経済イギリスの食糧・工業原料の調達・備蓄にとって不可欠かつ代替不可能な存在であることを指摘するとともに[142]、小麦が食糧として極めて重要であることも認識していた[143]。しかし、委員会は戦時における食糧確保に向けた具体的対策について見解の一致を見るにいたらなかった。さらに、委員会はイギリス本国に食糧・工業原料を輸送する任務を帯びた

商船隊をいかに敵国の攻撃から防御するかについても具体策を示さなかった。海軍本部もまた『報告書』が完成した1905年の時点では、戦時において物資輸送を担当する商船を海軍が直接護衛する意図を持っていなかったのだ[144]。海軍の艦船が民間商船の航行の安全性を確保する護送船団方式（コンボイ・システム）は18世紀までイギリス海軍も採用した方法であったが、19世紀に入りこの方式は廃れた。第一次世界大戦勃発以降、イギリス海軍はドイツ海軍の潜水艦による商船攻撃を受けて、護送船団方式の再導入を本格的に検討し、1917年4月に漸くこの方式を再導入した[145]。それゆえ、後年、『報告書』は商船隊、輸送手段の重要性を認識することが出来なかったと批判されることになる[146]。それでも、『報告書』はイギリスの食糧・工業原料の安定的確保を求め、海軍予算増大を望む人々のバイブルとなった[147]。なお、第一次世界大戦期イギリスの食糧政策を研究したバーネット L. Margaret Barnett が指摘しているように、病院勤務のハチソン博士 Dr. R. Hutchison は、穀物、とりわけ小麦が人間の生存に欠かせない栄養素を多く含み、小麦パンが食物として優れていることを調査委員会で証言し、論拠を示す資料を委員会に提出したが[148]、調査委員会は生理学などの科学的研究成果に依拠して食糧確保策を検討することはなかった[149]。**委員会は戦時における食糧問題を、穀物・食肉・乳製品などの国内生産量（価額）と海外からの輸入量（価額）、そして国内消費量（価額）とを比較考量し、食糧自給の実態、食糧備蓄の状況を調査したのである。**こうして、輸入経済イギリスが戦時における食糧供給、さらには工業原料調達の点で脆弱であることが明白となったことから、イギリス本国の政治家、自治領・植民地の行政担当メンバーを構成員として1905年から1907年にかけてイギリスで開催された植民地会議 Colonial Conference は自治領オーストラリアからの食糧（小麦）調達の可能性も検討していた[150]。さらに、第一次世界大戦の最中の1918年6月から7月にかけて、イギリス本国の政治家とカナダ、ニュージーランド、南アフリカ、インドなどの自治領・植民地の政治指導者が出席し、帝国戦争会議 Imperial War Conference が開催された。会議の討議内容が軍事機密に抵触するという理由で、詳細な議事録は公開されなかったが、イギリス本国と自治領・植民地間で金

属・非鉄金属・石油などの種々の資源を相互に融通するシステム、関連情報の共有の在り方、海運業などについて議論が行われ、イギリス本国を中核とし、自治領・植民地から構成される「帝国」の一体化が図られようとした[151]。

戦時における食糧供給・工業原料調達に不安を抱いたのは、農業事情に精通した人々や海軍軍人に留まらなかった。イギリス経済、とりわけ国内製造業の再生を希求し、関税改革を掲げる一部の人々もまた、ヨーロッパ諸国の海軍増強とイギリス農業生産の停滞という環境の中で、戦時における食糧供給・工業原料調達を担保するものとして関税改革に着目したのである[152]。

もちろん、農業に関心を有する人々が遍くイギリス農業の将来に悲観的見解を記していたわけではなかった。農業事情に精通していたルゥ R. H. Rew は、第一次世界大戦直前に著した『論文集』でも危機感を露わに記すことはなかった[153]。彼は世界大戦勃発後においても、戦時における食糧供給への不安の声を批判し、食糧調達に自信を示していた[154]。なお、彼は1916年に食糧省 Ministry of Food が新設された際に、農務省から食糧省に転任し、初代事務次官となる。

統一党の農業政策とミルナー卿

土地制度改革・地価税賦課を柱とする土地政策を推し進める自由党と比較して農業政策に関して明確な構想・政治的展望を築けない統一党の中にあって、国内の農業生産の重要性を食糧の海外依存との関係で説く人物にミルナー卿 Viscount Milner がいた。彼はハーコート蔵相の相続税改革（1894年）、すなわち、複数の相続税を統一するとともに、累進的税率を採用し大幅な税収増を国庫に齎した税制改革を、内国歳入庁議長として側面から支援した人物でもある。ミルナー卿は、**自由党急進派の唱える土地国有化 Land Nationalisation 構想にも、統一党の掲げる小土地保有農 Peasant Proprietorship 拡大策——土地所有者数の増加——のいずれにも与せず、党派的思考から距離を置き、イギリス農業の再生の道筋を探ろうとした。**ミルナーはイギリス農業が陥っている農地の未利用状態、牧草地化、耕作放棄を改善し、国内の農業生産を回復すべく、信

用制度、協同組織、農産物輸送手段の改善を訴えたのである[155]。

急進的国家への道：自由党の土地改革(ランド・リフォーム)

アスクィス内閣の蔵相ロイド・ジョージ David Lloyd George は、1909年の人民予算（案）（1909/10年予算）で地価税を提案し、翌1910年、導入された[156]。しかし、アスクィス内閣の反土地独占・反土地貴族キャンペーンにもかかわらず、農村では自由党の勢力は伸びなかった。そのため、ロイド・ジョージは1912年以降再び土地改革・土地問題を政治的争点として、土地貴族による土地独占を激しく攻撃し始めたのである[157]。彼は農村・都市双方の土地改革に乗り出し、1912年に農業地・市街地双方の土地制度の調査を実施する組織として——当初はロイド・ジョージの私的調査委員会 Unofficial Committee として——「土地調査委員会」Land Enquiry Committee を設置した。調査委員会はアックランド A. H. Dyke Acland 議員を委員書、バクストン Charles R. Buxton[158] を事務長として発足し、翌1913年にはその報告書として『土地：農村』[159]、さらに1914年に『土地：都市』[160] を出した。諮問事項は、「農村（都市）における社会的経済的状況の精確かつ公平な記述」という極めて漠然としたものであり、調査手法はブース Charles Booth やラウントリー B. Seebohm Rowntree が採用した手法であった[161]。なお、ラウントリーは「土地調査委員会」のメンバーでもあった[162]。調査委員会は調査員を雇い、調査員があらかじめ定められた質問項目からなる調査票を各地の回答者に手渡し、回答を求め、それを集める手順で行った。委員会のメンバーは議会の調査委員会と同様に集められた回答を分析し、『報告書』を纏めた。議会調査と異なる点は、回答者を特定できないように氏名を公表しないことであった。やがて、1913年10月11日以降、ロイド・ジョージ蔵相は、各地で「土地キャンペーン」を展開し[163]、『新ドゥームズデイ・ブック』の作成を目指すと公言したのである[164]。彼はイギリス国土が土地独占の下にあることから、国家がこの土地独占を統制することを目指した。そのために、全国土を評価する行政機構——国土省 Ministry of Land——を創設し、『新ドゥームズデイ・ブック』を作成し、依然として劣

悪な環境に置かれている農業労働者を救済するために最低賃金制を設定することを政策目標に掲げた。まさしく、ロイド・ジョージは**経済活動に強力に干渉する急進的国家 Radical State** を目指したのだ[165]。したがって、土地キャンペーンは農業生産それ自体の回復・改善を目指したものではなかった[166]。さらに、土地キャンペーンは都市中産階級の住宅問題の解決をも図ろうとする大規模な土地改革運動であった[167]。

　なお、ラウントリーとともにロイド・ジョージの土地政策を支えた人物にホール A. D. Hall がいる。彼は、自由党政権下で1909年に設立された開発局 Development Commission に1910年から1917年まで籍を置き、農村・市街化地域の土地改革、経　済　開　発（エコノミック・ディヴェロップメント）と道　路　改　良（ロード・インプルーヴメント）に携わった[168]。彼は1910年から1912年にわたるイギリス各地の農業視察の過程で、土地改革・土地問題をめぐる果てしなき政治的論議とかかわりなく、生産が続けられている農業現場を発見するが[169]、やがて第一次世界大戦期にはミルナー卿を委員長とする「国内食糧生産調査委員会」の委員となり、食糧供給における圧倒的な海外依存状況から脱却すべくイギリス農業政策の立案を担うことになる[170]。

　この「土地調査委員会」の報告書とりわけ『土地：農村』に対しては、農業事情に精通した人物、あるいは、専　門　職（プロフェッショナル）団体などから委員会の調査方法に対して厳しい批判が出された。批判が寄せられた点は、委員長をはじめとして委員会のメンバーの多くが専門的知識を有した人物でなく議会に席を持つ人物に過ぎないこと、諮問事項が明確でなく大雑把かつ曖昧なことであった。調査委員会の委員自ら調査を行うのではなく、調査に協力する人物にあらかじめ作成された調査事項に基づいた証言の蒐集を依頼し、依頼された人物が各地の証人の許に赴き、調査事項への回答を回収する手法についても批判があった。また、証人が匿名であり、証人の素性・資格が不明確なこともあって、証言の信憑性を著しく欠いていることについても疑義が出されたのだ。そして、調査委員会の構成員が報告書に異論・留保を記すことのない、議会報告書では考えられないスタイルに対しても、疑問が投げかけられたのである。こうして、委員会は調査に基づいた政策提言を行うのではなく、党派的提言に終始しており、

ロイド・ジョージの息のかかった私的 unofficial 委員会と看做された[171]。

統一党の農業政策

統一党は農業政策・土地政策として関税改革を党是と位置付けていたが、同時に小土地保有農増加・小菜園制創設を柱としており、加えて、1913年以降の自由党の土地キャンペーンを担った「土地調査委員会」に対抗する形で農業政策を進めたために、それは体系的なものではなかった[172]。実際、統一党指導者ボナー・ロー A. Bonar Law に提出された『統一党の農業政策』（1913年）[173]は「自由党土地調査委員会」の『土地：農村』に対抗して、農業労働者の政治的支持を獲得すべく提出されたものである。『統一党の農業政策』は農業人口、とりわけ農業労働者の離村を原因とした減少や、農業労働者の低賃金と耕地減少に表象されるイギリス農業の停滞からの脱却を目指し、農業労働者救済を目論んだ政策提言であった。まず、予想される戦争と小麦不足に備えて国内における農業生産を高めることで国家の安全保障を担保する。急進的土地改革運動が国家による土地管理や、土地の国有化を求めるのに対して、トーリーイズムの基本は産業の安定と雇傭の維持であり、農業政策はこの基本理念に沿って行われ、農業に対する国家支援と個人事業の促進を図ることにある。具体的には農業労働者の賃金水準の改善、小土地保有への経済的支援、教育促進、住宅改善などが柱であった。しかし、既にみてきたように、関税改革、とりわけ輸入食糧への関税賦課はたとえ税率が低いとしても国内製造業者にとっては必ずしも歓迎されなかった[174]。さらに、農業関係者も輸入農産物に対する関税賦課に関しては、たとえ関税率が「適度な（モデレイト）」率であったとしても、大歓迎はしなかった[175]。

土地問題の奇妙な終焉

第一次世界大戦直前のイギリスにおける自由党の土地改革運動、とりわけロイド・ジョージ蔵相を中心として構想され推進された「土地キャンペーン」は、農業地・市街化地域双方にわたる大規模な土地改革を目指した政治的運動であ

ったが、戦時における食糧調達を危惧する声が絶えることはなかった。土地改革運動の政治的昂揚とは裏腹にイギリスの農業生産は停滞の一途を辿り、イギリス国民が日々口にする食糧の海外依存に歯止めは掛からなかったのだ[176]。興味深いのは、パッカー Ian Packer がリベラル・リフォーム期における自由党の土地政策に関する研究で、**第一次世界大戦を境として、自由党内閣期の政治的争点であった土地改革・土地問題が奇妙な終焉 strange death を迎えた**ことを指摘していることである[177]。第一次世界大戦勃発以降、輸入経済イギリスにとって最大の政策課題は、19世紀末以来の農業生産と食糧自給率の低下をいかに改善し、国民が食糧供給に不安を抱かないようにするかであった。当然ながら、19世紀末から20世紀初頭の自由党内閣の政策の中心に置かれた土地改革・土地問題は第一次世界大戦勃発とともに後景に退いた。

第4節　第一次世界大戦中の食糧供給：海軍と農業

第一次世界大戦勃発

　1914年6月末以来、バルカン半島をめぐる軍事・政治情勢が不安定化し、7月28日にはオーストリアはセルビアに宣戦布告し、ロシアは31日にこれに総動員令で応えた。8月1日にドイツは総動員令を発したロシアに宣戦布告し、3日にはフランスに対しても宣戦布告した。翌4日にはドイツ軍は中立国ベルギー侵攻を開始し、ここに大規模な戦争がヨーロッパ大陸を舞台に始まったのである。イギリス外相グレイ Sir Edward Grey は3日に、ドイツ軍によって侵されようとしているベルギーの中立を守ると議会で発言した。翌日、イギリス政府は海軍の戦闘態勢が整うのを待って、この幾分曖昧な目的以外明確な戦争目的もなくドイツに宣戦布告することになる[178]。イギリス陸軍の大陸派遣は、開戦当初、検討事項とはならなかったが[179]、後にみるようにイギリス海軍の行動は素早かった。

ロンドン宣言とイギリス政府

　既にみてきたように、イギリス政府はロンドン宣言に署名(サイン)したものの、貴族院は宣言を承認しなかった。そのために、イギリス政府がロンドン宣言を批准したことにはならず、宣言は発効しなかったのである。イギリス政府は第一次世界大戦が勃発した8月4日には禁制品宣言 Contraband Proclamation で禁制品・条件付禁制品リストを作成し、公にした。その後も、9月21日、10月29日、12月23日、そして1915年3月11日の復仇勅令 Reprisals Order in Council を含め、1917年7月2日の禁制品宣言にいたるまで、矢継ぎ早に禁制品・条件付禁制品リストに関する宣言を発した[180]。イギリス政府は、8月4日の禁制品宣言では食糧などを条件付禁制品に指定し、9月21日の宣言ではロンドン宣言では自由品と位置付けられた銅(クッパー)や機械工業に不可欠な素材である天然ゴム(ラバー)を条件付禁制品に追加指定した。その結果、戦争の初期段階で外相グレイが**戦略物資**と看做していた**銅、天然ゴム、綿花**(コットン)のうち、二品目が禁制品リストに追加された[181]。ちなみに、第一次世界大戦前のドイツの銅消費量はアメリカの次に多いが、ドイツ国内の生産量は消費量の6分の1にも満たなかった。そのためドイツは大戦勃発とともに市中で用いられている銅貨を回収する事態に追い込まれている[182]。戦前、ドイツは食糧・飼料や銅に限らず各種の工業原料調達を海外に大きく依存していたが、戦争勃発によって海外諸国との貿易関係が不安定化したために、各種の物資をいかに継続的・安定的に確保するか、あるいは、代替品を用いるかの選択を迫られたのである。イギリス政府は10月29日の宣言で、植物油を除く鉱油(オイル)——石油 petroleum と解釈される[183]——やアルミニウムなどの新素材を禁制品リストに加えた。さらに、その後の禁制品宣言は条件付禁制品をほぼすべて禁制品に指定したのだ。

　注意すべきは、1914年8月4日の戦争勃発[184]直後から、イギリス海軍はドイツの海上通商路を封鎖すべく軍事行動を開始し、禁制品の拿捕を行っていたが、**この封鎖行動はイギリス政府がロンドン宣言を批准していないために国際法上の根拠を持っていなかった**ことである[185]。この法的無根拠状況を改め、

終章　1909年ロンドン宣言とイギリス海軍・イギリス外交（1909～1917年）　243

軍事行動に国際法上の根拠を与えようとするものが1914年8月20日[186]の海事勅令 Maritime Order in Council であった。この海事勅令は無条件禁制品・条件付禁制品の新リストをロンドン宣言の第22条、第24条に定められた無条件禁制品・条件付禁制品リストと差し替えるとともに、イギリス海軍がフランス海軍[187]、ロシア海軍との連携の下に中立国船籍船に積載されている条件付禁制品を拿獲することを宣言したのである[188]。なお、ロンドン宣言では交戦国が中立国船籍船に積載された条件付禁制品を拿獲する際には、拿獲する側が条件付禁制品の使用目的（敵国政府帰属あるいは軍事的目的）に関して挙証責任を負うとされていた。しかし、この海事勅令では仮に敵国の代理人、敵国在住の商人が条件付禁制品を託送 consign した場合、イギリス海軍をはじめとする連合国の海軍は物資（船荷）の敵国の軍事的利用を推定する infer ことによって条件付禁制品の拿獲要件を満たしたことになり、物資（船荷）の拿獲が可能とされた。このことから、勅令の恣意的性格は際立っていた。こうして**イギリス政府は、ロンドン宣言を批准し、宣言が発効したと仮定し、そこに規定されている手順**に基づいて、そこに挙げられている無条件禁制品・条件付禁制品・自由品の大幅な項目追加と除外、ならびに宣言の修正（モディフィケーション）を行った。イギリス海軍はロンドン宣言に則って、海上封鎖を効果的に遂行する策、すなわち、ドイツとその同盟国と中立国とを結ぶ海上通商路遮断、貿易活動の停止のみならず、中立国と中立国との貿易活動、とりわけアメリカとドイツ周辺の中立国間の貿易活動を遮断しようとした。さらにイギリスは、対敵通商法の修正によって禁止対象を利子・配当金の敵国への送付にまで拡大したばかりか、法の適用地域をアメリカ、さらには世界各国にまで拡張しようとした[189]。ちなみに、アスクィス首相はドイツに対する封鎖を「ドイツの『絞殺』」"strangulation" of Germany と露骨な言葉を用いて表している[190]。

　こうして、イギリス政府は8月20日の海事勅令で、フランス・ロシア海軍との連携の下にドイツを海上封鎖すべく、禁制品リストの変更と無条件禁制品・条件付禁制品の拿獲を実行した。さらに、イギリス政府は1914年10月29日[191]と12月23日の禁制品宣言[192]とによって、無条件禁制品・条件付禁制品の品目

を大幅に変更し、条件付禁制品を実質的に無条件禁制品に指定した。この禁制品宣言に加えて、イギリス政府は「継続航海の原則」に立脚し、ドイツがアメリカとヨーロッパの中立諸国間の海上貿易を通じて食糧や工業原料を輸入し、工業製品を輸出することを阻止する措置をとった。こうして、ロンドン宣言に規定された中立国船籍船に関する条文が大幅に修正されたのである[193]。なお、1914年12月23日の禁制品宣言で硫酸 sulphuric acid、硝酸 nitric acid、硝酸アンモニウム ammonium nitrate と硝酸カルシウム calcium nitrate が禁制品リストに加えられ、1915年10月14日の禁制品宣言で燐 phosphorus が禁制品の爆薬の原料と指定された。そのため、硝酸（窒素化合物）・燐を原料とする人工肥料に大きく依存するドイツ農業は根幹から揺るがされることになった。いずれにせよ、イギリス政府・外務省は中立国間の貿易活動を容認すれば、中立国からドイツへの物資流入が当然発生し、ドイツの海上封鎖を行っているイギリス・フランス両海軍の努力が水泡に帰すると考えていた。グレイ外相が対アメリカ外交の直接の交渉役である駐米イギリス大使ライス Cecil Spring Rice 宛電報で指摘しているように、**「継続航海の原則」こそイギリスが中立国間の貿易活動に干渉することを可能にし、中立国経由で物資がドイツに渡ることを阻止出来る「最も重要な論点（メイン・ポイント）」**であり、ドイツへの物資供給を遮断するという点ではアメリカの合意が不可欠なのであった[194]。

　このように、イギリス・フランス両政府は1914年8月4日の禁制品宣言以降、無条件禁制品、条件付禁制品、自由品のリストの大幅な変更と無条件禁制品、条件付禁制品の拿捕を実行した。加えて、8月20日の海事勅令とその後の勅令とによって、ロンドン宣言の修正を装いつつドイツと中立国間の貿易活動のみならず、中立国と中立国の間の貿易活動への干渉を矢継ぎ早に宣言した。この軍事的外交的ドイツ経済封鎖戦略の最大の問題点は、(1) 戦前においてドイツとの緊密な経済関係を構築しながら、イギリスをはじめとした連合国の対ドイツ経済封鎖の結果、ドイツから食糧、工業原料・製品の供給を受けられなくなるばかりか、食糧、工業原料・製品の輸出先であるドイツを失い経済的苦境に陥りかねない北西ヨーロッパの複数の中立国の存在と、(2) 北西ヨーロッパの

中立国に加えて、唯一、ロンドン宣言を批准し、ヨーロッパの戦争に中立的立場をとりながら、食糧、工業原料・製品の圧倒的な供給能力を有するアメリカの存在である。

中立国の経済

ヨーロッパ諸国、アメリカなどの高度工業国は、平時において食糧・工業原料調達から商品の販路、貿易決済で経済的相互依存関係を強めていったが、戦時にこの経済的相互依存関係を根底的に覆して自給自足的経済に戻ることは不可能であった。戦争に伴う既存の経済的依存関係の崩壊は交戦国に留まらない。中立国も、平時においては、周辺諸国との緊密かつ相互依存的な経済関係を構築しているがゆえに、戦時における中立国の貿易（経済活動）の権利がロンドン宣言の各条文で制約され、交戦国との経済関係が実質的に断絶状態にいたれば、中立国自体の経済的破綻が現実味を帯びることになる。

イギリス政府は第一次世界大戦勃発以降、海事勅令に経済封鎖の国際法上の根拠を求めるとともに、禁制品宣言によって拿捕可能な禁制品の範囲を大幅に拡大しつつ、フランス・ロシアの両海軍と連携し、対ドイツ海上封鎖を軍事面で強化した。その結果、イギリスをはじめとした連合国は、ヨーロッパ、とりわけドイツ周辺の中立国と、大西洋を挟み同じく中立的立場を表明していたアメリカとの間の貿易活動を遮断する必要から、これら中立国との外交交渉が不可避となったのである[195]。それは駐英アメリカ大使ペイジ Walter H. Page が戦争勃発直後にウィルソン大統領宛の書翰で記していたように、戦時に際して「中立性を許さない」[196] イギリスの戦略思想の論理的帰結である。

なお、パリ宣言、あるいはロンドン宣言でも、交戦国は海上封鎖線を交戦国の領海を越えて中立国の領海にまで延長する権限を認められなかった。したがって、ドイツと北欧諸国を結ぶバルト海域は周辺中立国、スウェーデン、デンマーク、ノルウェーの領海に属しているために、交戦国の海上封鎖権限が及ばないとされていた[197]。実際、第一次世界大戦を通じてイギリス・ロシア海軍の支配はバルト海に及ぶことはなかった[198]。

スウェーデンは、第一次世界大戦前には、優れた鋼材を生産し、その製品を輸出する工業生産力を有するだけでなく、乳製品と肉類とを輸出する農業生産国でもあった。しかし、スウェーデンは工業生産に欠かせない石炭の供給をドイツに依存し、農業（穀物生産）には不適な広大な地域を抱えているために穀物を海外から輸入しなければならなかった。スウェーデンは高度工業国ドイツに鋼材のみならず、肉・乳製品をも輸出し、ドイツから石炭を輸入することでドイツ経済圏の一環を形成していたのである[199]。第一次世界大戦劈頭で、スウェーデン、さらにはデンマーク、ノルウェーなどのスカンディナビア諸国は中立的立場を表明したために、イギリスをはじめとした連合国は、これら中立諸国が戦前からのドイツとの緊密な経済関係を継続することのないように軍事的経済的外交的圧迫を加えようとした。しかし、ドイツは戦時中においても中立国との貿易関係を僅かながらも維持し、食用穀物・穀粉、肉類、魚類などを輸入していた[200]。

第一次世界大戦を通じて中立的立場を貫いたオランダは、戦前から海外貿易、工業生産、さらには農業生産が盛んであった。しかし、オランダの農業は自国民の食糧需要に応える農業ではなく、海外市場に特化した利益の多い牧畜業が主力であるために、乳製品・肉類、さらには葉タバコ生産とその輸出競争力に秀でていたが、ドイツ同様、小麦の生産量は少なく、ライ麦が食用穀物として栽培されていた。加えて、オランダは牧畜業に欠かせない飼料用穀物を自国ではなく海外に依存していた[201]。したがって、大戦勃発以降、オランダは食用・飼料用穀物の安定的確保に障害を抱え、自国で食用穀物の生産を行うことが喫緊の政策課題となり、政府は自国生産の食糧の輸出禁止措置をとらざるを得なかった。食用穀物を自国で生産するために欠かせない肥料の輸入がオランダにとって次なる課題として浮上した。とりわけ、1917年2月のドイツ無差別潜水艦作戦以降、オランダは食糧輸入と肥料確保で困難を来したばかりか、国内の牧畜業に欠かせない飼料用穀物も不足し始め[202]、政府も農産物輸出・農業生産に対する規制を一層強化しなければならなかった[203]。オランダの製造業に目を転じると、近代工業に不可欠な鉄鉱石などの工業原料、石炭を含む燃料の

調達は海外諸国に依存した状況にあり、当然、工業生産も停滞せざるを得なかった。確かに、戦争勃発以降、オランダのダイヤモンド工業は1917年のアメリカの参戦まで、一時的繁栄を享受したが、イギリスと連合国が対ドイツ経済封鎖を強化し、戦時における中立国間の貿易権をも否定する軍事的外交的政策をとったことにより、オランダは甚大な経済的打撃を蒙ることになった[204]。

一方、イギリス政府は、ドイツが中立国経由で食糧・工業原料を輸入し、工業製品を輸出することを阻止するために、ドイツ経済圏を形成する近隣の複数の中立国、とりわけ、陸続きのオランダに加えて、デンマーク、ノルウェー、スウェーデンなどのスカンディナビア諸国、さらにはスペイン、スイス、戦争勃発当初参戦していなかったイタリアなどの中立国との間で、禁制品の取り扱いについて外交交渉を開始し[205]、1915年にはこれらの国々と貿易に関する取り決めを結ぶこととなった[206]。イギリスにはドイツと陸続きの中立国オランダの対ドイツ貿易を遮断する有効な手段を欠いていたのである。事実、オランダは1918年11月まで対ドイツ経済関係断絶に関して連合国との間で合意に達せず、ドイツに種々の物資を輸出していた[207]。さらに、イギリスにはスウェーデン、デンマーク、ノルウェーの対ドイツ貿易活動を遮断する決定的方法もなかった。ドイツ本国とこれら中立国との海上通商路に当たるバルト海は各国の領海が複雑に入り組んでおり、この海域には公海部分がない箇所もあり、交戦国は海上封鎖線を設定できないからである。

中立国の貿易活動

イギリス・フランス両国のドイツに対する経済封鎖が強化され、中立国の貿易活動に対する軍事・外交の両面での干渉が強化されるや、ドイツ近隣の中立諸国は戦前からドイツと緊密な経済関係を構築しているがゆえに、この干渉は中立諸国を経済的苦境に陥らせた。イギリス政府は中立国の経済活動に対する干渉に激しく反発するアメリカと外交交渉を重ねていたが、ドイツ近隣の中立諸国には大きな関心を寄せなかった。しかし、イギリス政府・外務省はフランス政府の要請を受けて、1915年以降、北欧の中立諸国との外交交渉に入った。

問題は、ドイツと中立国との経済関係を遮断する戦略が、必然的に中立国間の貿易活動・経済関係に対する軍事的外交的干渉に発展し、この事態が中立国にとっては経済的苦境の深刻化を意味することである。しかし、仮に中立国間の貿易活動、具体的にはアメリカからドイツ周辺の中立国への物資輸出を容認すれば、中立国経由でドイツへの物資流入が生じないという保証はなかった[208]。ちなみに、後にロシア史研究家となるカー E. H. Carr は第一次世界大戦中にイギリス外務省に勤務していたが、彼はドイツとその同盟国に対する経済戦争を担うべく外相セシル卿 Lord Robert Cecil によって新設された禁制品の規制を担当する部局にいたのである[209]。

アメリカの反発

アメリカ政府は、第一次世界大戦勃発直後から、イギリスの対ドイツ経済政策がロンドン宣言を修正する形式に則りながら、中立国アメリカの貿易活動、とりわけドイツ周辺の中立国との取引を実質的に禁止する海上封鎖戦略、経済封鎖政策となっていることに批判的姿勢をとっていた[210]。これに対して、イギリス政府は今次の戦争（海戦）に際してロンドン宣言に記された諸原則を順守する旨、駐英アメリカ大使を通じアメリカ政府に伝達していた[211]。

やがて、イギリス政府とフランス政府とはドイツに対する海上封鎖をさらに強化するために、1914年10月29日の海事勅令と禁制品宣言とによって中立国船籍船に関するロンドン宣言の条文を修正し[212]、中立国アメリカとドイツ周辺の中立国との貿易活動を停止させようとした。しかし、アメリカ政府は、これに先立ち、1914年9月28日付の駐英アメリカ大使宛書翰[213]でイギリス政府が計画しているロンドン宣言の内容修正がアメリカの貿易活動に重大な混乱を惹き起こす可能性があることから、アメリカ政府が宣言の修正に重大な関心を寄せざるを得ないことをイギリス外相に伝え、彼の真意を質すように訓令していた。さらにアメリカ政府は10月16日に、アメリカ・イギリス両国政府がロンドン宣言に関して相互に満足のいく合意に達することを希望しているとともに、予定されているイギリスの海事勅令を中立国の貿易権に対する制限措置と看做

し、強い懸念を抱いていることを、駐英アメリカ大使を通じ伝達した[214]。これに対して、10月19日、グレイ外相は駐英アメリカ大使を通じて、イギリス政府がロンドン宣言を無修正で受け入れることはできず、宣言を修正する必要性があると回答した[215]。

こうして、イギリス政府は1914年10月29日には、新たに海事勅令と禁制品宣言とを公にした[216]。当然のことながら、この宣言に記された禁制品リストは駐英アメリカ大使を通じてアメリカ政府に伝達された[217]。イギリス政府は1914年12月23日の禁制品宣言で、銅、アルミニウム、天然ゴム、植物油を除く油（鉱油）を禁制品に追加指定し、ドイツに対する経済封鎖を一層強化する意思を示したのである[218]。この貿易規制に対してアメリカ政府は、イギリス政府が立て続けに発した禁制品追加宣言の結果、アメリカの貿易活動に著しい支障が生じていることを指摘し、これに激しく抗議した[219]。イギリス政府もまたアメリカ政府のこの厄介なnuisance抗議に何らかの形で応えなければならなかった[220]。

アメリカ政府がイギリス・フランス両政府による中立国間の貿易活動への干渉を厳しく批判していることに対して、グレイ外相は1915年1月7日付の駐英アメリカ大使ペイジ宛書翰で次のように反論した。貿易統計によれば、戦争勃発以降、アメリカからドイツ近隣の中立国に持ち込まれた物資の量は平時の取引額を大幅に超える異常な増加傾向を示しており、これら膨大な輸入物資は中立国で消費されるのではなく最終的にはドイツに渡ったと推測される[221]。さらに外相は、たとえ、中立国間の貿易活動への干渉がアメリカの意に沿わないものであったとしても、「ドイツの封鎖は連合国の勝利にとって決定的に重要である」[222]と考えていたのである。その後の1916年1月26日にもグレイ外相は議会で同様の趣旨の発言を行っている[223]。

1915年復仇宣言

イギリス政府とフランス政府は、無条件禁制品・条件付禁制品の品目変更、アメリカとヨーロッパの中立国との間の貿易活動に対する規制強化に加えて、

1915年初頭以降、イギリス周辺海域におけるドイツの潜水艦作戦を違法と看做し、これに復仇[224] reprisals——相手国の違法行為に対し返報的に行う権利侵害——すべく、1915年3月1日に復仇宣言 Declaration of Reprisals を中立国に発した[225]。復仇を具現化すべく、イギリス政府とフランス政府は同年3月11日の復仇勅令[226]と禁制品宣言[227]とによって、自由品、さらには食糧の取引を含むドイツの輸入・輸出活動の全面的な規制、具体的にはドイツと中立国の貿易活動を遮断することに留まらず、中立国同士の貿易で中立船籍船に積載された船荷に対しても拿捕する可能性があることを明らかにするとともに、禁制品として新たに原毛・毛織物製品、飼料 forage and feeding stuffs for animals などを追加指定した[228]。この勅令と宣言の意図は、ドイツの貿易活動のみならず、アメリカとドイツ周辺の中立国との間の貿易関係に対する全面的な規制強化にあり、ドイツに対する経済封鎖のさらなる強化を意図したものであったがゆえに、中立国アメリカの側からはイギリスの新たな措置はドイツの「飢餓」を目論んだ戦略と看做された[229]。なお、イギリスの外相グレイは復仇勅令の説明とイギリスの意図を3月15日に駐英アメリカ大使ペイジを通じてアメリカ政府に伝達したが[230]、アメリカの国務長官は3月30日付駐英アメリカ大使宛書翰を通じてグレイ外相に返答した。アメリカの国務長官はそこでイギリス・フランス両政府の主張が「**ヨーロッパ全域における中立国の貿易活動に対する交戦国の実質的な無制限の権利要求**」であると決め付けていたのである[231]。さらに、イギリス政府は1915年10月14日の禁制品宣言[232]によって、ロンドン宣言では自由品であった綿花・木綿製品——いうまでもなくアメリカの重要な輸出品——さえも火薬の原料になることを理由に無条件禁制品に追加指定した。こうして、ロンドン宣言では戦時においても貿易上の制約が加えられないと規定された自由品さえもが禁制品に指定されたのであった。

　イギリスをはじめとした連合国が、その後もアメリカ・スカンディナビア諸国・オランダなどの中立国の貿易活動に対する規制を強める中で、アメリカ政府は、1915年10月21日にはイギリスとその同盟国が行っている中立国の貿易活動への干渉によって自国の経済活動が著しく損害を被ったとして、再度激しい

批判を行った[233]。

アメリカ政府は、第一次世界大戦勃発以後の、イギリスをはじめとする連合国による中立国の経済活動に対する軍事的外交的手段による干渉と経済活動への妨害に対抗して、古代から認められてきた戦時における中立国の貿易の権利と公海の自由航行の権利を主張した。こうして、戦争が激化・長期化するにしたがい、中立国の「海洋の自由」Freedom of the Seas の権利要求と交戦国の戦時における中立国の貿易活動に対する規制強化とが激しく対立した[234]。

ロンドン宣言の撤回と経済封鎖の強化

イギリス政府は第一次世界大戦勃発以降、ドイツの海上封鎖を目的として数多くの海事勅令と禁制品宣言を発したが、そのうち最も重要な海事勅令は1916年7月7日の勅令である。開戦以来、イギリスと連合国の海軍は海上封鎖・禁制品拿獲をはじめとし、中立国間の貿易活動遮断を含めたドイツとその同盟国に対する種々の封鎖 blockade を実施したが、その封鎖は法的根拠としたロンドン宣言が想定している「海上封鎖」概念を大きく超えて、軍事・経済・外交に跨る包括的な「経済封鎖」Economic Blockade へと発展していった。ロンドン宣言は、もはやこの経済封鎖に法的根拠を与えるものではなくなった。7月7日の海事勅令は、封鎖が大きく性格を転換した現実を受けて、ロンドン宣言の撤回(ウィズドゥローワル)を明らかにしたのである。勅令は、さらに、継続航海の原則を条件付禁制品に適用し、中立国間の貿易活動への干渉続行を再確認した[235]。こうして、イギリス政府は包括的経済封鎖を採用することによって、ロンドン宣言を弊履のごとく打ち捨てた、ともいえる。

このように、第一次世界大戦を挟む過程で「封鎖」の性格が大きく変貌したことは、イギリス政府が1916年1月に作成したドイツ海上貿易遮断策に関する『議会資料』でも明らかである。この資料には、ドイツの貿易秩序破壊の手段として、海上封鎖・禁制品拿獲をはじめとし、中立国とドイツの間の貿易（輸出・輸入）活動の遮断に加えて、中立国間の貿易活動、とりわけアメリカとドイツ周辺の中立国間の貿易活動への厳しい外交手段による干渉が列挙されてい

る。さらに、資料ではイギリス政府がイギリス帝国内の港湾施設においても中立国船籍船への燃料補給管理を実施し、中立国の貿易活動に対する干渉を地球規模で行っていることを明らかにするとともに、中立国の貿易活動に対する干渉強化の代償として中立国への物資割当制度 raitioning system の必要性が記されていた。ドイツに対する封鎖は、この1916年の時点で包括的な性格を帯びたのである[236]。

中立国の貿易活動制限とイギリスによる物資割当

このように、イギリス政府はドイツと中立国間の経済関係のみならず、中立国、とりわけドイツ周辺の中立国間の貿易活動に対して軍事的外交的手段を用いて干渉を強めていった。イギリス政府は中立国が自国経済・国民生活の存立に必要な物資を輸入し、輸出することを承認したが、その一方で、政府は外交交渉を通じ、中立国が自国経済に必要な量を超える物資の輸入、さらには、ドイツ本国への過剰な輸出を行うことに対して干渉を強め、ドイツの対外貿易活動が中立国経由で継続されることを阻止しようとした。当然ながら、大戦前に種々の物資供給と商品販路をドイツ本国に依存し、ドイツ経済圏を形成していたドイツ周辺の中立国とドイツとの貿易関係を遮断する代償として、イギリス政府は中立国が必要とする種々の物資をドイツに代わって供給する必要に迫られたのである[237]。

他方、ドイツからすれば、イギリス・フランス両政府によるロンドン宣言の修正・撤回は、イギリス・フランス政府が中立国の貿易の権利に対してさらなる干渉を実施し、ドイツとドイツ周辺の中立国、さらにはドイツ周辺の中立国と中立国との貿易関係、とりわけアメリカとの関係遮断を意図した御都合主義以外の何物でもなかった[238]。

イギリス農業や食糧供給をめぐる軍事的政治的経済的状況も大きく変化し始めた。なによりも懼れられたのはドイツ海軍の潜水艦がイギリスの生命線である海上通商路に大規模な攻撃を加える事態であった。しかし、大戦の初期段階においてはドイツ海軍による海上通商路への攻撃は鈍く、国民が熱狂するよう

終章　1909年ロンドン宣言とイギリス海軍・イギリス外交（1909〜1917年）　253

なイギリス海軍の戦艦とドイツ海軍の戦艦との大海戦もなかった[239]。ちなみに、イギリス海軍の主力艦隊とドイツ海軍の主力艦隊とが激突したドッガー・バンク海戦は1915年1月24日、ユトランド沖海戦は1916年5月末から6月1日にかけて戦われ、イギリス海軍、ドイツ海軍はともに決定的な勝利を得ることも破滅的な損害を被ることもなかった。1914年8月1日をもって第二本部長からイギリス主力艦隊指揮官 Commander-in-Chief Grand Fleet に転任したジェリコ[240]は、1914年9月末のチャーチル海相宛書翰で、ドイツ潜水艦の攻撃によるイギリスの商船の被害が戦前の予想よりも少ないこと、イギリス海軍がドイツの対外貿易活動を首尾よく遮断していること、イギリス海軍がドイツの貿易活動を今以上に効果的に遮断することが可能であると報告しており、海軍首脳部は表面的にはイギリスの食糧輸入に不安を感じていなかった[241]。事実、1914年8月から10月にかけての食糧輸入に滞りはなく、小麦・米・チーズなどの輸入量は大幅な増加さえした[242]。開戦以降穀物（シリアル）価格が大幅な上昇を続けていることが議会で報告されても、イギリス政府の対応は鈍く、政府は平時と同様に民間の経済活動に干渉しない、「通常通りの運営」に終始していたのである[243]。やがて、ドイツは、ドイツと中立諸国とを結ぶ海上通商路の要衝、北海地域における機雷敷設などのイギリス海軍の海上封鎖[244]を違法な行為と看做し、これに復仇すべく、1915年2月4日にイギリスとアイルランド海域を戦闘海域に指定し、潜水艦による攻撃を宣言した[245]。もっとも、ドイツ潜水艦による商船攻撃はこの宣言より以前の1915年1月末に開始されていた[246]。このドイツ潜水艦の商船に対する行動の目的は商船に積載された船荷の臨検、禁制品の探索とその拿捕ではなく、商船自体への軍事的攻撃であったために、イギリス政府は潜水艦の行動が国際法上、海賊 pirate 行為に当たると看做し、1915年3月にドイツの海上封鎖を強化した復仇勅令で応えたのである[247]。このようなドイツ側の軍事行動もあって、イギリスでは潜水艦による海上通商路破壊と食糧輸入の途絶への恐怖が戦争の長期化とともに高まり、それまで輸入に依存してきた種々の食糧を国内で生産し、国内農業を再活性化することが自国の経済運営と戦争遂行にとって重要な政策課題となりつつあった。

ミルナー卿・セルボーン農相による農業振興政策

　国内農業生産の再活性化を構想していたミルナー卿は、自由党のアスクィスを首班として1915年5月26日に成立した連立内閣の農相に就任したセルボーン Lord Selborne（在任期間：1915年5月〜1916年6月）の説得を受けて、1915年6月17日、「国内食糧生産調査委員会」[248]の委員長に就任した。委員会のメンバーには、「自由党土地調査委員会」の委員長を務めたアックランド議員、ホール、プロザロ、ストラット E. G. Strutt らがいた。委員会は『最終報告書』を1916年に纏めている[249]。委員長就任に先立ち、ミルナーはセルボーン農相宛書翰（1915年6月6日付）で商品輸出が減少し貿易収支が悪化していることを念頭に置き、国内の農業生産を促進し、食糧の輸入を削減することが重要であると説いたのである[250]。ミルナー卿は後のイギリス農業政策に大きな影響を与える『中間報告書』[251]を早くも7月17日には完成させることが出来た。『中間報告書』の核心は、1870年以降、農業不況を契機にして耕作地が牧草地化され、穀物生産能力が著しく低下したイギリス農業を再生すべく、小麦をはじめとした食用穀物の栽培を勧め、食糧増産を図ることにあった。牧草地・耕作放棄地を起耕・耕作し、穀物生産に転換させる経済的誘因として、強制耕作を条件として穀物（小麦）の最低価格保障 guaranteed minimum price の採用が記されていた[252]。帝国防衛委員会事務長ハンキィもまたセルボーン農相宛書翰（1915年7月13日付）に次のように記していた。**戦争勃発によって、イギリスは商品の輸出が大幅に減少し、輸入物資の代金支払いにも事欠く状態にある。仮に海外に大きく依存している食糧調達がイギリス国内で可能となり、国内の食糧自給率が高まれば、それは財政的・軍事的に極めて重要な意義を持つ**、と。ハンキィは、さらに、「国内食糧生産調査委員会」が農作業に従事する労働力の確保にも意を払うことをセルボーンに期待し、調査委員会の報告書が完成し次第、それを首相に手渡すことを農相に約束したのである[253]。

　セルボーン農相はミルナー卿、ハンキィらと来るべき農業政策の基本理念を擦り合わせつつ、1915年7月22日付のアスクィス首相宛の書翰で、(1) ドイツ

潜水艦の脅威、(2) ミルナー卿を委員長とした調査委員会の『中間報告書』に沿った穀物（小麦）の最低価格保障を柱とする国内農業の回復、とりわけ耕地面積の拡大、(3) 食糧輸入の量的抑制による貿易収支の改善の3点をセットにした国内農産物増産構想を説明し、そのための関連資料を同封した[254]。確かに、イギリスの貿易収支は、1915年8月にはチャーチル海相が収支改善に向けて消費財の輸入抑制の必要性を説かなければならないレヴェルに達していた[255]。国内農業の振興策を求める声は自由党議員を含む有力議員からもあがり、彼らは潜水艦の脅威を根拠に農業振興策を首相に求めていた[256]。しかし、この1915年の時点でも、海軍本部が大戦前に警戒していたドイツの潜水艦による海上通商路破壊活動はイギリス国民・経済にとって軍事的脅威になってはいなかったのだ。バルフォア海相（在任期間：1915年5月〜1916年12月）は、1915年9月1日付のセルボーン農相宛書翰で、ドイツ潜水艦による商船の損失が少なく、商船建造と購入によって損失分を補うことが出来ていることを伝えた。海相は、セルボーン農相が危惧する小麦の供給に関して、国内の食糧供給問題は最重要課題ではなく、二番目に重要な問題と位置付けていたのである[257]。アスクィス首相も、ドイツ海軍による海上通商路攻撃がこの1915年の時点でイギリスの食糧輸入に影響がないことを理由に、国家による農業生産促進策を採用しなかった[258]。加えて、統一党指導者の間でも、ミルナー卿・セルボーン農相が提案した農業振興政策に対する支持の動きは鈍かった[259]。それでもセルボーン農相は1916年3月、アメリカ、カナダ、アルゼンチンにおける穀物収穫量の見込みが未だ定かでない時期に、「帝国防衛委員会」に提出した文書で、ミルナー委員会の『中間報告書』にある強制耕作をともなう価格保障制度を採用し、借地農が穀物生産の増加に踏み切るように政策転換することを訴えていた[260]。一方、アスクィス首相をはじめとした政府首脳は、ドイツ潜水艦の軍事的脅威が急迫していた1916年5月時点においても、食糧問題が喫緊の課題ではないと看做していた[261]。1916年5月末のユトランド沖海戦以降、イギリス海軍とドイツ海軍は主力艦船をともに温存し、海上での戦闘は膠着状態に陥った。やがて、1916年9月以後、ドイツ潜水艦はイギリスの生命線である海上通

商路を「水中からの封鎖戦略」によって破壊する戦術を採り[262]、その結果、イギリスの食糧輸入量は顕著な減少傾向を辿り、イギリス国民にとって食糧不足、食品価格上昇、飢餓が現実のものとなったのだ[263]。

戦局の緊迫化と食糧調達

イギリスをはじめとした連合国は、1916年にはドイツとその同盟国に対する軍事的外交的手段を用いた包括的な経済封鎖態勢を整備したが、ドイツ海軍も1916年初頭以降、イギリスの経済封鎖に返報すべく潜水艦による商船攻撃、海上通商路破壊を本格化し、戦局は一挙に緊迫の度合いを深めていった[264]。1916年初頭のドイツ軍首脳の戦況分析は次のようであった。ドイツの金融・経済資源は1916年の夏までには枯渇する。一方、石炭を除く工業原料と食糧の供給を海外に依存しているイギリスは、これらの資源を輸入するためには自国の工業製品を輸出し、輸入物資購入の支払いに充当せねばならないが、ドイツの潜水艦作戦による船腹不足で輸出が停滞し、支払代金不足を来すであろう。経済的苦境に陥ったイギリス・フランスがドイツとの戦争終結を選択する可能性も出てくる、というものであった。このような分析と経済認識に基づき、ドイツ政府・軍部は潜水艦を用いたイギリスの海上通商路破壊という「経済戦争」に一縷の希望を託した[265]。なお、アメリカ、カナダ、アルゼンチンにおける穀物生産は豊作であった前年とは対照的に、1916年は不作が予想され、世界的な小麦不足の懼れが生じた。オーストラリア、ニュージーランド、インドなどイギリスの自治領・植民地は、戦前、イギリス本国の食糧供給地であったが、大戦勃発によって本国への安定的な食糧供給が困難となり、代わって物資輸送の安全性・輸送距離において優れたアメリカ、カナダ、アルゼンチンがイギリスにとって小麦をはじめとした食糧の供給地となっていた[266]。結果的に、イギリスを含め連合国は、戦時中、食糧をはじめとする膨大な物資供給を、アメリカなどの北米諸国に依存することになった。しかし、イギリスは対アメリカ輸出が大きく落ち込み、輸入物質への支払代金に事欠く状態であったために、世界大戦終了後には、大戦中の輸入物資に対する未払い代金が戦債の大きな部

分を占め、債務処理が大きな政治的財政的課題となった[267]）。

世界的な穀物不作と軍事情勢の緊迫化

　こうして、1916年半ばにはドイツの潜水艦が本格的な商船攻撃に踏み切ったために、物資輸送を担当するイギリス船籍船は不足し始めるとともに[268]）、イギリスの最大の穀物供給地域である新大陸での不作が予想される中で、世界的な食糧不足と食品価格高騰の徴候が現れ始めた。ちなみに、第一次世界大戦中（1917年）の各国の小麦生産（重量ベース）は、1914年を基準として、オーストリアが88.2％減、ドイツが42.8％減、イギリスが0.7％増、フランスが52.4％減、ロシアが11.7％減であった[269]）。また、軍事物資輸送に動員された民間商船も増加し、食糧輸送に携わる船腹不足が激化したこともあり[270]）、中立国船籍船を含む商船確保と食糧確保が緊急の政策課題として浮上し、国内における食糧生産がイギリス政府の重要課題となった[271]）。イギリス主力艦隊（グランド・フリート）指揮官ジェリコも1916年10月29日付のバルフォア海相宛書翰で、ドイツ海軍の潜水艦による中立国船籍船を含む商船攻撃が激化したために、来年の小麦収穫までの端境期、すなわち、1917年の夏季には国内の貯蔵穀物が底をつき[272]）、飢餓の可能性も高まってイギリスの食糧事情に重大な影響が出ること、潜水艦攻撃に対する有効な防御方法がないことを報告していたのだ[273]）。実際、1917年2月に開始されたドイツの無差別潜水艦作戦 unrestricted U-boat war が最高潮に達した同年夏には、イギリスは危機的食糧事情、食品価格の高騰を経験することになる[274]）。農務省官僚ミドルトン Thomas H. Middleton が指摘しているように、イギリスを取り巻く農業情勢は1916年以降大きく変化し、政府の農業政策もまたそれにともなって転換を迫られることになる[275]）。軍事情勢の緊迫化、船腹不足、食糧供給と食品価格に関する重苦しい予想は、1916年11月付のランズダウン卿 Lord Landsdowne の『覚書』（メモランダム）[276]）に記されているように、アスクィス首相辞任直前の政府部内を覆っていた。やがて、軍事情勢・食糧事情が緊迫の度合いを深める中で、セルボーン卿は1916年6月に政府のアイルランド政策に抗議して農相を辞任し[277]）、代わって統一党のクラウフォード伯

Earl of Crawford が就任した。クラウフォード農相は1916年10月には「小麦の供給に関する調査委員会」の委員長を務め、同調査委員会は1921年に『第1報告書』、1925年には『第2報告書』を纏めている[278]。

クラウフォード農相による食糧省構想

クラウフォード農相は、国内の農業生産を促進すべく、小麦の価格保障と農業労働者の標準賃金に関心を寄せていたが[279]、軍事情勢の緊迫化による船腹不足と輸入食糧の減少、そして世界的な食糧不足が予想されるにともなって、不採用が既に決定されたミルナー卿・セルボーン前農相らの食糧増産計画の再検討[280]と食糧管理のための中央組織 Central Food Commission ——後のロイド・ジョージ連立内閣の下1916年12月22日に設立される食糧省——の基本構想策定に政治的努力を注ぐことになる[281]。アスクィス首相は1916年11月13日の閣議で食糧管理（フード・コントロール）構想を受け入れ、具体的な組織作りが漸く開始された[282]。その間にも食糧事情は危機的水準に達しようとしていた[283]。

食糧供給政策の転換

第一次世界大戦勃発とともに、イギリスでは19世紀初頭のナポレオン戦争期の食品価格高騰、あるいは70年前の「飢餓の40年代」の「記憶」が蘇ることになる。イギリス政府を含め各国政府は、大戦勃発とともに、食糧調達の手法、食糧供給政策を大きく転換することになる。食糧問題を考える際、20世紀初頭までは、穀物・食肉・乳製品などの国内生産量、輸入食糧量、そして国内消費量の量的（価額ベース）比較が基準で、それをもとに一国の食糧供給状況を分析していた。これに対して、第一次世界大戦勃発以降、各国政府が国民・軍隊に対する食糧の供給に際して意図したことは、各種食品から得られる栄養素・熱量（カロリー）を栄養学、医学・生理学的知見に基づき分析し、国民1人当たり生存に必要な三大栄養素、蛋白質、炭水化物、脂肪の平均摂取量と平均的摂取熱量を科学的に算出し、穀類、肉類、野菜などの各種食品のバランスの取れた調理方法、それら食品を効率的に生産する方法、そして国民と軍隊への食糧の配給量を確

立・決定することであった[284]。イギリスの農業政策も、第一次世界大戦における軍事情勢、船腹不足、国内外における食糧生産・食糧の輸入環境の激変によって大きく転換したのである[285]。

栄養学・生理学的分析に基づいた食糧政策の導入

　セルボーン農相は、1916年に農務省官僚ミドルトンに第二帝政期以降のドイツの農業政策調査を要請し、ミドルトンは第二帝政期のドイツが継続的に**耕作地の拡大**を図り、小麦・ライ麦・大麦などの食用・飼料用穀物、ジャガイモなどの野菜類の生産に励むとともに、**穀物生産と並行して大量の家畜を飼育・肥育する農業**を確立したばかりか、イギリスと比較しても少ない経費でより多くの食糧を供給可能にし、食糧自給率を高めていたことを突き止めた[286]。ミドルトンの調査は穀物生産を奨励したミルナー卿の『中間報告書』(1915年) を暗黙裡に支持していたのだ。ミドルトンのドイツ農業の分析結果と並んで、イギリス国内における食糧生産を増加させ、食糧を国民に配分するヒントは、世紀転換期のドイツが農業保護政策の下で穀物栽培を中心として進めた農業政策とエルツバッハー編纂『ドイツの食糧とイギリスの飢餓計画』(1914年) にあった。同書は**栄養学的・生理学的観点**から人間の生存に必要な基礎的栄養素である蛋白質、炭水化物、脂質の量と熱量をそれぞれ計算し、体重70キロで、適度な労働を行うドイツの成人男性が摂取する必要熱量を3,050カロリーと推計した。エルツバッハーらはこの熱量の推計値に依拠し、高蛋白質摂取の肉食中心の食生活に替えて、炭水化物の摂取を柱にし、穀物・ジャガイモ・甜菜(てんさい)などが中心の食事を推奨するとともに、食用穀物（ライ麦）・ジャガイモの生産を奨励し、家畜（とりわけ豚）の飼育・肥育を制限し、アルコール生産に対する規制・制限を提案したのである[287]。エルツバッハーらの研究に対して、イギリスの生理学者ウォラー August D. Waller は、**彼らの提言は熱量摂取に力点を置いているために蛋白質の摂取が等閑視され、炭水化物中心の栄養摂取、具体的には、ジャガイモと甜菜 beetroot に偏った食事内容となることを予測・指摘していた**[288]。

さらに、エルツバッハーらは、封鎖下にあるドイツで穀物・ジャガイモの生産量を増加させるためには人工肥料を含めた肥料 manures が重要であることを強調し、肥料の供給先が主として海外諸国であることからドイツ国内で肥料生産を行う必要があると指摘した[289]。近代ドイツ農業の生産性の高さは肥料、とりわけ人工肥料の大量投入の上に成り立っていたのだ[290]。フランス海軍将校も記しているように、ドイツ農業は他のヨーロッパ諸国と比較して、肥料の確保を海外に大きく依存しており、この海外依存が効率的農業と謳われるドイツ農業の弱点であった[291]。事実、この海軍将校は、第一次世界大戦勃発と同時にドイツでは大量の燐が軍事用に必要となり、その結果、燐酸肥料が不足するばかりか、ロンドン宣言で自由品と規定されていた燐酸肥料の輸入が原料の禁制品指定によってほぼ途絶えたことによって、農業生産の効率悪化が不可避的となった、と冷酷な判断を下していた[292]。アスクィス首相もまた開戦当初から、ドイツが肥料供給を海外に依存している事実に着目し、連合国の軍事的外交的措置による人工肥料の輸入停止によって、ドイツの穀物生産が1915年以降低下すると推測していた[293]。実際、第一次世界大戦後に農業経済学者エレーボーが指摘したように、生産効率の高さを謳われた大戦前のドイツ農業は、(1) 外国人の季節・出稼ぎ労働者への依存、(2) 大量の濃厚飼料原料[294]の輸入、(3) 人工肥料の輸入、(4) 完成食品の輸入、とりわけ、北米からのパン用小麦・小麦粉の輸入、という四つの対外依存要因を抱えていたのである[295]。当然ながら、ドイツは戦争勃発によって大規模農場では深刻な労働力不足に陥ったばかりか、人工肥料と濃厚飼料の輸入が軍事的外交的手段によって遮断され、肥料、なかでも窒素・燐酸肥料の確保に窮したのである[296]。確かに、戦時のドイツは肥料の欠乏、労働力不足によって農業生産が危機的状況を迎え、1913年から1918年の間のドイツの食糧生産は、戦前の1913年を基準として小麦、ライ麦、大麦、ジャガイモの各生産量すべてが減少し、とりわけ小麦の生産量が大幅に減った[297]。しかし、戦時中の1915年を基準とすれば、小麦、ライ麦は収穫量が減少したものの、大麦、ジャガイモは逆に収穫量が増加していたのだ。エレーボーが指摘するように、ドイツは肥料と労働力が不足し、農業用機械の

利用も低下した戦時に、窒素・燐酸肥料に代わってカリウム肥料を大量投入するとともに[298]、単位面積当たりの収穫量の少ない穀物栽培から収穫量の多いジャガイモの生産、粗放農業に政策転換したのだ[299]。当然ながら、家畜（豚）の飼育は大幅に制限された。

　こうして、かつてない大規模・長期にわたる戦争により、ドイツや後述するようにイギリスにおいても、栄養学的・生理学的研究成果に基づき、人間の生存に不可欠な基本的栄養素・熱量を、小麦・ライ麦などの食用穀物、あるいは肉・乳製品などの食品のいずれで摂取すべきか、小麦・ライ麦などの食用穀物の増産、あるいは飼料用穀物の増産による牧畜業の拡大、あるいは穀物生産と牧畜業双方の増産のいずれに政策的力点を置き、いかなる農業生産・食糧供給を行うべきかが研究され始めた[300]。アメリカでは、ケロッグ Vernon Kellogg とティラー Alonzo E. Taylor が『食糧問題』（1917年）で、**19世紀末にブロッホ I. S. Bloch が予言した近未来の戦争とドイツの経済封鎖を念頭に、今や食糧が戦争における強力な武器となったことを再確認するとともに、栄養学的・生理学的知見に依拠した食糧政策を構想していた**[301]。この著作に序文を寄せたフーヴァー Herbert Hoover は、この時アメリカの食糧行政のトップに在り、後に大統領となる[302]。

　第一次世界大戦勃発以降、ドイツ、やや遅れてイギリスはともに栄養学的・生理学的研究成果に依拠して、国内の農業生産の見直しとその増強、食糧の自給、食品の効率的利用を模索し、具体的政策を提案し、実行に移し始めた。しかし、両国の食糧事情・国内農業をめぐる環境は決定的に異なっていたのである。輸送行政に通暁していたソォールタァ卿 Lord Salter が記しているように、**ドイツは開戦当初から、イギリス・フランス海軍による軍事的海上封鎖と外交的手段による経済封鎖に直面し、ドイツと中立国、ドイツ周辺の中立国とアメリカとの貿易関係が大幅に制限された。それによって、食糧・工業原料をいかに海外諸国から調達するかという課題よりも、代用品を含め食糧・工業原料をいかに自国で生産するか、経済封鎖下で限定された諸資源をいかに分配するかが最重要の政策課題となったのである**[303]。当然ながら、ドイツでは、海外諸

国とドイツの間の物資輸送を担う船舶確保はイギリス程深刻な問題とならなかった。

イギリスの場合、19世紀末の農業不況以降、穀物生産をはじめとした国内の農業生産は急速に減少したため、国内の食料需要を賄うことが不可能な状況にあり、戦時・平時を問わず各種食品の輸入が国民生活に不可欠であった。工業原料の調達に関しても、石炭を除外すれば海外からの輸入は欠かせないばかりか、輸入物資の支払代金獲得のためにも工業製品の輸出が必要であった。したがって、第一次世界大戦の初期段階においてイギリスは、(1) 食糧、工業原料・製品を輸送する船舶の確保が最重要課題となり、ならびに (2) 貿易決済機構が戦争により機能不全となったことを受けて、輸入代金と支払い手段の確保が重要な課題であった。やがてドイツ潜水艦作戦の経済的影響が深刻化したことによって、イギリスは海外から食糧・工業原料を購入する輸入代金の不足、あるいは工業原料・製品を輸入・輸出する船腹不足、食糧の海外依存への不安が顕在化した。この時点で、政策の焦点は (1) 食糧・工業原料の輸入代金確保、(2) 船腹確保、(3) 国内農業の再生と効率的食糧生産の手法の確立へと大きく転換することになった。こうして、国内農業再生、栄養学的・生理学的知見に依拠した食糧生産と分配に基づく農業政策・食糧政策が提案されることになる。したがって、イギリスの農業政策の目標は、経済封鎖下のドイツと異なり、食糧の自給自足を目指したものではなく、海外からの食糧輸入を前提として、国内の農業生産、とりわけ穀物生産を回復させ、食糧の輸入量を削減し、その支払いを減少させることにより、貿易収支の改善、対ドル為替レート維持を図り、あわせて船舶（商船）不足を補うことに置かれたのである。

『王立協会食糧委員会報告書』（1916年）

イギリスでは1915年に農学 Agriculture 専攻のウッド T. B. Wood と生化学 Biochemistry 専攻のホプキンス F. G. Hopkins が『戦時食糧経済』[304] を著し、ドイツに遅れはしたが戦時下の食糧供給を科学的に研究する作業が開始された。彼らは食品に含まれる栄養素の分析と所得階層別の食事内容の解析を行い、中

間所得者層以上の食事に「節約」の余地を発見したのである。なお、ホプキンスはアミノ酸、ヴィタミン研究で知られ、1929年にノーベル賞（医学・生理学部門）を受賞している。さらに、1916年12月には王立協会（ロイヤル・ソサエティ）の内部に設置された委員会の『報告書』が出された[305]。王立協会は、大戦勃発直後に統計学的・生理学的観点から食糧問題の解決を政府に助言する目的で「王立協会食糧（戦争）委員会」Food (War) Committee of Royal Society を設置しており、議長にはロンドン大学で生理学を講じるスターリング Ernest H. Starling が就任していた[306]。委員会は、エルツバッハー編纂『ドイツの食糧とイギリスの飢餓計画』の英語版（1915年）に序文を寄せた生理学者ウォラー[307]の指導の下、1916年に『報告書』を纏めた。なお、この委員会のメンバーにはドイツの経済事情に通暁したアシュレー William Ashley、農業事情に明るいホール、ミドルトンの他に先述のウッドとホプキンスが入っており、栄養学、生理学、農業生産に通暁した専門委員で構成されている。『報告書』は1870年代以降、イギリスの農地の多くが耕作地 tillage から牧草地 pasture へと転換された事実を踏まえ、栄養学的・生理学的観点から穀物栽培あるいは牧畜のいずれがより効率的な食糧供給方法であるかを検討し、幾つかの政策提言を行った。後にその提言は農業政策・食糧政策の基本的指針となったのだ[308]。『報告書』は、(1) 種々の食品の科学的分析、(2) 平均的成人男性が必要とする蛋白質・炭水化物・脂質などの基礎的栄養素の摂取量と摂取熱量の推計、(3) 成人女性、子供の栄養素の標準的摂取量と摂取熱量を推計し[309]、基礎的栄養素のバランスに富み、かつ熱量も得られる食糧の経済的生産方法の研究を目指した[310]。結論として、各種栄養素に富み、かつ生産コストでも優れている食糧として**小麦などの食用穀物**を挙げていた。『報告書』はこれら**食用穀物の生産増加を前提**とし、以下の点を提案していた。(1) 精麦方法 flour in milling の改良、具体的には麦の栄養素・熱量を損なわない範囲、すなわち、精麦歩合を70％から80％に変更し、ふすま（ブラン）を多くするなどの食材製造に対する規制[311]、黒パン・白パンの製造方法の指定、(2) 家畜の肥育期間の短縮、(3) 牛乳から生産されるチーズとバターをより効率的に生産するために、バター生産よりも**チーズ生産の優先**、

（4）穀物（大麦）類を原料とした**アルコール生産の制限**、（5）飼料用穀物である大麦の食用への転用、（6）豚の飼育に大麦が用いられることから**豚飼育の制限**、（7）飼育用穀物生産に対する規制などである[312]。この他に、農業生産がたとえ順調であったとしても、収穫時に労働力が不足した場合、収穫量が激減する恐れがあり、労働力確保が農業生産にとって大きな課題となることが指摘されていた。

「食品価格調査委員会」の提案

1916年6月17日には、商務相ランシマン Lord Runciman を委員長とし、アシュレー、プロザロ、後に食糧省設立にかかわり、第三代食糧相（食糧監督官 Food Controller）に就任するクラインズ J. R. Clynes[313] などが委員となり、「食品価格調査委員会」が設置された[314]。この調査委員会は戦争勃発以来、高騰を続けている食品価格への対応策を調査する委員会であったが、委員長のランシマンは国家の経済活動への介入に消極的姿勢をとり、戦時においても「通常通りの運営」に終始した政治家であった。調査委員会は、『第2中間報告書』を同年11月15日に完成させ、食品価格の固定化などを勧告した。なお、委員会の保留意見として、世界的な小麦・小麦粉不足が予想される中で、食糧不足を解決すべくパン製造で小麦粉にトウモロコシ粉を10％混ぜるなどの希釈 dilution が記され[315]、この保留意見は翌17年3月の『報告書』公刊を待たずに実施された[316]。国家が国民の食事内容・食材に対して種々の規制を課し始めたといえる。

「復興委員会」と農業政策の転換

1916年8月には、同年7月に農相を辞任したばかりのセルボーン卿を委員長とした「復興委員会」が設置され、農業生産に関する調査を行った。委員会のメンバーはホール、プロザロ、ストラットなど1915年のミルナー委員会のメンバーと重なっていた。委員会は1917年1月30日には『中間報告書第1部』を完成させ、同年3月に公刊した。復興委員会は、『報告書』の中で、ミルナー委

員会が纏めた『中間報告書』(1915年)の勧告に沿った農業政策、すなわち、牧草地の耕起、穀物の生産増加を改めて要求していた[317]。こうして、1917年初頭には、食糧問題は軍事情勢の緊迫化、食品価格高騰と社会不安、造船業をはじめとする軍需生産部門におけるストライキ頻発にともない、イギリスの重要政策課題として浮上した。それと同時に、国内農業生産の振興を求める声も大きくなり、ロイド・ジョージ連立内閣成立によって、「通常通りの運営」からの政策転換が進むことになる。

政権交代──ロイド・ジョージ連立内閣

アスクィス首相は1916年12月5日に辞任し[318]、クラウフォード農相も内閣を去り[319]、代わってロイド・ジョージを首班とした連立内閣(1916年12月～1922年10月)が成立した[320]。食糧生産を担当する農相にはプロザロが就任し、第一次世界大戦期の大半を農相(在任期間:1916年12月～1919年8月)として農業政策の立案にかかわることになった。なお、プロザロはベッドフォード侯爵の農業地所の経営に携わり、農業事情に精通するとともに、ロイド・ジョージの私的調査委員会が1913年に作成した報告書『土地:農村』を批判した人物であった。彼は、男性労働者が戦場に駆り出された後の農村における、農業生産の回復に政治的努力を傾注することになった[321]。

食糧省設立とニューヨーク小麦輸出会社

ロイド・ジョージ首相は1916年12月19日に議会で深刻化する食糧問題に触れて、国民への食糧配分に当たって「公平性」の原則を強調するとともに、食糧の量的拡大を図るべく、「食糧生産の促進」を表明した[322]。さらに首相は同月22日には、輸入経済イギリスを支える柱として、国内の食糧供給を管理する組織となる食糧省 Ministry of Food を設立した。なお、食糧省のトップである食糧相(食糧監督官)フード・コントローラーにはデヴォンポート卿 Lord Devonport が既に12月13日に任命されていた。国内食糧生産の促進を目指す中央組織として発足した食糧省は、醸造酒・蒸留酒などのアルコールを含め国内で生産・消費される食糧

に対する種々の規制、例えばパンに様々な穀物を混入 admixture するなどの食材の浪費排除と効率的利用を図る規制を実施するとともに、輸入食糧の供給（配給）にも携わった。ただし、飼料の配給(レーション)に関しては管轄外であった[323]。しかし、食糧省や農務省がイギリス国内の食糧の供給・消費・生産促進のための諸規制・政策を実施し、国内農産物の効率的・科学的利用を促したとしても[324]、輸入経済イギリスの体質は根本的に変わらなかった。イギリスは第一次世界大戦の間、国内で消費される食糧（重量ベース）の実に75％以上を海外輸入に依存しており[325]、イギリス国内の消費量を賄うに足る膨大な穀物輸入量の確保が食糧省行政の大前提であった[326]（〔表４〕参照）。

　1916年10月まで、イギリスに限らず連合国の食糧輸入は各国別々に行われていたため、各国の食糧事情が悪化する中で食糧購入の効率的組織作りが喫緊の政策課題となっていた。加えて、イギリス政府はイタリア・フランス、および、ドイツとの貿易遮断の代償として、イギリスに食糧供給を依存しているヨーロッパの中立諸国への穀物供給と購入のための組織作りに迫られた。こうして、主としてアメリカからの穀物購入のための組織としてニューヨーク小麦輸出会社 Wheat Export Company in New York が、アスクィス内閣の末期、1916年10月に設立され、アメリカでの各種食糧の購入作業に当たり、1917年４月には同社の権限がさらに拡大された[327]。小麦輸出会社は民間会社ながらイギリス・イタリア・フランス政府の公式の代理人として、アメリカでの穀物購入の任務に従事することになり、各国の穀物配分比率（重量ベース）はイギリスが55％、フランスが23％、イタリアが22％と定められた[328]。**イギリス政府は1915年以降、戦場と化したフランスやロシアなどの連合国に対して、食糧をはじめとし、種々の戦略物資と資金を供給する役割を引き受けることになり、結果的に大きな金融・財政負担を負うことになった**[329]。なお、イギリスの購入分に関しては、穀物購入代金は当初はスターリング建てで、後にはドル建てで支払われた。イギリスからアメリカへの商品輸出が減少したこともあって、イギリス政府はアメリカに巨額の債務を負うことになる[330]。

終章　1909年ロンドン宣言とイギリス海軍・イギリス外交（1909～1917年）　267

表4　食糧消費量（推計）（1909～1918年）

（単位：1,000トン）

	1909～1913年（平均）			1914年			1915年		
	国内産	輸入	総量	国内産	輸入	総量	国内産	輸入	総量
小麦1）	1,210	5,070	6,280	1,200	5,100	6,300	1,355	4,795	6,150
カラス麦	145	55	200	145	45	190	145	60	205
トウモロコシ		50	50		40	40		40	40
米		140	140		140	140		220	220
牛肉	753	488	1,241	789	487	1,276	789	430	1,219
羊肉2）	322	265	587	283	257	540	282	228	510
豚肉	224	33	257	194	56	250	227	19	246
ベーコン・ハム	125	234	359	120	249	369	130	313	443
鶏肉	40	14	54	40	9	49	4	8.5	48.5
鶏卵	140	140	280	140	132	272	140	93	233
生乳	4,510		4,510	4,630		4,630	4,565		4,565
バター	126	203	329	126	193	319	126	163	289
チーズ	40	114.5	154.5	40	113.5	153.5	40	112	152
ジャガイモ	3,610	260	3,870	4,420	165	4,585	4,630	110	4,740
砂糖		1,535	1,535		1,600	1,600		1,680	1,680

	1916年			1917年			1918年		
	国内産	輸入	総量	国内産	輸入	総量	国内産	輸入	総量
小麦1）	1,405	4,925	6,330	1,185	4,505	5,690	1,205	3,585	4,790
カラス麦	150	65	215	150	115	265	150	140	290
トウモロコシ		50	50		100	100		75	75
米		200	200		180	180		210	210
牛肉	773	372	1,145	831	324	1,155	557	381	938
羊肉2）	304	160	464	318	113	431	218	82	300
豚肉	228	16	244	134	9	143	65	5	70
ベーコン・ハム	136	328	464	108	278	386	71	417	488
鶏肉	40	6.5	46.5	35	6.3	41.3	35	3.3	38.3
鶏卵	140	67	207	125	56	181	115	50	165
生乳	4,190		4,190	3,825		3,825	3,325		3,325
バター	125	121.5	246.5	114	94.5	208.5	103	73.5	176.5
チーズ	39	90	129	39	93.5	132.5	41	84	125
ジャガイモ	4,220	90	4,310	3,980	80	4,060	5,490	50	5,540
砂糖		1,280	1,280		1,050	1,050		975	975

注：1）　小麦粉を除く。
　　2）　マトンとラム。
出典：Sir William H. Beveridge, *British Food Control*, Oxford UP., 1928 p. 361, Table XX.

船舶省の設立

　食糧省が設立されたのと同じ1916年12月22日、輸入経済を支えるもう一つの柱である船舶確保を目的とした船舶省 Ministry of Shipping も設立されることになった[331]。しかし、イギリス海軍史研究家のマーダが指摘するように、船腹不足は、(1) 国内における食糧生産の拡大による食糧の海外依存度低下、(2) 船舶建造の速度、(3) ドイツ潜水艦による商船の被害・損失と論理的に関連しており、船舶建造と船舶確保によってのみ解決可能な課題ではなかったのである[332]。逆に、各種食品の効率的利用が進み、国内の農業生産が増加して食糧の海外依存度が低下し、対潜水艦戦術の技術的確立によってドイツ潜水艦による商船被害が減少すれば、船腹確保は軌道に乗ることを意味している。

食糧と労働争議

　戦争勃発以降、食品をはじめとする諸商品は、ばらつきがあるものの、急激な物価騰貴に見舞われた。それにともなう影響も戦争の長期化とともに顕在化し始めた。とりわけ深刻なのは、食品価格の高騰であった（〔表5〕参照）。銃後で戦時経済を担っていた工場労働者は、賃金水準と比較して相対的に高い食品価格に強い不満を表し、造船・軍需工場では労働争議が増加し、軍需生産に大きな影響を及ぼし始めたのだ[333]。ちなみに、主要な食品の小売価格は1914年8月以降上昇を続け、1914年8月を100とした場合、1916年12月には184に、1917年4月には194に急騰した[334]。労働争議自体は、戦前の1911年頃から頻発していたが[335]、1914年8月の戦争勃発時に雇傭者・労働者の間で争議の停止合意が成立し、労使間の対立は落ち着きを見せていた[336]。しかし、戦争が予想を超えて長期化し、1915年の戦時軍需法 Munitions of War Act によって賃金を含む労働条件に対する規制強化が決定されるや、労働争議が再び頻発したのである[337]。さらに、1914年から15年の冬にかけてスコットランドの工業地帯クライド地域の造船業で新型の労働争議——ショップ・ステュワード運動——が起こり、戦争遂行にとって重大な障害となり始めた[338]。なるほど、国

表5　食品価格の変化（物価指数）(1914年7月〜1920年12月）

	1914年	1915年	1916年	1917年	1918年	1919年	1920年
1月		118	145	187	206	230	236
2月		122	147	189	208	230	235
3月		124	148	192	207	220	233
4月		124	149	194	206	213	235
5月		126	155	198	207	207	246
6月		132	159	202	208	204	255
7月	100	132.5	161	204	210	209	258
8月	115	134	160	202	218	217	262
9月	110	135	165	206	216	216	267
10月	112	140	168	197	229	222	270
11月	113	141	178	206	233	231	291
12月	116	144	184	205	229	234	282

出典：Beveridge, *British Food Control*, pp. 322, Table XIV, 323, Table XV.

際的労働運動は戦争勃発とともに雲散霧消したかもしれないが、支配階級の惹き起こした戦争にイギリスの労働者階級が挙って協力したわけではなかった。第一次世界大戦は「総力戦（トータル・ウォー）」と形容されるが、「組織化」と「動員」が社会の隅々までを覆っていたわけではない。1916年春以降、労働争議は徴兵制実施という新たな要因が付加され、全国的規模に拡大する様相を示し始めた[339]。1917年には、ロイド・ジョージ内閣も労働争議の原因探究と対策を全国的規模で講ぜざるを得なくなったのである[340]。ロイド・ジョージ自身、労働争議の原因として食品価格の高騰を認め、争議を鎮静化するためにも食糧確保と食品価格安定が欠かせないと理解していた[341]。ちなみに、ロシアは戦前、小麦・ライ麦をはじめとした穀物の生産国であり、食糧輸出国でもあった[342]。しかし、第一次世界大戦勃発以降、ロシア国内の食品価格は上昇し続け[343]、やがて、1917年2月のロシア革命の引き金となった。食糧をめぐる緊迫した情勢を受けてロイド・ジョージ内閣は、この労働争議の遠因ともいえる食品価格高騰を抑制し、軍需生産を軌道に乗せるためにも、種々の食糧規制（フード・コントロール）、具体的にはパンの製造・販売、アルコール生産から、犬・馬などのペット飼育にまで及ぶ、食糧に関する微細かつ包括的な規制実施に踏み切ったのである[344]。なお、アルコール生産に対する規制は、(1) 過度の飲酒による生産・軍事活動への悪影響

を排除し、効率的生産・軍事活動を維持する目的、(2) アルコール生産で使用される穀物を節約し、食糧を確保する目的から提案され、実施された[345]。

ドイツ潜水艦による海上通商路破壊、世界的な食糧不足と食品価格の高騰に加えて、1916年12月のアスクィス首相の退陣とロイド・ジョージを首相とする連立内閣成立を契機にして、イギリスでは国内農業の再生と食糧（食材）の管理が行われ、食糧輸入組織、および、船腹不足に対処する中央政府の船舶管理機構が設立された。政権交代によって海相にはカーソン Sir Edward Carson が就任し[346]、海軍本部では1916年12月4日をもってジェリコが第一本部長に就任し[347]、主力艦隊指揮官は弱冠45歳のビィーティ David Beatty に交代した[348]。それ以降、ビィーティが主力艦隊の指揮を執り、緊喫の課題であるドイツ潜水艦攻撃に対する防御戦術が本格的に模索され始めたのである[349]。

厄介かつ深刻なのは、戦時における経済・財政運営、とりわけ海外諸国からの食糧・工業原料の輸入と輸入代金支払の手段と方法である。大規模な戦争の勃発によって国際的な貿易決済メカニズムが機能不全を来す中で、輸入経済のイギリスは食糧のみならず種々の工業原料を海外から持続的に輸入しなければ経済活動・国民生活が成り立たないばかりか、戦時経済下の旺盛な消費活動によって貿易収支の悪化を来す羽目に陥った。**経済活動の海外依存度が低かった19世紀初頭の対仏戦争期には、政府は戦時に戦費を国内での租税増徴・国債増発で賄い、国内で財・サーヴィスの調達を行い、支払いをすることが可能であった。**イギリス政府は、第一次世界大戦直前に実施された大規模な租税改革によって、充分な財源——租税と低利の借入金——を獲得し、国家財政に不安を抱えるドイツとの戦争では財政的に圧倒できると考えていた。**第一次世界大戦前においては戦争の帰趨を決定する第一の要因は国家の財政力、租税徴収能力と借入金調達力であると看做されていたのだ**[350]。

しかし、既にみてきたように19世紀末にはイギリスは「輸入経済」化しており、戦争勃発によって貿易決済にかかわる金融システムが機能不全に陥るにもかかわらず、国外から必要な物資（食糧・工業原料）を平時と同様に大量かつ継続的に調達しなければならず、貿易活動とそれに伴う決済資金——金（ゴールド）であ

れ信用(クレジット)であれ、自国資源・製品の輸出であれ、政府間借款351)であれ——の持続的獲得が平時と同様に戦時においても必要となったのである。しかし、第一次世界大戦勃発によって金本位制が停止されたとはいえ、輸入代金支払いに金(ゴールド)を用い、貿易相手国に金(ゴールド)を現送することはイギリス、ドイツでも控えられ、支払代金に金(ゴールド)を充当する比率は低かった。世界大戦の初期段階で経済封鎖されたドイツの場合352)、対外貿易に必要な支払手段獲得はさして重要な政策課題とならないが、イギリスをはじめとする連合国は経済封鎖が深刻でない分、海外諸国からの物資輸入に必要な支払手段の獲得がかつてなく枢要な政策課題となる。自国通貨の信用低下、通貨価値の下落を回避するためには貿易収支の動きに意を払わねばならないが353)、戦争継続に欠かせない物資の輸入は減少しなかった354)。

やがて、イギリス政府は貿易収支の改善を意図して国内消費を抑制するために輸入関税の再導入（マッケナ関税）を提案しなければならない事態に陥る。加えて、第一次世界大戦はそれまでの戦争と異なり、経済力・財政力の異なる複数の国家が同盟を結び戦争に加わったばかりか、幾つかの国は戦場となり、経済活動の継続で資金・原料の調達に事欠く事態が発生した。1915年初頭には、フランス355)、ロシア356)への貸し付け(ローン)——政府間借款——が重要な政策課題となり357)、戦場とならなかったイギリスは連合国への資金・物資供給の役割を担った358)。しかし、1916年半ばには、イギリスは自国の輸入代金支払いにも窮し、アメリカへの財政的依存を強めたのである359)。

国内農業も大きく変貌を遂げ始めた。かつてない規模の戦争によって、農業部門では男性農業労働者が決定的に不足し、生産効率が悪化した。世界的規模の戦争によってイギリスの対外貿易活動は沈滞し、商品輸出が停滞しただけでなく、貿易収支も悪化し、食糧・工業原料の輸入代金に事欠く状態となった。かかる状況の中で、イギリス政府は輸入に依存したそれまでの食糧調達政策を大きく転換し、国内農業生産を回復させ、食糧の自給率を高めることで、食糧・工業原料輸入に必要な資金不足を補わなければならなかったのである。

1917年2月ドイツ無差別潜水艦作戦、世界の穀物市場とイギリス農業生産・供給

　既にみてきたように、1916年夏以降、世界的な穀物生産の停滞、ドイツ潜水艦による商船攻撃の活発化を受けて、イギリスの農業政策も大きく転換し始めたが、まさにこの1916年末に、ドイツ政府・軍部もイギリスを取り巻く食糧事情・世界的な農業生産の停滞を見据えて、イギリスに経済的大打撃を加えるべく海上通商路を攻撃する大規模な潜水艦作戦に乗り出した。周知のように、この「無差別潜水艦作戦」unrestricted U-boat war は、1916年12月22日付のホルツェンドルフ Admiral v. Holtzendorff から参謀総長ヒンデンブルク Generalfeldmarschall v. Hindenburg 宛の書翰360) でその目的と戦略が具体的に示された。無差別潜水艦作戦策定過程でドイツ経済界の指導者・経済学者——ヘルマン・レヴィ Herman Levy が加わっていたが、ブレンターノ、ヴェーバー Max Weber などの著名な経済学者は入っていない——が参加し、穀物と鉄の供給状況を中心としたイギリスの経済情勢と軍事情勢を分析し361)、具体的な作戦が立案された。その後、政府部内の調整362) と翌年1917年1月8日から9日における最終決定363)、ドイツ皇帝の裁可を得た作戦命令が1月9日に発せられた364)。こうして、無差別潜水艦作戦は、1917年1月31日付の駐米ドイツ大使の書翰365) でアメリカに伝達され、同年2月1日以降に作戦が実施される戦闘海域にイギリス・フランス・イタリアの周辺海域、東地中海が指定され、作戦が実行された。このドイツ海軍の無差別潜水艦作戦は、以下のような戦況認識と1916年夏以降における世界の穀物生産、穀物市場、イギリスの農業生産・食糧事情・食糧政策分析から導き出されたものである。

　すなわち、ドイツ軍部・政府は、戦争は膠着状態にあり、陸上では決定的な勝利の見込みが得られない状況にあるが、海上での戦闘では望外の状況が出現しており、海からイギリスに打撃を与え、和平に漕ぎ着けることが出来る千載一遇の状況が生まれつつある、と認識されていた。1916年夏の世界の穀物生産、とりわけ小麦の生産は予想通り不作となり、北アメリカ、カナダでは1917年2月には早くもイギリスに輸送する余分な小麦が払底すると予想される366)。イ

ギリスは海外、とりわけアメリカ・カナダ・アルゼンチンからの海上通商路経由で、自国船籍船に加えて中立船籍船を用いた食糧供給に決定的に依存しており、国内農業で国民の食糧需要を満たすことは全く不可能な状況にある。この状況で1917年2月から8月までの期間、中立国船籍船であるか否か、武装あるいは非武装かを問わない商船に対する無差別潜水艦作戦によって、イギリスの食糧輸入は約50％弱の減少となる。なお、この2月から8月までの期間が前年夏に収穫された小麦・ライ麦などの食用穀物の貯蔵量減少期にあたり、言い換えれば飢餓の危険性が徐々に高くなる時期でもあるのだ。加えて、食糧・工業原料をイギリスに輸送する船舶不足は明白で、その輸送手段にも事欠く状態にある。また、イギリス政府が国内農業生産の促進に力を注いでいないことから食糧の国内自給率も向上していない。ドイツでは食糧配給制度が既に整備されたが、イギリスの食糧配給機構は能力の点でドイツに劣る。当然ながらイギリス国内の食品価格は上昇を続け、労働者の不満も高まっている。民間商船を攻撃対象とする潜水艦はイギリス本国に物資を輸送（輸入）する商船を対象とするだけでなく、イギリスから海外諸国に物資を輸送（輸出）する商船をも攻撃対象とする。この潜水艦の商船攻撃によって、イギリスは輸入物資の獲得に窮するだけでなく、輸入物資購入の支払手段（輸出品）を失い、貿易収支は悪化し、国家信用は低落する。これが無差別潜水艦作戦の背後にあるイギリスの農業生産、食糧政策、国際貿易に関するドイツ軍部・政府の「経済分析」である。ただ一つの不安材料は、この作戦がアメリカの連合国側への合流という危険性を孕んでいるということである。この危険性を考慮しても、イギリスを**和平交渉に引き込む契機**はこの穀物生産が世界的に不安定で、かつ**貯蔵食糧が徐々に減少する端境期**しかないとドイツ軍部・政府は理解していた。

　既にみてきたように、ドイツ軍部・政府はイギリスの農業政策・食糧管理政策を精確に理解している。潜水艦作戦は血気盛んな軍人の産物ではなかった。しかも、このドイツ政府・軍部の軍事情勢・食糧事情認識は、イギリスの主力艦隊指揮官ジェリコが1916年10月29日にバルフォア海相宛書翰で明らかにした戦況分析と符合していた。ジェリコは書翰で、ドイツの潜水艦が中立国船籍船

を含む商船を激しく攻撃し、来年の夏、小麦が収穫を迎える直前の端境期にイギリス本国の貯蔵穀物が底をつき、飢餓の可能性が最も高まり、イギリスの食糧事情に重大な影響が出ること、潜水艦攻撃に対抗できる有効な防御方法がないという暗い予想を述べていた[367]。やがて、第一本部長となったジェリコはカーソン海相宛書翰（1917年4月27日付）で、2月1日をもって開始された無差別潜水艦作戦によって生じた商船の甚大な損耗に愕然とし[368]、戦争の帰趨に悲観的展望さえ述べるにいたった[369]。救貧法研究で知られた経済学者ニコルソン J. Shield Nicholson が深刻化する食糧不足を論じたのもこの4月であった[370]。同じく4月27日には駐英アメリカ大使ペイジが大統領宛の極秘書翰で、イギリス市民のための備蓄食糧が6週間あるいは2か月分しかなく、イギリスの食糧事情が危機的な事態にあることを記していた[371]。

無差別潜水艦作戦の本格化によってイギリス経済は甚大な被害を蒙り始めたが、アメリカ政府は1917年4月2日にはドイツに対する宣戦布告を議会に諮り、議会は4月6日にこれを承認して対ドイツ戦争に踏み切ったのである[372]。アメリカ参戦直後の1917年4月22日にはバルフォア外相率いる使節団[373]はアメリカに到着し、イギリスを含む連合国が在アメリカ資産を食い尽くし、アメリカから物資を購入する代金にも事欠く財政状態に陥ったことをアメリカ財務長官マカドゥー William G. McAdoo に伝え、アメリカに資金と物資の援助を求めることになる[374]。こうして、イギリスのアメリカへの金融・財政・経済的依存はいよいよ深まった[375]。

結　語

イギリスのような海洋国家であれ、ドイツのような大陸に位置する国家であれ、高度工業国は、その経済活動を維持・拡大するために膨大な物資を自国領域の外から継続的に獲得しなければならない輸入経済と化する。加えて、自国領域以外の地域から食糧・工業原料を獲得しなければ存立基盤を喪失しかねない輸入経済国家は、国境の壁と輸送コストという重大な経済的障害を有する陸

上輸送よりも、安価かつ大量輸送を可能とする海上通商路に決定的に依存せざるを得ない。各国経済の相互依存関係が深化した19世紀末以降、イギリス、フランス、そしてドイツなどのヨーロッパ諸国の海軍は、海上通商路の切断、具体的には敵国の商船はもちろん中立国船籍船に積載された禁制品の拿捕を実施することで交戦国の経済活動と国民生活の破壊——「飢餓戦略」と呼ぶことができる——を構想するが、それは経済的相互依存関係を深め、輸入経済化した高度工業国が海上通商路の遮断による経済封鎖に極めて脆弱であるとの冷徹な事実認識に基づくものであった。19世紀末から20世紀の第一次世界大戦・第二次世界大戦に関する近年の海軍史研究は、海軍による交戦国の海上封鎖を、経済的側面から敵国を破壊・打倒する重要な戦略——「経済戦争」——と表現し、海軍を自国経済と国民生活の防衛に不可欠な軍事力と看做している。海軍の具体的戦略の背景にあるものは、経済的相互依存関係の深化によって生じた経済環境の大規模な変化である[376]。

　各国の経済的依存関係が深まり、戦時における経済活動に対する軍事的圧迫が戦略的有効性を認められるにしたがって、戦時における経済活動、とりわけ中立国が権利として要求する戦時における自由な貿易活動——貿易相手国が交戦国であれ、中立国であれ——は、輸入経済化した各国経済にとっては戦局の帰趨を決定しかねない影響力を発揮することになる。1909年のロンドン宣言は、これまで各国の利害対立の激しかった戦時における中立国の経済活動の権利、戦時における交戦国の権利を詳細にわたり国際的に定めたものである。しかし、その結果、戦時において中立国の貿易活動が大きく制限され、中立国自体の経済的存立基盤をも喪失しかねない事態も予想されたのだ。

　1914年8月の第一次世界大戦勃発直後、イギリス政府は1909年に自由党内閣が署名したロンドン宣言をイギリス海軍の戦略を制約するとして勅令をもって段階的に修正・撤回するとともに[377]、軍事的手段のみならず外交的手段を用いることで、ドイツとスウェーデン、ノルウェー、デンマークなどのスカンディナビア諸国、そしてオランダなどの中立国との経済関係を切断し、より強力な経済封鎖体制を構築しようとしたのである[378]。オランダやスカンディナビ

ア諸国は第一次世界大戦前からドイツとの経済的相互依存関係にありながら、政治的には中立の立場にあった。このために、イギリス海軍と連合国の海軍は第一次世界大戦勃発以降、中立的立場にあるオランダやスカンディナビア諸国とドイツとを結ぶ海上交通の要衝、北海海域を巡　邏(パトロール)することによってドイツを軍事的に海上封鎖し、さらに外交的手段によって経済封鎖するにいたった[379]。

イギリスの対中立国政策、すなわち、戦時における中立国の貿易の権利の否定、中立国経由の禁制品取引に対する規制は、海洋国家イギリスと同様に工業原料を海外諸国に仰ぐドイツの戦時経済、さらには国民生活に欠かせない食糧確保に大きな影響を及ぼすとともに、中立国アメリカとの政治的緊張関係を生み出した[380]。

1915年以降、ドイツ海軍は潜水艦を用いた商船攻撃を本格化し、イギリス本国の経済封鎖を実施したために、戦前に食糧自給率が著しく低下していたイギリス本国では食糧事情に影響が徐々に出始めた。他方、19世紀末以降のイギリス農業の衰退と食糧の海外依存度の上昇は政治的経済的関心を惹いたものの、イギリス農業再生に向けた具体策が第一次世界大戦勃発後においても実施されなかったためにイギリスの食糧自給率は改善されなかった。やがて、ドイツ潜水艦の軍事的脅威が現実のものとなり、食糧の輸入量は減少し、国内農業も男性労働力を欠き生産が停滞し、食品価格は上昇し続けた。秩序崩壊に繋がる「食糧パニック」が現実的なものとなりつつあった。イギリスは、第二帝政期以降のドイツの農業政策と食品の栄養学的・生理学的研究に倣い、食糧生産の科学的分析を開始し、1916年以降、穀物生産、とりわけ小麦生産を中核に据えた農業生産促進へと大転換した。しかし、国民の生命維持に必要な食糧は国内農業生産で十二分に賄えるものではなかった。当然、海外諸国、とりわけ、アメリカに農業生産物の供給を大きく依存することになった。やがて、食糧や工業原料の輸入に掛かる支出が大きく膨らみ、イギリスは巨額の対外債務、政府間借款を負ったばかりか、債務は戦後世界経済の不安定要因ともなった[381]。

終章　1909年ロンドン宣言とイギリス海軍・イギリス外交（1909〜1917年）

注

1) 本書では「私掠船」を次のように定義する。「交戦国から敵国の船舶を攻撃し船荷を拿獲 seize, capture する許可を得た個人の船舶」。ヨーロッパにおける私掠船・私掠行為 privateering の詳細に関しては、稲本守「欧州私掠船と海賊——その歴史的考察」『東京海洋大学研究報告』第5号、2009年。

2) 海戦における交戦国の権利と中立国の権利、海事法の用語とその意味については、L. A. Atherley-Jones, *Commerce in War*, Methuen, 1907. また、17・18世紀ヨーロッパにおける海洋航行に関する法理論については、水上千之「海洋自由の形成（一）（二・完）」『広島法学〔広島大学〕』第28巻第1・2号、2004年、参照。

3) 中立国の定義に関しては、和仁健太郎『伝統的中立制度の法的性格——戦争に巻き込まれない権利とその条件』東京大学出版会、2010年が詳細である。

4) 18世紀までの海事法の研究として、Carl J. Kulsrud, *Maritime Neutrality to 1780: A history of the main principle governing neutrality and belligerency to 1780*, Boston: Little, Brown & Co., 1936.

5) 18世紀末の武装中立同盟に関しては、Sir Francis Piggott and G. W. T. Omond, *Documentary History of the Armed Neutralities 1780 and 1800*, London University Press, 1919; Maurice Parmelee, *Blockade and Sea Power: The blockade and its significant for a world state*, New York: Thomas Y. Crowell, 1924, pp. 19-20. 17・18世紀において、イギリスをはじめとしてヨーロッパ各国が締結した取り決めについては、cf. *A Collection of all the Treaties of Peace, Alliance, and Commerce, between Great Britain and other Powers: from the treaty signed at Munster in 1648, to the treaties signed at Paris in 1783: to which is prefixed, A Discourse on the Conduct of the Government of Great Britain in respect to Neutral Nations, by Right Hon. Charles Jenkinson*, J. Debrett, 3 vols., 1785; *A Collection of Publick Acts and Papers, relating to the principles of armed neutralities, brought forward in the years 1780 and 1781*, J. Hatchard, 1801; Robert Ward, *A Treatise of the Relative Rights and Duties of Belligerent and Neutral Powers, in Maritime Affairs*, J. Butterworth, 1801.

6) Sir William Crookes, *The Wheat Problem*, John Murray, 1899, pp. 4-5, 96. この時期既に食糧供給を海外に大きく依存していたイギリスで、その確保が大きな政治問題となった背景には、欧米諸国の軍備拡張、とりわけ海軍力の拡充・新兵器の登場と禁制品の取扱いがあった。本書、第1章、参照。

7) 拙著『イギリス帝国期の国家財政運営』参照。

8) Winston S. Churchill, For the Information of Members of the War Policy, 12

August 1915, in Martin Gilbert, ed., *Winston S. Churchill, vol. III, Companion Part 2*, Heinemann, 1972, pp. 1132-34.

9) Joseph Fisher, *Where shall We get Meat? The food supplies of Western Europe*, Longmans, 1865. この時点では国内の農業生産に関する統計情報は存在せず、推計値であった。

10) 19世紀末の農業不況に関しては、P. J. Perry, ed., *British Agriculture 1875-1914*, Methuen, 1973. 邦語研究として、椎名重明『近代的土地所有——その歴史と理論』東京大学出版会、1973年、および、本書、第1章、参照。

11) Mancur Olson, Jr., *The Economics of the Wartime Shortage: A history of British food supplies in the Napoleonic War and in World Wars I and II*, Durham: Duke UP., 1963, pp. 73-4; Martin Doughty, *Merchant Shipping and War: A study of defence planning in twentieth-century Britain*, Royal Historical Society, 1982, pp. 1-9; David French, *British Economic and Strategic Planning 1905-1915*, George Allen & Unwin, 1982, pp. 12-4; L. Margaret Barnett, *British Food Policy during First World War*, George Allen & Unwin, 1985, pp. 3-6; Avner Offer, *The First World War: An agrarian interpretation*, Oxford: Clarendon Press, 1989, pp. 81-92.

12) Stephen Bourne, *Trade, Population and Food: A series of papers on economic statistics*, George Bell & Sons, 1880; R. Henry Rew, *Food Supplies in Peace and War*, Longmans, Green, 1920, pp. 7-29. イギリスの農業生産、とりわけ19世紀末以降における穀物生産の停滞と穀物・食肉・乳製品・嗜好品の**国内生産量と海外依存（輸入量）**に関する**統計情報**は、*PP*, 1905 [Cd. 2643.], R. C. on Supply of Food and Raw Material in Time of War, *Report*, pp. 6-18; *PP*, 1912-13 [Cd. 6320.], *Final Report on the First Census of Production of the United Kingdom (1907)*, pp. 442-90; *PP*, 1915 [Cd. 8123.], Dominions R. C. on Natural Resources, Trade, and Legislation of Certain Portions of HM's Dominions, *Memorandum and Tables relating to the Food and Raw Material Requirements of the United Kingdom*; *PP*, 1916 [Cd. 8421.], A Committee of the Royal Society, *The Food Supply of the United Kingdom*; William A. Paton, *The Economic Position of the United Kingdom: 1912-1918*, Washington: GPO, 1919. 『戦時における食糧・工業原料供給調査委員会報告書』（1905年）は1918年にドイツで詳細な内容紹介がなされた。Käthe Bruns, translated, *Bericht der Royal Commission on Supply of Food and Raw Material in Time of War 1903*, Jena: Verlag von Gustav Fischer, 1918. 関税改革同盟（タリフ・リフォーム・リーグ）の『農業調査報告書』も農業生産の分析に有益である。Tariff Commission, *Vol. 3: Report of the Agricultural Committee with Appendix*, P. S. King & Son, 1906. 第一

終章　1909年ロンドン宣言とイギリス海軍・イギリス外交（1909～1917年）　279

次世界大戦期イギリス農業については、Benjamin Hibbard, *Effects of the Great War upon Agriculture in the United States and Great Britain*, New York: Oxford UP., 1919; Thomas H. Middleton, *Food Production in War*, Oxford: Clarendon Press, 1923; P. E. Dewey, *British Agriculture in the First World War*, Routledge, 1989; Andrew F. Cooper, *British Agricultural Policy 1912-36: A study in Conservative politics*, Manchester: Manchester UP., 1989; E. J. T. Collins, ed., *The Agrarian History of England and Wales, vol. VII: 1850-1914, Pt. I & Pt. II*, Cambridge: Cambridge UP., 2000. 森建資『イギリス農業政策史』東京大学出版会、2003年、参照。

13) Dewey, *British Agriculture in the First World War*, p. 16, Table 2. 7. 元資料は、*PP*, 1916 ［Cd. 8421.］, A Committee of the Royal Society, *The Food Supply of the United Kingdom*, Appendix IA.

14) アメリカ政府は第一次世界大戦勃発後に、戦前のドイツの経済構造を対外貿易活動から分析し、その経済的弱点、とりわけ対外依存度を明らかにした『報告書』を出している。Chauncey Depew Snow, *German Foreign-Trade Organization*, Washignton: GPO, 1917; Chauncey Depew Snow and J. J. Kral, *German Trade and the War: Commercial and industrial conditions in war time and the future outlook*, Washignton: GPO, 1918.

15) Percy Ashley, *Modern Tariff History: Germany-United States-France*, John Murray, 1904, pp. xv-xvi; *PP*, 1916 ［Cd. 8305.］, Prefatory Note of Earl of Selborne to Thomas H. Middleton, *The Recent Development of German Agriculture*. セルボーン農相はドイツが1895年以降の農業保護政策によって耕作地面積の拡大と穀物生産を増加させ、食糧自給比率を高めたと評価し、この食糧増産策がなければドイツは第一次世界大戦の初期段階で深刻な食糧不足に陥っていたとした。なお、ガーシェンクロンによれば、1914年以降、**ドイツの農業保護関税は食糧自給に重要な役割を果たした優れた農業政策とする主張が定型**となった。Alexander Gerschenkron, *Bread and Democracy in Germany*, Berkley: University of California Press, 1943, p. 87.

16) Friedrich Aereboe, *Der Einfluss des Krieges auf die landwirtschaftliche Produktion in Deutschland*, Stuttgart: Deutsche Verlagsanstalt, 1927, p. 24〔澤田収二郎・佐藤洋共訳『世界大戦下の独逸農業生産』帝国議会、1940年、26-27頁〕。

17) The Tariff Reform League, *Reports on Labour and Social Conditions in Germany*, Tariff Reform League, 3 vols., 1910-11, *passim*. 関税改革同盟の『報告書』は保護貿易政策下の食品価格水準に関心を寄せていた。

18) Aereboe, *Der Einfluss des Krieges auf die landwirtschaftliche Produktion in Deutschland*, p. 47〔澤田・佐藤共訳『世界大戦下の独逸農業生産』53頁〕.

19) William Jacob, *A View of the Agriculture, Manufactures, Statistics, and State of Society of Germany and Parts of Holland and France. Taken during a journey through those countries in 1819*, John Murray, 1820, pp. 51-2, 61, 63; Crookes, *The Wheat Problem*, p. 10, Table I; Sir William Ashley, *The Bread of Our Forefathers: An inquiry in economic history*, Oxford: Clarendon Press, 1928, pp. 2, 20-2, note b.

20) Crookes, *The Wheat Problem*, p. 11, Table III.

21) Snow and Kral, *German Trade and the War*, p. 172, Table III. 村田武「農業保護貿易制度の歴史的検討：19世紀末ドイツの農業保護関税」『金沢大学経済学部論集』第7巻第1号、1986年、117頁、参照。

22) Paul Eltzbacher, ed., *Die deutsche Volksernährung und der englische Aushungerungsplan*, Braunschweig: Vieweg, 1914. 英訳は翌年に出た。Paul Eltzbacher, ed., *German's Food: Can it last? Germany's food and England's plan to starve her out*, University of London Press, 1915.

23) ルブナーは、大戦前・大戦中には、社会政策の上で重要な食糧問題について衛生学・生理学的観点から積極的に発言し、大戦後にはカーネギー国際平和財団の編纂した「第一次世界大戦叢書」に大戦中のドイツ国民の食糧・健康状態に関する論文を寄稿している。Max Rubner, *Volksnährungsfragen*, Leipzig: Akademische Verlagsgesellschaft, 1908; do., *Detuschlands Volksnährungs im Kriege*, Leipzig: Verlag Naturwissenschaften, 1916; do., Der Gesundheitszustand im Allgemeinen, in F. Bumm, ed., *Deutschlands Gesundheitsverhältnisse unter dem Einfluss des Weltkrieges*, Stuttgart: Deutsche Verlagsanstalt, vol. 1, 1928; do., Das Ernährungswesen in Allgemeinen, in F. Bumm, ed., *Deutschlands Gesundheitsverhaltnisse unter dem Einfluss des Weltkrieges*, Stuttgart: Deutsche Verlagsanstalt, vol. 2, 1928.

24) Eltzbacher, ed., *Die deutsche Volksernährung und der englische Aushungerungsplan*, pp. 34-7; Eltzbacher, ed., *German's Food: Can it last?* pp. 41-4. 第一次世界大戦前・戦中におけるドイツ農業の発展と崩壊については、cf. *PP*, 1916 [Cd. 8305.], Thomas H. Middleton, *The Recent Development of German Agriculture*, pp. 11-2; *PP*, 1919 [Cmd. 280.], Ernest H. Starling, *Report on Food Conditions in Germany, with memoranda on agricultural conditions in Germany by A. P. McDougall*; August Skalweit, *Die deutsche Kriegsernährungswirtschaft*, Stuttgart: Deutsche Verlagsanstalt, 1927; Aereboe, *Der Einfluss des Krieges auf die land-*

終章　1909年ロンドン宣言とイギリス海軍・イギリス外交（1909〜1917年）　281

wirtschaftliche Produktion in Deutschland〔澤田・佐藤共訳『世界大戦下の独逸農業生産』〕; Joe Lee, Administrators and agriculture: aspects of German agricultural policy in the First World War, in J. M. Winter, ed., *War and Economic Development: Essays in Memory of David Joslin*, Cambridge: Cambridge UP., 1975.

25) *PP*, 1916〔Cd. 8421.〕, A Committee of the Royal Society, *The Food Supply of the United Kingdom*, p. 4, n.*; T. B. Wood, *The National Food Supply in Peace and War*, Cambridge UP., 1917, pp. 38-9; Ernest H. Starling, *The Feeding of Nations*, Longmans, Green, 1919, pp. 5-6; Middleton, *Food Production in War*, pp. 9, 85-6; Lord Ernle, *Whippingham to Westminster: The reminiscences of Lord Ernle (Rowland Prothero)*, John Murray, 1938, pp. 282-83.

26) Ivan S. Bloch, *The Future of War in its Technical Economic and Political Relations; Is war now impossible?* New York: Doubleday & McClure, 1899.

27) *Debates in the British Parliament 1911-1912 on the Declaration of London and Naval Prize Bill*, Washington: GPO, 1919.

28) 本章にかかわりの深い論文集である、田所昌幸編『ロイヤル・ネイヴィーとパクス・ブリタニカ』有斐閣、2006年に一言触れておこう。同書は、「19世紀ロイヤル・ネイヴィーとイギリス外交についての鳥瞰的な構図」が提示されている序章とあとがきが明確に語っているように、「二次資料に依拠し」「ロイヤル・ネイヴィー」を通じて19世紀の世界秩序(パクス・ブリタニカ)を明らかにした論文集である。序章では19世紀末の海軍拡張に触れ、「その時期にはむしろ長きにわたって続いてきたシー・パワーの優位の時代が〔「19世紀における陸上交通、とりわけ鉄道の飛躍的発展によってイギリス海軍が伝統的に得意としてきた敵国の港湾施設の海上封鎖戦術は戦略的有効性を失ったために」〕終わりを告げつつあったのである」（17頁）。「強大な大陸国家が鉄道網の拡大によって陸軍力を強めていく中で、海軍力が影響を及ぼしうる範囲が狭まっていった」（174頁）と述べる。ちなみに、クレフェルトは兵站術(ロジスティックス)の観点から第一次世界大戦期の陸上輸送手段の欠陥を詳細に分析し、鉄道の発達にもかかわらず、物資が鉄道から他の陸上輸送手段に積み換えられる際に、鉄道以外の陸上輸送能力が不十分であるために鉄道の輸送能力がかえって削がれる結果となったと結論した。Martin van Creveld, *Supplying War: Logistics from Wallenstein to Patton*, Cambridge UP., 1977〔佐藤佐三郎訳『補給戦』原書房、1980年、中公文庫、2006年〕。彼は陸上輸送の画期を第一次世界大戦に求めている。Creveld, World War I and revolution in logistics, in Roger Chickering and Stig Forster, eds., *Great War, Total War*, Cambridge: Cambridge UP., 2000, pp. 57-72. さらに同書は、「第一次世界大戦が勃発するころまでには、ロイヤル・ネイヴィー

はドイツの封鎖を断念せざるをえなくな〔った〕」(19頁) とイギリス海軍(ロイヤル・ネィヴィー)の軍事的限界を指摘している。しかし、同書は、1856年のパリ宣言から1909年のロンドン宣言にいたる海事法 maritime law ——軍事と外交が交錯する領域——の動向に触れていない。戦術としての海上封鎖が有効性を失ったのは、陸上の火砲の威力増加や機雷の発達によって陸地に近接した海上封鎖 close blockade であり、代わって、第一次世界大戦では陸地から遠く離れた海上封鎖 distant blockade が頻用されたに過ぎない。イギリスをはじめとする連合国は、ドイツ経済圏に属し、中立的立場をとるスウェーデン、ノルウェー、デンマーク、さらにはオランダ、アメリカとドイツ本国とを結ぶ北海海域における海上通商路の軍事的遮断に加えて、外交的手段を用いた中立国と中立国との間の貿易活動への干渉を媒介に、中立諸国とドイツとの貿易関係断絶を画策し、ドイツに対する経済封鎖(エコノミック・ブラッケイド)を強固なものとした。Rear-Admiral Montagu W. W. P. Consett, *The Triumph of Unarmed Forces (1914-1918)*, Williams & Norgate, 1923; A. C. Bell, *A History of the Blockade of Germany, and of the Countries associated with her in the Great War: Austria-Hungary, Bulgaria, and Turkey 1914-1918*, HMSO, 1937; Marion C. Siney, *The Allied Blockade of Germany 1914-1916*, Ann Arbor: University of Michigan Press, 1957; Offer, *The First World War*; Eric W. Osborne, *Britain's Economic Blockade of Germany 1914-1919*, Frank Cass, 2004. 戦時中の経済封鎖によって惹起されたドイツ国民の飢餓に関する邦語文献として、藤原辰史『カブラの冬——第一次世界大戦期ドイツの飢餓と民衆』人文書院、2011年、リジー・コリンガム著、宇丹貴代美・黒輪篤嗣訳『戦争と飢餓』河出書房新社、2012年、参照。ドイツに対する食糧封鎖(フード・ブラッケイド)は1918年11月の休戦協定成立後も継続され、翌年7月に漸く解除された。N. P. Howard, The Social and political consequences of the allied food blockade of Germany, 1918-19, *GH*, 11 (June 1993). なお、ベルの著作は1961年まで機密文書扱いであったが、1943年にはドイツ語訳(部分訳)が出されている。A. C. Bell, bearbeitet und eingeleitet von Professor Dr. Victor Boehmert, *Die Englische Hungerblockade im Weltkrieg 1914-15*, Essen: Essener Verlagsanstalt, 1943. 第一次世界大戦におけるドイツ経済封鎖を研究したシニーの著作は、第一次世界大戦期の未公刊公文書の公開が本格化する直前の1957年に出版されたために、未公刊史料を充分利用できなかったばかりか、ベルの著作のドイツ語版を参照せざるを得なかった。Siney, *The Allied Blockade of Germany 1914-1916*, p. 310, n. 5. 18世紀から第二次世界大戦までの経済封鎖についても概略的記述を行っているメドリコットの著作もベルの研究を利用していない。W. N. Medlicott, *The Economic Blockade*, HMSO, 2 vols., 1952-59.

終章　1909年ロンドン宣言とイギリス海軍・イギリス外交（1909〜1917年）　283

29) わが国の西洋史・社会経済史学界では、現代史の分野を除外して戦争に関する本格的研究は極めて少なく、本書が扱うイギリス海軍の戦略、とりわけ海上封鎖・禁制品拿捕に関しては、イギリス帝国主義研究の進展にもかかわらず、皆無といってもよい。海上封鎖に関しては、高橋文雄「経済封鎖から見た太平洋戦争開戦の経緯——経済制裁との相違を中心として」『戦史研究年報〔防衛省防衛研究所〕』第14号、2011年3月、参照。また、封鎖の変容については、新井京「封鎖法の現代的『変容』」村瀬信也・真山全編『武力紛争の国際法』東信堂、2004年、参照。

30) H. A. Munro-Butler-Johnstone, *Handbook of Maritime Rights, and the Declaration of Paris considered*, W. Ridgeway, 1876, pp. 2-3.

31) クリミア戦争におけるイギリス海軍の公式記録は、D. Bonner-Smith and Captain A. C. Dewar, eds., *Russian War, 1854 & 1855: Baltic and Black Sea, official correspondence*, NRS, 2 vols., 1943-44; Captain A. C. Dewar, ed., *Russian War, 1855: Black Sea, official correspondence*, NRS, 1945.

32) Bernard Semmel, *Liberalism and Naval Strategy: Ideology, interests, and, sea power during the Pax Britannica*, Allen & Unwin, 1986, ch. 4.

33) Ward, *A Treatise of the Relative Rights and Duties of Belligerent and Neutral Powers*, p. 1.

34) Kulsrud, *Maritime Neutrality to 1780*, p. 113.

35) *Ibid.*, p. 116.

36) *Ibid.*, p. 155.

37) *Ibid.*, p. 99; Nicholas Tracy, ed., *Sea Power and the Control of Trade*, Aldershot: NRS, 2005, pp. xvii-xviii.

38) Parmelee, *Blockade and Sea Power*, pp. 56-60.

39) Vindex [Sir Frederick M. Eden], *On the Maritime Rights of Great Britain*, Mess. Richardson, 1807.

40) [Charles Jenkinson], *Discourse on the Conduct of the Government of Great Britain*, R. Griffiths, 1758; Bell, *A History of the Blockade of Germany*, p. 2.

41) パリ宣言のテキストは、cf. Norman Bentwich, *The Declaration of London, with an introduction and notes and appendices*, Effingham Wilson, 1911, Appendix C; Simon D. Fess, *The Problems of Neutrality When the World is at War*, Washignton: GPO, 1917, p. 181; Sir Francis Piggott, *The Declaration of Paris 1856: A study*, University of London Press, 1919; Carleton Savage, *Policy of the United States toward Maritime Commerce in War*, Washington: GPO, vol. 1, 1934, p. 76. パリ宣言の解説書として、Johnstone, *Handbook of Maritime Rights*. パリ宣言が内包

する問題点については、T. H. Bowles, *The Declaration of Paris of 1856*, Sampson Low, Marston and Co., 1900; Parmelee, *Blockade and Sea Power*, pp. 20-1; Nicholas Tracy, ed., *Sea Power and the Control of Trade: Belligerent rights from the Russian War to Beira Patrol, 1854-1970*, NRS, 2005.

42) 稲本「欧州私掠船と海賊」50頁、参照。

43) Bentwich, *The Declaration of London*, pp. 12-3.

44) *The Proceedings of the Hague Peace Conferences: The Conference of 1907*, New York: Oxford UP., vol. 3, 1921, pp. 1116-20.

45) James Brown Scott, ed., *Diplomatic Correspondence between the United States and Germany, August 1, 1914-April 6, 1917*, New Yorok: Oxford UP., 1918, p. 124, Exhibit 1.

46) *Ibid.*, Part V.

47) Johnstone, *Handbook of Maritime Rights*, p. 3; Piggott, *The Declaration of Paris 1856*, p. 201. 海上封鎖の種類に関しては、高橋「経済封鎖から見た太平洋戦争開戦の経緯」参照。

48) Johnstone, *Handbook of Maritime Rights*, pp. 3-4; Piggott, *The Declaration of Paris 1856*, pp. 180, 181.

49) Johnstone, *Handbook of Maritime Rights*, p. 4.

50) Semmel, *Liberalism and Naval Strategy*, p. 19.

51) 「継続航海の原則」に関しては、Atherley-Jones, *Commerce in War*, pp. 253-83.

52) Parmelee, *Blockade and Sea Power*, pp. 23-4.

53) クリミア戦争に関する邦語研究として、菅野翼「クリミア戦争」田所編『ロイヤル・ネイヴィーとパクス・ブリタニカ』がある。

54) *PP*, 1860 (530.), S. C. on Merchant Shipping, *Report*, pp. xiii-xiv.

55) Fess, *The Problems of Neutrality When the World is at War*, p. 181.

56) Theodore Ropp, edited by Stephen S. Robert, *The Development of a Modern Navy: French naval policy 1871-1904*, Annapolis: Naval Institute Press, 1987 (1st edition, 1937); James P. Baxter, *The Introduction of the Ironclad Warship*, Cambridge, Mass.: Harvard UP., 1933; Arthur J. Marder, *The Anatomy of British Sea Power: A history of British naval policy in the pre-Dreadnought era, 1880-1905*, New York: Alfred A. Knopf, 1940; C. I. Hamilton, *Anglo-French Naval Rivalry 1840-1870*, Oxford: Clarendon Press, 1993; John F. Beeler, *British Naval Policy in the Gladstone-Disraeli Era 1866-1880*, Stanford: Stanford UP., 1997.

57) 1899年の第一回ハーグ国際平和会議に関する『書翰』と『議事録』とは、*PP*,

終章　1909年ロンドン宣言とイギリス海軍・イギリス外交（1909〜1917年）　285

1899 [C. 9534.], Correspondence respecting the Peace Conference held at the Hague in 1899; *The Proceedings of the Hague Peace Conferences: The Conference of 1899*, New York: Oxford UP., 1920. 1899年国際平和会議のイギリス代表団の中に、後に第一本部長に就任するフィシャがいた。彼は、会議の性格を"Britannica contra mundum"と、意味深長に表現している。John A. Fisher to Captain W. Fawkes, June 4, 1899, in Arthur J. Marder, ed., *Fear God and Dread Nought: The correspondence of Admiral of the Fleet, Lord Fisher of Kilverstone*, Jonathan Cape, vol. 1, 1952, p. 141. なお、1899年第一回ハーグ国際平和会議に対するイギリス海軍のスタンスについては、Marder, *The Anatomy of British Sea Power*, ch. XVI.

58) 1907年の第二回ハーグ国際平和会議についても詳細な『議事録』が出されている。*The Proceedings of the Hague Peace Conferences: The Conference of 1907*, New York: Oxford UP., 3 vols., 1920-21. ハーグ国際平和会議については、和仁『伝統的中立制度の法的性格』133-147頁、参照。なお、マハンは1907年の国際平和会議の動向を睨みながら、戦時における中立国の貿易の権利と交戦国による海上通商路破壊の問題を論じ、海軍による通商路破壊が有効な戦略であるとした。Alfred T. Mahan, The Hague Conference of 1907, and the question of immunity for belligerent merchant shipping, in Captain Alfred T. Mahan, ed., *Some Neglected Aspects of War*, Sampson Low, 1907, pp. 157-93.

59) ロンドン宣言のテキストと条文説明は、James Brown Scott, ed., *The Declaration of London, February 26, 1909: A collection of official papers and documents relating to the International Naval conference held in London December, 1908 to February, 1909*, New York: Oxford UP., 1919; Naval War College, *International Law Topics: The Declaration of London of February 26, 1909*, Washington: GPO, 1910; Bentwich, *The Declaration of London*; Arthur Cohen, *The Declaration of London*, Warwick: University of London Press, 1911. 宣言に関する論評として、F. E. Bray, *British Rights at Sea under the Declaration of London*, P. S. King & Son, 1911; Parmelee, *Blockade and Sea Power*, pp. 29-35. ロンドン会議の進捗状況に関する資料（ドキュメンツ）と『議事録』については、*PP*, 1909 [Cd. 4554.], Correspondence and Documents respecting the International Naval Conference held in London; *PP*, 1909 [Cd. 4555.], *Proceedings of the Conference*. 会議に関連した資料は、Scott, ed., *The Declaration of London*. ロンドン宣言に関する最近の研究として、Tracy, ed., *Sea Power and the Control of Trade*.

60) Bentwich, *The Declaration of London*, p. 108.

61) John W. Coogan, *The End of Neutrality: the United States, Britain, and maritime rights, 1899-1915*, Ithaca: Cornell UP., 1981, ch. 7.

62) *PP*, 1910 [Cd. 5418.], Correspondence respecting the Declaration of London; *PP*, 1911 [Cd. 5718.], Correspondence respecting the Declaration of London.

63) Scott, ed., *The Declaration of London*, pp. 235-57. 議会・海軍関係者の宣言への反対意見は、Thomas Gibson Bowles, *Sea Law and Sea Power: As they would be affected by recent proposals; with reasons against those proposals*, John Murray, 1910; Lord Charles Beresford, *The Betrayal; Being a record of facts concerning naval policy and administration from the year 1902 to the present time*, P. S. King & Son, 1912, ch. XIII. ロンドン宣言にいたる政治的軍事的環境については、Bell, *A History of the Blockade of Germany*, pp. 12-27; Semmel, *Liberalism and Naval Strategy*, ch. 7; Coogan, *The End of Neutrality*, ch. 7; Tracy, ed., *Sea Power and the Control of Trade*, Pt. II.

64) Marder, *The Anatomy of British Sea Power*, p. 65.

65) John A. Fisher to Lord Tweedmouth, 23 December 1905, in Marder, ed., *Fear God and Dread Nought*, vol. 2, pp. 65-6.

66) Offer, *The First World War*; Rolf Hobson, *Imperialism at Sea: Naval strategic thought, the ideology of sea power and the Tirpitz Plan, 1875-1914*, Boston: Brill Academic Publishers, 2002.

67) 19世紀における海事法の成立と、各国の海事に関する主張・利害の対立に関しては、Semmel, *Liberalism and Naval Strategy*, chs. 6 & 7. アメリカは建国当初よりヨーロッパを戦場とした戦争に際して、中立国は戦時においても自由に貿易を行う権利を有すると主張し、交戦国に物資を供給し経済的利益を手にした。Savage, *Policy of the United States*, vol. 1, pp. 11-35.

68) Convention concerning the Rights and Duties of Neutral Powers in Naval War, in *The Proceedings of the Hague Peace Conference: The Conference of 1907*, vol. 1.

69) 軍事専門家からみたロンドン宣言の欠陥については、Lord Hankey, *The Supreme Command 1914-1918*, George Allen & Unwin, vol. 1, 1961, pp. 94-101.

70) Scott, ed., *The Declaration of London*, pp. 114-17; Cohen, *The Declaration of London*, pp. 70-91; Naval War College, *International Law Topics*, pp. 25-57; Bentwich, *The Declaration of London*, pp. 44-57.

71) Bentwich, *The Declaration of London*, p. 16. したがって、第17条の規程はイギリスの大陸諸国への譲歩と考えられる。

72) Scott, ed., *The Declaration of London*, p. 4; Cohen, *The Declaration of London*, p.

92.

73) C. Ernest Fayle, *Seaborne Trade: History of the Great War based on official documents*, 1920, Nashville: Battery Press, vol. 1, reprinted in 1997, pp. 70-2.
74) Scott, ed., *The Declaration of London*, pp. 117-19; Cohen, *The Declaration of London*, pp. 91-100; Naval War College, *International Law Topics*, pp. 56-71; Bentwich, *The Declaration of London*, pp. 58-68.
75) Scott, ed., *The Declaration of London*, pp. 117-19; Cohen, *The Declaration of London*, pp. 94-5; Naval War College, *International Law Topics*, pp. 61-7; Bentwich, *The Declaration of London*, pp. 61-2, 68.
76) Scott, ed., *The Declaration of London*, p. 120; Cohen, *The Declaration of London*, pp. 102-4; Naval War College, *International Law Topics*, pp. 74-7; Bentwich, *The Declaration of London*, pp. 62-5.
77) Scott, ed., *The Declaration of London*, p. 120; Cohen, *The Declaration of London*, pp. 105-7; Naval War College, *International Law Topics*, pp. 78-81; Bentwich, *The Declaration of London*, p. 69. 積荷の最終目的地が交戦国（あるいはその支配地域）であるか否かの挙証責任は拿獲する側にある。
78) Scott, ed., *The Declaration of London*, p. 121; Cohen, *The Declaration of London*, pp. 108-10; Naval War College, *International Law Topics*, p. 74; Bentwich, *The Declaration of London*, pp. 74-6.
79) この条文は、イギリスの主張に沿ったものである。Cf. Bentwich, *The Declaration of London*, p. 79.
80) 海軍捕獲法案 Naval Prize Bill の条文は、Bentwich, *The Declaration of London*, Appendix D.
81) L. Graham H. Horton-Smith, compiled, *The Perils of the Sea: How we kept the flag flying*, Imperial Maritime League, revised edition, 1920 (1st edition, 1910), *passim*.
82) *PP*, 1910 [Cd. 5418.], Correspondence respecting the Declaration of London; *PP*, 1911 [Cd. 5718.], Correspondence respecting the Declaration of London.
83) Horton-Smith, compiled, *The Perils of the Sea*.
84) *The Navy: Organ of the Navy League*, XVI (no. 2, February 1911), p. 37.
85) *Debates in the British Parliament 1911-1912*. Cf. Coogan, *The End of Neutrality*, pp. 125-47; Offer, *The First World War*, pp. 270-84. 本書、第 1 章、参照。海軍少将オットリなどは統一党指導者への書翰で、政府が提出する法案への支持、あるいは少なくとも法案に反対しないことを依頼していた。Coogan, *The End of*

Neutrality, p. 128, n. 13.
86) ロンドン宣言ならびに国内法である海軍捕獲法案の審議経過については、*Debates in the British Parliament 1911-1912*.
87) *PP*, 1814 (339.), S. C. on Corn Laws of this Kingdom, *Report*, p. 8. 18世紀末から19世紀初頭イギリスにおける食糧調達に関しては、cf. Olson, *The Economics of the Wartime Shortage*.
88) Fayle, *Seaborne Trade*, vol. 1, pp. 18-9; Siney, *The Allied Blockade of Germany 1914-1916*, p. 310, Appendix A.
89) *PP*, 1908 [Cd. 4161.], Committee on National Guarantee for the War Risks of Shipping, *Report*.
90) *PP*, 1914 [Cd. 7560.], Sub-Committee of the Committee of Imperial Defence on the Insurance of British Shipping in Time of War, *Report*.
91) Siney, *The Allied Blockade of Germany 1914-1916*, pp. 76-8, 144-48; Osborne, *Britain's Economic Blockade of Germany 1914-1919*, p. 125. この点は、Consett, *The Triumph of Unarmed* Forces が詳細である。
92) Consett, *The Triumph of Unarmed Forces*, Pt. II; N. B. Dearle, *An Economic Chronicle of the Great War for Great Britain & Ireland, 1914-1919*, Oxford UP., 1929, pp. 6, 64; Bell, *A History of the Blockade of German*, pp. 173-76; Siney, *The Allied Blockade of Germany 1914-1916*, pp. 30-32; Osborne, *Britain's Economic Blockade of Germany 1914-1919*, p. 125. 1916年には、企業のブラック・リストが作成され、北欧の中立国に対する貿易規制がさらに強化された。Lord Robert Cecil, *Black List and Blockade: Interview with Lord Robert Cecil, in reply to the Swedish Prime Minister*, Eyre and Spottiswoode, 1916. セシル卿は外相（外務大臣）。
93) Bell, *A History of the Blockade of Germany*, pp. 161-89; Lord Hankey, *The Supreme Command 1914-1918*, vol. 1, pp. 91-3.
94) Consett, *The Triumph of Unarmed Forces*, p. xi.
95) *PP*, 1916 [Cd. 8225.], Correspondence with the United States Ambassador respecting the "Trading with the Enemy (Extension of Powers) Act, 1915".
96) Coogan, *The End of Neutrality*.
97) Nicholas A. Lambert, *Sir John Fisher's Naval Revolution*, South Carolina: University of South Carolina Press, 1999, pp. 292-93.
98) John A. Fisher to Arnold White, March 13, 1913, in Marder, ed., *Fear God and Dread Nought*, vol. 2, p. 484. ゴチックは原文ではイタリック。

終章　1909年ロンドン宣言とイギリス海軍・イギリス外交 (1909〜1917年)　289

99) A. J. Balfour to John A. Fisher, May 6, 1913, in Marder, ed., *Fear God and Dread Nought*, vol. 2, p. 485; Balfour to Fisher, May 20, 1913, in Marder, ed., *Fear God and Dread Nought*, vol. 2, pp. 485-86; Balfour to Fisher, [May 1913?], in Marder, ed., *Fear God and Dread Nought*, vol. 3, pp. 33-4. フィシャは、バルフォアが彼の説明を充分理解できる洞察力のある優れた人物と評価している。John A. Fisher to Arnold White, March 13, 1913, in Marder, ed., *Fear God and Dread Nought*, vol. 2, p. 484.

100) ホールは1913年に匿名で潜水艦が海軍の戦略に及ぼす影響について論文を発表した。Lambert, ed., *The Submarine Service, 1900-1918*, p. xxix, n. 1; Lambert, *Sir John Fisher's Naval Revolution*, p. 292. ホールに関しては、Arthur J. Marder, *From the Dreadnought to Scapa Flow*, Oxford UP., vol. 1, 1961, pp. 331-32.

101) Winston S. Churchill, *The World Crisis 1911-1918*, Odhams Press, vol. 2, new edition, 1938 (1st edition, 1923), p. 721; Nicholas Lambert, ed., *The Submarine Service, 1900-1918*, Aldershot: NRS, 2001, pp. xxviii-xxix.

102) Churchill, *The World Crisis 1911-1918*, vol. 2, pp. 721-22. cf. Lambert, ed., The *Submarine Service, 1900-1918*, pp. xxviii-xxix; Lambert, *Sir John Fisher's Naval Revolution*, pp. 293-96. 第一次世界大戦直前におけるイギリス海軍の潜水艦の利用と戦略理解については、Sir Roger Keyes, *The Naval Memoirs of Admiral of the Fleet Sir Roget Keyes, 1910-1915*, New York: E. P. Dutton, 1934, pp. 23-38. キーズは1910年にホールの後任として海軍省潜水艦部門の責任者に就任した。

103) Memorandum by Admiral of the Fleet Lord Fisher, 5 May 1914, in Lambert, ed., *The Submarine Service, 1900-1918*, pp. 213-31, esp. 226-28. フィシャは1914年1月にこの文書と一部重複する文書を作成し、同年5月14日に「帝国防衛委員会」へ提出した。Extracts from a Memorandum by Lord Fisher, January 1914, in A. Temple Patterson, ed., *The Jellicoe Papers: Selections from the private and official correspondence of Admiral of the Fleet Earl Jellicoe of Scapa*, NRS, vol. 1, 1966, pp. 31-6; Admiral of the Fleet Lord Fisher, *Records*, Hodder & Stoughton, 1919, pp. 181-85.

104) John A. Fisher to H. H. Asquith, 15 May 1914, in Lambert, ed., *The Submarine Service, 1900-1918*, pp. 247-48.

105) 第一次世界大戦におけるドイツ軍事指導者の戦略に関しては、Grand Admiral von Tirpitz, *My Memoirs*, New York: Dodd, Mead, & Co., vol. 1, 1919, pp. 54-7; Scheer, *Germany's High Sea Fleet in the World War*, p. xiii; Erich von Ludendorff, *My War Memories*, Hutchinson, vol. 1, 1919, pp. 349-55. ドイツ軍指導者はドイツ

の港湾が地理的にみて海上封鎖戦略に脆弱であることを明確に認識していた。

106) 第一次世界大戦後、ドイツで戦争責任、和平工作、無差別潜水艦作戦に関する調査が実施され、戦争指導者から証言が集められた。Die Deutsche Nationalversammlung 1919/20, *Stenographische Berichite über die öffentlichen Verhandlungen des 15. Untersuchugsausschusses der verfassunggebenden Nationalversammlung nebst Beilagen*, Berlin: Verlag der Norddeutsche Buchdruckerei und Verlagsanstalt, 2 vols., 1920. 英訳はカーネギー国際平和財団から出版された。*Official German Documents relating to the World War*, New York: Oxford UP., 2 vols., 1923. 英訳の問題点は、Holger H. Herwig, Total rhetoric, limited war: Germany's U-Boat campaign 1917-1918, in Chickering and Forster, eds., *Great War, Total War*, p. 193, n. 17.

107) Dearle, *An Economic Chronicle of the Great War for Great Britain & Ireland, 1914-1919*, p. 2.

108) Barnett, *British Food Policy during the First World War*, Appendix 3. 戦争勃発以降の食品価格の上昇については、*PP*, 1916 [Cd. 8358.], D. C. on Prices, *Interim Report*; *PP*, 1917 [Cd. 8483.], D. C. on Prices, *Second Interim Report and Third (Final) Report*; Arthur L. Bowley, *Prices and Wages in the United Kingdom, 1914-1920*, Oxford: Clarendon Press, 1921.

109) Gerschenkron, *Bread and Democracy in Germany*, p. 88. ガーシェンクロンは仮に戦争が小麦・ライ麦の**収穫前**に起きたのであればこのようにはならなかったという。一方、エレーボーは穀物貯蔵が少なかったことを根拠にドイツが計画的に戦争を準備していたのではないとした。Aereboe, *Der Einfluss des Krieges auf die landwirtschaftliche Produktion in Deutschland*, p. 30〔澤田・佐藤共訳『世界大戦下の独逸農業生産』32頁〕。戦前のドイツの輸出・輸入データ(貿易相手国・品目・金額)は、cf. Snow, *German Foreign-Trade Organization*, Appendix A; Snow and Kral, *German Trade and the War*, Appendix A.

110) Prof. William J. Ashley, *Germany's Food Supply*, Jas. Truscott, 1916, p. 20. 1916年の時点でドイツでは小麦パンにライ麦やジャガイモが混ぜられていた。いわゆる「Kパン」である。なお、アシュレーはパンフレットで、輸入経済であるイギリスとドイツが抱える問題点を取り上げ、ドイツが保護貿易によって食糧確保を図り、かつ膨大な自然資源を有していることを指摘するとともに、戦時におけるイギリスの貿易活動が抱える障害として**貿易決済**を挙げた。W. J. Ashley, *The War and its Ecomonic Aspects*, Oxford UP., 1914.

111) この時期の農業生産に関しては、D. Tallerman, *Agricultural Distress and Trade*

終章　1909年ロンドン宣言とイギリス海軍・イギリス外交（1909～1917年）

　Depression: Their remedy in the commercial relation of home-grown produce, Gilbert and Rivington, 1889; F. A. Channing, *The Truth about Agricultural Depression*, Longmans, Green, 1897.

112)　肉牛の生産は、豚・羊ほどには農業不況の影響を受けず、その飼育数は増加さえした。Middleton, *Food Production in War*, p. 99. 第一次世界大戦後には肉牛よりも乳牛が増加傾向を示している。Hibbard, *Effects of the Great War upon Agriculture in the United States and Great Britain*, pp. 168-73; Viscount Astor and B. Seebohm Rowntree, *British Agriculture: The principles of future policy*, Longmans, Green, 1938, pp. 28-54. 1870年代の大不況期以降のイギリス農業に関する基礎的データは、cf. Department of Agriculture, Fisheries and Forest, *A Century of Agricultural Statistics: Great Britain 1866-1966*, HMSO, 1968.

113)　Offer, *The First World War*, pp. 217-32. 本書、第1章、参照。

114)　椎名『近代的土地所有』参照。

115)　米川伸一「『土地問題』the Land Question とイギリス議会——1868-1911」『歴史学研究』第337号、1968年。後に、米川伸一『現代イギリス経済形成史』未来社、1992年、所収。19世紀末から20世紀初頭におけるイギリス土地市場（ランド・マーケット）に関する最近の研究は、Michael Thompson, The land market, 1880-1925: a reappraisal reappraised, *AgriHR*, 55 (2007); John Beckett and Michael Turner, End of the old order? F. M. L. Thompson, the land question, and the burden of ownership in England, c. 1880-c. 1915, *AgriHR*, 55 (2007).

116)　吉岡昭彦『近代イギリス経済史』岩波書店、1981年、参照。ただし、「土地（地主）貴族階級の金融資産階級への転化」は依然として仮説命題に留まっている。

117)　最近、第一次世界大戦以降の食糧と戦争との関係を衝いた、コリンガム『戦争と飢餓』や、わが国の第二次世界大戦期の農業政策を扱った、野田公夫編『農林資源開発史論Ⅰ・Ⅱ』京都大学学術出版会、2013年が公刊された。

118)　本書、第1章、参照。

119)　森『イギリス農業政策史』参照。

120)　Offer, *The First World War*.

121)　農業地保有法については、椎名『近代的土地所有』、米川『現代イギリス経済形成史』参照。

122)　Russell M. Garnier, *Annals of the British Peasantry*, Swan Sonneschein, 1908, pp. 350-51.

123)　Channing, *The Truth about Agricultural Depression*, p. xii; Sir William Earnshaw Cooper, *The Murder of Agriculture: A national peril, disastrous results to*

the nation, Letchworth: The Arden Press, 1908.
124) W. E. Dowding, *The Tariff Reform Mirage*, Methuen, 1913, p. 73.
125) H. Rider Haggard, *Rural England: Being an account of agricultural and social researches carried out in the years 1901 & 1902*, Longmans, Green, vol. 2, new edition, 1906 (1st edition, 1902), pp. 559-61.
126) *PP*, 1912 [Cd. 6515.], Dominions R. C. on Natural Resources, Trade, and Legislation of Certain Portions of HM's Dominions, *First Interim Report*, pp. 2-3.
127) *PP*, 1911 [Cd. 5745.], *Minutes of the Proceedings of the Imperial Conference*, 1911, p. 18.
128) *PP*, 1915 [Cd. 8123.], Dominions R. C. on Natural Resources, Trade, and Legislation of Certain Portions of HM's Dominions, *Memorandum and Tables relating to the Food and Raw Material Requirments of the United Kingdom*. この『議会資料』は戦時中のドイツで詳細にわたり紹介された。Herman Curth, ed., *Der Nahrungsmittel-und Rohstoffbedarf England: Bericht der Dominions R. C. dem Parliament vorgelegt im Nobember 1915, erschienen London 1915 (Cd. 8123)*, Jena: G. Fischer, 1917.
129) *PP*, 1917 [Cd. 8462.], Dominions R. C. on Natural Resources, Trade, and Legislation of Certain Portions of HM's Dominions, *Final Report*.
130) 関税改革運動の政治的経済的意義については、Matthew Fforde, *Conservatism and Collectivism, 1886-1914*, Edinburgh: Edinburgh UP., 1990, pp. 88-90; E. H. H. Green, *The Crisis of Conservatism: The politics, economics and ideology of the British Conservative Party, 1880-1914*, Routledge, 1995, pp. 184-241.
131) Joseph Chamberlain at Glasgow, 6 October 1903, in Charles W. Boyd, ed., *Mr. Chamberlain's Speeches*, Constable, vol. 2, 1914, p. 177; A. J. Marrison, The Tariff Commission, agricultural protection and food taxes, 1903-13, *AgriHR*, 34 (1986), p. 173. チェンバレンは各地での演説の度に輸入食品に賦課する関税と税率の説明を微妙に変化させている。Green, *The Crisis of Conservatism*, p. 211.
132) Joseph Chamberlain at Welbeck, 4 August 1904, in John L. Green, *Agriculture and Tariff Reform*, The Rural World Publishing, 1904, pp. 158-76; Julian Amery, *Joseph Chamberlain and the Tariff Reform Campaign: The life of Joseph Chamberlain*, Macmillan, vol. 6, 1969, pp. 603-5; Dowding, *The Tariff Reform Mirage*, pp. 73-94. cf. Ewen Green, No longer the farmers' friends? the conservative party and agricultural protection, 1880-1914, in J. R. Wordie, ed., *Agriculture and Politics in England, 1815-1939*, Macmillan Press, 2000, pp. 161-62.

終章　1909年ロンドン宣言とイギリス海軍・イギリス外交（1909～1917年）　293

133)　Dowding, *The Tariff Reform Mirage*, p. 61.
134)　Green, *Agriculture and Tariff Reform*, pp. 76-7.
135)　*PP*, 1907 [Cd. 352], *Minutes of Proceedings of the Colonial Conference*, p. 326. 1907年植民地会議については、桑原莞爾『イギリス関税改革運動の史的分析』九州大学出版会、1999年、補論二、第8章が触れている。なお、植民地会議は1905年に、帝国会議 Imperial Conference に名称変更することが提案され、決定された。*PP*, 1905 [Cd. 2785.], Correspondence relating to the Future Organization of Colonial Conferences, pp. 1-5.
136)　Green, *The Crisis of Conservatism*, pp. 318-19; Green, No longer the farmers' friends? p. 162.
137)　関税改革に対するチャプリンの姿勢に関しては、The Marchioness of Londonderry, *Henry Chaplin: A memoir*, Macmillan, 1926, pp. 179-83.
138)　Tariff Commission, *Vol. 3: Report of the Agricultural Committee*.『報告書』に関しては、cf. Marrison, The Tariff Commission, agricultural protection and food taxes, 1903-13.
139)　Tariff Commission, *Vol. 3: Report of the Agricultural Committee*, paras. 353-57.
140)　*PP*, 1905 [Cd. 2643.], R. C. on Supply of Food and Raw Material in Time of War, *Report* and *ME*. 委員会設置の政治的背景については、Offer, *The First World War*, pp. 222-25; Collins, ed., *The Agrarian History of England and Wales, vol. VII: 1850-1914, Pt. I*, pp. 67-8; Barnett, *British Food Policy during the First World War*, pp. 6-7.
141)　イギリス経済の脆弱性については、Offer, *The First World War*; Bryan Ranft, Parliamentary debate, economic vulnerability, and British naval expansion, 1860-1905, in Lawrence Freedman, Paul Hayes and Robert O'Neill, eds., *War, Strategy and International Politic: Essays in Honour of Sir Michael Howard*, Oxford: Clarendon Press, 1992.
142)　*PP*, 1905 [Cd. 2643.], R. C. on Supply of Food and Raw Material in Time of War, *Report*, p. 62, para. 269.
143)　*Ibid.*, p. 39, para. 165.
144)　*Ibid.*, pp. 28-9, 109-110, Annex A. 輸入経済イギリスの生命線である商船隊をいかに守るかについては、Archibald Hurd, *Merchant Navy: History of the Great War based on official documents*, John Murray, 3 vols., 1921-29が詳細である。最近の研究は、Matthew S. Seligmann, *The Royal Navy and the German Threat 1901-1914: Admiralty plans to protect British trade in a war against Germany*,

Oxford: Oxford UP., 2012.
145) B. McL. Ranft, ed., *The Beatty Papers: Selections from the private and official correspondence of Admiral of the Fleet Earl Beatty*, Aldershot : NRS, vol. 1, 1989, p. 375.
146) *PP*, 1924 [Cmd. 2145.], Agricultural Tribunal of Investigation, *Final Report, Memoranda of the Tribunal by William Ashley, Considerations of national defence*.
147) *Ibid.*, p. 209.
148) *PP*, 1905 [Cd. 2643.], R. C. on Supply of Food and Raw Material in Time of War, *ME*, QQ. 9150-194 (Dr. R. Hutchison), and Appendix XXXIV. 彼は前年の調査委員会ではパンと紅茶を中心とした労働者の食生活の改善を訴えた。*PP*, 1904 [Cd. 2210.], Inter-Departmental Committee on Physical Deterioration, *ME*, QQ. 905-1016 (Dr. R. Hutchison).
149) Barnett, *British Food Policy during the First World War*, p. 8.
150) *PP*, 1907 [Cd. 352.], *Minutes of Proceedings of the Colonial Conference*, p. 326.
151) *PP*, 1918 [Cd. 9177.], Imperial War Conference, *Extracts from Minutes of Proceedings and Papers laid before the Conference*.
152) John Holt Schooling, *British Imports of Wheat from Foreign Countries and from British Possessions*, Tariff Reform League, no. 4; W. A. Hewins, *A Letter to Working Men on the "Food Taxes"*, Tariff Reform League, no. 34; Sir Vincent Caillard, *Imperial Fiscal Reform*, Edward Arnold, 1903, pp. 126-36; Captain G. C. Tryon, *Tariff Reform*, National Review Office, 1909, pp. 130-1; A Group of Unionist, *A Unionist Agricultural Policy*, John Murray, 1913, pp. 6-7; *Campaign Guide: A handbook for Unionist speakers*, Westminster: The National Unionist Association of Conservative and Liberal Unionists Association, 13th edition, [1914?], pp. 788-94. 小土地保有制度創設に深く関与していたコリングスも、戦時における食糧確保に備えた関税賦課に関心を寄せていた。Jesse Collings, *Land Reform: Occupying ownership, peasant proprietary and rural education*, Longmans, Green, 1908, pp. 311-28; Jesse Collings and John L. Green, *Life of the Right Hon. Jesse Collings*, Longmans, Green, 1920, pp. 252-57.
153) R. H. Rew, *An Agricultural Faggot: A collection of papers on agricultural subjects*, Westminster: P. S. King & Son, 1913.
154) R. H. Rew, *Food Supplies in War Time*, Oxford UP., 1914.
155) Viscount Milner, Preferential Trade, HL, May 20, 1908, in Viscount Milner, *The*

終章　1909年ロンドン宣言とイギリス海軍・イギリス外交（1909〜1917年）　295

　　　Nation and the Empire, Constable, 1913, pp. 267-79, esp. pp. 273-75; do., The Budget versus tariff reform, November 27, 1909, in Viscount Milner, *The Nation and the Empire*, p. 412; do., Two Conflicting policies, December 23, 1909, in Viscount Milner, *The Nation and the Empire*, p. 449; Christopher Turnor with an introduction by Viscount Milner, *Land Problems and National Welfare*, John Lane, 1911, pp. v-x.

156)　拙著『イギリス帝国期の国家財政運営』参照。ロイド・ジョージの土地政策に関しては、Ian Packer, *Lloyd George, Liberalism and the Land: The land issue and party politics in England, 1906-1914*, Woodbridge: The Boydell Press, 2001; Fforde, *Conservatism and Collectivism, 1886-1914*. 土地問題・土地改革運動に関する最近の研究は、cf. Wordie, ed., *Agriculture and Politics in England, 1815-1939*; Matthew Cragoe and Paul Readman, eds., *The Land Question in Britain, 1750-1950*, Basingstoke: Palgrave Macmillan, 2010.

157)　関税改革が政治的争点となった1904年に公刊された『飢餓の40年代』*The Hungry Forties* の姉妹版として、「土地キャンペーン」を側面から支援する著作が出された。*The Land Hunger: Life under monopoly descriptive letters and other testimonies from those who have suffered*, Fisher Unwin, 1913.

158)　Victoria De Bunsen, *Charles Rohden Buxton: A memoir*, George Allen & Unwin, 1948, p. 53.

159)　The Report of the Land Enquiry Committee, *The Land, vol. 1: rural*, Hodder & Stoughton, 1913.

160)　The Report of the Land Enquiry Committee, *The Land, vol. 2: urban*, Hodder & Stoughton, 1914.

161)　The Report of the Land Enquiry Committee, *The Land, vol. 1: rural*, pp. xiii-xiv.

162)　ラウントリーは1901年にヨーク市における貧困状況を調査し、1911年には土地保有と貧困との関連を調査すべくベルギーに赴き、1913年には「土地調査委員会」の報告書『土地：農村』に沿って、農業労働者の離村の阻止と生活改善とが急務の政策課題であるとして、彼らの生活・家計の実態調査を行っている。B. Seebohm Rowntree, *Poverty: A study of town life*, Macmillan, 1901; do., *Land and labourer: Lessons from Belgium*, Macmillan, 1911; B. Seebohm Rowntree and May Kendall, *How the Labourer Lives: A study of the rural labour problem*, Thomas Nelson & Sons, [1913]. ラウントリーに関しては、Asa Briggs, *A Study of the Work of Seebohm Rowntree*, Longmans, Green, 1961.

163) D. Lloyd George, The rural land problem, October 11, 1913; Walter Runciman, The state of agriculture, October 18, 1913; do.,The rural land problem, October 22, 1913; do., The urban land problem, October 30, 1913; do., The urban land problem, November 8, 1913, in LPD, *Pamphlets and Leaflets for 1913*, LPD, 1913.「土地キャンペーン」に関する研究として、H. V. Emy, The land campaign: Lloyd George as a social reformer, 1909-14, in A. J. P. Taylor, ed., *Lloyd George: Twelve essays*, 1971, Aldershot: Gregg Revivals, reprinted in 1993; Packer, Lloyd George, *Liberalism and the Land*.

164) D. Lloyd George, The rural land problem, October 22, 1913, p. 8; do., *Mr. Lloyd George's Great Land Speech at Swindon, October 22, 1913*, Daily News & Leader, 1913, pp. 5-6.

165) Fforde, *Conservatism and Collectivism, 1886-1914*, pp. 126-30.

166) Packer, *Lloyd George, Liberalism and the Land*, pp. 76-83.

167) Ian Packer, Unemployment, taxation and housing: the urban land question in late nineteenth-and early twentieth-century Britain, in Cragoe and Readman, eds., *The Land Question in Britain, 1750-1950*.

168) H. E. Dale, *Daniel Hall: Pioneer in scientific agriculture*, John Murray, 1956.

169) A. D. Hall, *A Pilgrimage of British Farming 1910-1912*, John Murray, 1914.

170) *PP*, 1915 [Cd. 8048.], D. C. on the Home Production of Food. Cf. A. D. Hall, *Agriculture after War*, John Murray, 1916.

171) Land Conference, *The Land Problem: Notes suggested by the report of the Land Enquiry Committee*, Wyman & Sons, [1913]; Charles Adeane and Edwin Savill, *The Land Retort: A study of the land question with an answer to the report of recent enquiry committee*, John Murray, 1914; The Land Agents' Society [Rowland Prothero], *Facts about Land: A reply to "Land", the report of the unofficial Land Enquiry Committee*, John Murray, 1916.

172) 統一党の農業政策に関しては、Cooper, *British Agricultural Policy 1912-36*.

173) A Group of Unionist, *A Unionist Agricultural Policy*. この小冊子は1913年11月に13名の賛同者の署名を添えて統一党指導部に提出された。Cooper, *British Agricultural Policy 1912-36*, p. 20, n. 23.

174) Green, *The Crisis of Conservatism*, pp. 318-19; Green, No longer the farmers' friends? p. 162.

175) Green, *The Crisis of Conservatism*, pp. 274-80; Green, No longer the farmers' friends? p. 167.

176) James Lumsden, *Our National Food Supply*, T. Fisher Unwin, 1912; A Rifleman [pseudonym], *The Struggle for Bread*, John Lane, 1913. ノーマン・エンジェルは『大いなる幻想』(Norman Angell, *The Great Illusion*, 1908) で、緊密な経済的相互依存の上に築かれた現代世界では、大規模な戦争は破滅的影響を世界に齎すばかりか、勝者のない戦争であるとした。ライフルマンは彼の著作に批判を加え、戦争勃発の可能性を指摘したのだ。

177) Packer, Lloyd George, *Liberalism and the Land*, ch. 10. cf. F. M. L. Thompson, Epilogue: the strange death of the English Land Question, in Cragoe and Readman, eds., *The Land Question in Britain, 1750-1950*.

178) Sir Edward Grey, HC, August 3, 1914; H. H. Asquith, HC, August 6, 1914, in James Brown Scott, ed., *War Speeches by British Ministers 1914-1916*, T. Fisher Unwin, 1917, pp. 1-11, 141-60. 第一次世界大戦におけるイギリスの戦争目的と戦争の経過については、亀井紘「第一次世界大戦とイギリス帝国」佐々木雄太編著『イギリス帝国と20世紀第3巻　世界戦争の時代とイギリス帝国』ミネルヴァ書房、2006年、参照。なお、1919年1月に**連合国**はドイツ、オーストリア、オスマン帝国、ブルガリアなどの**戦争責任を調査する**委員会を設置し、同年3月に『報告書』を纏めた。Cf. Commission on the Responsibility of the Authors of the War and Enforcement of Penalties, *Report, AJIL*, 14 (1920), pp. 95-154.

179) H. H. Asquith to Venetia Stanley, 2 August 1914, in Michael and Eleanor Brock, selected and edited, *H. H. Asquith: Letters to Venetia Stanley*, Oxford: Oxford UP., 1982, pp. 145-47. アスキィス首相の第一次世界大戦理解は、H. H. Asquith, *The Genesis of the War*, Cassell & Co., 1923.

180) Bell, *A History of the Blockade of Germany*, pp. 721-40; W. Arnold-Forster, *The Blockade 1914-1919*, Oxford: Clarendon Press, 1939; Siney, *The Allied Blockade of Germany 1914-1916*.

181) Viscount Grey of Fallodon, *Twenty-Five Years 1892-1916*, Hodder & Stoughton, vol. 3, 1928 (1st edition 1925), pp. 39-40. 外相は綿花（コットン）を禁制品に指定することがアメリカとの経済的外交的摩擦を引き起こすことを予測していた。

182) Snow and Kral, *German Trade and the War*, p. 67. 封鎖によってドイツが欠乏状態に陥った工業原料に関しては、Lieut. Louis Guichard, translated and edited by Christopher R. Turner, *The Naval Blockade 1914-1918*, New York: D. Appleton, 1930, pp. 262-80. 同書はフランス海軍軍人で法学博士の著者がフランス海軍の文書を利用し、第一次世界大戦期の海上封鎖・経済封鎖について記した著作であり、イギリスとフランスの封鎖政策の相違に触れている。

183) Edwin J. Clapp, *Economic Aspects of the War: Neutral rights, belligerent claims and American commerce in the years 1914-1915*, New York: Yale UP., 1915, p. 286.
184) 第一次世界大戦におけるイギリス政府首脳の発言については、cf. Scott, ed., *War Speeches by British Ministers 1914-1916*.
185) Clapp, *Economic Aspects of the War*, p. 20.
186) この日の閣議で、石炭、禁制品、「継続航海の原則」に関して長時間にわたる議論がなされた。H. H. Asquith to Venetia Stanley, 20 August 1914, in M. and E. Brock, eds., *H. H. Asquith*, p. 182.
187) フランス海軍の動向については、Guichard, *The Naval Blockade 1914-1918*.
188) Bell, *A History of the Blockade of Germany*, p. 712.
189) ロンドン宣言の修正に関する海事勅令については、*ibid.*, Appendix I; Clapp, *Economic Aspects of the War*, Appendix. 無条件禁制品・条件付禁制品に追加、あるいはそれから除外された物資（船荷）に関する禁制品宣言については、Bell, *A History of the Blockade of Germany*, Appendix II. 利子・配当金の送金停止については、*PP*, 1916 [Cd. 8225.], Correspondence with the United States Ambassador respecting the "Trading with the Enemy (Extension of Powers) Act, 1915"; *PP*, 1916 [Cd. 8353.], Further Correspondence.
190) H. H. Asquith to Venetia Stanley, 17 August 1914, in M. and E. Brock, eds., *H. H. Asquith*, p. 171. ゴチックは引用者による。
191) Bell, *A History of the Blockade of Germany*, pp. 723-24; Siney, *The Allied Blockade of Germany 1914-1916*, pp. 28-9.
192) Bell, *A History of the Blockade of Germany*, pp. 725-26.
193) 「修正」が抱える問題点の詳細な検討は、Clapp, *Economic Aspects of the War*, pp. 20-36.
194) Telegram from Sir E. Grey to Cecil Spring Rice, September 29, 1914, in Stephen Gwynn, ed., *The Letters and Friendships of Sir Cecil Spring Rice: A record*, Constable, vol. 2, 1929, pp. 234-35. 第一次世界大戦期におけるアメリカ農業・食糧政策に関しては、二次文献に依拠した次の研究がある。牧野俊重「第一次世界大戦とアメリカ農業の変容」『千葉敬愛経済大学研究論集』第29号、1986年1月、同「第一次世界大戦参戦期におけるアメリカの食糧政策」同上誌、第30号、1986年7月、同「第一次世界大戦参戦期におけるアメリカの食糧管理政策」同上誌、第31号、1987年1月。
195) Guichard, *The Naval Blockade 1914-1918*, pp. 133-72; Parmelee, *Blockade and*

Sea Power, pp. 69-82; Bell, *A History of the Blockade of Germany*, pp. 61-4; Siney, *The Allied Blockade of Germany 1914-1916*, pp. 33-4.

196) Walter H. Page, Embassy of the United States of America to the President Woodrow Wilson, August 25, 1914, in Brurton J. Hendrick, *The Life and Letters of Walter H. Page*, New York: Doubleday, Page & Co., vol. 3, 1925, p. 155. ゴチックは引用者による。

197) Parmelee, *Blockade and Sea Power*, p. 38.

198) Guichard, *The Naval Blockade 1914-1918*, p. 139.

199) 第一次世界大戦中のスカンディナビア諸国の経済については、cf. Consett, *The Triumph of Unarmed Forces*, pp. 79-85; Eli Heckscher, Kurt Bergendal, and Wilhelm Keilhau, eds., *Sweden, Norway, Denmark and Iceland in the World War*, New Haven: Yale UP., 1930. 第一次世界大戦勃発とともにドイツはデンマーク、オランダからの食糧輸入が大幅に減少した。Eltzbacher, ed., *Die deutsche Volksernährung und der englische Aushungerungsplan*, pp. 10-6; Eltzbacher, ed., *German's Food: Can it last?* pp. 11-9. ドイツは1916年には食糧輸入に困難を来し、飢餓の脅威を感じ始めた。Consett, *The Triumph of Unarmed Forces*, pp. 266-67.

200) Skalweit, *Die deutsche Kriegsernährungswirtschaft*, pp. 235-39. ドイツは1915年まで、アメリカ、スペイン、チリ、アルゼンチンに対して自国商品を僅かであるが輸出していた。Siney, *The Allied Blockade of Germany 1914-1916*, Appendix F.

201) Blaine F. Moore, *Econnomic Aspects of the Commerce and Industry of the Netherlands, 1912-1918*, Washington: GPO, 1919, p. 18.

202) *Ibid*., pp. 19, 39.

203) C. J. P. Zaalberg, E. P. DeMonchy, H. J. Romeyn, F. E. Posthuma, and H. W. Methorst, eds., *The Netherlands and World War: Studies in the war history of a neutral*, New Haven: Yale UP., vol. II, 1928, pp. 209-53.

204) 第一次世界大戦期のオランダ経済については、Moore, *Econnomic Aspects of the Commerce and Industry of the Netherlands*; Zaalberg, DeMonchy, Romeyn, Posthuma, and Methorst, eds., *The Netherlands and World War*, vol. II. 最近の研究として、Herman de Jong, Between the devil and the deep blue sea: the Dutch economy during World War I, in Stephen Broadberry and Mark Harrison, eds., *The Economics of World War I*, Cambridge: Cambridge UP., 2005.

205) オランダ政府との交渉に関しては、Bell, *A History of the Blockade of Germany*, pp. 64-72. デンマーク政府との交渉に関しては、*ibid*., pp. 72-81. ノルウェーに関し

ては、*ibid.*, pp. 92-7. スウェーデンに関しては、*ibid.*, pp. 81-92; Consett, *The Triumph of Unarmed Forces*, Pt. II; Siney, *The Allied Blockade of Germany 1914-1916*, pp. 34-59.

206) Bell, *A History of the Blockade of Germany*, pp. 265-75; Siney, *The Allied Blockade of Germany 1914-1916*, pp. 75-122.

207) Jong, Between the devil and the deep blue sea, p. 164.

208) Sir Edward Grey, *Great Britain's Measures against German Trade: A speech delivered by the Right Hon. Sir E. Grey in HC on the 26th January 1916*, Hodder & Stoughton, 1916; Scott, ed., *War Speeches by British Ministers 1914-1916*, pp. 171-90.

209) Jonathan Haslam, *The Vices of Integrity: E. H. Carr, 1892-1982*, Verso, 1999, pp. 18-9〔角田史幸・川口良・中島理暁訳『誠実という悪徳――E. H. カー1892-1982』現代思潮社、2007年、37頁〕。

210) The Secretary of State to the Ambassador in Great Britain (Walter H. Page), August 6, 1914, in Diplomatic Correspondence between the United States and the Belligerent Governments relating to Neutral Rights and Commerce, *SupAJIL*, 9 (1915), p. 1; Savage, *Policy of the United States*, vol. 2, p. 185.

211) The Ambassador in Great Britain (Walter H. Page) to the Secretary of State, August 26, 1914, in Diplomatic Correspondence between the United States and the Belligerent Governments relating to Neutral Rights and Commerce, *SupAJIL*, 9 (1915), pp. 2-3; Savage, *Policy of the United States*, vol. 2, pp. 194-97.

212) Clapp, *Economic Aspects of the War*, pp. 51-3; Parmelee, *Blockade and Sea Power*, pp. 66-8; Bell, *A History of the Blockade of Germany*, pp. 58-9; Savage, *Policy of the United States*, vol. 2, pp. 10-11.

213) The Secretary of State to the Ambassador in Great Britain (Walter H. Page), September 28, 1914, in Savage, *Policy of the United States*, vol. 2, pp. 205-6.

214) The Secretary of State to the Ambassador in Great Britain (Walter H. Page), October 16, 1914, in Savage, *Policy of the United States*, vol. 2, pp. 217-19.

215) The Ambassador in Great Britain (Walter H. Page) to th Secretary of State, October 19, 1914, in Savage, *Policy of the United States*, vol. 2, pp. 219-21. なお、グレイ外相のロンドン宣言に対する考えについては、Viscount Grey of Fallodon, *Twenty-Five Years 1892-1916*, vol. 3, pp. 35-6, and p. 35, n. 1. アメリカ政府とイギリス政府との交渉に関しては、Hendrick, *The Life and Letters of Walter H. Page*, vol. 1, pp. 357-97.

216) Bell, *A History of the Blockade of Germany*, pp. 713, 723-24.
217) The Ambassador in Great Britain (Walter H. Page) to the Secretary of State, November 3, 1914, in Diplomatic Correspondence between the United States and the Belligerent Governments relating to Neutral Rights and Commerce, *SupAJIL*, 9 (1915), pp. 11-5; Savage, *Policy of the United States*, vol. 2, pp. 227-31.
218) Bell, *A History of the Blockade of Germany*, pp. 725-26. 1914年12月22日には、アメリカ国務相はイギリスの封鎖政策を批判した書翰を駐米イギリス大使に手渡した。The Secretary of State to the British Ambassador (Cecil Spring Rice), December 24, 1914, in Savage, *Policy of the United States*, vol. 2, pp. 239-40. 駐米イギリス大使ライスに関しては、Gwynn, ed., *The Letters and Friendships of Sir Cecil Spring Rice*, 2 vols.
219) The Secretary of State to the Ambassador in Great Britain (Walter H. Page), December 26, 1914, in Diplomatic Correspondence between the United States and the Belligerent Governments relating to Neutral Rights and Commerce, *SupAJIL*, 9 (1915), pp. 55-60; Savage, *Policy of the United States*, vol. 2, pp. 240-44; Mr. Page to Sir Edward Grey, December 28, 1914, in *PP*, 1915 [Cd. 7816.], Correspondsence between HM's Government and the United States Government respecting the Rights of Belligerents, pp. 1-3.
220) H. H. Asquith to Venetia Stanley, 30 December 1914, in M. and E. Brock, eds., *H. H. Asquith*, p. 346.
221) Sir Edward Grey to Mr. Page, January 7, 1915, and February 10, 1915, in *PP*, 1915 [Cd. 7816.],Correspondsence between HM's Government and the United States Government respecting the Rights of Belligerents, pp. 3-6, 7-16; Diplomatic Correspondence between the United States and the Belligerent Governments relating to Neutral Rights and Commerce, *SupAJIL*, 9 (1915), pp. 60-5, 65-83.
222) Viscount Grey of Fallodon, *Twenty-Five Years 1892-1916*, vol. 3, p. 37; Hendrick, *The Life and Letters of Walter H. Page*, vol. 3, p. 153.
223) Sir Edward Grey, *Great Britain's Measures against German Trade*; Scott, ed., *War Speeches by British Ministers 1914-1916*, pp. 171-90.
224) 復仇の定義については、新井「封鎖法の現代的『変容』」487-88頁、参照。
225) Siney, *The Allied Blockade of Germany 1914-1916*, p. 66.
226) 復仇勅令は全8条から成る。Bell, *A History of the Blockade of Germany*, pp. 714-15.
227) 禁制品宣言は、*ibid*., pp. 726-27.

228) *Ibid.*, pp. 233-34; Siney, *The Allied Blockade of Germany 1914-1916*, pp. 61-73; Osborne, *Britain's Economic Blockade of Germany 1914-1919*, pp. 87-8.

229) Clapp, *Economic Aspects of the War*, ch. XIV.

230) The Ambassador in Great Britain (Walter H. Page) to the Secretary of State, March 15, 1915, in Diplomatic Correspondence between the United States and the Belligerent Governments relating to Neutral Rights and Commerce, *SupAJIL*, 9 (1915), pp. 106-9; Savage, *Policy of the United States*, vol. 2, pp. 274-77.

231) The Secretary of State to the Ambassador in Great Britain (Walter H. Page), March 30, 1915, in Diplomatic Correspondence between the United States and the Belligerent Governments relating to Neutral Rights and Commerce, *SupAJIL*, 9 (1915), pp. 116-22; Savage, *Policy of the United States*, vol. 2, pp. 281-86. ゴチックは引用者による。

232) Bell, *A History of the Blockade of Germany*, pp. 728-30

233) The Secretary of State to the Ambassador in Great Britain (Walter H. Page), October 21, 1915, in Diplomatic Correspondence between the United States and the Belligerent Governments relating to Neutral Rights and Commerce, *SupAJIL*, 10 (1916), pp. 73-88; Savage, *Policy of the United States*, vol. 2, pp. 390-402.

234) 「海洋の自由」の権利をめぐる議論については、Bernard R. Wise, *The Freedom of the Seas*, Dartling & Sons, 1915; Sir Francis Piggott, *The Neutral Merchant and Contraband of War and Blockade*, University of London Press, 1915; Arthur J. Balfour, *The Freedom of the Seas*, Sir Joseph Causton & Sons, 1916.

235) *PP*, 1916 [Cd. 8293.], Note addressed by HM's Government to Neutral Representatives in London respecting the Withdrawal of the Declaration of London Orders in Council; Fayle, *Seaborne Trade*, vol. 2, p. 307. ロンドン宣言に関してイギリス政府と異なる考えを持っていたフランス政府もロンドン宣言の撤回を公にした。Guichard, *The Naval Blockade 1914-1918*, pp. 69-74. ベヴァリッジは1939年発行のパンフレットで、第一次世界大戦以降、従来の封鎖概念が大きく転換したことを明確に指摘している。Sir William Beveridge, *Blockade and the Civilian Population*, Oxford: Clarendon Press, 1939.

236) *PP*, 1916 [Cd. 8145.], Statement of the Measures adopted to intercept the Seaborne Commerce of Germany. cf. Sir Edward Grey, *Great Britain's Measures against German Trade*; Scott, ed., *War Speeches by British Ministers 1914-1916*, pp. 171-90.

237) *PP*, 1916 [Cd. 8145.], Statement of the Measures adopted to intercept the Sea-

終章　1909年ロンドン宣言とイギリス海軍・イギリス外交（1909～1917年）　303

borne Commerce of Germany, pp. 6-7; Consett, *The Triumph of Unarmed Forces*, pp. 137-41; Bell, *A History of the Blockade of Germany*, pp. 265-7; Siney, *The Allied Blockade of Germany 1914-1916*, pp. 81-3.

238) Admiral Scheer, *Germany's High Sea Fleet in the World War*, Cassell & Co., 1920, pp. 218-19. 同書の著者はドイツ大洋艦隊指揮官として1916年5月末のユトランド沖海戦に参加している。

239) 第一次世界大戦期におけるイギリス海軍の戦略・戦術に関する最近の研究業績は、矢吹啓「20世紀初頭の英国海軍史における修正主義：フィシャー期、1904-1919年」『歴史学研究』第851号、2009年3月、同「ドイツの脅威――イギリス海軍から見た英独建艦競争1898～1918年」三宅正樹・石津朋之・新谷卓・中島浩貴編著『ドイツ史と戦争――「軍事史」と「戦争史」』渓流社、2011年、参照。

240) Patterson, ed., *The Jellicoe Papers*, vol. 1, pp. 41-2.

241) J. Jellicoe to Winston S. Churchill, 30 September 1914, in Patterson, ed., *The Jellicoe Papers*, vol. 1, pp. 71-3. cf. Barnett, *British Food Policy during the First World War*, pp. 34-5. ジェリコについては、Admiral Sir R. H. Bacon, *The Life of John Rushworth Earl Jellicoe*, Cassell & Co., 1936.

242) Rew, *Food Supplies in War Time*, p. 7. しかし、別の論者は、次年度の小麦の収穫の際に食糧不足が生じることを懸念し、政府に農産物増産の政治的決断を迫っていた。Alfred Akers, *The War and World's Wheat: The risks of a shortage next harvest*, Simpkin, 1914.

243) Sir William H. Beveridge, *British Food Control*, Oxford UP., 1928, p. 9. 1915年の『議会議事録（ハンサード）』の索引から「食糧供給（フード・サプライ）」の語がほぼ消え、**食糧への危機意識が薄らいだ。**

244) 北海海域の海上封鎖に参加したイギリス海軍第10艦隊 Tenth Cruiser (Blockade) Squadron は多くの老朽艦を抱えながら、ドイツ船（軍艦・商船）を攻撃し、オランダ・スカンディナビア諸国などの中立国船籍船を海上で停船させ、場合によっては無警告攻撃の措置をとった。Henry Suydam, *How the British Blockade works: An interview with Rear-Admiral Sir Dudley de Chair*, Sir Joseph Causton, 1916; Admiral Sir R. G. Tupper, *Reminiscences*, Jarrolds, 1929, pp. 217-67; Admiral Sir Dudley de Chair, *The Sea is Strong*, Harrap, 1961, p. 166. 封鎖作戦の詳細と対象となった中立国船籍船の数・船籍については、Hurd, *Merchant Navy*, vol. 2, Appendix C; John D. Grainger, ed., *The Maritime Blockade of Germany in the Great War: The northern patrol, 1914-1918*, Aldershot: NRS, 2003. 経済封鎖に関する現代的評価については、Osborne, *Britain's Economic Blockade of Germany*

1914-1919.
245) American Ambassador (Gerald) in Germany to the Secretary of State, February 6, 1915, in Diplomatic Correspondence between the United States and the Belligerent Governments relating to Neutral Rights and Commerce, *SupAJIL*, 9 (1915), Documents no. 525, pp. 83-5.
246) H. H. Asquith to Venetia Stanley, 28 January 1915, in M. and E. Brock, eds., *H. H. Asquith*, pp. 402-6.
247) Edward David, ed., *Inside Asquith's Cabinet: From the diaries of Charles Hobhouse*, John Murray, 1977, pp. 221-22 (entry of 10 February 1915); H. H. Asquith to Venetia Stanley, 10 February 1915, in M. and E. Brock, eds., *H. H. Asquith*, pp. 425-26; Bell, *A History of the Blockade of Germany*, pp. 221-46; Siney, *The Allied Blockade of Germany 1914-1916*, pp. 61-73.
248) A. M. Gollin, *Proconsul in Politics: A study of Lord Milner in opposition and in power*, Anthony Blond, 1964, p. 288; Edith H. Whetham, *The Agrarian History of England and Wales, vol. VIII: 1914-39*, Cambridge: Cambridge UP., 1978, pp. 75-8; D. George Boyce, ed., *The Crisis of British Unionism: The domestic political papers of the Second Earl of Selborne, 1885-1922*, The Historians' Press, 1987, pp. xiii-xiv. 森『イギリス農業政策史』3頁参照。セルボーン農相下の農業政策に関しては、Barnett, *British Food Policy during the First World War*, pp. 48-68.
249) *PP*, 1916 [Cd. 8095.], D. C. on the Home Production of Food, *Final Report*.
250) Viscount Milner to Earl of Selborne, 6 June 1915, in Boyce, ed., *The Crisis of British Unionism*, pp. 128-29.
251) *PP*, 1915 [Cd. 8048.], D. C. on the Home Production of Food, *Interim Report*.
252) *Ibid*., pp. 3-4; Middleton, *Food Production in War*, p. 120; Dewey, *British Agriculture in the First World War*, p. 25.
253) M. Hankey to Earl of Selborne, 13 July 1915, in Boyce, ed., *The Crisis of British Unionism*, pp. 133-34.
254) Earl of Selborne to H. H. Asquith, 22 July 1915, in Boyce, ed., *The Crisis of British Unionism*, pp. 135-41.
255) Churchill, For the Information of Members of the War Policy, 12 August 1915, in Gilbert, ed., *Winston S. Churchill, vol. III, Companion Part 2*, pp. 1132-134. 大戦中のイギリスの商品貿易と貿易収支に関しては、cf. Paton, *The Economic Position of the United Kingdom*.
256) A. Bonar Law, Lord Lansdowne, Reginald McKenna, A. J. Balfour, Austen

終章　1909年ロンドン宣言とイギリス海軍・イギリス外交（1909〜1917年）　305

Chamberlain to H. H. Asquith, 15 July 1915, in Boyce, ed., *The Crisis of British Unionism*, pp. 134-35.

257) A. J. Balfour to Earl of Selborne, 1 September 1915, in Boyce, ed., *The Crisis of British Unionism*, pp. 143-44.

258) H. H. Asquith to Earl of Selborne, 26 July 1915, in Boyce, ed., *The Crisis of British Unionism*, p. 141. アスキス首相は8月5日付の上奏文でミルナー委員会の提案に否定的な報告を行った。H. H. Asquith to the King, 5 August 1916, TNA CAB 41/36/37, in Dewey, *British Agriculture in the First World War*, p. 26; Barnett, *British Food Policy during the First World War*, p. 52. cf. Lord Ernle, *Whippingham to Westminster*, p. 279.

259) Cooper, *British Agricultural Policy 1912-36*, p. 24.

260) Memorandum by Earl of Selborne: Food supply and production, 2 March 1916, in Boyce, ed., *The Crisis of British Unionism*, pp. 162-66.

261) M. Hankey to Earl of Selborne, 16 May 1916, in Boyce, ed., *The Crisis of British Unionism*, p. 169.

262) イギリス海運業がドイツ潜水艦の攻撃によって蒙った船舶被害に関しては、*PP*, 1918 [Cd. 9009.], Statement showing for the United Kingdom and for the World, for the Period August 1914 to October 1918, Mercantile Losses by Enemy Action and Marine Risk; *PP*, 1918 [Cd. 9221], Supplementary Statement for the Period August 1914 to October 1918; *PP*, 1921 [Cmd. 1544], R. C. on Wheat Supplies, *First Report*, pp. 37-8; J. A. Salter, *Allied Shipping Control: An experiment in international administration*, Oxford: Clarendon Press, 1921, Table no. 6; Ernest Fayle, *The War and Shipping Industry*, Oxford UP., 1927, Table no. 4.

263) D. Lloyd George, *War Memoirs of David Lloyd George*, Boston: Little, Brown, & Co., vol. 3, 1934, ch. III.

264) ドイツの無差別潜水艦作戦の基本は、食糧と工業原料とを海外に大きく依存するイギリス経済・国民生活の糧道を断つ、飢餓を狙った海上通商路の破壊、商船の無差別攻撃にある。潜水艦作戦計画の立案に深く関与したコッホ Reinhard Koch ドイツ海軍提督がこの点を詳らかにしている。Cf. *Stenographische Berichite*, vol. 1, pp. 295-97, vol. 2, pp. 137-42; *Official German Documents*, vol. 1, pp. 481-83, vol. 2, 1116-21. この計画は1916年1月に策定された。Scheer, *Germany's High Sea Fleet in the World War*, pp. 236-37.

265) Handschriftliche Auszeichnung des Reichstanzelers v. Bethmann-Hollweg, Januar 4, 1916, and Chef des Admiralstabes v. Holtzendorff, an den Reichstanzler v.

Bethmann-Hollweg, Januar 7, 1916, in *Stenographische Berichite*, vol. 2, pp. 137-38; *Official German Documents*, vol. 2, pp. 1116-17.

266) *PP*, 1921 [Cmd. 1544.], R. C. on Wheat Supplies, *First Report*, p. 43, Appendix 15; Middleton, *Food Production in War*, pp. 160-61; Beveridge, *British Food Control*, pp. 134-35. 最大の食糧供給国はアメリカとなった。

267) Olson, *The Economics of the Wartime Shortage*, p. 92.

268) *PP*, 1918 [Cd. 9009.], Statement showing for the United Kingdom and for the World, for the Period August 1914 to October 1918, Mercantile Losses by Enemy Action and Marine Risk; *PP*, 1918 [Cd. 9221.], Supplementary Statement for the Period August 1914 to October 1918.

269) Niall Ferguson, *The Pity of War*, New York: Basic Books, 1999, p. 252, table 24.

270) Doughty, *Merchant Shipping and War*, p. 20.

271) イギリス政府首脳は、1916年10月には、世界的な食糧（穀物）不足と潜水艦による商船攻撃の激化に起因する船腹不足を明白に認識していた。John Vincent, ed., *The Crawford Papers: The journal of David Lindsay Twenty-Seven Earl of Crawford and Tenth Earl of Balcarres 1871-1940 during the years 1892 to 1940*, Manchester: Manchester UP., 1984, p. 362（entry of 14 October 1916).

272) 小麦を含む食糧貯蔵量の季節的変化については、cf. Barnett, *British Food Policy during the First World War*, Appendix 1. 小麦・燕麦の貯蔵量は毎年収穫直後の10月に最高水準に達し、春から夏の収穫直前の時期に減少傾向を辿る。

273) ジェリコは1916年10月16日付の海相宛書翰で、北アメリカ沿岸で活動中のドイツ潜水艦は、天候が回復する翌年春には南アメリカ沿岸にまで活動範囲を広げるであろうと予測し、対抗手段としてイギリスの潜水艦を用いることを記している。J. Jellicoe to Admiralty, 16 October 1916, in Lambert, ed., *The Submarine Service, 1900-1918*, p. 345.

274) J. R. Clynes, *Memoirs 1869-1924*, Hutchinson & Co., 1937, pp. 221-32. クラインズは1917年7月以降、食糧行政に関与した。なお、物価と賃金の動向、物価統制に関しては、Simon Litman, *Prices and Price Control in Great Britain and the United States during the World War*, New York: Oxford UP., 1920; Bowley, *Prices and Wages in the United Kingdom, 1914-1920*. アメリカの物価統制に関しては、Paul W. Garrett, *Government Control over Prices*, Washington: GPO, 1920が詳細である。

275) Middleton, *Food Production in War*, pp. 160-63. 第一次世界大戦中から第二次世界大戦にかけてのイギリスの農業政策に関しては、Keith A. H. Murray, *Agricul-*

ture: History of the Second World War, HMSO, 1955. 森『イギリス農業政策史』、同「イギリス帝国の農業問題」佐々木編著『イギリス帝国と20世紀第3巻 世界戦争の時代とイギリス帝国』参照。

276) Lord Landsdowne's Memorandum of November 13, 1916, in The Earl of Oxford and Asquith, *Memories and Reflections 1852-1927*, Cassell & Co., vol. 2, 1928, pp. 138-47.

277) Memorandum by Lord Selborne: Memorandum on the crisis in Irish affairs which caused my resignation from the Cabinet June 1916, 30 June 1916, in Boyce, ed., *The Crisis of British Unionism*, pp. 180-85.

278) *PP*, 1921 [Cmd. 1544.], R. C. on Wheat Supplies, *First Report*; *PP*, 1925 [Cmd. 2462.], R. C. on Wheat Supplies, *Second Report*.

279) Vincent, ed., *The Crawford Papers*, p. 360 (entry of 9 September 1916).

280) *Ibid.*, p. 362 (entry of 3 November 1916).

281) *Ibid.*, p. 364 (entry of 7 November 1916). ロイド・ジョージは、食糧管理組織の構想がクラウフォード農相の発案であるとしている。D. Lloyd George, *War Memoirs of David Lloyd George*, Boston: Little, Brown, & Co., vol. 2, 1933, pp. 372-75.

282) A. J. P. Taylor, ed., *Lloyd George: A diary by Frances Stevenson*, New York: Harper & Row, 1971, p. 121 (entry of November 10, 1916). ロイド・ジョージはこの時期、船腹と食糧の確保が最重要の政策課題であると認識し、船舶統制官 shipping dictator、食糧統制官 food dictator という、監督官 controller よりも強権的な職を意味する言葉を用いて、それぞれの行政領域を管轄する組織に関心を寄せ、提言していた。なお、1916年11月14日に、「食糧統制官」"Food Dictator"が近々、任命されることが決定された。Taylor, ed., *Lloyd George: A diary by Frances Stevenson*, p. 123 (entry of November 14, 1916). ロイド・ジョージの船舶と食糧に関する状況認識は、Lloyd George, *War Memoirs of David Lloyd George*, vol. 2, pp. 371-78; do., *War Memoirs of David Lloyd George*, vol. 3, pp. 172-98, 199-267.

283) Vincent, ed., *The Crawford Papers*, p. 365 (entry of 18 November 1916).

284) ミドルトンはこの手法を最初に開発したのがドイツであるとした。Middleton, *Food Production in War*, pp. 9, 85-6. cf. *PP*, 1924 [Cmd. 2145.], Agricultural Tribunal of Investigation, *Final Report, Memoranda of the Tribunal by William Ashley, Considerations of national defence*, p. 218. 中立国で輸出志向型農業国のデンマークも大戦中に連合国による厳しい食糧封鎖を受けたが、デンマークの栄養学者ヒンドヘーデはドイツのルブナーらの高蛋白質・高熱量摂取論を栄養学的・生理学的観点から批判し、家畜（豚）の飼育を制限し、穀物生産を促進して穀類（ラ

イ麦)・野菜を中心とした食生活を政策的に推進することで、国民を飢餓から防い
だ。Mikkel Hindhede, The effect of food restriction on mortality in Copenhagen
during War, *JAMA*, 74（Feb. 7, 1920）, pp. 381-82. ヒンドヘーデの実験は、宮入慶
之助『続食べ方問題』南山堂書店、1924年で、わが国にも伝えられた。その後、
ヒンドヘーデ著、大森憲太訳『戦時下の栄養』畝傍書房、1942年が公刊された。

285) Middleton, *Food Production in War*, pp. 8-9, 159-206; Beveridge, *British Food Control*, pp. 19-31.

286) *PP*, 1916［Cd. 8305.］, Middleton, *The Recent Development of German Agriculture*. cf. Lord Ernle, *Whippingham to Westminster*, pp. 282-85.

287) Eltzbacher, ed., *Die deutsche Volksernährung und der englische Aushungerungsplan*, pp. 22, 180-96; Eltzbacher, ed., *German's Food: Can it last?* pp. 26, 212-32.

288) August D. Waller, Introduction, in Eltzbacher, ed., *German's Food: Can it last?* p. xxi.

289) Eltzbacher, ed., *Die deutsche Volksernährung und der englische Aushungerungsplan*, pp. 98-112; Eltzbacher, ed., *German's Food: Can it last?* pp. 116-32.

290) Aereboe, *Der Einfluss des Krieges auf die landwirtschaftliche Produktion in Deutschland*, pp. 19-22〔澤田・佐藤共訳『世界大戦下の独逸農業生産』20-24頁〕. ド
イツ農業の生産性の高さが大量の肥料輸入とその投入の上に成立していることは、
Sir William Crookes, *The Wheat Problem*, Longmans, Green, 3rd edition, 1917, pp.
46, Table XII, 70, Table XXIII でも指摘されている。

291) Guichard, *The Naval Blockade 1914-1918*, p. 281.

292) *Ibid.*, pp. 282-83.

293) H. H. Asquith to Venetia Stanley, 17 August 1914, in M. and E. Brock, eds., *H. H. Asquith*, p. 171.

294) 濃厚飼料とは「トウモロコシや燕麦、小麦やライ麦の糠、大豆糟、油果実およ
び種子など繊維質が少なく栄養価の高い飼料」を指す。藤原『カブラの冬』31頁。

295) Aereboe, *Der Einfluss des Krieges auf die landwirtschaftliche Produktion in Deutschland*, p. 29〔澤田・佐藤共訳『世界大戦下の独逸農業生産』32頁〕.

296) *Ibid.*, pp. 40-2〔同前、44-46頁〕.

297) Guichard, *The Naval Blockade 1914-1918*, pp. 282-83, 285. 戦前・戦時下のドイ
ツの農業生産については、*PP*, 1919［Cmd. 280.］, Starling, *Report on Food Conditions in Germany*; Aereboe, *Der Einfluss des Krieges auf die landwirtschaftliche Produktion in Deutschland*〔澤田・佐藤共訳『世界大戦下の独逸農業生産』〕.

298) Aereboe, *Der Einfluss des Krieges auf die landwirtschaftliche Produktion in*

Deutschland, p. 43〔澤田・佐藤共訳『世界大戦下の独逸農業生産』48-49頁〕; Joe Lee, Administrators and agriculture: aspects of German agricultural policy in the First World War, in J. M. Winter, ed., *War and Economic Development: Essays in memory of David Joslin*, Cambridge: Cambridge UP., 1975, p. 232. 戦時中でもドイツはカリウム肥料をデンマークに輸出する能力があった。Einar Cohn, Denmark, in Heckscher, Bergendal, and Keilhau, eds., *Sweden, Norway, Denmark and Iceland in the World War*, p. 491.

299) Aereboe, *Der Einfluss des Krieges auf die landwirtschaftliche Produktion in Deutschland*, p. 66〔澤田・佐藤共訳『世界大戦下の独逸農業生産』72-73頁〕.

300) Hall, *Agriculture after War*, pp. 29-38; Middleton, *Food Production in War*, p. 9.

301) Vernon Kellogg and Alonzo E. Taylor, with a preface by Herbert Hoover, *The Food Problem*, New York: Macmillan, 1917.

302) Herbert Hoover, *The Memoirs of Herbert Hoover: Years of adventure 1874-1920*, Hollis & Carter, 1952.

303) Salter, *Allied Shipping Control*, pp. 1-2; Lord Salter, *Memoirs of a Public Servant*, Faber & Faber, 1961, pp. 105-22.

304) T. B. Wood and F. G. Hopkins, *Food Economy in War Time*, Cambridge UP., 1915. ウッドは1917年のパンフレットでは具体的な食糧供給策を訴えた。T. B. Wood, *The National Food Supply in Peace and War*, Cambridge UP., 1917. Cf. Barnett, *British Food Policy during the First World War*, p. 97.

305) *PP*, 1916 [Cd. 8421.], A Committee of the Royal Society, *The Food Supply of the United Kingdom*.

306) Starling, *The Feeding of Nations*, p. 7; Beveridge, *British Food Control*, p. 68, n. 1.

307) Waller, Introduction, in Eltzbacher, ed., *German's Food: Can it last?*

308) *PP*, 1924 [Cmd. 2145.], Agricultural Tribunal of Investigation, *Final Report, Memoranda of the Tribunal by William Ashley, Considerations of national defence*, p. 220.

309) *PP*, 1916 [Cd. 8421.], A Committee of the Royal Society, *The Food Supply of the United Kingdom*, p. 2.

310) *Ibid.*, p. 25.

311) これらの提言の多くは後の1917年2月に実施されるが、その段階で精麦歩合は76％を標準とすることが定められた。Cf. *PP*, 1921 [Cmd. 1544.], R. C. on Wheat Supplies, *First Report*, pp. 7-8, para. 34.

312) *PP*, 1916 [Cd. 8421.], A Committee of the Royal Society, *The Food Supply of*

the United Kingdom, pp. 25-35.
313) クラインズは食糧省政務次官（在任期間：1917年7月〜1918年7月）、食糧監督官（在任期間：1918年7月〜1919年1月）に就任。Clynes, *Memoirs 1869-1924*, pp. 253-54.
314) *PP*, 1916 [Cd. 8358.], D. C. on Prices, *Interim Report*.
315) *PP*, 1917 [Cd. 8483.], D. C. on Prices, *Second Interim Report*, p. 13.
316) Ashley, *The Bread of Our Forefathers*, p. 20, note a. トウモロコシを小麦粉に混ぜる案は所期の効果を得られなかった。*PP*, 1921 [Cmd. 1544.], R. C. on Wheat Supplies, *First Report*, p. 8, para. 35.
317) *PP*, 1918 [Cd. 9079.], Ministry of Reconstruction, *Report of Agricultural Policy Sub-Committee*, Pt. I, pp. 14-6; Whetham, *The Agrarian History of England and Wales, vol. VII: 1914-39*, pp. 85-7. アーンリ卿は『中間報告書』が1916年12月に完成したとしている。Lord Ernle, *Whippingham to Westminster*, p. 283.
318) アスクィス首相辞任劇については、J. A. Spender and Cyril Asquith, *Life of Herbert Henry Asquith, Lord Oxford and Asquith*, Hutchinson, vol. 2, 1932, pp. 272-78; Lloyd George, *War Memoirs of David Lloyd George*, vol. 2, pp. 385-407.
319) Vincent, ed., *The Crawford Papers*, pp. 373-76（entry of 5 December 1916）.
320) Taylor, ed., *Lloyd George: A diary by Frances Stevenson*, p. 134（entry of December 7, 1916）.
321) Lord Ernle, *The Land and People: Chapters in rural life and history*, Hutchinson, n. d.; do., *Whippingham to Westminster*, pp. 284-312.
322) D. Lloyd George, The new government, December 19, 1916, HC, in D. Lloyd George, *The Great Crusade*, New York: George H. Doran Co., 1918, pp. 78-9.
323) 食糧省の権限と職域に関しては、*PP*, 1921 [Cmd. 1544.], R. C. on Wheat Supplies, *First Report*, p. 2, para. 6, pp. 21-2, Appendix 2. アルコール生産への原料（穀類）の配分規制に関しては、Beveridge, *British Food Control*, pp. 100-3. なお、食糧省の設立とその運営に関しては、食糧行政に携わった同時代人の数多くの記録・回想録が残されている。Viscount Rhondda's Daughter and Others, eds., *D. A. Thomas: Viscount Rhondda*, Longmans, Green, 1921; E. M. H. Lloyd, *Experiments in State Control at the War Office and the Ministry of Food*, Oxford: Clarendon Press, 1924; Frank H. Coller, *A State Trading Adventure*, Oxford: Oxford UP., 1925; Beveridge, *British Food Control*; Clynes, *Memoirs 1869-1924*; Sir Stephen Tallents, *Man and Boy*, Faber & Faber, 1943; Sir Thomas G. Jones, *The Unbroken Front: Ministry of Food, 1916-1944*, Everybody's Books, 1944; Keith Middlemas,

終章　1909年ロンドン宣言とイギリス海軍・イギリス外交（1909～1917年）　311

　　 ed., *Thomas Jones: Whitehall diary, vol. 1: 1916-1925*, Oxford UP., 1969. 二代目食糧相となったロンダ子爵の娘が編集した『回想録』には、ロンダ卿の下での食糧省行政に関するベヴァリッジの小論が収められている。また、ロンダ子爵の娘の回想録として、The Viscountess Rhondda（Margaret Haig）, *This was My World*, Macmillan, 1933. 食糧省に関する現代の研究として、cf. Jose Harris, Bureaucrats and businessmen in British food control, 1916-19 in Kathleen Burk, ed., *War and the State*, George Allen & Unwin, 1982; Barnett, *British Food Policy during the First World War*, pp. 94-124. 森『イギリス農業政策史』13頁参照。

324) 　ロンダは、クルックスの『小麦問題第3版』（1917年）に寄せた序文で、古来優れた食材と看做され、現在では優れた栄養素を含むと栄養学・生理学により証明された小麦の国内生産が1917年の穀物生産法 Corn Production Act によって促進され、食糧自給率が向上することを期待していた。さらに、彼は小麦の増産にとって家畜の排泄物から作られる有機肥料の重要性を強調した。Cf. Crookes, *The Wheat Problem*, pp. v-xiii.

325) 　*PP*, 1921〔Cmd. 1544.〕, R. C. on Wheat Supplies, *First Report*, p. 7, para. 33, Appendix 15. 第一次世界大戦期におけるイギリス国内の農地利用に関しては、次頁〔表6〕参照。

326) 　輸入食品の内訳に関しては、Beveridge, *British Food Control*, pp. 354-59, Table XVII.

327) 　*PP*, 1921〔Cmd. 1544.〕, R. C. on Wheat Supplies, *First Report*, p. 3, para. 12.

328) 　フランス側の記録では、1916年11月29日にイギリス、イタリア、フランス政府の間で穀物の共同購入と配分に関する協定が結ばれた。Michel Auge-Laribe and Pierre Pinot, *Agriculture and Food Supply in France during the War*, New Haven: Yale UP., 1927, pp. 189-90.

329) 　Kathleen Burk, *Britain, America and the Sinews of War, 1914-1918*, George Allen & Unwin, 1985, pp. 44-53.

330) 　*PP*, 1921〔Cmd. 1544.〕, R. C. on Wheat Supplies, *First Report*, p. 4, para. 18, pp. 32-3, Appendix 7; E. V. Morgan, *Studies in British Financial Policy, 1914-1925*, Macmillan, 1952, pp. 320-21; Olson, *The Economics of the Wartime Shortage*, p. 92; Burk, *Britain, America and the Sinews of War, 1914-1918*, pp. 51-3. 最近の研究として、Jeremy Wormell, *The Management of the National Debt of the United Kingdom, 1900-1932*, Routledge, 2000, ch. 6.

331) 　船腹確保と船舶省設立に関しては、Salter, *Allied Shipping Control*, p. 70; Fayle, *Seaborne Trade*, vol. 3, pp. 1-10; do., *The War and Shipping Industry*, pp. 203-4,

表6　国内農業の変化

年	総農地 (100万エーカー)	永久牧草地 (100万エーカー)	耕作地 (100万エーカー)	小 (100万エーカー)
1904〜13（平均）	47.08	27.63	19.45	1.78
1914	46.76	27.35	19.41	1.91
1915	46.67	27.33	19.35	2.33
1916	46.69	27.19	19.50	2.05
1917	46.34	26.59	19.75	2.11
1918	46.27	25.05	21.22	2.80

出典：Barnett, *British Food Policy during the First World War*, Appendix 4.

205-7.
332) Marder, *From the Dreadnought to Scapa Flow*, Oxford UP., vol. 4, 1969, p. 63.
333) *PP*, 1917-18 [Cd. 8696.], Commission of Enquiry into Industrial Unrest, *Summary of the Reports of the Commission by Right Hon. G. N. Barnes*, p. 5; Olson, *The Economics of the Wartime Shortage*, p. 95.
334) Beveridge, *British Food Control*, pp. 322-26. ベヴァリッジは1917年以降、政府の食糧統制策によって食品の小売価格が他の商品と比較して上昇しなかったことを強調している。
335) 戦前の労働争議に関しては、M. B. Hammond, *British Labor Conditions and Legislation during the War*, New York: Oxford UP., 1919, pp. 3-21; Élie Halévy, trans. by E. I. Watkin, *A History of the English People in the Nineteenth Century, vol. 6: The rule of democracy 1905-1914*, Ernest Benn, 1952, pp. 441-86. 本書、第2章、参照。
336) Humbert Wolf, *Labour Supply and Regulation*, Oxford: Clarendon Press, 1923, p. 12. 第一次世界大戦における物価変動に関しては、Morgan, *Studies in British Financial Policy, 1914-1925*, p. 284, Table 41; Ferguson, *The Pity of War*, p. 331, Table 40.
337) Hammond, *British Labor Conditions and Legislation during the War*, pp. 86-112; Wolf, *Labour Supply and Regulation*, pp. 99-114.
338) Christopher Addison, *Four and A Half Years*, Hutchinson, vol. 1, 1934, pp. 142-57 (entry of October 26, 1915 to December 31, 1915); do., *Politics from Within 1911-1918*, Herbert Jeenkins, vol. 1, 1924, pp. 187-94. アディソンはこの時、軍需省政務次官。後の1916年12月に軍需相に就く。第一次世界大戦中のクライド地域における労働争議に関しては、*PP*, 1914-16 [Cd. 8136.], *Report on the Causes and*

(1904～1918年)

麦		燕　麦		ジャガイモ	
(100万クォーター)	(100万エーカー)	(100万クォーター)	(100万エーカー)	(100万クォーター)	
7.09	4.11	21.56	1.17	6.59	
7.80	3.90	20.66	1.21	7.48	
9.24	4.18	22.31	1.21	7.54	
7.47	4.17	21.33	1.12	5.47	
8.04	4.79	26.02	1.38	8.60	
11.64	5.71	31.31	1.51	9.22	

Circumstances of the Apprehended Differences affecting Munition Workers in the Clyde Districts; D. Lloyd George, *War Memoirs of David Lloyd George*, Boston: Little, Brown, & Co., vol. 4, 1934, p. 180. 大戦前・戦中におけるクライド地域の産業構造・労働環境に関しては、W. R. Scott and J. Cunnison, *The Industries of the Clyde Valley during the War*, Oxford UP., 1924, esp. pp. 138-61. ロイド・ジョージも軍需相時代（在任期間：1915年5月～1916年6月）に労働問題が軍需生産の鍵であると看做していた。D. Lloyd George, *War Memoirs of David Lloyd George*, Boston: Little, Brown, & Co., vol. 1, 1933, p. 226.

339) Lloyd George, *War Memoirs of David Lloyd George*, vol. 4, pp. 175-76.
340) *PP*, 1917-18 [Cd. 8662-9.], Commission of Enquiry into Industrial Unrest, *Local Reports*, and *PP*, 1917-18 [Cd. 8696.], *Summary*.
341) Lloyd George, *War Memoirs of David Lloyd George*, vol. 4, pp. 169-202. 軍需生産における労働運動については、cf. G. D. H. Cole, *Trade Unionism and Munitions*, Oxford UP., 1923.
342) I. M. Rubinow, *Russia's Wheat Surplus; Conditions under which it is produced*, Washington: GPO, 1906.
343) P. B. Struve, K. I. Zaitsey, N. V. Dolinsky and Demosthenov, *Food Supply in Russia during the World War*, New Haven: Yale UP., 1930, pp. 263-96.
344) 具体策については、cf. *PP*, 1921 [Cmd. 1544.], R. C. on Wheat Supplies, *First Report*, pp. 6-9, Appendix 16, 17, 18 and 19; Beveridge, *British Food Control*, pp. 34-5, 108-12, 256-60; Clynes, *Memoirs 1869-1924*, pp. 212-66; R. J. Hammond, *Food: History of the Second World War*, HMSO, vol. 1, 1951, pp. 3-7; Olson, *The Economics of the Wartime Shortage*, p. 96.
345) Henry Carter, *The Control of the Drink Trade in Britain: A contribution to na-

tional efficiency during the Great War 1915-1918, Longmans, Green, 1919, 2nd edition; Thomas N. Carver, *Government Control of the Liquor Business in Great Britain and the United States*, New York: Oxford UP., 1919.

346) 1917年2月21日の議会における海軍予算の説明で、海相は、後述する無差別潜水艦作戦が開始され、商船の損害が激増したことを受け、ドイツ潜水艦の無力化に全力を投入する意向を明らかにした。Sir Edward Carson, *The War on German Submarines*, T. Fisher Unwin, 1917. なお、『海軍予算説明書』は通常『議会報告書』として印刷に付されるが、1915/16年予算から1919/20年予算まで『海軍予算説明書』は公刊されていない。**議会の予算統制は戦争によって危機的状況を迎えたといえる。** Cf. E. H. Davenport, *Parliament and the Taxpayers*, Skeffington & Son, 1918.

347) A. Temple Patterson, ed., *The Jellicoe Papers: Selections from the private and official correspondence of Admiral of the Fleet Earl Jellicoe of Scapa*, NRS, vol. 2, 1968, pp. 111-22. Cf. Bacon, *The Life of John Rushworth Earl Jellicoe*, pp. 346-73. 転任に際して、ジェリコはビィーティ宛の書翰でイギリス海軍が直面する問題、商船の損耗、造船、海軍の輸送作業への関与、物資供給をイギリスに依存する中立国の状況を詳細に説明している。J. Jellicoe to D. Beatty, 30 December 1916, in Patterson, ed., *The Jellicoe Papers*, vol. 2, pp. 127-36.

348) Rear-Admiral W. S. Chalmers, *The Life and Letters of David Beatty, Admiral of the Fleet*, Hodder & Stoughton, 1951, p. 293; Stephen Roskill, *Admiral of the Fleet Earl Beatty: The last naval hero*, Collins, 1980, pp. 202-24; Ranft, ed., *The Beatty Papers*, vol. 1, p. 375. 艦隊指揮官任命は1916年11月27日とある。

349) ビィーティはユトランド沖海戦後も依然として強力なドイツ大洋艦隊と潜水艦の脅威に対抗する戦略を立案した。Chalmers, *The Life and Letters of David Beatty*, pp. 293-311. イギリス海軍の行動に関しては、Marder, *From the Dreadnought to Scapa Flow*, vol. 4.

350) Ferguson, *The Pity of War*, pp. 105-42. 拙著『イギリス帝国期の国家財政運営』参照。同時代人の研究として、Herbert S. Foxwell, *Papers on Current Finance*, Macmillan, 1919; Edwin R. A. Seligman, *Essays in Taxation*, New York: Macmillan, 1923, 9th edition, pp. 715-47.

351) 政府間借款に関しては、Morgan, *Studies in British Financial Policy*, pp. 320-35; Burk, *Britain, America and the Sinews of War, 1914-1918*, Appendix III.

352) イギリス、ドイツの戦時財政に関しては、Ferguson, *The Pity of War*, pp. 318-38.

353) E. F. Davies, *British and German Finance*, Thomas Nelson, 1915; do., *The Finance of Great Britain and Germany*, T. Fisher Unwin, [1916?]. 著者の関心事は輸入物資支払代金に大きくかかわる対ドル為替レートの動向にある。
354) Morgan, *Studies in British Financial Policy*, pp. 307-9; Burk, *Britain, America and the Sinews of War, 1914-1918*, Appendix V.
355) フランスの戦時財政については、Henri Truchy, *The War Finance of France: How France met her war expenditure*, New Haven: Yale UP., 1927.
356) ロシアの戦時財政については、A. M. Michelson, P. N. Apostol and M. W. Bernatzky, *Russian Finance during War*, New Haven: Yale UP., 1928.
357) 1915年初頭のパリ会議でこのテーマが取り上げられた。D. Lloyd George, The Paris Conference, speech delivered in HC, February 15, 1915, in D. Lloyd George, *Through Terror to Triumph*, Hodder & Stoughton, 1915, pp. 65-74; Harvey E. Fisk, *The Inter-Alley Debts: An analysis of war and post-war public finance*, New York: Bankers Trust Co., 1924, pp. 120-49.
358) Burk, *Britain, America and the Sinews of War, 1914-1918*, pp. 44-53; Morgan, *Studies in British Financial Policy*, pp. 317-19; Hew Strachan, *Financing the First World War*, Oxford UP., 2004, p. 179.
359) Elizabeth Johnson, ed., *The Collected Writings of John Maynard Keyned, vol. XVI: Activities 1914-1919, The Treasury and Versailles*, Macmilllan, 1971, pp. 108-214.
360) Olson, *The Economics of the Wartime Shortage*, pp. 81-3. 書翰は、*Stenographische Berichite*, vol. 2, pp. 225-75; *Official German Documents*, vol. 2, pp. 1214-77にある。Uボート作戦に関する研究として、Herwig, Total rhetoric, limited war.
361) 計画立案に参加したコッホの証言参照。*Stenographische Berichite*, vol. 1, pp. 326-27; *Official German Documents*, vol. 1, pp. 510-12.
362) *Stenographische Berichite*, vol. 2, pp. 217-20; *Official German Documents*, vol. 2, pp. 1205-208.
363) *Stenographische Berichite*, vol. 2, pp. 318-22; *Official German Documents*, vol. 2, pp. 1317-21.
364) *Stenographische Berichite*, vol. 2, p. 221; *Official German Documents*, vol. 2, p. 1210.
365) The German Ambassador (Bernstorff) to the Secretary of State, January 31, 1917, in Diplomatic Correspondence between the United States and the Belliger-

ent Governments relating to Neutral Rights and Commerce, *SupAJIL*, 11 (1917), pp. 330-35; Scott, ed., *Diplomatic Correspondence between the United States and Germany*, pp. 299-303; Savage, *Policy of the United States*, vol. 2, pp. 552-57.

366) 第一次世界大戦中における世界の小麦生産の変動については、Ferguson, *The Pity of War*, p. 252, Table 24.

367) J. Jellicoe to A. J. Balfour, 29 October 1916, in Patterson, ed., *The Jellicoe Papers*, vol. 2, pp. 88-92.

368) A Paper drawn up by J. Jellicoe, 21/2/17, in Patterson, ed., *The Jellicoe Papers*, vol. 2, pp. 144-49.

369) A Memorandum from J. Jellicoe to the First Lord, Sir Edward Carson, on the Naval Position, 27 April 1917, in Patterson, ed., *The Jellicoe Papers*, vol. 2, pp. 160-62. ジェリコの対潜水艦戦略は、cf. Admiral of the Fleet, the Right Hon. the Earl Jellicoe, *The Submarine Peril: The Admiralty policy in 1917*, Cassell & Co., 1934.

370) J. Shield Nicholson, The food shortage (April 10, 1917), in J. Shield Nicholson, *War Finance*, P. S. King & Son, 1917.

371) William G. McAdoo, *Crowded Years: The reminiscences of William G. McAdoo*, Boston: Houghton Mifflin Co., 1931, p. 392.

372) Scott, ed., *Diplomatic Correspondence between the United States and Germany*, pp. 316-42.

373) バルフォア使節団については、Charles Hanson Towne, ed., *The Balfour Visit*, New York: George H. Doran Co., 1917; Viscount Northcliff, *Who's Who in the British War Mission to the Untied States of America 1917*, New York: Edward J. Clode, 1917; Colonel W. G. Lyddon, *British War Missions to the United States 1914-1918*, Oxford UP., 1938.

374) McAdoo, *Crowded Years*, p. 393; Blanche E. C. Dugdale, *Arthur James Balfour: First Earl of Balfour*, Hutchinson, vol. 2, 1936, p. 208.

375) ファーガソンは、アメリカの連合国に対する財政援助の役割が、ケインズが言うほど大きくないと批判している。Ferguson, *The Pity of War*, pp. 326-27.

376) Offer, *The First World War*.

377) Bell, *A History of the Blockade of Germany*.

378) Consett, *The Triumph of Unarmed Forces*.

379) ドイツに対する食糧封鎖は1918年11月の休戦協定以降も継続され、ヴェルサイユ条約締結後の1919年7月に漸く解除された。S. L. Bane and R. H. Lutz, eds., *The Blockade of Germany after the Armistice 1918-1919*, California: Standford UP.,

1942.
380) Savage, *Policy of the United States*, 2 vols.
381) Harold G. Moulton and Leo Pasvolsky, *War Debts and World Prosperity*, New York: The Century, 1932, pp. 25-47.

あとがき

　本書は、表題のテーマに沿って、既発表の4論文に大幅に加筆し、一書に纏めたものである。各章の初出は以下の通りである。
　序　章　書き下ろし
　第1章　「19世紀末農業不況と第一次世界大戦前のイギリス海軍予算――戦時下における食糧供給を巡る『集団的記憶』」『経済科学研究〔広島修道大学〕』第14巻第1号、2010年9月。
　第2章　「設計技師ホワイトとイギリス海軍増強　1885～1902年――海軍工廠経営と海軍予算」同上誌、第16巻第2号、2013年2月。
　第3章　「世紀転換期におけるイギリス海軍予算と国家財政――1888/89年予算～1909/10年予算」同上誌、第15巻第2号、2012年2月。
　終　章　「1909年『ロンドン宣言』とイギリス海軍――戦時における食糧供給」同上誌、第17巻第2号、2014年2月。
　私は、19世紀から20世紀初頭のイギリス地方行財政史に関する研究『近代イギリス地方行財政史研究――中央対地方、都市対農村』創風社、1996年を端緒として、『日本における近代イギリス地方行財政史研究の歩み――19世紀―20世紀初頭イギリス地方行財政史研究の歴史と現状』創風社、2002年、『イギリス帝国期の国家財政運営――平時・戦時における財政政策と統計　1750-1915年』ミネルヴァ書房、2008年まで、19世紀から20世紀初頭イギリス地方行財政史と国家財政史を研究し、発表してきた。本書はこれまでの研究成果に基づいてイギリス政府が20世紀初頭の租税改革で新たに構築し、圧倒的に優越した地位を確立したと喧伝された国家財政のすべてを挙げて第一次世界大戦に突入し、その財政資源を蕩尽する過程を、近年のイギリス海軍史研究、農業政策史研究の成果によりつつ分析したものである。

本書を無事公刊することが出来たのも多くの人々の御助力があったからである。記して謝意を表したい。人文・社会科学系の書物出版が極めて厳しい状況にある中、出版社紹介の労を引き受けてくださった明治大学の横井勝彦氏には感謝あるのみ。横井氏は、わが国では研究者層の薄い軍事史研究に早い時期から着手され、イギリス海軍の歴史、軍需産業・軍需技術の移転に関する数多くの研究成果を世に送り出している研究者として知られている。また、日本経済評論社の代表取締役・栗原哲也氏と出版部の谷口京延氏には、困難な出版事業を引き受けられたことに深謝する。また、同社出版部の吉田桃子氏には校正の過程で多大なる御助力を得たことに深く感謝する。

索引

事項

あ行

アームストロング社（Armstrong）　86, 95, 101, 114, 118, 161

アフガン・中央アジア戦争（1886年）　76

アメリカ　i, ii, 1, 3, 7, 17, 22, 27, 43, 56, 57, 59, 83, 84, 86, 95, 96, 99, 106, 117, 131, 147, 164, 165, 179, 180, 205-207, 209, 211, 214, 218-220, 226, 227, 242-245, 247-252, 255, 256, 261, 266, 271-274, 276, 279, 282, 286, 297-301, 306, 316

──南北戦争　218

アルコール生産　259, 263, 269, 270, 310

イギリス

──大蔵省　8, 27, 29, 36, 44-52, 54, 55, 67, 75, 77, 78, 80, 91, 92, 94, 97, 99, 100, 102-104, 108, 109, 116-119, 123, 127-129, 137, 139, 140, 143, 146, 148, 150-152, 155, 158, 161, 162, 165-167, 169-171, 175-181, 187, 188, 194, 196, 202, 226

──大蔵大臣（蔵相）　8, 26, 30, 43-52, 54-56, 75, 78-80, 82, 94, 96-99, 101, 104, 109, 111, 113, 116-119, 127-130, 136, 137, 140, 143, 146, 148, 150, 162, 165, 167-176, 178-180, 185, 188, 192, 196, 197, 199, 201, 202, 237, 238, 240

──海軍省　1, 3, 5, 7, 8, 28, 30-33, 41, 44, 50, 65, 67, 69, 71, 79, 83, 85-95, 98-103, 106, 110-112, 115, 117, 119, 120, 122, 123, 125, 127, 129, 138, 140, 141, 146, 148, 150-153, 155-157, 160-162, 165, 171, 177, 188, 192, 193, 220, 289

──海軍大臣（海相）　30-33, 43, 44, 46-49, 51-53, 70, 75, 77, 78, 80, 86, 87, 89-93, 95-99, 101, 103-108, 110-114, 116-118, 122, 123, 126-129, 133, 134, 139, 148, 150-153, 159-162, 167-172, 174, 189, 192, 197, 199, 215, 220, 229,
253, 255, 257, 270, 273, 274, 306, 314

──海軍本部　30-34, 44, 65, 69-71, 75, 88-94, 97-99, 101, 103-106, 109-112, 114, 118, 119, 121, 122, 125, 134, 148, 150-153, 159-162, 168, 179, 187, 189, 191, 197, 227, 229, 236, 255, 270

──長の事務分掌（分掌事務）　33, 89-92, 97, 123, 151, 159

──情報部（Naval Intelligence Department）　92, 124, 151, 161, 192

──海軍工廠　v, 31-33, 45, 50, 71, 85-87, 89, 91-95, 97-110, 112, 114, 115, 117, 118, 121, 124, 125, 127, 128, 135, 136, 140, 145, 151-153, 157-162, 166, 167, 169, 177, 178, 191, 193, 319

──製造部会計簿　93, 94, 103, 110, 153, 158-159

──造艦部会計簿　93, 94, 103, 110, 153, 158-159, 191

──調査委員会　100, 101

──経営調査委員会　101

──外務省　5, 227, 244, 247, 248

──外務大臣（外相）　241, 248

──軍需省（Ministry of Munitions）　58, 312

──軍需相　312, 313

──商務省　5, 17, 18, 56, 175, 176, 180, 227

──食糧省（Ministry of Food）　237, 258, 264-266, 268, 310, 311

──食糧相　264, 265, 311

──船舶省（Ministry of Shipping）　268, 311

──農務省　17, 18, 64, 175, 235, 237, 257, 259, 266

──農業大臣（農相）　23, 58, 66, 254, 255, 257-259, 264, 265, 279, 304, 307

──陸軍省　79, 94, 97, 102, 112, 125, 129, 140, 141, 146, 148, 156, 161, 162, 165,

171
　──陸軍大臣（陸相）　69, 99, 140, 162, 192
イギリス本土防衛調査委員会　32
イギリス陸軍・海軍予算調査委員会　162
栄養学　6-8, 20, 210, 258-259, 261-263, 276, 307, 311
エディンバラ財政改革協会　145
王立協会食糧委員会報告書　262
王立協会食糧（戦争）委員会（Food (War) Committee of Royal Society）　263
大蔵省証券　46, 48, 50, 52, 108, 166, 171, 179
大蔵省統制　27, 67, 91, 123, 146
オランダ　12, 13, 37, 38, 40, 57, 183, 209, 210, 213, 226, 246, 247, 250, 275, 276, 282, 299, 303

か行

海軍演習調査委員会報告書　106
海軍（議定費決算書）　53, 86, 102, 103, 121, 140, 150, 153, 158, 182, 191, 200
海軍決算書会計検査報告　103, 140
海軍工事（法）　8, 43, 50, 112-114, 116-118, 135, 136, 153, 167, 169-174, 179, 200
海軍同盟　31, 70, 77, 132, 168, 197, 211, 220, 224, 225
「海軍の暗黒時代」　27, 146, 147, 156, 161
海軍パニック　ii, 8, 26, 29, 30, 32, 96, 99, 126, 146, 148, 161, 168, 192
「海軍不足」キャンペーン　147
海軍防衛法　31, 43, 49, 50, 87, 105-115, 118, 133, 153, 162, 165-167, 169, 170, 177, 178, 193, 195-197
　──会計簿　153
海軍本部調査委員会　91, 191
海軍予算委員会（Navy Estimates Committee）　152
海軍予算説明書　53, 86, 102, 121, 129, 139, 150, 153, 158, 159, 163, 168, 169, 180, 182, 200, 314
　──（前年比較）　102, 121, 129, 139, 150, 153, 158, 163, 180, 182, 200
海軍予算調査委員会　148, 162, 189
会計検査官　100, 103, 128, 140, 146

会計検査法　32, 94, 128, 129, 146
会計主任（海軍省）　32, 71, 152
「海事革命」　vi, 38, 39, 107, 130, 207, 212
海事勅令（Maritime Order in Council）　243-245, 248, 249, 251, 298
海事法　8, 12, 38-40, 74, 131, 163, 194, 206, 207, 212, 277, 282, 286
　──1756年規則　39, 74, 213, 214
海上封鎖　5, 6, 12, 13, 19, 30, 34, 35, 37-42, 57, 58, 88, 105-107, 132, 163, 194, 211-222, 224, 226, 228, 243-245, 247, 248, 251, 253, 261, 275, 276, 281-284, 289, 297, 303
海戦法に関するロンドン宣言→ロンドン宣言
開発基金（development fund）　175
「海洋の自由」（Freedom of the Seas）　251, 302
熱量　4, 6, 7, 20, 208, 210, 258, 259, 261, 263, 307
為替レート　3, 208, 262, 315
関税改革（運動）　19, 35, 36, 52, 233, 234, 237, 240, 278, 279, 292, 293, 295
関税調査委員会　36
「飢餓の〔18〕40年代」　18, 19, 258, 295
休戦協定（1918年11月）　60, 282, 316
禁制品　39, 41, 88, 107, 163, 206, 207, 211, 212, 214-226, 228, 229, 242-245, 247-251, 253, 260, 275-277, 283, 297, 298, 301
　──宣言（Contraband Proclamation）　242-245, 248-251, 298, 301
クリミア戦争　13, 39, 130, 131, 145, 207, 212, 283, 284
「継続航海の原則」（doctrine of continuous voyage）　216, 217, 222, 224, 244, 251, 284, 298
公会計簿調査委員会　45, 94, 116, 119, 124, 140, 146, 153-155, 162, 163, 172, 181
交戦国の権利　131, 206, 207, 211-215, 217, 218, 220, 275, 277
国際収支　59
国際戦時拿獲審検所（International Prize Court）　211, 219, 224
国内食糧生産調査委員会　239, 254
穀物取引に関する調査委員会　15
穀物法　15-17, 26, 61-63, 145, 235
　──調査委員会　16

索　引　323

護送船団方式　　42, 75, 236
国庫債券　　46, 50, 108, 166, 171, 179
帝国防衛委員会　　28, 37, 73, 171, 227, 254, 255, 289
保守党　　30, 31, 49, 50, 80, 86, 91, 97, 99, 123, 148, 160, 165, 166
コンソル（Consol）　　vii, 2, 44, 46-54, 56, 78, 114, 117, 119, 120, 141, 142, 170-174, 178, 179, 200

さ行

歳出調査委員会報告書（1902・03年）　　159
歳入歳出調査委員会　　143, 185
脂質　　6, 210, 259, 263
ジャガイモ　　208, 210, 259-261, 267, 290, 313
「自由船・自由品」（Free ship, free goods）　　212, 213
自由品　　39, 212-214, 217, 221-224, 242-244, 250, 260
商業会議所　　75, 211, 220, 224, 225
商品輸出　　59, 107, 254, 266, 271
食品価格調査委員会　　264
植民地会議（Colonial Conference）　　234, 236, 293
私掠船（privateer）　　206, 213, 215, 277, 284
新ドゥームズデイ・ブック　　238
人民予算案（People's Budget）　　166, 196, 231
スウェーデン　　57, 213, 214, 226, 245-247, 275, 282, 299
スカンディナビア諸国　　12, 13, 60, 246, 247, 250, 275, 276, 299, 303
超過所得税　　2, 3, 54-56, 82, 201, 202
スペンサー計画　　111, 112, 168, 196
生産センサス最終報告書（1912年）　　176
1906年生産センサス法（Census of Production Act）　　18, 56, 138, 175, 176
精麦方法（flour in milling）　　263
生理学　　6, 8, 20, 210, 236, 258, 259, 261-263, 276, 280, 307, 311
1909/10年予算（案）　　2, 54, 55, 82
戦時禁制品　　39
戦時軍需法（Munitions of War Act）　　268
戦時における食糧・工業原料供給調査委員会　　36, 65, 132, 235, 278
1896年農業地方税法（Agricultural Rate Act）　　202
1846年穀物法廃止法　　16, 26
相続税改革（1894/95年予算）　　51, 79, 109, 137, 169, 196, 197, 202, 237
総力戦　　4, 57, 66, 269

た行

第一回（ハーグ）国際平和会議　　40, 131, 284, 285, 211
第一次世界大戦　　i, iii, v, vi, 1, 3-13, 20, 23, 28, 37, 38, 40, 42, 43, 53, 55-60, 64-66, 68, 73, 78, 83, 84, 88, 115, 117, 121, 126, 132, 151, 171, 176, 177, 191, 192, 208, 209, 211, 215, 226-230, 232, 236, 237, 239-242, 245, 246, 248, 251, 257-262, 265, 266, 269-271, 275, 276, 278-282, 289-291, 297-303, 306, 311, 312, 316, 319
対敵通商法　　227
第二回（ハーグ）国際平和会議　　42, 82, 132, 163, 211, 215, 219, 221, 285
タイムズ　　30, 68
大陸制度　　11-13, 60
租税革命　　2, 4, 54, 176
関税改革同盟　　234, 278, 279
炭水化物　　6, 210, 258, 259, 263
蛋白質　　6, 210, 258, 259, 263, 307
地価税　　55, 174, 237, 238
中央農業会議所　　21, 65
中立国の権利　　41, 42, 206, 207, 212-214, 217, 219, 221, 277
「中立性の消滅」（End of Neutrality）　　228
帝国会議（Imperial Conference）　　233, 293
帝国戦争会議（Imperial War Conference）　　236
帝国防衛委員会　　28, 37, 73, 171, 227, 254, 255, 289
帝国防衛法　　43, 50, 79, 115, 165, 167, 170, 178
デンマーク　　7, 23, 36, 57, 213, 214, 226, 245-247, 275, 282, 299, 307, 309
ドイツ
　——ドイツ海軍　　i, 4, 5, 21, 27, 28, 37, 38, 42, 48, 51, 53, 54, 57, 60, 80, 81, 119, 192, 195, 211, 228, 229, 232, 236, 252, 253, 255-257, 272, 276, 305

土地調査委員会（Land Enquiry Committee） 238-240, 254, 295
ドッガー・バンク海戦　253
トルコ（オスマン帝国）　212
ドレッドノート　27, 28, 53, 85, 117, 137, 228

な行

内国歳入庁　54, 55, 165, 175, 176, 179, 180, 198, 202, 237
二国標準（Two Power Standard）　31, 46, 48, 106, 167
ニューヨーク小麦輸出会社（Wheat Export Company in New York）　265, 266
北海　38, 52, 209, 216, 253, 276, 282, 303
農業地保有法（Agricultural Holdings Acts）　232, 291
農業不況　i, v, 2, 4, 7, 11, 14, 16-19, 22, 23, 36, 58, 62-64, 121, 202, 231, 232, 254, 262, 278, 291, 319
ノースブルック計画　70, 96, 112, 115, 125
ノルウェー　57, 226, 245-247, 275, 282, 299

は行

高度集約農業　17
ハミルトン計画　112
パリ宣言　vi, 39, 73, 74, 106, 107, 130, 131, 207, 212, 214-219, 222, 228, 245, 282, 283
バルト海　12, 216, 245, 247
バルフォア使節団　316
反穀物法同盟　63
「通常通りの運営」　43, 58, 76, 253, 264, 265
肥料　4, 17, 58, 205, 223, 234, 244, 246, 260, 261, 308, 309, 311
　人工——　4, 58, 223, 234, 244, 260
　有機——　234, 311
「フィシャの海軍革命」　52, 81, 174
複式簿記　191
武装中立同盟　207, 277
豚飼育　7, 259, 264
復仇勅令（Reprisals Order in Council）　242, 250, 253, 301
物資割当制度（raitioning system）　252
フランス　ii, vi, 6, 11-16, 22, 25-27, 32, 33, 37-40, 43, 44, 46, 48, 51, 56, 57, 63, 67, 76, 83, 88, 96, 105, 111, 126, 134, 141-145, 147, 183, 206, 209, 212, 241, 243-245, 247-250, 252, 256, 257, 260, 261, 266, 271, 272, 275, 297, 298, 302, 311, 315
大海軍派　34, 68, 163, 164, 194
ベルギー　36-38, 209, 241, 295
ペル・メル・ガゼット　30, 96
ボーア戦争　21, 36, 44, 46, 52, 77, 114, 117, 119, 127, 171, 172, 174, 179, 199
——調査委員会　171
貿易収支　3, 9, 59, 208, 232, 254, 255, 262, 270, 271, 273, 304

ま行

民間造船所　45, 50, 93, 95, 96, 101-104, 106, 108, 110, 112, 114, 118, 121, 129, 133, 135, 157, 158, 162, 165, 166
無差別潜水艦作戦（unrestricted U-boat war）　i, 1, 246, 257, 272-274, 290, 305, 314

や行

有期年金　50, 116, 149, 170, 171
ユトランド沖海戦　253, 255, 303, 314
統一党　21, 43, 45, 50, 52-54, 80, 81, 86, 113, 116, 117, 170, 172, 173, 179, 199, 202, 220, 225, 232-234, 237, 240, 255, 257, 287, 296
——の農業政策（1913年）　232, 237, 240, 296
輸入経済　2, 3, 5, 8, 41, 207, 208, 225, 226, 230, 235, 236, 241, 265, 266, 268, 270, 274, 275, 290, 293

ら行

土地問題　2, 4, 230, 231, 238-241, 291, 295
リヴァプール財政改革協会　145, 186
自由党　2, 30, 42, 43, 47, 49-51, 53, 54, 56, 57, 82, 83, 86, 91, 97, 108, 111-113, 116, 123, 128, 147, 148, 166, 167, 170, 172-176, 179, 199, 201, 211, 219, 220, 224, 231, 237-241, 254, 255, 275
リベラル・リフォーム　1, 2, 176, 180, 241
糧秣会計簿　93, 94, 103, 153, 158
ロイヤル・ソヴリン　85, 109, 110, 117
ロシア　3, 6, 13, 24, 38, 39, 43, 48, 51, 66, 88, 105, 164, 209, 210, 212, 214, 219, 241,

243, 245, 248, 257, 266, 269, 271, 315
ロンドン宣言　　vi, 8, 42, 43, 75, 107, 132, 163, 205, 211, 219-226, 228, 229, 242-245, 248-252, 260, 275, 282, 285, 286, 288, 298, 300, 302, 319

人　名

あ行

アーノルド＝フォスタ　69
アーミテージ＝スミス　72
アームストロング（Lord Armstrong）　98
アーンリ（Lord Ernle）　36, 58, 254, 264, 265, 310
アシュレー、ウィリアム（William Ashley）　263, 264, 290
アシュレー、パーシー（Percy Ashley）　23
アシュワース（William Ashworth）　95, 110, 124
アスクィス（H. H. Asquith）　50, 54, 82, 116, 172-175, 179, 229, 238, 243, 254, 255, 257, 258, 260, 265, 266, 270, 297, 305, 310
アックランド（A. H. Dyke Acland）　238, 254
アディソン（Christopher Addison）　312
新井京　283
荒川憲一　61
石黒利吉　180
稲本守　277
ウィリアムズ（Ernest E. Williams）　22
ヴィンセント（Sir Edger Vincent）　172
ヴェーバー（Max Weber）　272
ウォラー（August D. Waller）　259, 263
ウッド（T. B. Wood）　28, 262, 263, 309
ウッドワード　28
エッシャ（Lord Esher）　30, 69, 96
エドワード7世　54
エルツバッハー（Paul Eltzbacher）　6, 7, 209, 210, 259, 260, 263
エレーボー（Friedrich Aereboe）　6, 210, 260, 290
大久保桂子　182
大倉正雄　182
大島通義　122
オットリ（Rear-Admiral C. L. Ottley）　220, 287
オファ（Avner Offer）　60
オブライエン（Patrick K. O'Brien）　183

か行

カー、ウォルター（Lord Walter Kerr）　6, 12, 48, 78, 241, 270, 274, 280, 290, 300, 313
カー、エドワード（E. H. Carr）　248
ガーシェンクロン　279, 290
カーソン（Sir Edward Carson）　270, 274
カーゾン侯（Marquess of Curzon）　48
加藤三郎　78
菅野翼　284
亀井紘　297
キィ　28, 37, 41, 68, 69, 73, 126, 148, 254
ギシャール　7
キーズ（Roger Keyes）　289
キャンベル＝バナマン（H. Campbell-Bannerman）　30, 99, 173, 192
クチンスキー（Robert Kuczynski）　6, 210
クラインズ（J. R. Clynes）　264, 306, 310
クラウフォード伯（Earl of Crawford）　257
グラッドストン（William E. Gladstone）　26, 27, 30, 31, 33, 46, 67, 70, 90, 91, 93, 95-97, 99, 103, 108, 110, 111, 113, 118, 123, 134, 135, 146, 148, 160, 168, 192, 197
クルックス（Sir William Crookes）　22, 311
グレイ（Sir Edward Grey）　241, 242, 244, 249, 250, 300
グレーアム（Sir James Graham）　32
クロー（Eyre Crowe）　220
桑原莞爾　293
ケアード（James Caird）　17, 18
ケイ＝シャトルワース（U. Kay-Shuttleworth）　111
ケインズ（J. M. Keynes）　316
ケネディ（Paul Kennedy）　21
ケロッグ（Vernon Kellogg）　261

ゴウシェン（G. J. Goschen）　46, 53, 77, 86, 113, 114, 116, 148, 162, 171, 172, 199
コーダ（Frederick C. Earl Cawdor）　116, 174
ゴードン将軍（General Gordon）　30, 69
コーベット（Sir Julian S. Corbett）　156
コッホ（Reinhard Koch）　305, 315
コフーン（Patrick Colquhoun）　142, 184
コブデン（Richard Cobden）　26, 145, 186
コベット（William Cobbett）　185
コリングス（Jesse Collings）　294
コロム兄弟　68, 164, 194

さ行

サースフィールド　68
斎藤忠雄　183
椎名重明　64, 278
シェフィールド　61, 62
ジェリコ（John Jellicoe）　228, 253, 257, 270, 273, 274, 303, 306, 314, 316
シニー（Marion C. Siney）　282
スカルヴァイト（August Skalweit）　6
鈴木純義　83
スターリング（Ernest H. Starling）　263, 266
ステッド（W. T. Stead）　30, 66, 69, 96, 147
ストラット（E. G. Strutt）　254, 264
スペンサー（Lord Spence）　86, 93, 110-112, 134, 152, 167-170, 189, 196, 197
スミダ　45, 49, 53
スレイド提督　73
セシル（Lord Robert Cecil）　248, 288
セリグマン　81
セルボーン（Earl of Selborne）　23, 46-49, 52, 58, 66, 77, 78, 86, 116, 171, 174, 189, 254, 255, 257-259, 264, 279, 304
ソォールタァ　83, 261
ソールズベリ（Lord Salisbury）　49, 97, 99, 107, 108, 110, 113, 127, 148, 160, 165

た行

高橋文雄　283, 284
田所昌幸　126, 182, 281
ダヴナント（Charles Davenant）　141, 177
ダンソン（John Towne Danson）　40

チェンバレン、オースティン（Austen Chamberlain）　48, 49, 51, 116, 170, 179, 199
チェンバレン、ジョセフ（Joseph Chamberlain）　47, 48, 233-235, 292
チャーチル、ウィンストン（Winston S. Churchill）　57, 215, 229, 253, 255
チャーチル、ランドルフ（Randolph Churchill）　104, 118, 148, 162
チャプリン（Henry Chaplin）　36, 235, 293
チルダース（H. C. E. Childers）　30, 33, 70, 90, 91, 93, 95, 96, 122, 148
ディルク（Charles Dilke）　202
ティラー（Alonzo E. Taylor）　261
ティルピッツ（Grand Admiral von Tirpitz）　37, 73
デヴォンポート（Lord Devonport）　265
トゥイドマス（Lord Tweedmouth）　220
等松春夫　66
トッド（E. Enever Todd）　35, 36

な行

長山靖生　66
ニコルソン（J. Shield Nicholson）　274
西山一郎　67, 186, 187
ノースクリフ男爵（Viscount Northcliffe）　126
ノースブルック（Thomas G. Northbrook）　30, 70, 96, 103, 112, 115, 125, 129, 148
ノーマン・エンジェル（Norman Angell）　297

は行

パーキン（George Parkin）　24
ハーコート（William Harcourt）　50, 99, 109, 111, 127, 167-170, 178, 192, 196-198, 202, 237
バーナビィ（Nathaniel Barnaby）　85, 98, 117, 127
バーネット（L. Margaret Barnett）　236
パーネル（Sir Henry Parnell）　15, 61, 143, 144, 185
パーマストン（Lord Palmerston）　26, 145
ハガード（H. Rider Haggard）　23, 233
バクストン（Charles R. Buxton）　238
ハチソン博士（Dr. R. Hutchison）　236
パッカー（Ian Packer）　241
バッテンバーグ皇太子（Prince Louis of Bat-

tenberg) 229
土生芳人　82, 137, 196
ハミルトン、エドワード（Edward W. Hamilton）　51, 77, 80, 169, 202
ハミルトン、ジョージ（George Hamilton）　31, 33, 49, 51, 86, 87, 92, 97-99, 104-108, 110, 112, 117, 118, 123, 124, 126-128, 160-162, 167, 168, 192, 197
ハミルトン、リチャード　121, 130
ハミルトン、ロバート（Robert Hamilton）　144
バルフォア（A. J. Balfour）　228, 255, 257, 273, 274, 289, 316
ハンキィ（Maurice Hankey）　28, 37, 41, 68, 73, 254
ビィーティ（David Beatty）　270, 314
ピール（Sir Robert Peel）　17
ヒックス・ビーチ（M. Hicks Beach）　46-48, 128
ピット（William Pitt）　141, 143, 176, 202
平井龍明　181
ヒンデンブルク（Generalfeldmarschall v. Hindenburg）　272
ヒンドヘーデ（Mikkel Hindhede）　7, 10, 307, 308
ファーガソン（Niall Fergason）　316
フィシャ（John A. Fisher）　28, 30, 34, 40, 41, 52-54, 68, 70, 75, 78, 81, 96, 111, 119, 131, 134, 147, 156, 164, 174, 187, 197, 200, 201, 220, 228, 229, 285, 289, 303
フーヴァー（Herbert Hoover）　261
ブース（Charles Booth）　238
フォーキア（F. Fauquier）　141
藤原辰史　282, 308
フックス（Carl J. Fuchs）　23
ブラッセィ　69, 125, 193
ブリオフ、イヴァン → ブロッホ、イヴァン
フリードバーグ（Aaron L. Friedberg）　137
ブレイン（William Blain）　179
ブレット（Reginald Brett）→ エッシャ
ブレンターノ（Lujo Brentano）　7, 272
プロザロ（Rowland Prothero）→ アーンリ
ブロッホ、イヴァン（I. S. Bloch）　24, 25, 66, 210, 261
ベア（William E. Bear）　20, 64

索　引　327

ペイジ、ウィリアム（William Page）　186
ペイジ、ウォルター（Walter H. Page）　245, 249, 250, 274
ベヴァリッジ（William Beveridge）　302, 311, 312
ヘクシャ（Eli F. Heckscher）　12, 13, 60
ベーコン（Sir Reginald Bacon）　119, 201, 208, 267
ペティ（William Petty）　141, 177
ベル（A. C. Bell）　13, 30, 36-38, 99, 173, 192, 209, 241, 263, 282, 295
ベレスフォード（Charles Beresford）　124, 137, 161
ホール（Sydney S. Hall）　228, 239, 254, 263, 264, 289
ボガート（Ernest L. Bogart）　6
ホプキンス（F. G. Hopkins）　262, 263
ホブソン（Rolf Hobson）　21, 195
ホルツェンドルフ（Admiral v. Holtzendorff）　272
ホワイト（William H. White）　v, vi, 8, 85-88, 92, 95, 97-99, 101, 105, 106, 109, 110, 114, 117, 118, 121, 127, 128, 133, 134, 136, 161, 193, 196, 319

ま行

マーストン（R. B. Marston）　22
マーダ（Arthur Marder）　27-29, 35, 68, 192, 268
マカドゥー（William G. McAdoo）　274
牧野俊重　298
マクニール（William H. McNeill）　68
マニー（L. G. Chiozza Money）　202
マニング（Frederick Manning）　87, 97
マハン（Alfred T. Mahan）　7, 22, 130, 132, 285
マルサス　61
マレット（Bernard Mallet）　159, 200, 202
水上千之　277
ミドルトン（Thomas H. Middleton）　257, 259, 263, 307
宮入慶之助　308
宮下雄一郎　126
ミルナー（Alfred Milner）　198, 202, 237, 239, 254, 255, 258, 259, 264, 305

村田武　280
森建資　66, 84, 279
諸富徹　83

や行

矢吹啓　303
横井勝彦　70, 121, 180-182, 320, 352
吉岡昭彦　49, 76, 79, 159, 182, 191, 192, 291

ら行

ラウントリー（B. Seebohm Rowntree）　238, 239, 295
ランシマン（Lord Runciman）　264
ランズダウン（Lord Landsdowne）　257
ランバート　45, 49, 53, 81
リード（Edward James Reed）　26, 53, 85, 87, 137
リッチィ（C. T. Ritchie）　48, 49, 116
リットン（E. Bulwer-Lytton）　17
リポン（Lord Ripon）　86, 99, 128, 192
ルゥ（R. H. Rew）　237
ルブナー（Max Rubner）　6, 7, 210, 280, 307
レヴィ（Herman Levy）　272
ロー（A. Bonar Law）　240
ロイド・ジョージ（David Lloyd George）　54-56, 82, 174-176, 201, 238-240, 258, 265, 269, 270, 295, 307, 313
ローズベリ（Lord Rosebery）　108, 109, 111-113, 167, 168
ローダデール伯　61
ロップ（Theodore Ropp）　60
ロビンソン（F. J. Robinson）　185
ロンダ子爵　311

わ行

ワッツ（Philip Watts）　85, 86
和仁健太郎　277

【著者略歴】

藤田哲雄（ふじた・てつお）

1948年生まれ。1977年、立教大学大学院経済学研究科博士課程修了。博士（経済学・立教大学）。現在、広島修道大学経済科学部教授。
著書：『近代イギリス地方行財政史研究――中央対地方、都市対農村』創風社、1996年（1997年度財団法人東京市政調査会（現、公益財団法人後藤・安田記念東京都市研究所）藤田賞受賞）。
『日本における近代イギリス地方行財政史研究の歩み――19世紀‐20世紀初頭イギリス地方行財政史研究の歴史と現状』創風社、2002年。
『イギリス帝国期の国家財政運営――平時・戦時における財政政策と統計1750〜1915年』ミネルヴァ書房、2008年ほか。

帝国主義期イギリス海軍の経済史的分析　1885〜1917年
――国家財政と軍事・外交戦略――
（広島修道大学学術選書第62号）

2015年9月15日　第1刷発行	定価（本体6500円＋税）

著　者　　藤　田　哲　雄
発行者　　栗　原　哲　也
発行所　　株式会社　日本経済評論社
〒101-0051　東京都千代田区神田神保町3-2
電話　03-3230-1661　FAX　03-3265-2993
info8188@nikkeihyo.co.jp
URL：http://www.nikkeihyo.co.jp

装幀＊渡辺美知子　　　印刷＊文昇堂・製本＊誠製本

乱丁・落丁本はお取替えいたします。　　　Printed in Japan
Ⓒ FUJITA Tetsuo 2015　　　ISBN978-4-8188-2344-0

・本書の複製権・翻訳権・上映権・譲渡権・公衆送信権（送信可能化権を含む）は、㈱日本経済評論社が保有します。
・JCOPY〈㈳出版者著作権管理機構　委託出版物〉
本書の無断複写は著作権法上での例外を除き禁じられています。複写される場合は、そのつど事前に、㈳出版者著作権管理機構（電話03-3513-6969、FAX03-3513-6979、e-mail: info@jcopy.or.jp）の許諾を得てください。

軍拡と武器移転の世界史
―兵器はなぜ容易に広まったのか―

横井勝彦・小野塚知二編著

A5判　四〇〇〇円

軍拡と兵器の拡散・移転はなぜ容易に進んだのか。16〜20世紀にわたる世界の武器についての「受け手」「送り手」「連鎖の構造」などを各国の事例をもとに考察する。

軍縮と武器移転の世界史
―「軍縮下の軍拡」はなぜ起きたのか―

横井勝彦編著

A5判　四八〇〇円

前作『軍拡』を踏まえて、両大戦間期の軍縮会議・武器取引規制の取り組み、軍事技術と軍縮、日本における陸海軍軍縮の経済史の3点を軸に展開。

近代日本の鉄道構想

老川慶喜著

A5判　二五〇〇円

井上勝、田口卯吉、犬養毅、佐分利一嗣、南清などの鉄道構想を検討し、明治期日本の経済発展と鉄道との関係を考察する。

日英兵器産業とジーメンス事件
―武器移転の国際経済史―

奈倉文二・横井勝彦・小野塚知二著

A5判　三〇〇〇円

日本海軍に艦艇、兵器とその製造技術を提供したイギリスの民間兵器企業・造船企業の生産と取引の実体や、国際的贈収賄事件となったジーメンス事件の謎に迫る。

回想 小林 昇

服部正治・竹本洋編

四六判　二八〇〇円

経済学の誕生と終焉をみすえ、その思想と人格とを「文体」に結晶させた生涯を多くの知己が語る。

（価格は税抜）　日本経済評論社